Emissions and Control of Volatile Organic Compounds from Architectural Coatings

建筑类涂料挥发性有机物污染及控制

聂 磊 高美平 等编著

化学工业出版社
·北京·

内容简介

本书以我国建筑类涂料 VOCs 污染控制为主线，主要介绍了我国建筑类涂料行业发展状况、建筑类涂料行业 VOCs 污染特征及排放控制现状、建筑类涂料 VOCs 含量检测分析方法、建筑类涂料 VOCs 排放因子及排放清单建立方法、建筑类涂料 VOCs 含量限值标准体系、建筑类涂料 VOCs 管控制度等，旨在提升我国建筑类涂料 VOCs 污染控制水平，减少建筑类涂料 VOCs 排放。

本书将理论与实践有效结合，具有较强的技术应用性和针对性，可为国家、地方政府和涂料企业建筑类涂料 VOCs 污染控制提供支撑与指导，可供从事建筑类涂料 VOCs 污染控制的工程技术人员、科研人员和管理人员参考，也可供高等学校环境科学与工程、生态工程、材料工程及相关专业师生参阅。

图书在版编目（CIP）数据

建筑类涂料挥发性有机物污染及控制 / 聂磊等编著. 北京 : 化学工业出版社, 2025. 1. -- ISBN 978-7-122-46770-6

Ⅰ. X799.1

中国国家版本馆 CIP 数据核字第 2024ZF2265 号

责任编辑：刘　婧　刘兴春　　　文字编辑：丁海蓉
责任校对：王　静　　　装帧设计：孙　沁

出版发行：化学工业出版社（北京市东城区青年湖南街13号　邮政编码100011）
印　　装：北京捷迅佳彩印刷有限公司
787mm×1092mm　1/16　印张20¼　字数461千字　2025年11月北京第1版第1次印刷

购书咨询：010-64518888　　　售后服务：010-64518899
网　　址：http://www.cip.com.cn
凡购买本书，如有缺损质量问题，本社销售中心负责调换。

定　　价：158.00元　

《建筑类涂料挥发性有机物污染及控制》编著人员名单

聂　磊　高美平　齐祥昭　刘文文　宁　淼

王庆玮　李雪峰　郑　伟　李　力　程占军

陈冠益　潘　涛　王海林　陈志航

前 言

当前我国以细颗粒物（$PM_{2.5}$）和臭氧（O_3）为特征污染物的大气复合污染形势依然严峻。《大气污染防治行动计划》《打赢蓝天保卫战三年行动计划》实施以来，我国多数地区环境空气质量明显改善。但重点地区大气污染问题仍然突出，京津冀及周边等区域$PM_{2.5}$浓度仍处于高位，秋冬季重污染天气依然高发、频发；同时O_3污染问题日益凸显，特别是在夏季O_3已成为导致部分城市空气质量超标的首要因子。2020年夏季气温升高，全国多个城市出现$PM_{2.5}$和O_3复合型污染。2020年“五一”期间（4月28日开始），全国“2+26”城市全部出现O_3超标现象，北京市、唐山市、廊坊市的O_3浓度日最大8小时滑动平均值更是达到了重度污染水平。

挥发性有机物（VOCs）作为$PM_{2.5}$和O_3的前体物，强化其污染防治是解决我国大气复合污染的主要抓手。京津冀及周边地区源解析结果表明，当前阶段有机物（OM）是$PM_{2.5}$的最主要组分，占比达20%～40%，其中，二次有机物占OM比例为30%～50%，主要由VOCs转化生成。为进一步改善环境空气质量，打赢蓝天保卫战，迫切需要全面加强VOCs污染防治工作。

从VOCs污染防治进展来看，近年来，我国在工业源VOCs污染防治方面取得明显进展，针对石化、化工、涂装、印刷等重点涉VOCs行业，在对排放特征及控制对策进行研究的基础上，出台了一系列排放标准和政策措施，明确了VOCs污染防治路线图，有效推进了VOCs治理的进程。但对于城市VOCs生活面源研究尚处于起步阶段，现有认知尚无法支撑环境管理部门构建其污染防治路线图。

建筑类涂料作为城市VOCs生活面源之一，不仅产量、用量大，在其生产和使用过程中均会向空气中释放VOCs，而且其使用过程在开放环境中完成，产生的VOCs无法收集处理，基本无组织排放。基于此，2017年环境保护部、国家发展和改革委员会、财政部、交通运输部、国家质量监督检验检疫总局、国家能源局联合印发的《“十三五”挥发性有机物污染防治工作方案》，2020年生态环境部印发的《2020年挥发性有机物治理攻坚方案》均将建筑类涂料纳入全国VOCs减排的重点领域。然而，当前我国对建筑类涂料VOCs排放的研究基础不足以支撑环境部门对建筑类涂料VOCs进行科学管控，亟须获得全面的技术支撑，主要体现在建筑类涂料VOCs污染特征和规律不明晰、VOCs排放基数不清楚、产品VOCs检测分析方法不统一、控制技术缺乏系统评估、控制法规标准不健全、监管缺乏有效的措施和完备的制度等方面。为此，2015年环境保护部前瞻性地设立了“建筑类涂料挥发性有机物含量限值及管控途径研究”环保公益性行业科研专项项目。经过科学论证和严格筛选，最终确定由北京市环境保护科学研究院、环境保护部环境规划院、中国涂料工业协会、天津大学、环境保护部华南环境科学研究所五家单位组成课题组联合进行研究。在课题组的共同努力下，历经2015年的项目开题论证会，2016年的项目中期汇报会，2018年的项目结题验收会，项目最终圆满结题，顺利通过评审。为了使研究成果发挥更广泛、全面的环境管理支撑作用，现特将课题的研究成果汇总整理、出版。

本书以我国建筑类涂料VOCs污染控制为主线，系统介绍了建筑类涂料行业发展状况、建筑类涂料行业VOCs污染特征及排放控制现状、建筑类涂料VOCs含量检测分析方法、建筑类涂料VOCs排放因子及排放清单建立方法、建筑类涂料VOCs含量限值标准体系，并讨论了建立我国建筑类涂料VOCs管控制度。本书将理论与实践有效结合，具有较强的技术应用性和针对性，可为国家、地方政府和涂料企业建筑类涂料VOCs污染控制提供支撑与指导，可供从事建筑类涂料VOCs污染与控制等的工程技术人员、科研人员和管理人员参考，也可供高等学校环境科学与工程、生态工程、材料工程及相关专业师生参阅。

本书由聂磊、高美平等编著，具体分工如下：第1章由聂磊、高美平、齐祥昭、李力、王海林编著；第2章由聂磊、高美平、王庆玮、李雪峰、程占军、陈冠益编著；第3章由高美平、聂磊编著；第4章由高美平、聂磊、刘文文、陈志航编著；第5章由高美平、聂磊编著；第6章由高美平、聂磊、刘文文编著；第7章由高美平、聂磊编著；第8章由聂磊、高美平、潘涛编著；第9章由聂磊、高美平、宁淼、郑伟编著。全书最后由聂磊、高美平统稿并定稿。

借助本书出版之际，要特别感谢生态环境部科技标准司和大气环境管理司对此课题研究给予的高度重视与大力支持；感谢科技标准司对课题研究定位和总体思路提出重要的指导意见与全程支持；感谢陈尚琴研究员、冯银厂教授等各位评审专家在百忙之中抽出时间参加课题研究的开题论证会、中期汇报会和结题验收会，为课题研究提出了许多宝贵建议；感谢建筑类涂料行业代表性企业富思特新材料科技发展股份有限公司、天津灯塔涂料有限公司、嘉宝莉化工集团股份有限公司、广东千色花化工有限公司、北京东方雨虹防水技术股份有限公司、上海申得欧有限公司、阿克苏诺贝尔功能涂料（上海）有限公司、立邦涂料（中国）有限公司、陶氏化学（上海）有限公司等给课题组调研和采样提供的帮助与支持，在此衷心地向他们一并表示诚挚的谢意！

尽管我们在课题的研究过程中始终秉持科学和高度负责的态度，在资料整理和内容编著过程中也力求认真仔细，但限于编著者水平和时间，书中仍然不可避免地存在不足和疏漏之处，恳请读者批评指正。

聂　磊
2024 年 3 月

目 录

第 1 章　概论

1.1 本书的内容构成及编写意义

1.1.1 背景

近几年，随着我国经济持续增长和工业化、城镇化的快速扩张，我国城市群区域大气污染日益呈现复合型特点，以细颗粒物（$PM_{2.5}$）和臭氧（O_3）为特征污染物，大气污染防治工作已从以 $PM_{2.5}$ 控制为主转变为 $PM_{2.5}$ 与 O_3 协同控制新阶段。VOCs 在大气复合型污染中扮演着关键角色。一方面，VOCs 是 O_3 生成的重要前体物，在一定的光照和温湿度条件下，活性较强的 VOCs 物种与 NO_x 发生光化学反应，生成臭氧、过氧化物和醛类等光化学氧化剂，增强大气氧化性。O_3 污染问题日益凸显，监测数据表明，全国 338 个地级及以上城市 O_3 日最大 8 小时滑动平均浓度呈持续上升趋势，从 2013 年的 139μg/m^3 增加到 2018 年的 151μg/m^3，在夏、秋季节已成为部分城市的首要污染物。2020 年夏季气温升高，全国多个城市出现 $PM_{2.5}$ 和 O_3 复合型污染，2020 年“五一”期间（4 月 28 日开始），全国“2+26”城市全部出现 O_3 超标现象，北京、唐山、廊坊的 O_3 日最大 8 小时滑动平均浓度更是达到了重度污染水平。另一方面，VOCs 与二次有机气溶胶（secondary organic aerosol，SOA）也有着密切的关联。一些活性较强的 VOCs 物种能与大气中的羟基自由基（·OH）、O_3 等氧化剂发生多途径反应，生成有机酸、多官能团羰基化合物、硝基化合物等半挥发性有机物，再通过吸附、吸收等过程进入颗粒相，生成 SOA。SOA 是 $PM_{2.5}$ 的重要组分，研究结果表明，我国东部地区 $PM_{2.5}$ 组分中 SOA 所占比例达 10% 以上，北京市大气环境中 SOA 约占 $PM_{2.5}$ 组分的 14.2%。部分 VOCs 如氯代烃类可消耗平流层 O_3，形成 O_3 空洞，增强温室效应。部分 VOCs 会产生恶臭，妨碍居民正常生活。此外，一些研究结果表明部分 VOCs 可对人体健康造成一定的危害，例如苯、甲苯、乙苯、二甲苯（BTEX）等，可能具有神经性毒性并造成遗传性疾病，长期接触可导致白血病和贫血症，苯被世界卫生组织国际癌症研究机构（IARC）列入致癌物清单中。复合型污染问题已成为目前解决我国城市群区域大气环境问题的瓶颈之一，给空气质量改善带来了巨大压力。

涂料行业是大气 VOCs 重要来源之一，涂料在生产、涂装和成膜过程中均会向空气中释放 VOCs，对环境、生产和施工人员、消费者的健康造成危害。根据中国涂料工业协会初步测算数据，涂料使用每年向大气排放的 VOCs 总量约为 430 万 t。据行业统计，我国涂料总产量由 2000 年的 184 万 t 增加到 2019 年的 2439 万 t，19 年间涂料产量增长了 12.3 倍，其中，每年建筑类涂料产量在涂料总产量中所占比例达 30% 以上，建筑类涂料总产量由 2000 年的 56.3 万 t 增加到 2019 年的 694 万 t，19 年间建筑类涂料产量增长了 11.3 倍。据统计，2013 年我国进口涂料 17.5 万 t，出口涂料 17.3 万 t，仅占全国涂料产量的 1.3%，因此，我国涂料基本是国内自供自给。中国统计年鉴显示，全国房屋竣工面积由 2000 年的 18.2 亿 m^2 增加到 2016 年的 31.21 亿 m^2，16 年间增长了 70%，而且自 2009 年以来基本每年都保持在 30 亿 m^2 以上（除 2010 年全国房屋竣工面积为 27.86 亿 m^2 外）。全国房地产开发投资由2000年的3149亿元增加到2017年的109798.5亿元，17年间房地产开发投资增长了33.9倍，快速增加的房地产开发投资是建筑类涂料增长的强大驱动力。虽然近几年我国建筑类涂料一直在推进水性化，但溶剂型涂料仍有一定占比，尤其地坪涂料、防腐涂料、防火涂料中溶剂型涂料占比仍然很高，溶剂型涂料中添加稀释剂和固化剂后的即用状态下VOCs含量为40%～70%，涂装和成膜过程中向大气中排放大量VOCs。我国VOCs排放源主要包括工业源、移动源与生活源等，建筑类涂料作为生活面源，与传统工业源可以通过末端收集治理实现VOCs减排不同，建筑类涂料在开放环境中涂装，涂装中产生的VOCs无法收集治理，基本属于无组织排放。并且随着工业源的深度治理和移动源强化管控的实施，建筑类涂料使用过程中产生的VOCs在城市VOCs排放源中所占比重会进一步增加。鉴于建筑类涂料的快速发展及其引起的VOCs污染问题，我国应对建筑类涂料VOCs污染予以重视。

目前，建筑类涂料VOCs污染防治是我国环境管理中的薄弱环节，主要表现为污染特征和规律不明晰、排放基数不清楚、产品检测分析方法不统一、控制技术缺乏系统评估、控制法规标准不健全、监管缺乏有效的措施和完备的制度。在此背景下，本书从基础层面、政策层面、技术层面和管理层面开展研究，通过开展建筑类涂料VOCs污染特征研究、VOCs含量检测分析方法研究、VOCs排放因子及排放清单建立、VOCs含量限值标准和规范分析与评估、VOCs污染防治可行技术筛选和VOCs污染管控制度构建等工作，为我国建筑类涂料VOCs污染控制的环境管理与决策提供技术支撑；从产品使用的角度引导行业VOCs治理理念和技术的提升，为我国开展其他类型含挥发性有机物产品管控提供借鉴。本书介绍的技术有利于提升VOCs减排效果，降低$PM_{2.5}$和O_3污染，改善大气环境质量和保护人民群众身体健康，对我国全面、深入开展VOCs污染防治工作具有重要的推动作用。

1.1.2 目标和任务

本书的总体目标是：在基础层面上，广泛调研我国建筑类涂料使用情况，调查建筑类涂料在“生产—储运销—使用”不同环节VOCs排放与控制现状，研究建筑类涂料在不同环节VOCs污染特征，建立健全建筑类涂料VOCs含量检测分析方法，开展建筑类涂料VOCs含量检测分析，建立建筑类涂料VOCs排放因子及排放清单；在政策层面上，对国内现有建筑类涂料VOCs含量限值标准和规范进行分析与评估；在技术层面上，提出适合国内建筑类涂料的VOCs最佳可行控制技术，编制《建筑类涂料VOCs污染防治可行技术指南》；在管理层面上，设计覆盖建筑类涂料“生产—储运销—使用”不同环节VOCs管控制度体系，开展典型城市建筑类涂料VOCs监管示范；从产品使用的角度引导VOCs防治理念和技术的提升，为我国开展建筑类涂料行业VOCs控制和管理提供技术支撑，为开展其他类型含挥发性有机物产品管控提供借鉴。

本书的具体任务及进度安排如下。

① 调研国内在用建筑类涂料类型及使用情况；调查建筑类涂料在“生产—储运销—使用”不同环节VOCs排放控制现状；测试建筑类涂料在不同环节VOCs排放量；建立健

全建筑类涂料 VOCs 含量检测分析方法，编制《建筑类涂料挥发性有机物含量检测方法指南》；开展建筑类涂料 VOCs 含量检测分析。

② 分析建筑类涂料全生命周期 VOCs 污染特征；分析建筑类涂料 VOCs 含量水平；建立建筑类涂料 VOCs 排放因子及排放清单；对国内现有建筑类涂料 VOCs 含量限值标准和规范进行分析与评估；编制《建筑类涂料 VOCs 污染防治可行技术指南》。

③ 提出建筑类涂料的 VOCs 管控制度；开展典型城市建筑类涂料 VOCs 监管示范；编制《建筑类涂料 VOCs 排放监督管理办法》。

1.1.3 技术路线

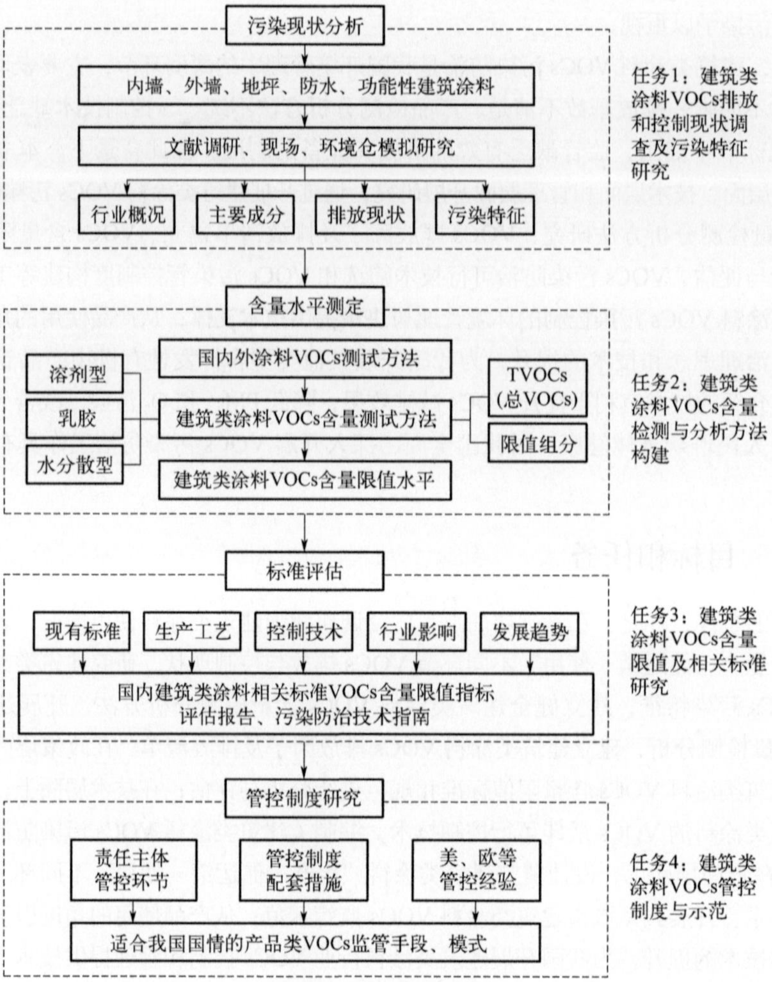

图 1-1 总体技术路线

本书以提升我国建筑类涂料 VOCs 污染控制水平，减少建筑类涂料 VOCs 排放为总体目标。针对国内目前建筑类涂料的研究基础还不足以支撑环境管理部门对建筑类涂料 VOCs 排放进行科学管控这一现状，根据本书总体目标，按照“污染现状分析”—“含量水平测定”—“怎么控（标准规范评估、污染防治可行技术指南）”—“怎么管（监管办法）”的渐进思路，综合运用现场考察、现场采样、现场测试、实验室分析、资料调研和专家分析等方式，从建筑类涂料 VOCs 排放和控制现状调查及污染特征研究、建筑类涂料 VOCs 含量检测与分析方法构建、建筑类涂料 VOCs 含量限值及相关标准研究、建筑类涂料 VOCs 管控制度与示范 4 个方面开展研究。总体技术路线如图 1-1 所示。

1.2 建筑类涂料行业概况

1.2.1 建筑类涂料使用情况

1.2.1.1 建筑类涂料分类

（1）按用途分类

根据《涂料产品分类和命名》（GB/T 2705—2003）分类方法，建筑类涂料包括墙面涂料、防水涂料、地坪涂料、功能性建筑涂料四大类。

（2）按分散介质分类

通常按涂料的分散介质将建筑类涂料分为溶剂型涂料、水性涂料与无溶剂型涂料。

① 溶剂型涂料。以高分子合成树脂为主要成膜物质，以有机溶剂为分散介质，再加入适当的颜料、填料及辅助材料经研磨等工序加工制成。这类涂料成膜之后的涂膜细腻、光滑，有较好的硬度、光泽、耐水性、耐候性和气密性，对建筑物有较强的保护作用，使用温度可以低到零摄氏度。但这类涂料易燃，溶剂挥发对人体有害，不属于节能环保涂料。

② 水性涂料。包括水溶性涂料和乳液型涂料，目前常用的水性涂料主要是乳液型涂料。水溶性涂料以水溶性合成树脂为主要成膜物，以水为分散介质，再加入适当的颜料、填料及辅助材料等加工而成。乳液型涂料俗称乳胶漆，它是以合成树脂乳液为基料，以水为分散介质，再加入适当的颜料、填料及各种助剂制成。

③ 无溶剂型涂料。分为含活性稀释剂型和无活性稀释剂型（纯无溶剂型涂料）。活性稀释剂是可以参与环氧树脂交联反应的低分子环氧化合物，它分子量小、黏度低，因此可以稀释环氧漆，降低其黏度，便于施工，但它具有挥发性，对施工人员的身体健康有影响，而且价格昂贵，提高了无溶剂型涂料的成本。纯无溶剂型涂料中不含活性稀释剂，无污染问题，成本低、售价低，可以降低工程成本。

（3）按用途和分散介质分类

各种用途的涂料按分散介质体系分类，包括溶剂型涂料、水性涂料和无溶剂型涂料。水性涂料和无溶剂型涂料一般被称为低挥发性有机物含量涂料（简称低 VOCs 含量涂料）。根据行业调研，建筑类涂料按用途和分散介质分类的情况见表 1-1。墙面涂料包括内墙涂料、外墙涂料、腻子，内墙涂料为水性涂料，外墙涂料分为水性涂料和溶剂型涂料，腻子为水性涂料。与其他用途的涂料不同，防水涂料除水性涂料和溶剂型涂料外，还包括反应型涂料。地坪涂料分为水性涂料、无溶剂型涂料和溶剂型涂料。功能性建筑涂料包括建筑防腐涂料、防火涂料，其中建筑防腐涂料又分为水性涂料和溶剂型涂料，防火涂料又分为水性涂料和溶剂型涂料。

表 1-1 建筑类涂料按用途和分散介质分类的情况

涂料大类	涂料小类	分散介质类型
墙面涂料	内墙涂料	水性
	外墙涂料	水性
		溶剂型
	腻子	水性
防水涂料	—	水性
		反应型
		溶剂型
地坪涂料	—	水性
		无溶剂型
		溶剂型
功能性建筑涂料	建筑防腐涂料	水性
		溶剂型
	防火涂料	水性
		溶剂型

1.2.1.2 不同分散介质建筑类涂料占比

近年来行业调研结果显示，内墙涂料、外墙涂料、防水涂料以非溶剂型涂料为主；地坪涂料、建筑防腐涂料、防火涂料中溶剂型涂料比例较高，高于 70%。内墙涂料中水性涂料的使用占比已基本达到 100%。外墙涂料中水性涂料的使用占比也已达到 98% 左右，只有在以下情况中会使用溶剂型涂料：一是在北方施工环境温度低于 5℃ 时，由于气候对施工条件的影响，不利于水性涂料施工，会使用溶剂型外墙涂料；二是少量对装饰性、耐候性、耐污染有特殊要求的市政工程会使用溶剂型涂料。防水涂料的发展趋势为水性化与无溶剂化，目前水性涂料占比较大，其次为反应型，溶剂型涂料主要用于施工温度较低的环境，已较少使用。地坪涂料目前仍以溶剂型涂料为主，水性涂料和无溶剂型涂料的使用比例还不高，虽然水性涂料和无溶剂型涂料都较溶剂型涂料环保，但溶剂型涂料由于其工艺、技术、性能、成本等方面的优势，在地坪涂料中仍然占有相当大的比例，不可能在短时间内被完全替代，至少在近几年仍将与水性涂料和无溶剂型涂料并存。建筑防腐涂料中由于水性涂料只能达到中低程度的防腐性能，目前仍以溶剂型涂料为主。防火涂料以溶剂型涂料为主。

我国目前使用的各类建筑类涂料不同分散介质占比情况见图 1-2。

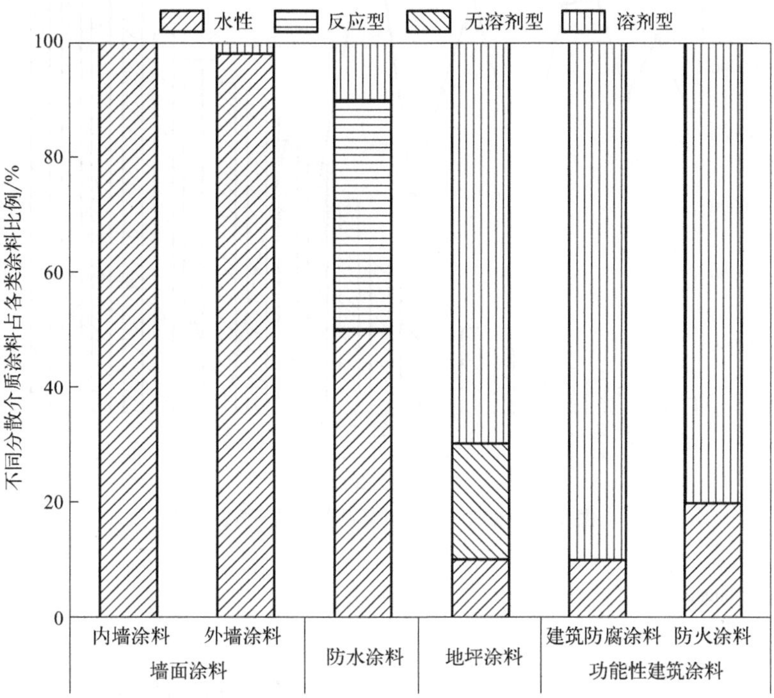

图 1-2 我国各类建筑类涂料不同分散介质占比情况

1.2.1.3 我国建筑行业现状

（1）新建房屋

建筑类涂料的使用与房地产开发投资、房屋施工面积和房屋竣工面积等密切相关。全国每年的房地产开发投资数据可从中国统计年鉴中获取，2000 ～ 2021 年我国房地产开发投资逐年增加，如图 1-3 所示，由 2000 年的 4984 亿元增加到 2021 年的 147602 亿元，21 年间增长了 28.6 倍。房地产开发投资增速呈现波动状态，2019 ～ 2021 年增长速度下降。房地产开发投资持续处于高位运行状态。

全国每年的房屋建筑竣工面积数据可以从中国统计年鉴中获取，2000 ～ 2021 年我国房屋建筑竣工面积如图 1-4 所示。由图 1-4 可知，全国房屋建筑竣工面积有较大幅度的增加，从 2000 年的 80714.9 万 m^2 增加到 2021 年的 408027.5 万 m^2，21 年间增长了 4.1 倍，2014 年达到最大值 423357.3 万 m^2，之后又有小幅度波动，但整体上维持高位运行。房屋建筑竣工面积会直接影响建筑类涂料消耗量，每年较高的房屋建筑竣工面积持续保持对建筑类涂料的刚性需求。

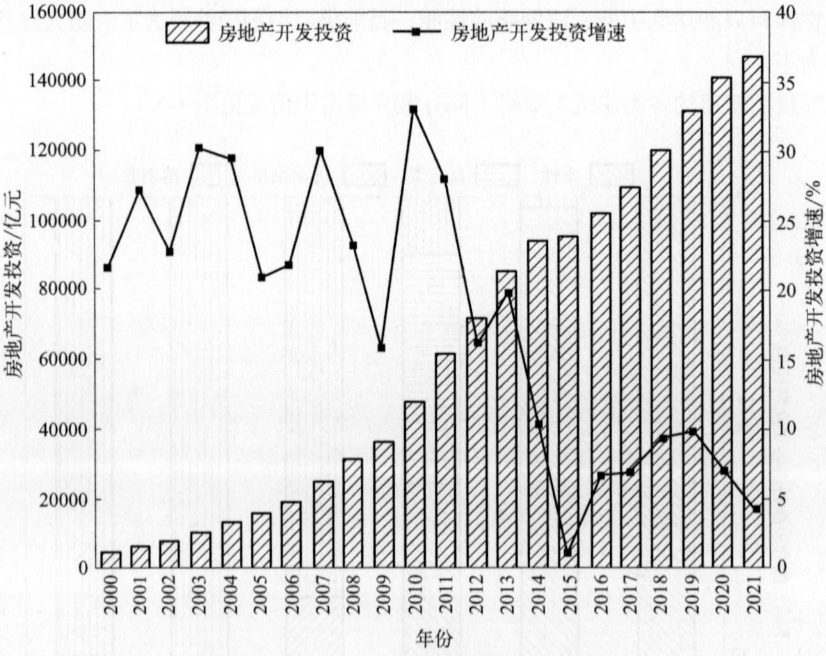

图 1-3 2000 ~ 2021 年我国房地产开发投资

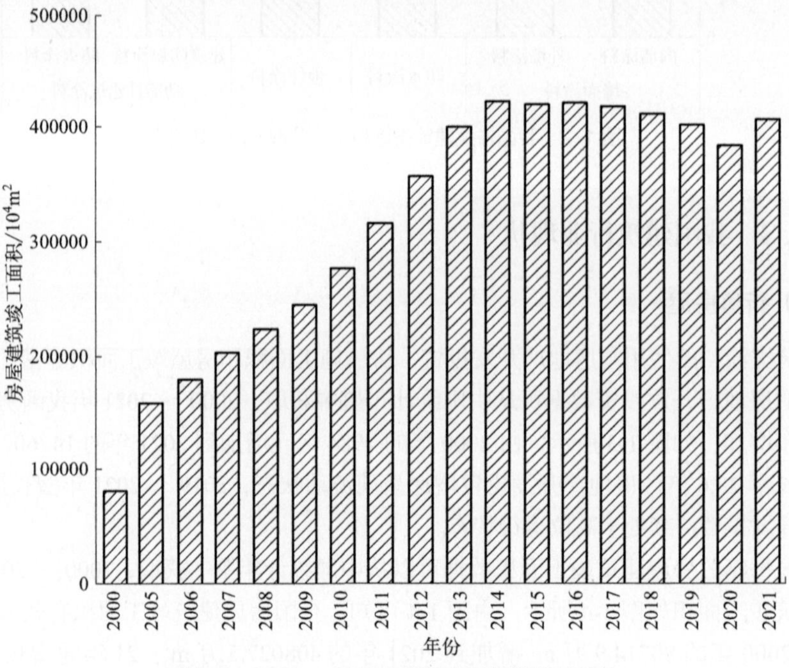

图 1-4 2000 ~ 2021 年我国房屋建筑竣工面积

(2) 二手房

北京市、上海市和深圳市2016～2017年二手房和新建商品住宅销售情况见表1-2。2016年，北京市、上海市和深圳市二手房与新建商品住宅销售比分别为5.7、7.9和4.6，可见北京市、上海市和深圳市市场都是以存量房（二手房）为主导。二手房的销售量直接影响旧房重涂翻新对建筑类涂料的需求。

表1-2 北京市、上海市和深圳市2016～2017年二手房和新建商品住宅销售情况

城市	房屋类型	2016年		2017年	
		销售/万套	二手房/新建商品住宅销售比	销售/万套	二手房/新建商品住宅销售比
北京	二手房	27	5.7	13.4	5.0
	新建商品住宅	4.7		2.7	
上海	二手房	36.3	7.9	14.9	5.0
	新建商品住宅	4.6		3	
深圳	二手房	18.8	4.6	7.4	2.8
	新建商品住宅	4.1		2.6	

1.2.1.4 我国建筑类涂料使用量

建筑类涂料使用量可根据我国房屋建筑竣工面积及相关数据进行测算。建筑类涂料使用量包括内墙涂料、外墙涂料、防水涂料、地坪涂料、建筑防腐涂料与防火涂料六类涂料使用量，内墙涂料和外墙涂料使用量又包括新建房屋内墙涂料与外墙涂料使用量和旧房重涂翻新内墙涂料与外墙涂料使用量。

(1) 内墙和外墙使用涂料比例

目前，国内常用的墙面装饰材料主要有石材幕墙、玻璃幕墙、外墙饰面砖、铝塑复合板、墙面涂料等，由于其他墙面装饰材料在应用过程中存在着各种各样的问题，随着建筑类涂料应用的普及，墙面涂料使用量所占比例逐年提高。2000～2016年我国内墙和外墙使用涂料比例如图1-5所示。

(2) 各种外墙涂料使用比例

目前，常用外墙涂料包括平涂涂料、真石漆和质感漆。根据行业调研结果及中国涂料工业年鉴数据，外墙涂料中采用真石漆与质感漆的涂刷面积比例已从2012年的16.0%增长到2016年的42.0%，年均增长率约为27.3%；采用平涂涂料的涂刷面积比例逐年下降。2012～2016年外墙采用平涂涂料与真石漆、质感漆涂刷面积比例如图1-6所示。

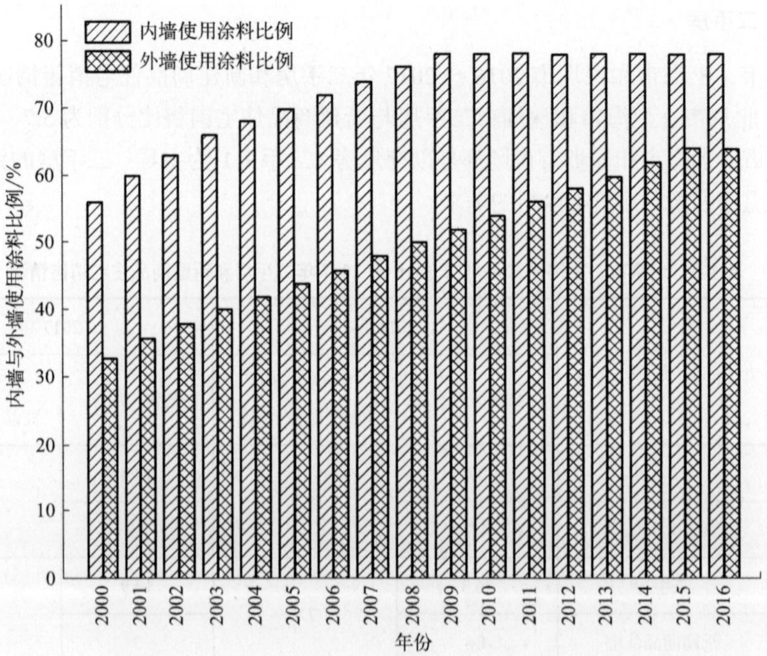

图 1-5 2000～2016 年我国内墙和外墙使用涂料比例

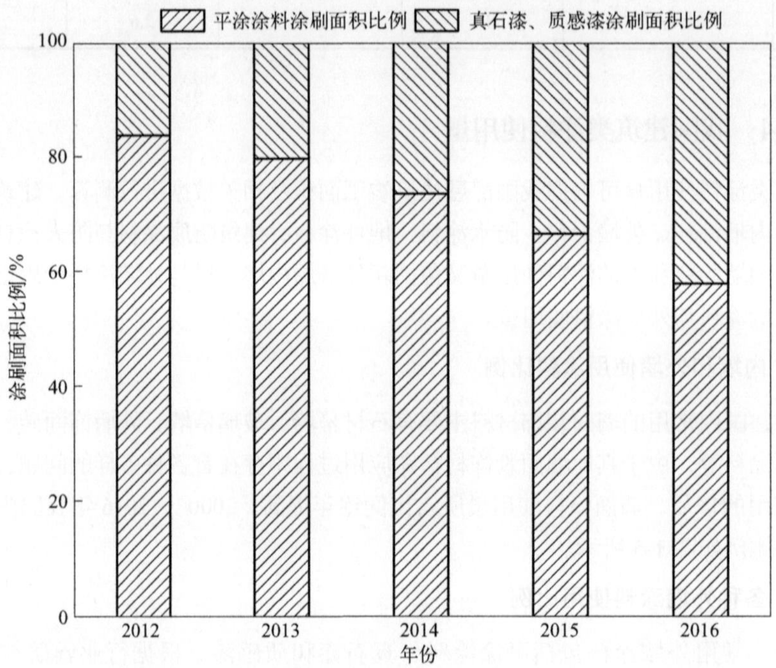

图 1-6 2012～2016 年外墙采用平涂涂料与真石漆、质感漆涂刷面积比例

（3）新建房屋内墙涂料与外墙涂料使用量

我国新建房屋内墙涂料与外墙涂料的使用量通过基准年全国房屋建筑竣工面积核算。

新建房屋内墙涂料使用量计算公式如式（1-1）所示，新建房屋外墙平涂涂料使用量计算公式如式（1-2）所示，新建房屋外墙真石漆与质感漆使用量计算公式如式（1-3）所示。外墙采用平涂涂料和真石漆、质感漆两种涂刷方式，涂装单位外墙面积使用涂料量相差较大，故采用不同计算公式。

$$A_{新建房屋内墙涂料}=\frac{B\times 2.5K_1\times 1.39}{6\times 10}=0.0579BK_1 \tag{1-1}$$

$$A_{新建房屋外墙平涂涂料}=\frac{B\times 0.7K_2W\times 1.35}{5\times 10}=0.0189K_2W \tag{1-2}$$

$$A_{新建房屋外墙真石漆与质感漆}=\frac{B\times 0.7K_2(1-W)\times 1.35}{0.375\times 10}=0.252K_2(1-W) \tag{1-3}$$

式中 $A_{新建房屋内墙涂料}$——新建房屋内墙涂料使用量，10^4t；

B——统计年鉴中的房屋建筑竣工面积，10^8m^2；

2.5——内墙面积与房屋建筑竣工面积的相关系数，内墙面积是房屋建筑竣工面积的 2.5 倍；

K_1——内墙涂料使用比例，%；

6——单位体积内墙涂料可以涂刷内墙面积，内墙涂料为平涂，1L 内墙涂料可以涂刷 6m^2 内墙，m^2/L；

1.39——内墙涂料密度，kg/L；

10——转换因子；

$A_{新建房屋外墙平涂涂料}$——新建房屋外墙平涂涂料使用量，10^4t；

0.7——外墙面积与房屋建筑竣工面积的相关系数，外墙面积是房屋建筑竣工面积的 70%；

K_2——外墙涂料使用比例，%；

W——外墙采用平涂涂料涂刷面积比例，%；

5——采用平涂涂料涂刷时单位体积外墙涂料可以涂刷外墙面积，1L 外墙涂料可以涂刷 5m^2 外墙，m^2/L；

1.35——外墙涂料密度，kg/L；

$A_{新建房屋外墙真石漆与质感漆}$——新建房屋外墙真石漆与质感漆使用量，10^4t；

0.375——采用真石漆或质感漆涂刷时单位体积外墙涂料可以涂刷外墙面积，1L 外墙涂料可以涂刷 0.375m^2 外墙，m^2/L。

采用以上公式得到 2012 ～ 2016 年全国新建房屋内墙与外墙涂料使用量，如图 1-7 所示。由图 1-4 和图 1-7 可见，2012 ～ 2016 年新建房屋内墙涂料使用量与房屋建筑竣工面积变化趋势一致，2014 年新建房屋内墙涂料使用量最大，2015 年和 2016 年因房屋建筑竣工面积下降而减少；由图 1-6 和图 1-7 可见，因真石漆与质感漆涂刷比例逐年增加，新建房屋外墙涂料使用量呈现逐年增加趋势。

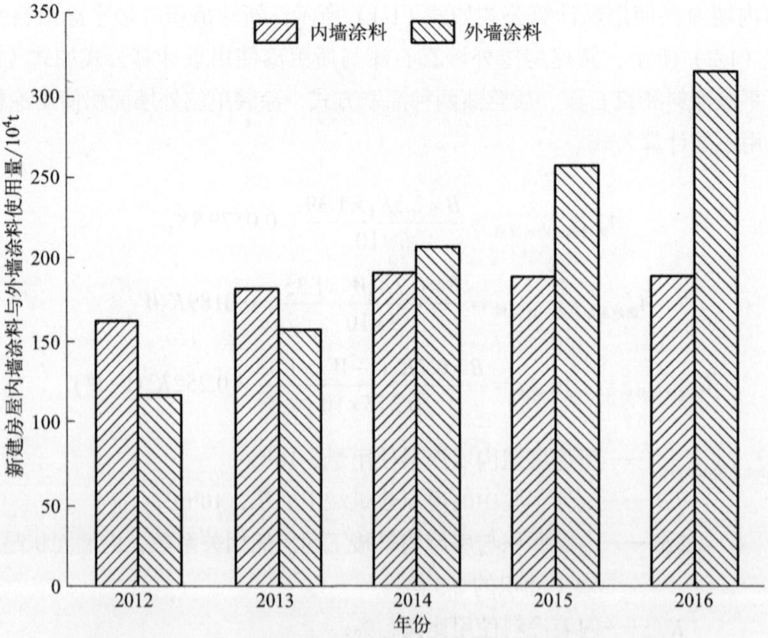

图 1-7　2012 ~ 2016 年全国新建房屋内墙涂料与外墙涂料使用量

(4) 旧房翻新内墙涂料与外墙涂料使用量

随着 20 世纪 90 年代末至 21 世纪初的巨量建筑墙面装饰开始老旧，加之近几年二手房交易量逐渐增加，建筑物内外的墙面翻新重涂需求正在快速扩大，旧房翻新重涂需要用大量内墙涂料与外墙涂料。旧房翻新市场作为蓬勃发展的新市场，已经成为我国建筑类涂料新的增长点，随着房地产市场的饱和，我国建筑类涂料市场的发展态势将逐渐向发达国家态势转变，主要由旧房翻新市场驱动。

内墙翻新受装修翻新周期、二手房交易量以及居民消费水平的影响。根据有统计数据以来的历年（从 1985 年开始）房屋建筑竣工面积、中国建筑科学研究院估测的“十二五”期间每年拆除面积及二手房交易情况等估测旧房翻新内墙涂料使用量。1985 年以来的房屋建筑竣工面积从统计局统计数据获取。中国建筑科学研究院估测，“十二五”期间，我国每年拆除的建筑面积约为 4.6 亿 m^2。建筑涂料专家曾预估 2013 年全国有 300 万套住宅需内墙翻新，以 1 套用 80kg 内墙涂料计，约需 24 万吨内墙涂料，而且估计之后几年内墙翻新需内墙涂料用量年增长速率约为 12%，根据此增长速率得到 2012 ～ 2016 年全国内墙翻新内墙涂料使用量，如图 1-8 所示。

外墙翻新主要受翻新周期的影响。根据历年（从 1985 年开始）房屋建筑竣工面积、每年房屋拆除面积及翻新周期估测旧房翻新外墙涂料使用量。外墙翻新周期一般为 10 年，但以 15 年作为一个翻新周期更符合实际情况，所以采用 15 年作为翻新周期进行核算，得到 2012 ～ 2016 年全国外墙翻新外墙涂料使用量，如图 1-8 所示。

(5) 其他种类涂料使用量

根据中国涂料工业年鉴数据、中国涂料行业“十三五”规划、林宣益研究结果、行业调研结果及近几年建筑涂料增长速率，得到 2012 ～ 2016 年全国防水涂料、地坪涂料、防火涂料与防腐涂料使用量，如图 1-9 所示。因近几年工业化和城镇化推进较快，各地基础设施发展较快，大型建筑如办公大楼、商场、医院、学校、展览馆、图书馆、体育馆、宾馆、机场、车站、剧院、工业厂房、仓库不断增加，对地坪涂料、防火涂料、防腐涂料需求量增长较快。

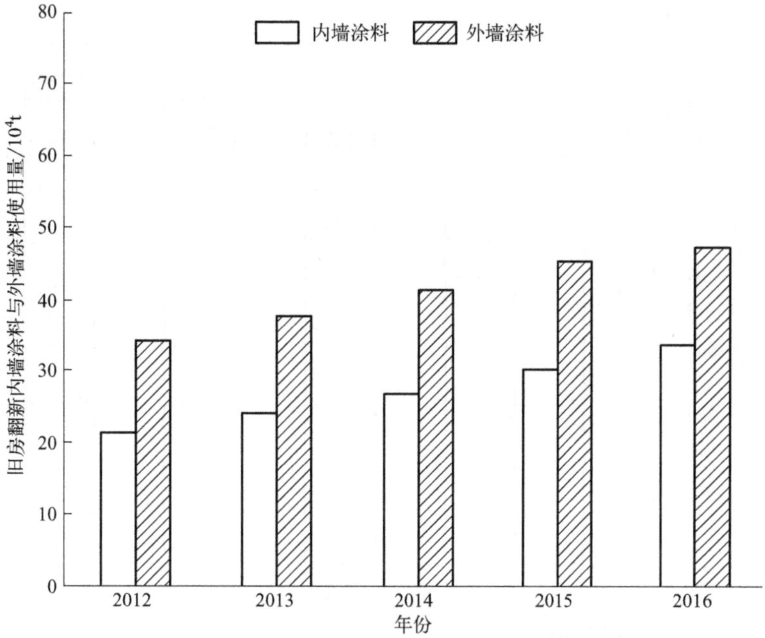

图 1-8 2012 ～ 2016 年我国旧房翻新内墙涂料与外墙涂料使用量

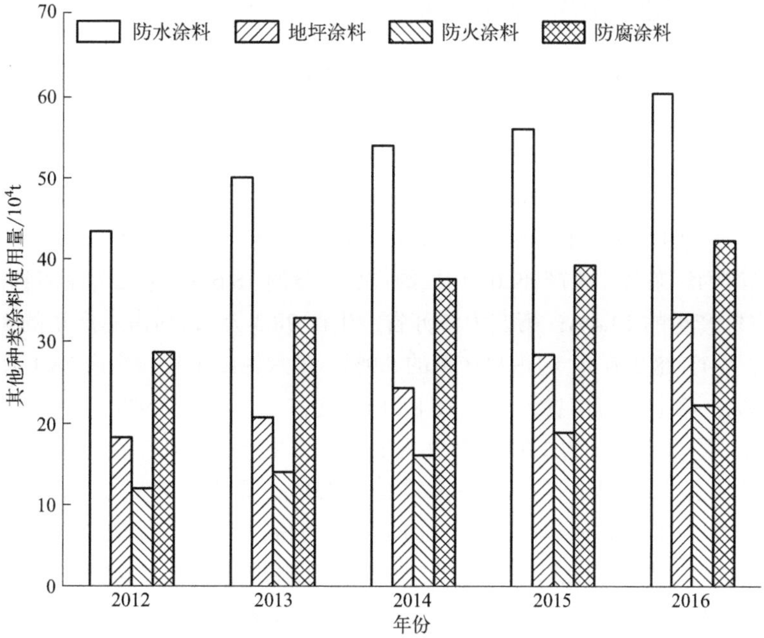

图 1-9 2012 ～ 2016 年我国其他种类涂料使用量

(6) 各类建筑类涂料总使用量

2012 ～ 2016 年我国各类建筑类涂料使用量如图 1-10 所示。由图可知，建筑类涂料总使用量逐年增加。

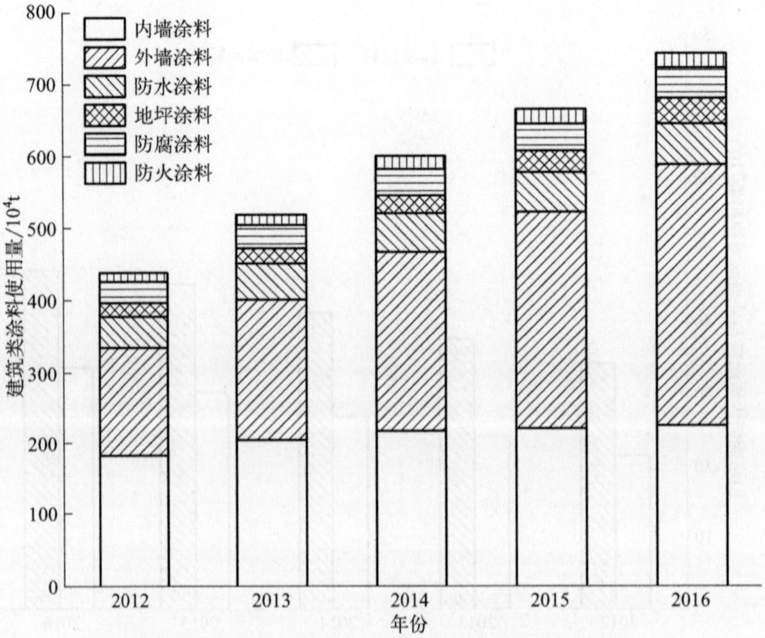

图 1-10 2012 ~ 2016 年我国各类建筑类涂料使用量

1.2.1.5 我国建筑类涂料产量分布

目前我国建筑类涂料生产企业主要集中在经济发展较快的长三角与珠三角地区，具有一定规模和影响的生产企业大部分集中在上海、广东、湖南等省（自治区、直辖市）。根据中国涂料工业协会对主要建筑类涂料生产企业的统计结果，2013 年我国各省（区、市）建筑类涂料产量及分布情况如图 1-11 与图 1-12 所示。由图可知，2013 年我国建筑类涂料总产量为 478.4 万 t，第一为上海市，产量最多，生产 95.8 万 t，约占总产量的 20.0%；第二为广东省，生产 89.0 万 t，约占总产量的 18.6%；第三为湖南省，生产 63.9 万 t，约占总产量的 13.4%；第四为江苏省，生产 38.3 万 t，约占总产量的 8.0%；第五为浙江省，生产 28.2 万 t，约占总产量的 5.9%；第六为山东省，生产 28.1 万 t，约占总产量的 5.9%；第七为河南省，生产 18.8 万 t，约占总产量的 3.9%；第八为北京市，生产 14.4 万 t，约占总产量的 3.0%；第九为安徽省，生产 14.3 万 t，约占总产量的 3.0%；第十为河北省，生产 14.1 万 t，约占总产量的 2.9%；第十一为福建省，生产 11.0 万 t，约占总产量的 2.3%；其他年产量小于 10 万 t 的省份产量总和为 62.5 万 t，约占总产量的 13.1%。长江三角洲和珠江三角洲地区建筑类涂料产量分别占全国总产量的 36.9% 与 37.6%，京津冀地区建筑类涂料产量占全国总产量的 6.6%。

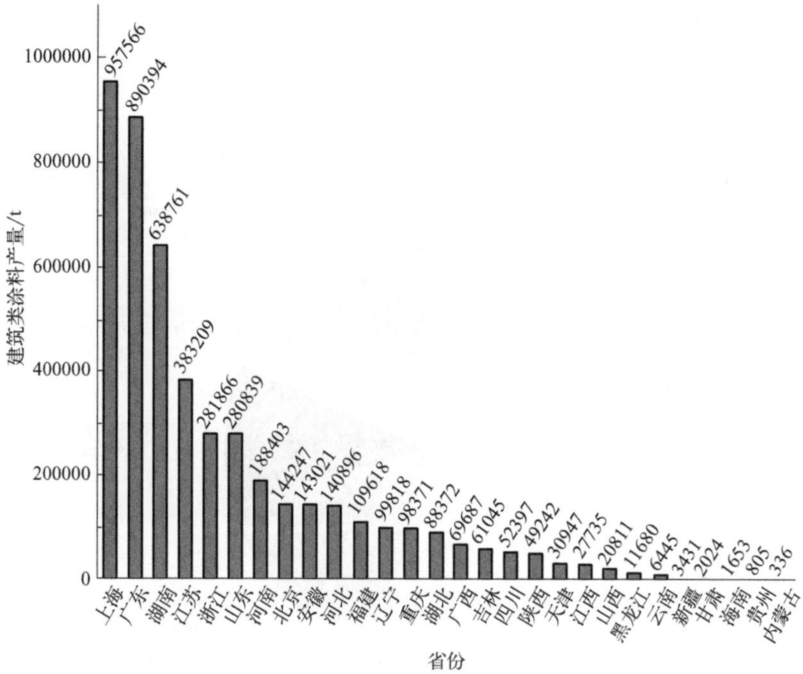

图 1-11 2013 年我国各省（区、市）建筑类涂料产量

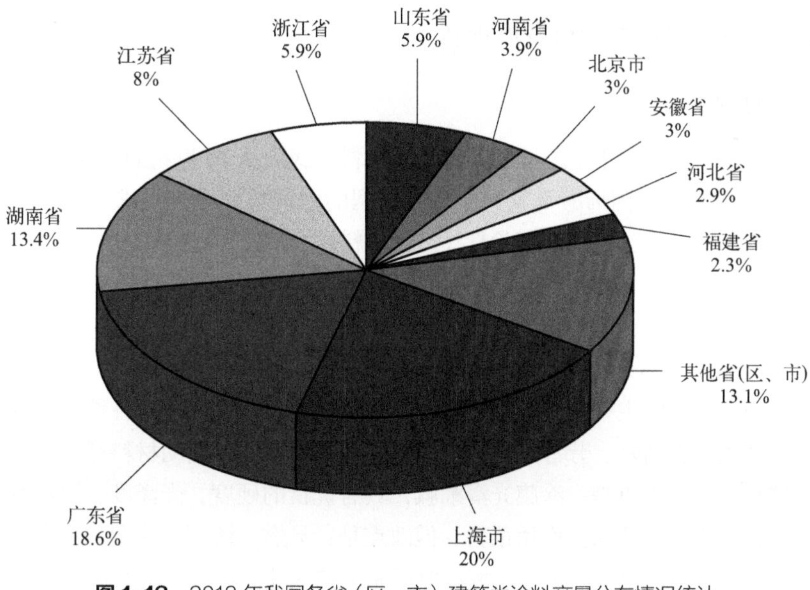

图 1-12 2013 年我国各省（区、市）建筑类涂料产量分布情况统计

根据中国涂料工业协会 2014 年建筑类涂料产量统计结果，从产量分布来看，2014 年我国建筑类涂料总产量为 516 万 t。其中，产量大于 20 万 t 的企业有 3 家，占建筑类涂料总产量的 17.3%；产量处于 10 万～ 20 万 t 的企业有 4 家，占建筑类涂料总产量的 11.4%；产量处于 8 万～ 10 万 t 的企业有 3 家，占建筑类涂料总产量的 5.4%；产量处于 5 万～ 8 万 t

的企业有5家，占建筑类涂料总产量的5.9%；产量处于3万～5万t的企业最多，有9家，占建筑类涂料总产量的6.8%。这24家企业产量占建筑类涂料总产量的46.8%。统计结果见图1-13。

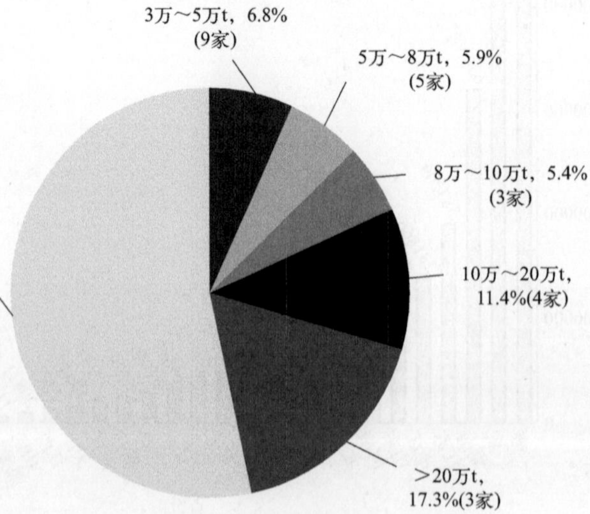

图1-13 2014年我国建筑类涂料产量企业分布情况统计

1.2.1.6 我国建筑类涂料发展现状

（1）内墙涂料

建筑内墙涂料是指用于室内墙面的建筑类涂料。我国从20世纪60年代就开发了聚醋酸乙烯及其共聚乳液、丙烯酸及其共聚乳液类型的建筑类涂料，完成了由平薄型涂料向厚质型涂料、多彩花纹涂料、梦幻涂料（幻彩涂料）、真石漆等高档装饰涂料的转化过程，形成了内墙涂料高、中、低档多层次并存的局面。

内墙涂料按照分散介质分为溶剂型内墙涂料和水性内墙涂料两大类别，其中水性内墙涂料又分为水溶性内墙涂料和乳胶漆。

溶剂型内墙涂料中主要成膜物质是高分子合成树脂，分散介质为各种有机溶剂，如醇类、醚类、酯类、脂肪烃、芳香烃等，配合一定量的颜填料及辅助材料经过分散、研磨加工而成。这种涂料的优点是：涂膜光滑细腻，具有优良的硬度、光泽度、耐水性、耐候性和耐酸碱性，对涂覆物的保护作用很强。但缺点是：易燃，溶剂易挥发，对人体和环境伤害较大，不环保。所以目前溶剂型内墙涂料已完全被水性内墙涂料所取代。

水溶性内墙涂料中主要成膜物质是聚乙烯醇，分散介质为水，加入一定剂量的颜料、填料和其他助剂而得。这类涂料成本低廉、牌号众多，作为内墙涂料的主要缺点是：耐水性差，受潮易剥落；耐久性差，长时间易黄变。因此，这类涂料属于低档次的内墙涂料。但其价格便宜、施工方便、无毒、无臭且透气性好的特点使得其在中低端产品中仍占有相当大的市场。1976年，上海市建筑科学研究院与上海南汇防水涂料厂联合试制成功的聚乙烯醇水玻璃涂料（俗称 106 涂料）是典型的水溶性内墙涂料，其中聚乙烯醇为水溶性高分子化合物；之后为改善耐水性，通过加甲醛与聚乙烯醇缩合反应，得到聚乙烯醇缩甲醛胶（又称 107 胶）；后又为降低 107 胶中游离甲醛含量以及改善其涂料的施工性能，加入少量尿素进行氨基化，研究出 801 建筑胶。以 106 胶、107 胶和 801 胶为基料生产的水溶性内墙涂料都属于较低档次的内墙涂料，正在被逐步取代。

乳胶漆也称合成树脂乳液内墙涂料。乳胶漆是以水为分散介质，以丙烯酸酯乳液、乙丙乳液（醋酸乙烯 - 丙烯酸酯共聚物）、苯丙乳液（苯乙烯 - 丙烯酸酯共聚物）、氯偏乳液（氯乙烯 - 偏氯乙烯共聚物）、聚醋酸乙烯乳液、VAE 乳液（乙烯 - 醋酸乙烯共聚物）、叔醋乳液（叔碳酸乙烯酯 - 醋酸乙烯酯共聚物）等为基料，同时加入适量的颜料、填料和其他辅助剂从而形成的乳液型涂料。它与水溶性内墙涂料相比，耐水性、耐候性大大提高，蘸水擦洗后不留痕，具有哑光、平光、高光等不同的装饰效果。乳胶漆既可以单独使用，也可以作为其他复合涂料的面漆，而且适用于各种材质的墙面，是建筑装饰较为理想的材料，属于中高档涂料。乳胶漆良好的施工性能和装饰效果使得其市场份额逐步增大。在几种常见的内墙乳胶漆中，丙烯酸酯乳胶漆与苯丙乳胶漆因其优异的耐水性、耐碱性及耐洗刷性能，具有较高的性价比，适用性强，已逐渐成为内墙涂料的主流产品类型。

（2）外墙涂料

外墙涂料的种类繁多，按照分散介质分为溶剂型外墙涂料和水性外墙涂料两大类别。详细分类见图 1-14。

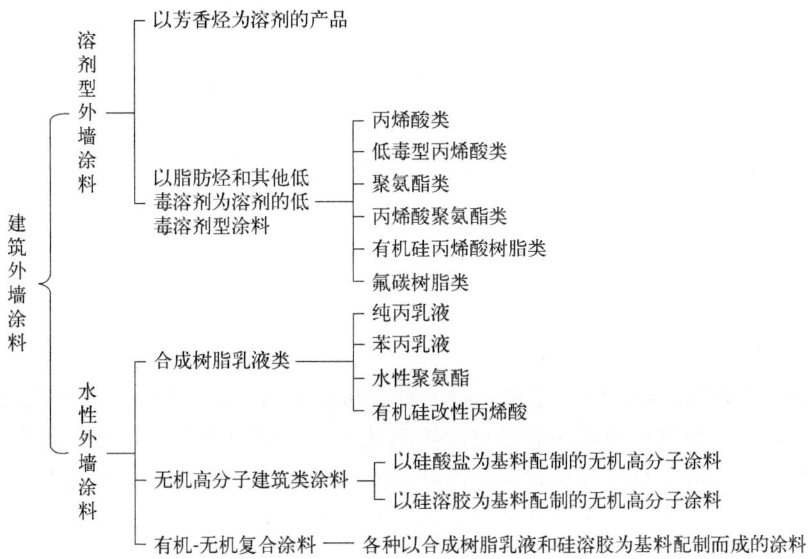

图 1-14 外墙涂料分类

溶剂型外墙涂料是以各种合成树脂作为主要的成膜物质，有机溶剂作为稀释剂，混合适量的颜料、填料和各种辅助剂，经过搅拌、溶解、研磨加工而成。优点是硬度好、光泽度高、耐水性好、耐腐蚀、耐沾污，使用年限高达十年以上。缺点是透气性差，不可用于潮湿的基层，含易燃、有毒的有机挥发物，不利于环保。尽管如此，溶剂型外墙涂料凭借性能上的优势，仍然在市场上使用。溶剂型外墙涂料主要分为两种：一种是以芳香烃为溶剂的产品，VOCs含量偏高，不环保，主要特点是硬度较高、涂膜丰满以及施工不受季节限制；另一种是以脂肪烃和其他低毒溶剂为溶剂的低毒溶剂型涂料，既保持了原有性能又减少了污染。低毒溶剂型涂料可以分为丙烯酸类、低毒型丙烯酸类、聚氨酯类、丙烯酸聚氨酯类、有机硅丙烯酸树脂类、氟碳树脂类。

水性外墙涂料是以水为分散介质，无毒无味且不燃的产品。综合性能比溶剂型涂料低。缺点是耐水性差，不可湿擦，表面容易脱粉。不过水性涂料价格低，施工方便，运输和存储方便，所以得到广泛的应用。一般要求的外墙装饰可以选择使用水性涂料。水性外墙涂料又分为合成树脂乳液类、无机高分子建筑类涂料、有机-无机复合涂料。合成树脂乳液类包括纯丙、苯丙、水性聚氨酯、有机硅改性丙烯酸等各种薄质及厚质涂料。无机高分子建筑类涂料包括各种以硅酸盐、硅溶胶为基料配制的无机高分子涂料。有机-无机复合涂料包括以各种合成树脂乳液和硅溶胶为基料配制而成的涂料。

溶剂型外墙涂料和水性外墙涂料各有所长，但近年来由于提倡环境保护，水性外墙涂料得到广泛的使用，在市场所占比例达到90%以上。以水为稀释剂或分散介质的水性涂料与有机溶剂型涂料相比，大大降低了有机化合物的使用量及其在使用过程中的挥发量，使其成为环境友好型材料。另外，建筑物外墙作为涂料的涂装基层，主要是水泥、混凝土、石膏板等亲水性材料，更利于与水性涂料的黏结，所以水性涂料在建筑外墙上的应用研究意义更大。涂料水性化的关键是在高分子化合物的分子上引入亲水性基团，如羧基、羟基、氨基、酰胺基、醚基等，从而获得水溶性树脂。水性外墙涂料中使用的树脂主要有聚氨酯树脂、聚丙烯酸树脂和氟树脂，分别可制成水性聚氨酯涂料、有机硅改性丙烯酸乳胶漆及水性氟涂料。但不能绝对地排斥溶剂型涂料，在发达国家，例如美国其溶剂型涂料的使用率仍为20%～25%。例如，优质HDI型聚氨酯丙烯酸外墙涂料、优质有机硅丙烯酸酯外墙涂料以及高耐候性含氟树脂外墙涂料，由于该类高性能溶剂型外墙涂料的耐候性、耐久性、装饰性好，因而可以减少重涂次数，从而也就相对地减少了对环境的污染。

（3）防水涂料

建筑防水涂料，简称防水涂料，是一种建筑防水材料。将涂料单独或与胎体增强材料复合后分层涂刷或喷涂在需要进行防水处理的基层表面上，即可在常温条件下形成一个连续、无缝、整体且具有一定厚度的涂膜防水层，从而能满足工业与民用建筑的屋面、地下室、厕浴间和外墙等部位的防水抗渗要求。防水涂料一般是以沥青、合成高分子聚合物、合成高分子聚合物与沥青、合成高分子聚合物与水泥、无机复合材料等为主要成膜物质，掺入适量的颜料、助剂、溶剂等加工制成，包括溶剂型、水乳型和反应型。

防水涂料按其成膜物质可分为沥青类、高聚物改性沥青类（亦称橡胶沥青类）、合成高分子类（又可分为合成树脂类、合成橡胶类）、水泥基类四大类（见表1-3）。

表 1-3　防水涂料分类

<table>
<tr><td rowspan="13">防水涂料</td><td rowspan="2">沥青类</td><td colspan="3">溶剂型</td><td>涂料</td></tr>
<tr><td colspan="3">水乳型</td><td>石灰膏乳化沥青、水性石棉沥青、乳化沥青、黏土乳化沥青等</td></tr>
<tr><td rowspan="2">高聚物改性沥青类</td><td colspan="3">溶剂型</td><td>氯丁橡胶沥青类、再生橡胶沥青类等</td></tr>
<tr><td colspan="3">水乳型</td><td>水乳型氯丁橡胶沥青类、水乳型再生橡胶沥青类等</td></tr>
<tr><td rowspan="7">合成高分子类</td><td rowspan="3">合成树脂类</td><td rowspan="2">单组分型</td><td>溶剂型</td><td>丙烯酸酯类等</td></tr>
<tr><td>水乳型</td><td>丙烯酸酯类等</td></tr>
<tr><td>双组分型</td><td>反应型</td><td>环氧树脂类、焦油环氧树脂类等</td></tr>
<tr><td rowspan="4">合成橡胶类</td><td rowspan="3">单组分型</td><td>溶剂型</td><td>氯磺化聚乙烯橡胶类、氯丁橡胶类等</td></tr>
<tr><td>水乳型</td><td>氯丁乳胶、丁苯乳胶、丙烯酸酯乳胶、硅橡胶类等</td></tr>
<tr><td>反应型</td><td>聚氨酯类</td></tr>
<tr><td>双组分型</td><td>反应型</td><td>聚氨酯类、焦油聚氨酯类、沥青聚氨酯类、硅橡胶类</td></tr>
<tr><td rowspan="2">水泥基类</td><td colspan="3">聚合物水泥类</td><td>丙烯酸酯水泥基复合防水涂料等</td></tr>
<tr><td colspan="3">无机盐水泥类</td><td>金属氧化物防水涂料等</td></tr>
</table>

① 沥青类防水涂料。是以沥青为基料配制而成的溶剂型或水乳型防水涂料。由于形成的涂膜较薄，一般不单独作为屋面防水涂料使用，而是作为防水施工配套材料使用。

② 高聚物改性沥青类防水涂料。是利用再生橡胶、合成橡胶或苯乙烯 - 丁二烯 - 苯乙烯嵌段共聚物（SBS）对沥青进行改性而制成的溶剂型或水乳型涂膜防水材料。高聚物改性沥青类防水涂料亦称为橡胶沥青类防水涂料，其成膜物质中的胶黏材料是沥青和橡胶。目前溶剂型的高聚物改性沥青类防水涂料所使用的有机溶剂不符合环保要求，逐渐被水乳型的替代。

③ 合成高分子类防水涂料。是以合成树脂或合成橡胶为主要成膜物质，加入其他辅助材料制成的单组分型或多组分型涂膜防水材料。合成高分子类防水涂料的种类很多，如聚氨酯（PU）、丙烯酸、硅橡胶（有机硅）、氯磺化聚乙烯橡胶、氯丁橡胶、丁基橡胶、偏二氯乙烯等防水涂料以及它们的混合物防水涂料。在我国建筑防水涂料中，应用范围最广、用量最大的是聚氨酯防水涂料。聚氨酯防水涂料是以聚氨酯树脂为基料制成的可现场施工的防水材料。聚氨酯防水涂料的分类方式多种多样，具体分类见表 1-4。

表 1-4　聚氨酯防水涂料分类

分类标准	种类
按多元醇的品种分类	聚酯型聚氨酯防水涂料
	聚醚型聚氨酯防水涂料

续表

<table>
<tr><th>分类标准</th><th colspan="3">种类</th></tr>
<tr><td>按多元醇的品种分类</td><td colspan="3">蓖麻油型聚氨酯防水涂料</td></tr>
<tr><td rowspan="3">按固化方式分类</td><td colspan="3">双组分化学反应固化型聚氨酯防水涂料</td></tr>
<tr><td colspan="3">单组分潮湿固化型聚氨酯防水涂料</td></tr>
<tr><td colspan="3">单组分空气氧化固化型聚氨酯防水涂料</td></tr>
<tr><td rowspan="3">按使用溶剂分类</td><td colspan="3">溶剂型聚氨酯防水涂料</td></tr>
<tr><td colspan="3">无溶剂型聚氨酯防水涂料</td></tr>
<tr><td colspan="3">水性聚氨酯防水涂料</td></tr>
<tr><td rowspan="5">按包装形式分类</td><td rowspan="2">单组分聚氨酯防水涂料</td><td colspan="2">焦油型聚氨酯防水涂料</td></tr>
<tr><td colspan="2">非焦油型聚氨酯防水涂料</td></tr>
<tr><td rowspan="2">双组分聚氨酯防水涂料</td><td colspan="2">焦油型聚氨酯防水涂料</td></tr>
<tr><td>非焦油型聚氨酯防水涂料</td><td>纯聚氨酯防水涂料、沥青聚氨酯防水涂料、炭黑聚氨酯防水涂料、彩色聚氨酯防水涂料</td></tr>
<tr><td colspan="3">多组分聚氨酯防水涂料</td></tr>
</table>

④ 水泥基类防水涂料。是指以水泥为主要成膜物质，或与有机高分子物质共同成膜的防水涂料。可分为两类：一类是无机盐水泥类防水涂料；另一类是聚合物水泥基复合防水涂料，也称 JS 防水涂料。

（4）地坪涂料

地坪涂料是指涂装在水泥砂浆、石材、塑胶或钢材等地坪基面上，对地面起装饰和防护作用以及其他特殊功能（如抗静电、耐腐蚀、防滑）的涂料。

根据材料组成不同，广义的地坪材料分为无机地坪材料和有机地坪材料。无机地坪材料以砂浆类自流平产品为主，可分为水泥基地坪材料和石膏基地坪材料。通常所称的地坪涂料主要是指有机地坪材料。地坪涂料有不同的分类方法，按其成膜物质分为环氧地坪涂料、聚氨酯地坪涂料、丙烯酸地坪涂料和其他地坪涂料；按其用途分为普通地坪涂料、防静电地坪涂料、可载重地坪涂料、防腐蚀地坪涂料、防滑地坪涂料、弹性地坪涂料和其他地坪涂料；按其分散介质分为水性地坪涂料、无溶剂型地坪涂料、溶剂型地坪涂料和聚合物水泥基复合地坪涂料。

国际上地坪涂料的研究和应用具有较长的历史，尤其在发达国家，如美国、日本、法国等。随着西方对环境保护的重视程度越来越高，各国制定了严格的法律法规，如美国《清洁空气法》（CAA）、欧洲《化学品注册、评估、许可和限制法规》（REACH 系列法规）等。由于溶剂型地坪涂料在生产、施工和固化过程中会释放大量的挥发性有机物，而无溶剂型地坪涂料符合环保理念，挥发性有机物排放很少，所以国外地坪涂料已逐渐过渡到以无溶剂型为主，溶剂型占比已非常少。

目前国内地坪涂料70%左右是溶剂型的，水性、高固体、无溶剂及粉末涂料等低污染环保涂料所占比例很小，而低污染环保涂料正是当今地坪涂料发展的趋势。地坪工程以薄涂为多，虽然有厚度大于1mm的厚涂型涂装系统，但大多还是将溶剂型涂料加骨料搅拌成砂浆使用，涂层性能欠佳。但是，近几年国内高固体分地坪涂料和无溶剂型地坪涂料也已经逐渐开始使用，如环氧自流平涂料，它使用小分子的环氧树脂作为成膜树脂，涂料的黏度低、流平性好，无论是外观还是机械强度都符合使用要求，逐渐被广大客户接受。目前，国内无溶剂型地坪涂料产品主要发展趋势有无溶剂环氧地坪涂料和无溶剂聚氨酯地坪涂料。无溶剂环氧地坪涂料无涂膜厚度限制，固化速度也不受影响，不仅具有优良的耐水、耐油污、耐化学品腐蚀等化学特性，而且附着力好，机械强度高，能一次涂成厚膜，一次成膜可达1mm，是普通涂料的10～20倍，可大大缩短施工周期，并且自流平效果好，施工方便，是现代工厂理想的地坪涂料。无溶剂聚氨酯地坪涂装体系常简称无溶剂PU地坪涂装体系，可分为硬PU地坪涂装体系、软PU地坪涂装体系（弹性PU地坪涂装体系）和运动场PU地坪涂装体系。目前，国内使用的水性地坪涂料按树脂不同主要分为水性环氧地坪涂料、水性聚氨酯地坪涂料和水性丙烯酸交联地坪涂料（水性EAU地坪涂料）3种。其中，最具代表性的为水性环氧地坪涂料。水性环氧地坪涂料是一种以环氧树脂为成膜物质，加入水性环氧固化剂、颜填料、活性稀释剂、水、增稠剂、分散剂、润湿剂、消泡剂、流平剂和水性色浆等助剂制备而成的涂料。

（5）防腐涂料

建筑防腐涂料是指能延缓或防止建筑物材料腐蚀的涂料，由成膜物质、颜料、填料、溶剂和助剂等组成，其突出特点是厚膜化和长寿命。防腐涂料是涂料的一个重要分支，虽然其发展趋势和涂料工业的发展是一致的，但也有其自身的特点。通常，防腐涂料分为常规防腐涂料和重防腐涂料。常规防腐涂料是在一般条件下，对金属等起到防腐蚀的作用，保护有色金属的使用寿命的一类防腐涂料；重防腐涂料是指相对常规防腐涂料而言，能在相对苛刻的腐蚀环境里应用，并能达到比常规防腐涂料更长保护期的一类防腐涂料。

国外于18世纪40年代之际开始认识到了防腐的重要性。从18世纪末到19世纪初这一段时间，国外逐步摸索发展出一套较为完整的、行之有效的防腐方法，而且将其一直沿用到20世纪中期。第二次世界大战后，一系列高聚物的出现带动了整个防腐涂料工业的发展。而后在对船舶、桥梁等防腐过程中，为了节约材料和设备管理费用，提高工作效率，需要用到重防腐涂料。在这样的背景下，20世纪50～60年代，有人提出了重防腐涂料的概念。经过近50年的摸索开发及应用，重防腐涂料在欧洲、美国、日本等国家和地区的技术、施工、维护、监督、验收等方面已经建立完善、规范的系统。随着石油化学工业的进一步发展，以及人们对环保意识的日益提高，重防腐涂料的发展方向发生了一定变化。我国防腐涂料虽然发展起步较晚，但是发展较为迅速，不过与国际水平相比还有一定的差距。

防腐涂料在我国各行各业中发挥了很大作用，为提高涂层耐蚀性能，可以通过合成新的高性能的高分子材料制备出具有优异耐蚀性能的新型防腐涂料。研究指出，我国未来防腐工业的发展方向为开发可用于换热器的常温固化耐热防腐涂料，开发可常温固化且施工便利的防腐涂料，开发氯化橡胶系列防腐涂料的替代品，开发鳞片状防腐涂料，开发有机硅改性无机防腐材料。总之，防腐涂料将向着绿色化、厚膜化、高耐久性、低成本、易施工的方向发展。

近年来，人们的环保意识逐步增强，各国对 VOCs 的危害性日趋重视，制定出各种法律法规限制 VOCs 的排放，含有机溶剂和重金属的防腐涂料的使用被限制，溶剂型防腐涂料的发展受到了局限。水性防腐涂料因采用水作溶剂或稀释剂，它克服了传统的溶剂型防腐涂料高 VOCs、易燃的缺点，无毒无味，环保安全，使用方便，同时，用水代替有机溶剂不仅节约了资源，也降低了生产成本，越来越受人们的青睐。但是，水性防腐涂料较溶剂型防腐涂料的配方相对复杂，一般包含多种助剂，而这些助剂通常对涂膜的性能产生影响，导致涂膜的性能下降，尤其是耐腐蚀性与耐水性。然而，防腐涂料对涂层的耐腐蚀性及耐水性都有较高要求，因此发展水性防腐涂料难度较大，其发展比其他水性涂料缓慢。

水性防腐涂料的发展经过以下几个阶段：

① 在其发展初期，并没有将环境友好作为重点研究方面，另外可供水性涂料体系研究用的树脂较少；

② 1965 年，出现了苯丙共聚乳液，同时逐步形成了典型的防腐涂装体系；

③ 1978 年左右，人们开始关注到红丹等防锈颜料对环境及社会造成的危害，研究新型低毒的防锈颜料成为热点；

④ 1985 年以后，随着人们对产品性能要求的提高，逐步出现了具有优异物理和化学性能的水性涂料，如水性双组分聚氨酯防腐涂料、水性环氧防腐涂料。

水性防腐涂料最先被应用于建筑领域，后来被推广至钢结构防腐方面，有效地降低了腐蚀造成的经济损失。水性防腐涂料主要有水性环氧防腐涂料、水性丙烯酸防腐涂料、水性无机硅酸富锌防腐涂料和水性聚氨酯防腐涂料 4 种。这 4 种水性防腐涂料既可以单独使用又可以配套使用。其中，最具代表性的是水性丙烯酸防腐涂料和单组分水性聚氨酯防腐涂料。水性环氧防腐涂料对不同种类的底材具有很好的附着力，涂层耐化学腐蚀性好，固含量较高，有机挥发物含量低，以水作分散剂环保且价格低廉，方便储存和运输，涂膜具有干燥速度快的特点，但其易粉化，耐候性差，高温下耐强腐蚀性介质的能力差。水性丙烯酸防腐涂料体系分为底漆、面漆和中漆。其中面漆的耐候性、耐紫外线性、耐水性很好，而且不泛黄，使用温度可低至 5℃；面漆可以和水性环氧防腐涂料或者水性丙烯酸底漆、中漆配套使用，亦可涂刷在溶剂型涂料的涂层上面，形成复合型涂料体系。水性丙烯酸防腐涂料的保光性优异，以水为分散剂安全且环保，但其在高温下易返黏、低温下易脆裂。水性无机硅酸富锌防腐涂料以无机聚合物为基料，和锌粉发生反应，可以在基体表面形成络合物，起到防护作用；涂料复配灵活，而且耐腐蚀性和耐磨性优异，有文献指出，无机硅酸富锌涂料是富锌涂料中耐腐蚀性、耐候性最长的一种，其使用寿命最长可达 50 年；环境友好，零 VOCs 排放。但其对基材的表面处理具有较高要求，涂层的微观多孔致使其屏蔽性差，电化学极化率增大，导致涂层过早失效，由于黏度高故易凝胶，稳定性差。水性聚氨酯防腐涂料不仅具有溶剂型聚氨酯防腐涂料良好的韧性、弹性和对各类底材良好的黏附性等优点，而且安全、环保，同时涂饰表面不易被损坏，但其具有耐化学性、耐溶剂性和耐水性差的缺点，并且硬度低、固含量低，需外加增稠剂。

近几年来，通过研究防腐机理，优化改性方法，水性防腐涂料的研究取得了很大突破，但目前溶剂型防腐涂料仍占据大部分市场，原因及改善方法如下：

① 水性涂料的耐水性和对基体的润湿性很难同时兼顾，克服单一体系的缺陷，提高涂料的综合性能是亟待解决的问题；

② 因污物易使涂膜产生缩孔，水性涂料在施工过程中对基材表面清洁度要求过高，提高施工性能成为其广泛应用的前提；

③ 水性涂料对原材料和制备工艺要求高，未来需要在保证其原有优良防腐性能的前提下，降低成本，推动产业化。

（6）防火涂料

防火涂料是用于可燃性基材表面，能降低被涂材料表面的可燃性，阻滞火灾的迅速蔓延，提高被涂材料耐火极限的一种功能性建筑类涂料。防火涂料不仅具有普通涂料的装饰作用，而且能对基材提供物理保护，因此其应用领域很广，如在公用建筑、车辆、飞机、仓库、船舱、古代建筑、钢材、混凝土、隧道、电器、电缆电线、包装等方面都得到广泛的应用。防火涂料用于建筑的防火保护，对防止初期火灾和减缓火势的蔓延扩大，给消防人员赢得抢救时间，保障国家和人民生命财产的安全有重要的意义。

防火涂料有不同的分类方法：

① 按防火涂料的分散介质分为水性防火涂料和溶剂型防火涂料。水性防火涂料的分散介质是水，涂料施工后，从涂膜中挥发出来的是水和少量助剂；溶剂型防火涂料的分散介质是有机溶剂，涂料施工后，从涂膜中挥发出来的有机溶剂多为有毒有害物质。

② 按防火涂料的燃烧特性分为膨胀型防火涂料和非膨胀型防火涂料。膨胀型防火涂料在常温下与普通涂膜没有区别，遇火后很快产生海绵状炭质层，厚度是原来的几十倍至上百倍，有效地隔离热源和基材，达到防火和阻燃的目的；非膨胀型防火涂料受热时厚度不发生变化，而是形成一层保护分割层。

③ 按防火涂料的基料组成成分分为无机防火涂料和有机防火涂料。无机防火涂料主要以硅酸盐和磷酸盐类化合物等无机物作为基料，具有环保和低成本的优点，并且在高温作用下不会产生大量有毒有害气体，同时还能吸附和降解被保护材料产生的有害气体，但是大部分无机防火涂料存在耐水性差、涂膜易龟裂等缺点，限制了其应用范围；有机防火涂料以难燃的有机聚合物作为基料，高温或遇火时能够释放惰性气体，形成炭化隔离层，隔离火源和基材，实现阻燃目的。

④ 按防火涂料的使用对象分为饰面型防火涂料、电缆防火涂料、钢结构防火涂料和预应力混凝土楼板防火涂料。饰面型防火涂料集装饰和防火功能于一体，平时起装饰作用，一旦发生火灾起阻止火势蔓延的功能；电缆防火涂料耐候性较好，涂层较薄，保护电缆，防止火灾；钢结构防火涂料喷涂在钢结构表面，防止钢材在火灾中迅速升温变形，失去支撑力；预应力混凝土楼板防火涂料用于涂覆建筑物预应力混凝土楼板下表面，形成耐火隔热保护层以提高其耐火极限。

⑤ 按涂层厚度分为厚涂型防水涂料、薄涂型防水涂料和超薄型防水涂料。厚涂型防

火涂料的涂覆厚度一般在 8 ～ 50mm，主要依靠涂层自身的不燃性和较低的导热性来保护基材如钢结构、混凝土梁等，有效提高其耐火极限至 0.5 ～ 3h，并具有不腐蚀基材、不产生烟气和有害气体等优点，缺点是对施工工艺要求高，如涂层干燥固化不好，会导致断裂脱落；薄涂型防火涂料的涂覆厚度一般在 3 ～ 7mm，遇火能膨胀发泡形成隔绝层，达到阻燃的目的，耐火极限 0.5 ～ 2.5h，施工相对方便，并更具装饰性；超薄型防火涂料的涂覆厚度一般＜ 3mm，主要应用于钢结构，耐候性差。

防火涂料中含有大量的挥发性物质，在应用过程中和使用后很长一段时间内不断挥发出来，直接影响空气质量，严重危害人们健康。因此，对防火涂料中有毒有害物质、挥发性物质的定性、定量分析非常重要。溶剂不同，其中挥发性物质的种类和含量也有很大不同，以下分别讨论水性防火涂料和溶剂型防火涂料中可能存在的有毒有害物质。水性防火涂料一般以水为分散介质，常用的成膜物质主要有聚丙烯酸酯乳液、聚醋酸乙烯乳液、氯丁胶乳液、水溶性三聚氰胺甲醛树脂、苯丙乳液、水性环氧树脂、聚乙烯醇等，阻燃剂采用膨胀型阻燃剂，助剂包括增稠剂、乳化剂、增韧剂、分散剂、颜填料等；有机成膜物质和助剂可能带来的有害物质有挥发性有机化合物、游离甲醛、苯、甲苯、乙苯、二甲苯、卤代烃等；无机成膜物质和助剂可能带来的有害物质有可溶性重金属和放射性污染。溶剂型防火涂料以有机溶剂为分散介质，主要成膜物质一般选用氯化橡胶、过氯乙烯、氨基树脂、酚醛树脂等，溶剂选择 200 号溶剂汽油、松节油、醇类（乙醇、丁醇）、醚类（丙二醇的单醚或醚酯）、酮类（丁酮、甲乙酮）、甲苯、二甲苯、苯乙烯等；其溶剂挥发气味很大，挥发性物质较多，对人体健康和生态环境具有严重的危害，因此对溶剂型防火涂料中有害物质的含量应严格控制，溶剂型防火涂料中可能存在的有害物质有挥发性有机化合物、苯、甲苯、乙苯、二甲苯、卤代烃和可溶性重金属等。

（7）保温隔热涂料

保温隔热涂料是涂刷在被施工表面能起到隔热保温作用的涂料。其功能定位要求其既具有涂料的基本特性，又具有保温材料的特点。保温隔热涂料按使用场合分为透明保温隔热涂料和非透明保温隔热涂料；按保温隔热机理分为阻隔性保温隔热涂料、反射性保温隔热涂料和辐射性保温隔热涂料。

保温隔热涂料具有以下优点：

① 热导率低，保温隔热性能好；

② 黏结强度高，附着力强；

③ 阻燃防火性能好，耐热性能佳；

④ 生产工艺简单，能源消耗少；

⑤ 可操作时间长，干燥时间快，既方便施工又缩短了施工周期；

⑥ 施工简单且选择方式多，可采用刷涂、抹涂和刮涂的方式或者将几种方式相结合。

因此，保温隔热涂料的应用范围越来越广，因其高效节能的效果已经得到了各行各业的普遍关注。该类涂料主要应用在高温蒸汽管道、石油化工管道、印染机的表面等，经干燥后形成综合性能优异的保温隔热层，保温隔热涂料在建筑物及军用航空领域等方面也得到了广泛应用，特别适用于建筑外墙表面及飞行器的弹头等，如建筑外墙的保温隔热及弹药柱的耐烧蚀保温隔热。

我国保温隔热涂料的研究较国外晚，20 世纪 80 年代末才有相关报道，而且当时所研究的保温隔热涂料的品种和用途单一，主要是应用于一些形状不规则的高温管道和设备的表面。投入应用的商品有“涂敷型复合硅酸盐绝热材料”“复合硅酸盐保温涂料”“硅酸镁保温材料”“稀土保温涂料”等。由于这类保温隔热涂料需要耐高温，因而一般使用能够耐一定温度的无机硅酸盐类材料，例如水泥和水玻璃等。而且所使用的绝热填料也主要是一些硅酸盐类的轻质填料，例如石棉纤维、膨胀珍珠岩和海泡石等，因此这类涂料也被称为“硅酸盐复合保温隔热涂料”，这类保温隔热涂料绝大部分是膏状产品。

随着建筑节能日益受到重视，到 20 世纪 90 年代初，人们开发了用于内墙墙面的保温隔热涂料，此时，因为该涂料所应用的环境温度较低，一般为室温，所以所用的基料也发生了改变，主要采用聚乙烯醇缩醛胶、合成树脂乳液等有机基料，有些涂料还采用有机材料作为绝热填料，例如聚苯乙烯泡沫颗粒，并适量使用了废弃材料，在降低了涂料成本的同时，还提高了涂料的保温隔热性能。

近年来，建筑保温隔热涂料开始由内墙保温隔热向外墙保温隔热方面发展。目前，外墙保温隔热越来越受到重视，涂料也开始从石膏状向粉状转变。随着能源危机的日益严峻，建筑节能要求的日益严格和国家政策的扶持，建筑保温隔热涂料尤其是外墙保温隔热涂料将会得到更好的发展。近年来，我国建筑保温隔热涂料的研究也取得了一些成果，很多企业和研究单位都相继推出了建筑保温隔热涂料产品，尤其是反射性保温隔热涂料发展较快，相关的研究报道也很多。刘先春采用改性丙烯酸醇酸树脂为主要成膜物质，并选用合适的颜料、溶剂和助剂制备了表面隔热涂料，这种涂料的物理性能、化学性能较好，亮度较高，对太阳光的热反射率高，应用于建筑物后能够明显降低房屋表面和室内的温度。天津市建筑材料科学研究院采用硼硅酸盐空心玻璃微珠制备了太阳光热反射率较高的反射性保温隔热涂料。目前国内反射性保温隔热涂料基本为溶剂型，虽然溶剂型的反射性保温隔热涂料的反射率较高，但随着人们环保意识的增强和政府对环保的日益重视，水性反射性保温隔热涂料也得到了一定的发展。王晓等采用水性聚氨酯为成膜物质研制了一种太阳热反射性船壳涂料，该涂料的反射隔热性能能够媲美同样体系的溶剂型隔热涂料；张敏采用鳞片状铝粉为颜料制备了一种综合性能优良的水性反光隔热罩面涂料，经鉴定当气温高达 37℃时涂层内部可以降温 12℃左右。

1.2.1.7 我国建筑类涂料发展挑战

我国建筑类涂料发展面临如下几个方面的挑战。

首先，增长方式转变。我国建筑类涂料市场由房地产投资和旧房翻新驱动，房地产投资是建筑类涂料发展的第一驱动力，建筑类涂料产量增速基本与房地产投资增速形影相随，旧房翻新是建筑类涂料发展的新动力。建筑类涂料增长动力从房地产投资驱动逐步向房地产投资和旧房翻新共同驱动转变，房地产投资驱动力逐步减弱，旧房翻新驱动力将逐步增强，并将逐步过渡至以旧房翻新驱动为主，旧房翻新市场潜力巨大。

其次，建筑类涂料面临行业转型，企业集中度进一步提高。我国建筑类涂料产量主要集中在年主营销售收入在 2000 万元以上的二三百家企业中。建筑类涂料企业集中度进一步提高，品牌在营销中的作用日益扩大，小型建筑类涂料企业生存压力不断增大，市场反应、经营管理、品牌和兼并等是提高集中度的强力推手。从技术、品牌知名度和市场占有率上讲，现在的民族涂料品牌暂时还不能和外国涂料品牌站在同一行列。民用建筑类涂料市场主体由立邦、英国帝国化学工业公司等跨国公司在中国的独资公司所控制，两大公司的涂料产量占全国涂料总产量的近1/3。国内建筑类涂料企业急需提升产品质量，提高品牌知名度，才能在激烈的竞争中生存下来。

再次，研发投入不足。有专家表示，目前我国涂料行业的科研经费不到销售总额的1%，长期沉湎于模仿，产品超过90%雷同，同质化现象严重。据了解，在“十二五”期间，我国涂料行业每年投入科研开发的经费平均占销售总额的2%，无法与发达国家的5%以上相比。而且，我国目前涂料业“引进多于原创”，即使是创新也仅仅只是模仿性创新，所制造出的产品在质量方面并没有提高。虽然我国已经是世界上涂料第一生产大国，但是我国涂料企业生产出来的产品大多处于中低端水平。可以毫不夸张地说，具有自主知识产权、处于国际领先水平的涂料企业在国内屈指可数。

最后，环保要求日益严格，国家和各地颁布实施一系列环保法规。2015年1月26日，财政部联合国家税务总局发布《财政部 国家税务总局关于对电池、涂料征收消费税的通知》(财税〔2015〕16号)，自2015年2月1日起，对电池、涂料征收消费税，适用税率均为4%，对施工状态下VOCs含量低于420g/L（含420g/L）的涂料免征消费税。此后，《中华人民共和国大气污染防治法》《高污染、高环境风险产品名录（2015年版)》《中华人民共和国环境保护税法》《涂料行业污染物排放标准》《涂料行业规范条件》的发布，都显示出国家对涂料行业发展的日益重视，同时也督促涂料行业朝着更加健康和可持续的方向发展。2017年，国家和各地对建筑类涂料企业生产环节的管控空前严格，环保巡检力度大，一些建筑类涂料企业因未达标被关闭，一些因违规被处罚，建筑类涂料企业的转型升级在路上。环境治理是我国的长期任务，政府对建筑类涂料生产过程的环境管控要求和消费者对建筑类涂料产品的环保要求将继续趋严，并成为新常态，给建筑类涂料企业的生存与发展带来巨大的压力，建筑类涂料企业要把环境压力转变为转型发展的动力。

建筑类涂料产品创新、互联网+营销模式创新、涂装创新、市场开发创新（如重涂和外墙外保温体系的维修翻新）等成为企业求生存和谋发展的必然选择。

1.2.1.8 我国建筑类涂料发展趋势

据行业统计，我国建筑类涂料总产量由2000年的56.3万t增加到2017年的630万t，17年间建筑涂料产量增长了10.2倍。2000～2013年平均产量增速达18%左右，2014年开始，建筑类涂料发展速度放缓，2014年产量增速降为8%，2015年又进一步降为4%，失速快于预期，2016年与2017年增长率分别为7.2%和9%，产量增速又有所回升。据统计，2013年我国进口涂料17.5万t，出口涂料17.3万t，仅占全国涂料产量的1.3%，因此我国涂料基本是国内自产自销的。建筑类涂料行业是市场化的，基本上以销定产，有订单就生产，无订单就歇业，进出口也不多，产量近似地被看成销量，不会有太大误差。

2016 年 3 月 22 ～ 23 日，由中国涂料工业协会主办的以“宣介‘十三五’，推动中国涂料绿色可持续发展”为主题的“2016 年中国涂料、颜料工作年会”在北京隆重召开。此次大会正式发布了《中国涂料行业“十三五”规划》，首次对涂料主要细分行业提出了明确规划要求。在建筑类涂料方面，要继续开发高性能建筑类涂料和功能性涂料，内墙乳胶漆朝着更环保、艺术、时尚和个性化方向发展，外墙建筑类涂料更加注重耐久性、建筑节能性和装饰性。绿色建筑类涂料将是重点发展方向。

在国民经济下行的大趋势下，未来 5 年建筑类涂料的发展也将放慢脚步，产量增速将在 0 ～ 6% 之间。建筑类涂料行业要按照“创新、协调、绿色、开放、共享”新发展理念的要求，努力适应涂料行业发展的新常态；大力推进供给侧结构性改革，沿着绿色发展战略方向发展，加大研发投入，做好产学研合作，实现创新驱动；大力发展高固体分、水性等环境友好型建筑类涂料，以及全系列高性能、高附加值建筑类涂料；提供更多满足市场需求的、性价比优良的建筑类涂料产品，为实现从涂料大国向涂料强国的转变做出应有的贡献。

1.2.2 建筑类涂料组成

不同种类的建筑类涂料虽然性能存在差异，但结构组成都包括成膜物质（基料）、溶剂、颜料、助剂四个部分。

1.2.2.1 成膜物质

成膜物质又称为基料，是使涂料牢固附着于被涂物体表面上形成连续薄膜的主要物质。常用的成膜物质有醇酸树脂、聚氨酯树脂、丙烯酸酯树脂、环氧树脂、聚酯树脂、酚醛树脂、氨基树脂、乙烯基树脂、纤维素类、天然及合成橡胶等 18 大类。

成膜物质可分为天然成膜物质、合成树脂和纤维素。天然成膜物质包括油脂（桐油、亚麻籽油、豆油等，以脂肪酸为主要组成）、天然树脂（松香及其衍生物、紫胶等）、动植物蜡（白蜡等）、丝胶粉、工业干酪素等。合成树脂是最主要的成膜物质，包括酚醛树脂、醇酸树脂、氨基树脂、聚酯树脂、环氧树脂、聚氨酯树脂、丙烯酸酯树脂、氟树脂、橡胶、醛酮树脂、石油树脂、氧茚 - 茚树脂、萜烯树脂、有机硅树脂、氯乙烯共聚树脂、过氯乙烯树脂、氯化聚烯烃树脂、氯醚树脂、聚乙烯醇缩醛树脂、乙酸乙烯系树脂、聚苯硫醚树脂等。常见的纤维素类成膜物质有硝化棉、醋酸丁酸纤维素、乙基纤维素。

1.2.2.2 溶剂

溶剂包括有机溶剂和水。溶剂主要作用是使基料溶解或分散为黏稠的液体，以便涂料施工。一个涂料品种既可以使用单一溶剂，又可以使用混合溶剂。涂料中常用的有机溶剂如表 1-5 所列。

表 1-5 涂料中常用的有机溶剂

类别	主要化合物
脂肪烃类	正己烷、环己烷、正辛烷、正庚烷、溶剂汽油

续表

类别	主要化合物
芳香烃类	苯、甲苯、乙苯、邻二甲苯、间二甲苯、对二甲苯、1,2,3- 三甲苯、1,2,4- 三甲苯、1,3,5- 三甲苯、正丙苯、异丙苯、邻乙基甲苯、间乙基甲苯、对乙基甲苯
醇类	甲醇、乙醇、乙二醇、丙醇、异丙醇、正丁醇、异丁醇、仲丁醇、混合戊醇、叔戊醇、二丙酮醇
酮类	丙酮、丁酮、环己酮、二乙酮、甲基异丁基酮、甲乙酮、异佛尔酮、亚异丙基丙酮
醚类	乙二醇甲醚、乙二醇乙醚、乙二醇丁醚、二乙二醇甲醚、二乙二醇乙醚、二乙二醇丁醚、丙二醇甲醚、丙二醇丁醚、二丙二醇甲醚、四氢呋喃
酯类	乙酸乙酯、乙酸正丁酯、乙酸异丁酯、乙酸戊酯、乙酸混合酯、乳酸乙酯
醇醚及醚酯类	乙二醇甲醚乙酸酯、乙二醇乙醚乙酸酯、乙二醇丁醚乙酸酯、丙二醇甲醚乙酸酯、二乙二醇乙醚乙酸酯、二乙二醇丁醚乙酸酯
萜烯类	松油、松节油
卤代烃类	三氯甲烷、三氯乙烯、四氯化碳

1.2.2.3 颜料

颜料为分散在涂料中不溶的微细固体颗粒，分为着色颜料和体质颜料，主要用于着色、提供保护、装饰等。

1.2.2.4 助剂

助剂在涂料配方中所占的份额较小，但起着十分重要的作用。各种助剂在涂料的贮存、施工过程中以及对所形成漆膜的性能有着不可替代的作用。常用的助剂有流平剂、增稠剂、表面活性剂、增塑剂、催干剂、固化剂、防污剂、阻燃剂、防霉杀菌剂、脱漆剂等。涂料中常用助剂如表 1-6 所列。

表 1-6 涂料中常用助剂

类别	主要化合物
流平剂	高沸点酯、醇、酮、芳烃、二元酯、二元酸酯、二元醇醚及其混合物、醋酸丁酸纤维素、聚丙烯酸酯、有机硅、含氟聚合物
增塑剂	邻苯二甲酸酯、癸二酸二辛酯、磷酸酯、环氧化合物、氯烃
催干剂	金属离子（钴、锰、铅、锌、钙、锆、铁）、松香、干性油酸、环烷酸
固化剂	封闭和非封闭酸（对甲苯磺酸、十二烷基苯磺酸、二壬基萘磺酸）、有机胺（叔胺、氨基酚）、有机金属盐（有机锡、有机铅、有机锌）、酞酸酯
防污剂	铜系化合物、汞系化合物、锌系化合物、有机锡化合物、有机氯化合物、有机硫化合物、有机铅化合物、有机砷化合物、有机氮化合物
阻燃剂	锑系化合物、铝系化合物、镁系化合物、磷系化合物、硼酸盐、有机溴化合物、有机氯化合物、有机磷化合物、卤素 - 磷复合型有机化合物
防霉杀菌剂	唑啉酮类、多菌灵、敌草隆

1.2.3 建筑类涂料生产工艺

建筑类涂料生产一般分为两类：一类是成膜物质（树脂）、稀释剂、固化剂等主要原辅材料不在厂内生产，全部外购；另一类是树脂、稀释剂、固化剂等主要原辅材料在厂内生产，外购其他辅料。

1.2.3.1 溶剂型涂料生产工艺

溶剂型涂料是以有机溶剂为分散介质的涂料。企业生产的溶剂型涂料主要有醇酸树脂系列涂料、硝基树脂系列涂料、丙烯酸酯系列涂料、聚氨酯涂料、环氧涂料、氯化橡胶涂料、高氯化聚乙烯涂料、氯磺化涂料等。

溶剂型涂料生产工艺如图 1-15 所示。

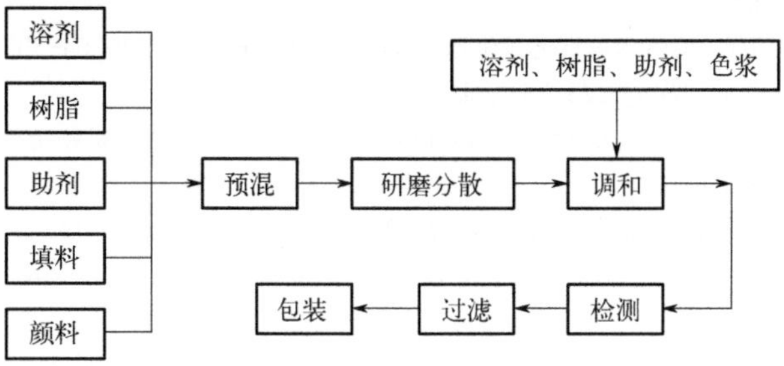

图 1-15 溶剂型涂料生产工艺

1.2.3.2 水性涂料生产工艺

水性涂料与溶剂型涂料相比，主要是用水代替有机溶剂作分散介质。其生产工艺如图 1-16 所示。

1.2.3.3 稀释剂生产工艺

稀释剂是指为降低树脂黏度，改善其性能而加入的与树脂混溶性良好的液体物质。稀释剂的生产比较简单，仅需要按照一定的配比将几种不同的有机溶剂混合在一起，然后进行包装出售，生产过程不需要复杂的机械设备，属于物理混配，无化学反应过程。其生产工艺如图 1-17 所示。

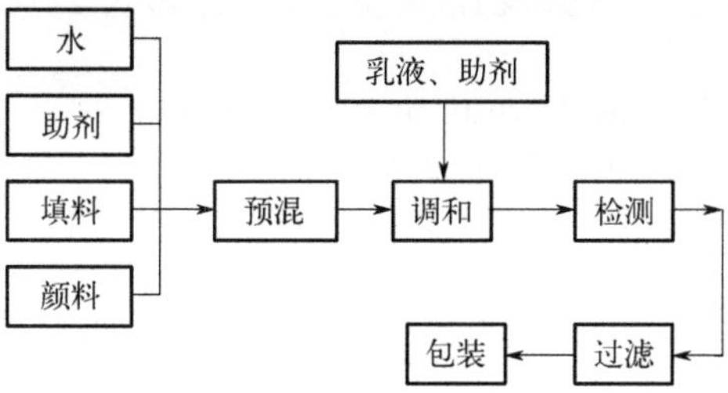

图 1-16 水性涂料生产工艺

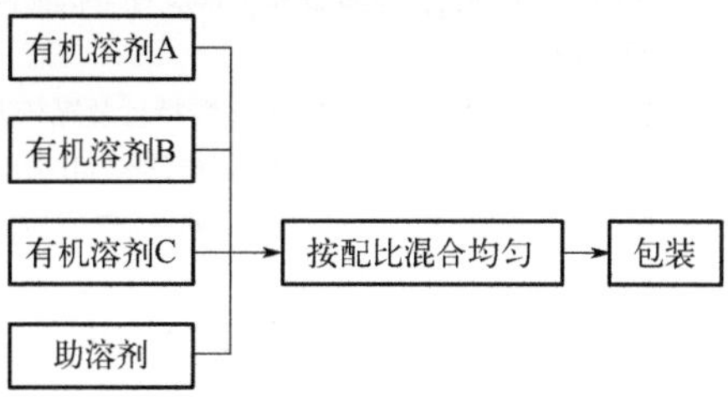

图 1-17 稀释剂生产工艺

参考文献

[1] 崔金梦，王体健，李秋潼，等．连云港市挥发性有机化合物的组分特征及来源解析 [J]. 环境科学，2020，41（9）：3941-3950.

[2] 高亢，章慧，刘梦迪，等．芜湖市大气挥发性有机物污染特征、大气反应活性及源解析 [J]. 环境科学，2020，41（11）：4885-4894.

[3] GB/T 2705—2003 涂料产品分类和命名 [S].

[4] 郝伟华，王文勇，张迎春，等．成都市臭氧生成敏感性分析及控制策略的制定 [J]. 环境科学学报，2018，38（10）：3894-3899.

[5] 洪礼楠，黄争超，秦墨梅，等．天津市夏季臭氧污染特征及来源的模拟分析 [J]. 北京大学学报（自然科学版），2017，53（5）：929-938.

[6] 季军宏，唐瑛．涂料中 VOC 测试方法的建议与展望 [J]. 涂料工业，2015，45（4）：60-63.

[7] 建筑涂料．新常态下的建筑涂料行业——2015 年的现状与发展 [EB/OL]. [2016-06-03.] http://www.coatings.sh.cn/?p=3361.

[8] 江苏省生态环境厅．2018 年度江苏省生态环境状况公报 [EB/OL]. [2019-04-30]. http://hbt.jiangsu.gov.cn/art/2019/4/30/art_1649_8323758.html.

[9] 柯云婷，孙宇航，成海荣，等．我国木器涂料及汽车涂料中挥发性有机物特征 [J]. 环境科学，2020，41（10）：4446-4454.

[10] 林宣益．2016 年建筑涂料现状和 2017 年发展趋势 [J]. 中国涂料，2017，32（3）：27-31.

[11] 刘薇薇，江庆梅，张心亚，等．超低 VOC 建筑内墙乳胶漆的配方设计 [J]. 河南化工，2006，23（11）：5-7.

[12] 栾志强，郝郑平，王喜芹．工业固定源 VOCs 治理技术分析评估 [J]. 环境科学，2011，32（12）：3476-3486.

[13] 唐孝炎，张远航，邵敏．大气环境化学 [M]. 2 版．北京：高等教育出版社，2006.

[14] 王迪，赵文娟，张玮琦，等．溶剂使用源挥发性有机物排放特征与污染控制对策 [J]. 环境科学研究，2019，32（10）：1688-1695.

[15] 王海林，张国宁，聂磊，等．我国工业 VOCs 减排控制与管理对策研究 [J]. 环境科学，2011，32（12）：3462-3468.

[16] 王帅，崔建升，冯亚平，等．石家庄市挥发性有机物和臭氧的污染特征及源解析 [J]. 环境科学，2020，41（12）：5325-5335.

[17] 王铁宇，李奇锋，吕永龙．我国 VOCs 的排放特征及控制对策研究 [J]. 环境科学，2013，34（12）：4756-4763.

[18] 魏巍，王书肖，郝吉明．中国涂料应用过程挥发性有机物的排放计算及未来发展趋势预测 [J]. 环境科学，2009，30（10）：2809-2815.

[19] 吴祖良，谢德援，陆豪，等．挥发性有机物处理新技术的研究 [J]. 环境工程，2012，30（3）：76-80.

[20] 谢绍东，田晓雪．挥发性和半挥发性有机物向二次有机气溶胶转化的机制 [J]. 化学进展，2010，22（4）：727-733.

[21] 严茹莎．德州市夏季臭氧敏感性特征及减排方案 [J]. 环境科学，2020，41（9）：3961-3968.

[22] 杨渊德．涂料涂装行业 VOC 减排浅析 [J]. 中国涂料，2014，29（8）：2-4.

[23] 张国宁，郝郑平，江梅，等．国外固定源 VOCs 排放控制法规与标准研究 [J]. 环境科学，2011，32（12）：3501-3508.

[24] 赵建国，杨利娴，陈晓珊，等．美国涂料行业 VOC 污染控制政策与技术研究 [J]. 涂料工业，2012，42（2）：44-48.

[25] 曾培源，李建军，廖东奇，等．汽车涂料生产环节 VOCs 的排放特征及安全评价 [J]. 环境科学，2013，34（12）：4592-4597.

[26] 中国涂料工业协会.中国建筑涂料与木器涂料行业现状及发展[J].中国涂料，2012，27（4）：5-19.
[27] 中国涂料在线.解读涂料行业“十三五”节能环保发展规划[EB/OL].（2016-08-30）[2021-05-13]. http://www.coatingol.com/news/info110662.htm.
[28] 中华人民共和国环境保护部.2015年中国环境状况公报[EB/OL].[2015-06-02]. http：//www.zhb.gov.cn/gkml/hbb/qt/201606/t20160602_353138.htm.
[29] 中华人民共和国生态环境部.2013中国生态环境状况公报[EB/OL].[2020-11-10]. http://www.mee.gov.cn/hjzl/sthjzk/zghjzkgb/201605/P020160526564151497131.pdf.
[30] 中华人民共和国生态环境部.2018中国生态环境状况公报[EB/OL].[2020-11-12]. http://www.mee.gov.cn/ywdt/tpxw/201905/W020190529619750576186.pdf.
[31] An T，Huang Y，Li G，et al. Pollution profiles and health risk assessment of VOCs emitted during e-waste dismantling processes associated with different dismantling methods[J]. Environment International，2014，73：186-194.
[32] Boeglin M L，Wessels D，Henshel D. An investigation of the relationship between air emissions of volatile organic compounds and the incidence of cancer in Indiana counties[J]. Environmental Research，2006，100（2）：242-254.
[33] Chan K L，Wang S S，Liu C，et al. On the summertime air quality and related photochemical processes in the megacity Shanghai，China[J]. Science of the Total Environment，2017，580：974-983.
[34] Ding A J，Fu C B，Yang X Q，et al. Ozone and fine particle in the western Yangtze River Delta：An overview of 1 year data at the SORPES station[J]. Atmospheric Chemistry and Physics，2013，13（11）：5813-5830.
[35] Geng F H，Mao X Q，Tie X X，et al. Analysis of ozone characteristics and toward establishing ozone warning system in Shanghai，2006 ~ 2008[J]. Journal of Tropical Meteorology，2010，26（5）：584-590.
[36] Geng F，Tie X X，Xu J M，et al. Characterizations of ozone，NOX and VOCs measured in Shanghai，China[J]. Atmospheric Environment，2008，42（29）：6873-6883.
[37] Guo S，Hu M，Zamora M L，et al. Elucidating severe urban haze formation in China[J]. Proceedings of the National Academy of Sciences，2014，111（49）：17373-17378.
[38] Huang R，Huang R J，Zhang Y，et al. High secondary aerosol contribution to particulate pollution during haze events in China[J]. Nature，2014，514（7521）：218-222.
[39] Hui L R，Liu X G，Tan Q W，et al. VOC characteristics，sources and contributions to SOA formation during haze events in Wuhan，central China[J]. Science of the Total Environment，2019，650：2624-2639.
[40] Jin X M，Fiore A，Boersma K F，et al. Inferring changes in summertime surface ozone-NO_x-VOC chemistry over U.S. urban areas from two decades of satellite and ground-based observations[J]. Environmental Science & Technology，2020，54：6518-6529.
[41] Kansal A. Sources and reactivity of NMHCs and VOCs in the atmosphere：A review[J]. Journal of Hazardous Materials，2009，166（1）：17-26.
[42] Liang X M，Sun X B，Xu J T，et al. Improved emissions inventory and VOCs speciation for industrial OFP estimation in China[J]. Science of the Total Environment，2020，745：1-11.
[43] Liu Y F，Song M D，Liu X G，et al. Characterization and sources of volatile organic compounds（VOCs）and their related changes during ozone pollution days in 2016 in Beijing，China[J]. Environmental Pollution，2020，257：1-12.
[44] McNeill V F. Aqueous organic chemistry in the atmosphere：sources and chemical processing of organic aerosols[J]. Environmental Sciences and Technology，2015，49（3）：1237-1244.
[45] Millet D B，Baasandorj M，Hu L，et al. Nighttime chemistry and morning isoprene can drive urban ozone downwind of a major deciduous forest[J]. Environmental Sciences and Technology，2016，50（8）：

4335-4342.
[46] Ming L L, Jin L, Li J, et al. $PM_{2.5}$ in the Yangtze River Delta, China: Chemical compositions, seasonal variations, and regional pollution events[J]. Environmental Pollution, 2017, 223: 200-212.
[47] Mo Z W, Shao M, Lu S H, et al. Characterization of non-methane hydrocarbons and their sources in an industrialized coastal city, Yangtze River Delta, China[J]. Science of the Total Environment, 2017, 593-594: 641-653.
[48] Seinfeld J H, Pandis S N. Atmospheric chemistry and physics: From air pollution to climate change [M]. 2nd edition. Hoboken: John Wiley & Sons, Inc, 2016.
[49] Sekizawa I, Ohtawa H, Yamamoto H, et al. Evaluation of human health risks from exposures to four air pollutants in the indoor and the outdoor environments in tokushima, and communication of the outcomes to the local people[J]. Journal of Risk Research, 2007, 10 (6): 841-851.
[50] Shao M, Zhang Y H, Zeng L M, et al. Ground-level ozone in the Pearl River Delta and the roles of VOC and NO_x in its production[J]. Journal of Environmental Management, 2009, 290 (1): 512-518.
[51] Shao P, An J L, Xin J Y, et al. Source apportionment of VOCs and the contribution to photochemical ozone formation during summer in the typical industrial area in the Yangtze River Delta, China[J]. Atmospheric Research, 2016, 176-177: 64-74.
[52] Shen L L, Wang Y X. Changes in tropospheric ozone levels over the three representative regions of China observed from space by the Tropospheric Emission Spectrometer (TES), 2005 ~ 2010[J]. Chinese Science Bulletin, 2012, 57: 1454-1461.
[53] Sun J, Wu F K, Hu B, et al. VOC characteristics, emissions and contributions to SOA formation during hazy episode [J]. Atmospheric Environment, 2016, 141: 560-570.
[54] Tan Z F, Lu K D, Jiang M Q, et al. Exploring ozone pollution in Chengdu, southwestern China: A case study from radical chemistry to O_3-VOC-NO_x sensitivity[J]. Science of the Total Environment, 2018, 636: 775-786.
[55] Wang D, Nie L, Shao X, et al. Exposure profile of volatile organic compounds receptor associated with paints consumption[J]. Science of the Total Environment, 2017, 603-604: 57-65.
[56] Wang F W, Guo Z G, Lin T, et al. Seasonal variation of carbonaceous pollutants in $PM_{2.5}$ at an urban "supersite" in Shanghai, China[J]. Chemosphere, 2016, 146: 238-244.
[57] Wang T, Wei X L, Ding A J, et al. Increasing surface ozone concentration in the background atmosphere of Southern China, 1994 ~ 2007[J]. Atmospheric Chemistry and Physics, 2009, 9 (16): 6216-6226.
[58] Wu X X, Lu Y M, Zhou S, et al. Impact of climate change on human infectious diseases: Empirical evidence and human adaptation[J]. Environment International, 2016, 86: 14-23.
[59] Xue L K, Wang T, Gao J, et al. Ground-level ozone in four Chinese cities: Precursors, regional transport and heterogeneous processes[J]. Atmospheric Chemistry and Physics, 2014, 14 (23): 13175-13188.
[60] Yuan B, Hu W W, Shao M, et al. VOC emissions, evolutions and contributions to SOA formation at a receptor site in eastern China[J]. Atmospheric Chemistry and Physics, 2013, 13 (17): 8815-8832.
[61] Zhang Y H, Su H, Zhong L J, et al. Regional ozone pollution and observation-based approach for analyzing ozone-precursor relationship during the PRIDE-PRD2004 campaign[J]. Atmospheric Environment, 2008, 42 (25): 6203-6218.
[62] Zheng J, Hu M, Peng J F, et al. Spatial distributions and chemical properties of $PM_{2.5}$ based on 21 field campaigns at 17 sites in China[J]. Chemosphere, 2016, 159: 480-487.
[63] Zhou M, Jiang W, Gao W, et al. A high spatiotemporal resolution anthropogenic VOC emission inventory for Qingdao City in 2016 and its ozone formation potential analysis[J]. Process Safety and Environmental Protection, 2020, 139: 147-160.

第 2 章　建筑类涂料 VOCs 污染特征

2.1 建筑类涂料 VOCs 产排及控制分析

2.1.1 建筑类涂料“生产—储运销—使用”不同环节 VOCs 产排现状

2.1.1.1 建筑类涂料生产环节 VOCs 产排现状

（1）原料储存

涂料生产企业通常使用储罐储存树脂、溶剂等原料。储罐包括内浮顶罐和固定顶罐两种。由于储罐的规模通常不大，因此大部分情况下使用固定顶罐。

原料储存中 VOCs 排放包括以下 3 个环节。

① 装卸过程损失（也称为大呼吸），即原料从槽车灌装到储罐中时，储罐中的饱和蒸气通过泄压阀置换释放的 VOCs；

② 原料使用过程中液面下降，导致储罐内气体再次饱和而释放的 VOCs；

③ 呼吸损失（也称为小呼吸），由日常温度、压力变化引起储罐内释放的 VOCs（图 2-1）。

图 2-1 涂料生产原料储罐

（2）生产工艺过程

涂料生产工艺过程中 VOCs 排放包括预混、研磨分散、调和、包装环节，其中预混、研磨分散、调和环节 VOCs 排放途径有投料排放、加热排放和表面挥发排放。如果树脂、稀释剂、固化剂等主要原辅材料也是在涂料生产企业内生产，还包括树脂、稀释剂、固化剂等主要原辅材料生产工艺过程中的 VOCs 排放。

1）涂料生产工艺过程中 VOCs 排放

① 投料排放。在预混、研磨分散、调和环节，除了储罐连接的管道输送树脂、溶剂外，其他原料如色浆、助剂等是人工投料，当设备敞口或者盖被打开时会逸散 VOCs

（图 2-2）。目前涂料生产企业车间废气收集装置有两种，分别为外部集气罩和密闭集气罩。大部分企业使用外部集气罩，通过集气罩收集后进入废气处理设施，其余部分 VOCs 无组织排放，进入车间环境。

图 2-2 涂料生产投料现场

② 加热排放。在研磨分散釜等类似设施中，设备高速运转导致温度升高，由于溶剂自身具有挥发性，温度升高加剧了溶剂的挥发，预留空间的蒸气由于反应釜密闭性不好而挥发损失（图 2-3）。有的研磨分散釜还设置蒸气压力平衡管，将 VOCs 自然排放至室外。有的生产企业在设备接缝处设置集气罩，将 VOCs 收集后送入废气处理设施，其余部分 VOCs 无组织排放，进入车间环境。

图 2-3 涂料生产研磨分散釜

③ 表面挥发排放。在研磨分散釜、调和釜以及其他中间存储设备中，如果设备的部分位置与大气相通，则 VOCs 会从搅拌柄开口位置、盖子的边缘等部位释放出来，形成无

图 2-4　涂料生产表面挥发排放

组织排放（图 2-4）。有的企业设置集气罩，将 VOCs 收集后送入废气处理设施，其余部分 VOCs 无组织排放，进入车间环境；有的企业任其散发进入车间环境，全部无组织排放。而且，原辅材料在预混釜、研磨分散釜、调和釜等不同釜及中间存储设备之间转移时，存在气体置换排放，形成无组织排放。

④ 产品包装环节排放。产品包装环节中，由于接收器敞口，溶剂易挥发（图 2-5）。有的企业设置集气罩，将 VOCs 收集后送入废气处理设施，其余部分 VOCs 无组织排放，进入车间环境；有的企业任其散发进入车间环境，全部无组织排放。

图 2-5　涂料生产产品包装现场

2）树脂生产工艺过程中 VOCs 排放

树脂生产中，会发生加成、缩聚等化学反应过程。树脂生产工艺过程中 VOCs 排放途径主要包括原辅材料的装卸排放和反应中间体的排放。树脂生产工段废气通常单独收集处理（图 2-6）。根据生产的树脂种类不同，可能排放的 VOCs 如表 2-1 所列。

图 2-6　树脂生产现场

表 2-1 树脂生产排放的主要 VOCs

序号	树脂种类	树脂生产排放的主要 VOCs	
		原辅材料排放	反应中间体排放
1	醇酸树脂	二甲苯、醇类、有机酸	酯类化合物
2	丙烯酸酯树脂	丙烯酸、甲基丙烯酸、甲苯、二甲苯、醇类、酮类、酯类	酯类
3	环氧树脂	二甲苯、酮类、酯类、醚类	苯系物、酯类
4	聚氨酯树脂	甲苯二异氰酸酯（TDI）、*N*, *N*- 二甲基甲酰胺（DMF）、丁酮、醇类	异氰酸酯类
5	聚酯树脂	苯乙烯、丙烯酸酯、有机酸、醇类	酯类
6	酚醛树脂	甲醛、苯酚	丁醇（改性）、醚类
7	氨基树脂	胺类、醇类、醛类、醚类	胺类、酯类
8	氟碳树脂	四氟乙烯类	卤代烃
9	醛酮树脂	甲醛、环己酮、其他酮类	
10	不饱和树脂	苯乙烯、醇类、酮类、其他苯系物	苯系物

（3）溶剂再生系统

部分涂料生产企业对废弃或剩余溶剂进行了回收，通常使用蒸馏方法对溶剂进行回收再生（图 2-7）。溶剂再生系统中 VOCs 排放环节包括投料、精馏和溢出环节。一般情况下，投料和溢出环节的 VOCs 排放为无组织排放，精馏环节的 VOCs 排放为有组织排放。

图 2-7 溶剂再生现场

(4) 清洗

清洗是涂料生产中重要的环节。更换产品品种时，研磨分散设备都需要清洗；采用桶泵加料时，需要对桶泵进行定期清洗。主体设备的清洗过程需要启动集气罩，废气收集后进入废气处理设施，其余部分 VOCs 无组织排放，进入车间环境。通常有冷清洗与敞口脱脂器两种方式，其中冷清洗的使用更普遍，产生的废气全部为无组织排放。

(5) 废水处理

废水中含有部分溶剂或其他有机物。废水处理系统中 VOCs 排放环节包括调节池、中和池、曝气池和二沉池等废水处理设施，废水处理设施中 VOCs 会散发进入环境，形成无组织排放（图 2-8）。

图 2-8　废水处理现场

(6) 含 VOCs 危险废物贮存

危险废物贮存设施用于贮存废溶剂、废桶、废活性炭等（图 2-9）。由于危险废物贮存设施密闭性不好、贮存容器和包装物破损泄漏、部分贮存容器敞口等原因，VOCs 会散发出来，形成无组织排放。

图 2-9　危险废物贮存现场

(7) 设备泄漏

为将储罐中的树脂和溶剂输送到生产环节，需配置管道、输送泵、阀门和法兰等连接部件组成输送系统。连接部件的泄漏是重要的无组织排放源。主要的泄漏环节有泵密封件、阀门、压缩密封件、安全释放阀、法兰、开口管线、采样口。

(8) 实验室排放

目前大部分大型涂料生产企业设置实验室，用于涂料研究实验，实验过程中会产生废气（图 2-10）。实验一般在独立的实验室中进行，涂料喷涂在通风橱中进行，喷涂废气通过通风橱收集后直接排放，企业一般都不加处理，喷涂后烘干过程中的废气也直接排入环境，形成无组织排放。

图 2-10 涂料生产企业实验室

(9) 非正常工况排放

在生产中，由于操作事故等，溶剂、树脂或者产品溢出，会导致 VOCs 排放。

2.1.1.2 建筑类涂料储运销环节 VOCs 产排现状

建筑类涂料主要采用金属桶和塑料桶作为产品包装容器。因为容器密闭，储运销过程中无组织逸散量很少。部分墙面涂料的零售分装和颜色调配过程在销售企业内完成，零售分装和颜色调配过程中逸散的 VOCs 进入环境，形成无组织排放。不同建筑类涂料储运销过程见表 2-2。建筑类涂料销售现场见图 2-11。

表 2-2 不同建筑类涂料储运销过程

涂料类别	储存	运输	销售
墙面涂料	桶装	卡车	多数直接销售，部分需要进行零售分装和颜色调配
防水涂料	桶装	卡车	直接销售
地坪涂料	桶装	卡车	直接销售
功能性建筑涂料	桶装	卡车	直接销售

2.1.1.3 建筑类涂料使用环节 VOCs 产排现状

建筑类涂料的使用情景包括两个：大部分建筑类涂料在露天或敞开空间内使用，使用过程中产生的 VOCs 通过无组织逸散的形式排放到大气环境中（图 2-12）；部分建筑类涂料（如建筑钢结构防腐涂料）在建筑钢结构企业生产车间内使用，VOCs 产生环节主要包括喷涂和干燥（烘干 + 自然晾干），由于建筑钢结构件一般较大，废气收集困难，因此使用过程中产生的 VOCs 大部分通过无组织逸散的形式排放到大气环境中，小部分 VOCs 经收集后进入废气处理设施。

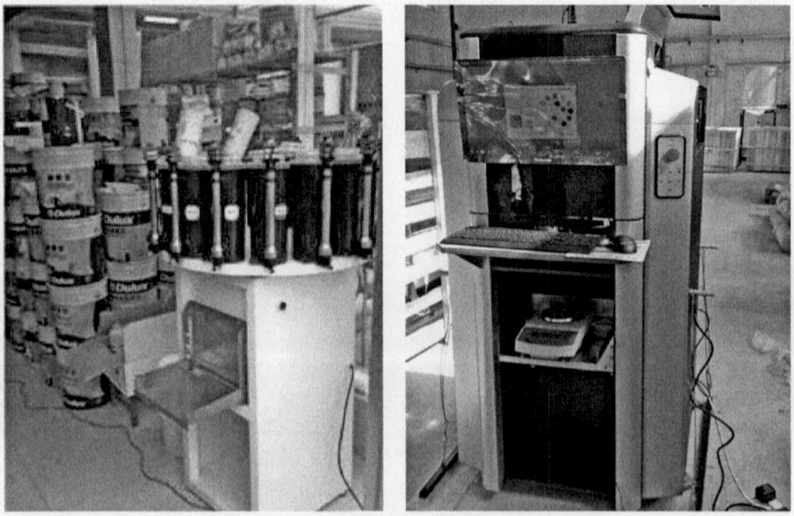

图 2-11　建筑类涂料销售现场

图 2-12　建筑类涂料涂装现场

2.1.2　建筑类涂料“生产—储运销—使用”不同环节 VOCs 排放控制现状

2.1.2.1　建筑类涂料生产环节 VOCs 排放控制现状

（1）原料贮存

对典型企业的调研表明，大部分涂料生产企业采用固定顶罐贮存溶剂。对于储罐大呼吸气体的排放，大多数企业尚未采取任何收集和控制措施，少数企业采取两种措施降低排放：一是将大呼吸气体收集后送入废气处理系统（通常是洗涤塔）；二是使用平衡系统将大呼吸气体引回到槽车，但由于平衡系统受制于槽车是否安装的现状，因此平衡系统的利用率不高。对于储罐小呼吸气体的排放，大多数企业尚未采取任何收集和控制措施，只有部分企业在夏季采取对储罐进行冷却降温的措施来降低储罐小呼吸气体的排放。

（2）生产工艺过程

对典型企业的调研显示，对于生产工艺过程的VOCs排放，主要采用废气收集系统＋末端废气处理设施的控制技术。废气收集装置有两种，分别为外部集气罩和密闭集气罩，大部分企业使用外部集气罩。多数中小规模的建筑类涂料生产企业主要采用水（碱液）吸收、活性炭吸附或UV（紫外线）光解技术对末端VOCs进行治理。随着国家VOCs减排压力的增大，少数企业开始采用蓄热式燃烧和吸附浓缩＋催化燃烧技术对末端VOCs进行治理，虽然该技术成本高、操作比较复杂，但VOCs处理效率高，具有很好的应用前景（图2-13）。

图2-13 建筑类涂料生产末端VOCs废气处理设施

2.1.2.2 建筑类涂料储运销环节VOCs排放控制现状

理论上储运销环节中只有墙面涂料零售分装和颜色调配过程存在VOCs无组织排放，由于目前墙面涂料已基本全部实现水性化，零售分装和颜色调配过程中逸散的VOCs量很少，涂料销售企业均未采取任何收集和处理措施。

2.1.2.3 建筑类涂料使用环节VOCs排放控制现状

与传统工业源可以通过末端治理技术实现VOCs减排不同，绝大多数建筑类涂料的使用过程处于开放状态，涂装中产生的VOCs全部以无组织排放的形式逸散，无法进行收集和处理。部分建筑类涂料（如建筑钢结构防腐涂料）在建筑钢结构企业生产车间内使用，由于建筑钢结构件一般较大，废气收集困难，因此大部分建筑钢结构企业未采取收集和处理措施，使用过程中产生的VOCs通过无组织逸散的形式排放到大气环境中。但随着VOCs减排要求的提高，建筑钢结构涂料使用过程中排放的VOCs逐渐开始被收集和处理。

2.2 生产环节 VOCs 污染特征

2.2.1 生产环节 VOCs 采样分析方法

2.2.1.1 监测技术方案制定

不同类型、不同技术管理水平的企业，VOCs 排放特征（温度、湿度、VOCs 浓度水平）存在明显差别，要想通过采样、监测、分析掌握其排放特征，必须制定合适的监测技术方案。本书采用行业文献调研和专家咨询的方式掌握了行业的工艺现状，在此基础上对影响 VOCs 排放的主要因素（涂料类型、生产工艺和设备、VOCs 收集与处理设施、废水与废溶剂处置方式）进行详细的现场调研，最终形成目标企业的监测技术方案。

监测技术方案制定技术路线见图 2-14。

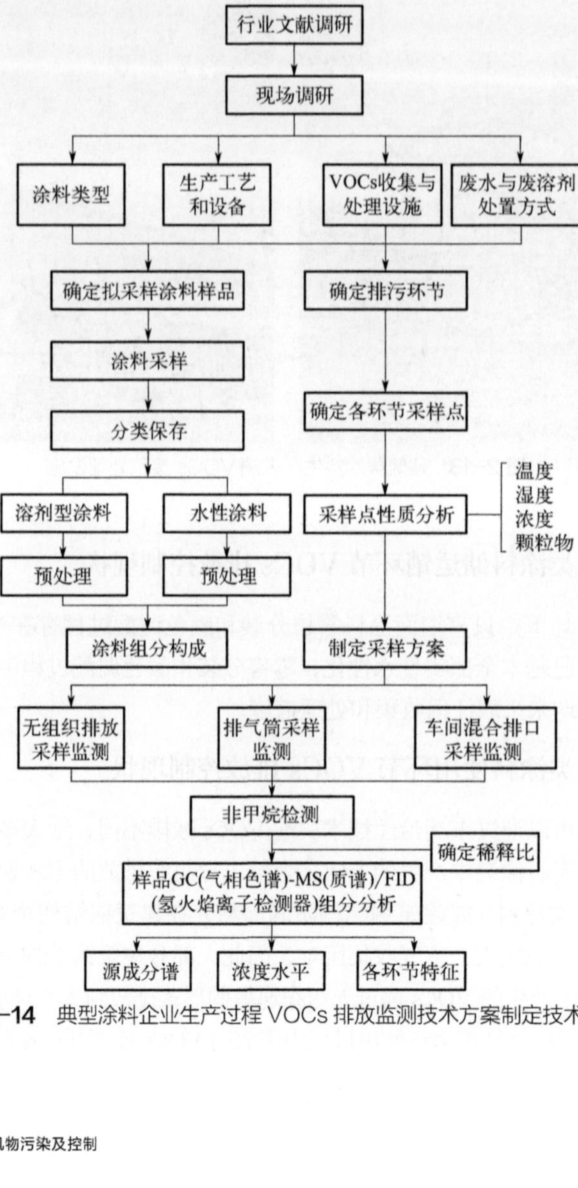

图 2-14 典型涂料企业生产过程 VOCs 排放监测技术方案制定技术路线

2.2.1.2 采样方法

（1）有组织排放源采样方法

借鉴美国环境保护署（US EPA）Method-18 方法，使用具有恒定质量流量控制的无油采样泵抽取不锈钢密封桶内的空气使桶内产生负压，从而使有组织排放的废气通过颗粒物过滤器及采样探头等进入置于桶内的 Tedlar 采样袋内以完成采样。有组织排放源 VOCs 采样桶与采样泵见图 2-15。当污染源废气中含有较高浓度的有机物时，在分析前先对样品进行稀释，以防止检测器饱和。一方面，可以在采样过程中连接稀释系统，直接对废气进行稀释；另一方面，也可以在采样完成后，在实验室内对 Tedlar 采样袋内的废气进行稀释，然后将其送入气相色谱仪中进行分析。

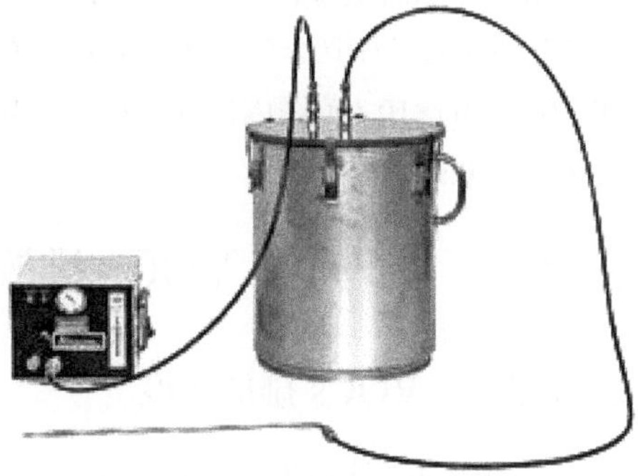

图 2-15 有组织排放源 VOCs 采样桶与采样泵

（2）无组织排放源采样方法

借鉴美国 EPA TO-14A 方法中规定的环境空气采样方法，使用预抽真空的 SUMMA 罐进行被动式样品采集，采样流速由限流阀控制，将无组织样品均匀地采集到 SUMMA 罐中。

2.2.1.3 分析方法

VOCs 样品的分析参照美国 EPA 推荐的 TO-14A 技术方法进行，采用三步自动预浓缩 -GC-MS/FID 系统对 C_2 ～ C_{12} 物质进行定性和定量分析。

（1）样品预浓缩

分如下 3 个步骤：

第 1 步，使用三步预浓缩进样系统的自动进样器进样，样品先进入 Module1 冷阱，Module1 为玻璃珠冷凝模块，主要用于除水、N_2 和 O_2，冷冻温度为 -165℃，解吸温度为 10℃。

第 2 步，将 Module1 解吸出的气体物质在 -50℃下富集浓缩于 Tenax 吸附阱中，除去 Ar、CH_4、CO_2 和微量水分，解吸温度为 180℃。

第 3 步，样品被冷冻在聚焦冷阱中（Module3），冷阱由空毛细管构成，冷冻温度为 -160℃，聚焦冷冻完毕后，Module3 快速升温使冷冻在毛细柱头的 VOCs 迅速汽化，在氦载气的推动下，VOCs 解吸进入气相色谱仪（GC）的毛细柱中，得到分离后进入质谱检测器（MS）及氢火焰离子化检测器（FID）中分别进行检测。

（2）GC 分离

GC 分离条件：选用通用色谱柱；升温程序为 -20℃下停留 1min，以 5℃ /min 速率升温到 0℃停留 1min，然后以 10℃ /min 速率升温到 100℃，以 5℃ /min 速率升温到 150℃，以 12℃ /min 速率升温到 200℃，全程运行 31.2min；高纯氦气（99.999%）作为载气；传输线温度为 250℃。

(3) MS 与 FID 定性、定量

离子源温度为 230℃；电离方式为电子轰击（EI），电离能为 70eV；全扫描方式，扫描范围 30 ～ 300amu。

采用外标法定量，利用美国 Spectra Gases 公司生产的 PAMS 标气（包括 57 种化合物）和美国 Scotty 公司生产的 TO-15 标气（包括 64 种化合物）对样品进行标定及定量分析，在 $(0 \sim 20) \times 10^{-9}$ 范围内以 5 点标线法测量后线性回归获得，所得标样的标准曲线的相关因子均＞ 0.99。

2.2.2 生产环节 VOCs 排放特征

2.2.2.1 VOCs 排放浓度

不同建筑类涂料生产企业的 VOCs 排放浓度差异较大（见表 2-3）。测定结果显示，除少部分企业外，多数企业的排气筒 VOCs 排放浓度水平低于涂料生产车间内 VOCs 排放浓度水平，表明生产过程中排放的 VOCs 没有得到有效收集。无组织排放环节众多，投料、暂存、研磨、灌装、清洗工序均存在 VOCs 无组织逸散情形，其中研磨工序是无组织排放最为严重的工序，一旦研磨工序存在盛放溶剂的装置未加盖的情况，则非甲烷总烃（NMHC）浓度会出现高值。

表 2-3 典型建筑类涂料生产企业 VOCs 排放浓度

企业类型	排放环节		NMHC 浓度范围 / (mg/m³)	VOCs 浓度范围 / (mg/L)
建筑类涂料生产企业	有组织	排气筒	6.7 ～ 3550	0.5 ～ 238
	无组织	生产车间内	23.4 ～ 604	30 ～ 450
		投料	12.7 ～ 249	30 ～ 219
		暂存	未检出～ 56	30 ～ 87
		研磨	86 ～ 780	75 ～ 568
		灌装	12.7 ～ 249	15 ～ 457
		清洗	未检出～ 367	未检出～ 220

VOCs 排放浓度水平与企业生产的产品类型、工艺技术和装备水平密切相关。除极个别企业外，水性涂料生产车间内 VOCs 排放浓度普遍低于溶剂型涂料生产车间内 VOCs 排放浓度，水性涂料生产车间内非甲烷总烃（NMHC）浓度水平在 6.7 ～ 52.5mg/m³，溶剂型涂料生产车间内 NMHC 浓度水平在 86.4 ～ 780.6mg/m³。

2.2.2.2 VOCs 排放源成分谱

典型建筑类涂料生产企业排放 VOCs 组分见表 2-4 ～表 2-7，其对应 VOCs 组分构成见图 2-16 ～图 2-19。涂料企业生产过程中排放的有机废气中检出率较高的 VOCs 物种约 30 种，主要包括烷烃、烯烃、芳香烃、醇类、酮类、酯类及卤代烃几大类。排放浓度较大的 VOCs 物种有庚烷，2- 甲基己烷，2,3- 二甲基戊烷，3- 甲基己烷等烷烃类；甲苯，乙苯，间、对二甲苯，邻二甲苯，苯，正丙苯，异丙苯，三甲苯，4- 乙基甲苯，1- 乙基 -2- 甲基苯，1- 乙基 -3- 甲基苯等芳香烃；1- 丁醇，乙醇，异丙醇等醇类；乙酸丁酯，乙酸乙酯等酯类；丙酮，4- 甲基 -2- 戊酮等酮类。

表 2-4　建筑类涂料生产企业 1 排气筒有组织排放 VOCs 组分

编号	组分名称	组分浓度 /（μg/m³）	编号	组分名称	组分浓度 /（μg/m³）
1	丙烯	1.6	13	1,1,2- 三氯乙烷	174.0
2	乙醇	0.0	14	乙苯	1471.0
3	丙酮	74.6	15	间、对二甲苯	1016.0
4	异丙醇	129.0	16	苯乙烯	48.8
5	二氯甲烷	7.7	17	邻二甲苯	1085.0
6	2- 丁酮	89.7	18	2- 甲基己烷	991.0
7	乙酸乙酯	182.0	19	2,3- 二甲基戊烷	556.0
8	四氢呋喃	5.3	20	3- 甲基己烷	708.0
9	环己烷	165.0	21	甲基环己烷	48.6
10	苯	328.0	22	壬烷	66.9
11	庚烷	1188.0	23	1- 丁醇	1419.0
12	甲苯	1533.0	24	乙酸丁酯	3339.0

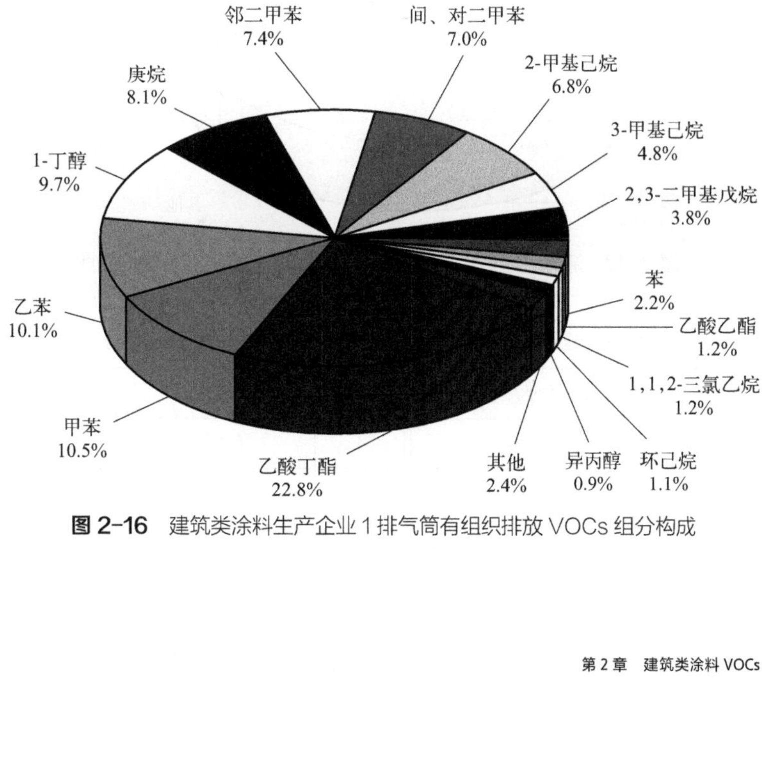

图 2-16　建筑类涂料生产企业 1 排气筒有组织排放 VOCs 组分构成

表 2-5 建筑类涂料生产企业 1 车间无组织排放 VOCs 组分

编号	组分名称	组分浓度 / (μg/m³)	编号	组分名称	组分浓度 / (μg/m³)
1	丙烯	3.1	13	4- 甲基 -2- 戊酮	432.0
2	氯甲烷	5.9	14	甲苯	1078.0
3	乙醇	749.0	15	乙苯	880.0
4	丙酮	213.0	16	间、对二甲苯	549.0
5	异丙醇	184.0	17	苯乙烯	18.3
6	二氯甲烷	40.5	18	邻二甲苯	753
7	乙酸乙酯	717	19	正丁烷	6.0
8	氯仿	53.2	20	异戊烷	7.8
9	四氯化碳	7.0	21	2- 甲基己烷	23.1
10	苯	69.3	22	3- 甲基己烷	38.0
11	庚烷	29.2	23	乙酸丁酯	4458.0
12	甲基丙烯酸甲酯	62.1			

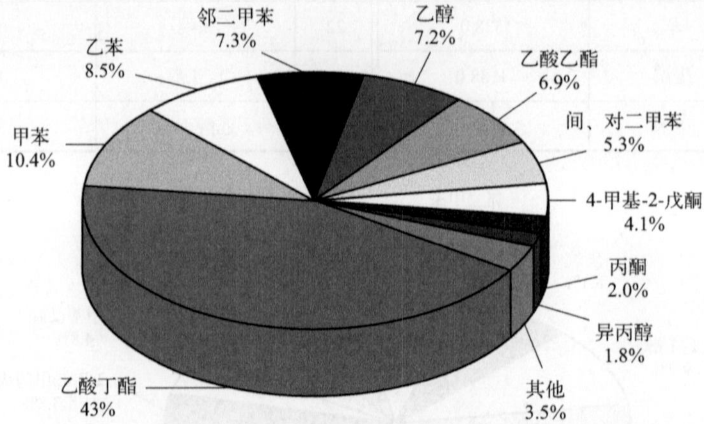

图 2-17 建筑类涂料生产企业 1 车间无组织排放 VOCs 组分构成

表 2-6 建筑类涂料生产企业 2 排气筒有组织排放 VOCs 组分

编号	组分名称	组分浓度 / (μg/m³)	编号	组分名称	组分浓度 / (μg/m³)
1	丙烯	3.4	4	丙酮	17.6
2	氯乙烷	8.5	5	二氯甲烷	8.7
3	乙醇	21.6	6	乙酸乙酯	24.6

续表

编号	组分名称	组分浓度 / (μg/m³)	编号	组分名称	组分浓度 / (μg/m³)
7	苯	4.4	13	异丁烷	6.2
8	甲苯	121.1	14	异丙苯	7.0
9	乙苯	420.8	15	正丙苯	12.6
10	间、对二甲苯	207.3	16	1- 乙基 -2- 甲基苯	22.9
11	苯乙烯	67.4	17	1- 乙基 -3- 甲基苯	9.7
12	乙酸丁酯	688			

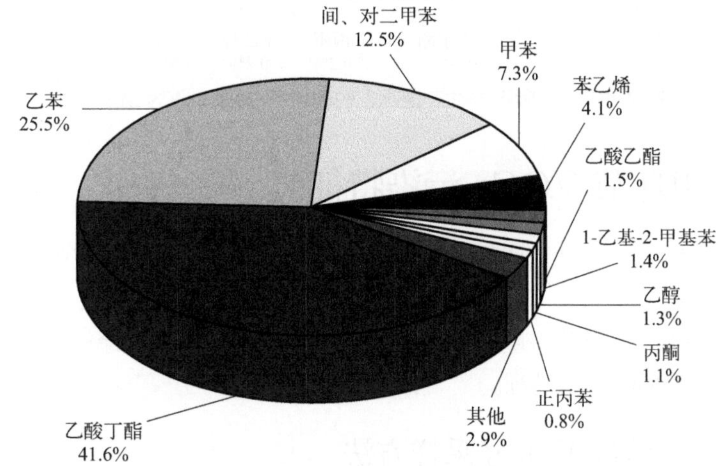

图 2-18 建筑类涂料生产企业 2 排气筒有组织排放 VOCs 组分构成

表 2-7 建筑类涂料生产企业 2 车间无组织排放 VOCs 组分

编号	组分名称	组分浓度 / (μg/m³)	编号	组分名称	组分浓度 / (μg/m³)
1	丙酮	40.9	10	1.2.4- 三甲苯	358.4
2	乙酸乙酯	184.4	11	乙酸丁酯	5096.0
3	甲苯	164.1	12	异丙苯	1461.2
4	乙苯	1687.0	13	正丙苯	3253.4
5	间、对二甲苯	2814.0	14	1- 乙基 -2- 甲基苯	3869.9
6	邻二甲苯	2195.4	15	1- 乙基 -3- 甲基苯	1619.8
7	苯乙烯	46.4	16	对乙基甲苯	358.4
8	4- 乙基甲苯	2234.8	17	1.2.3- 三甲苯	1151.2
9	1.3.5- 三甲苯	166.8			

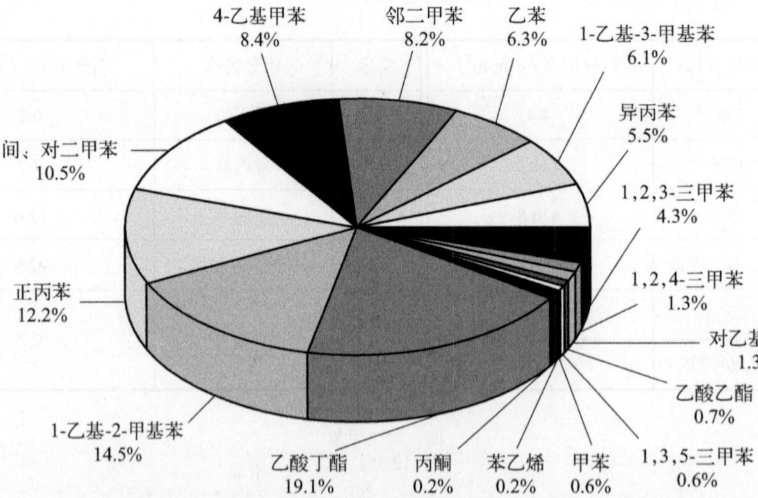

图 2-19 建筑类涂料生产企业 2 车间无组织排放 VOCs 组分构成

2.3 使用环节 VOCs 污染特征

为了探讨建筑类涂料使用环节的 VOCs 污染特征，本节选取典型室内装修，分别在其厨卫防水（涂装防水涂料）、墙面底层处理（涂装内墙腻子）、内墙涂装（涂装内墙涂料）3 个工序结束 12h 后对其装修房屋室内空气进行监测分析，研究防水涂料、内墙腻子和内墙涂料使用环节的 VOCs 排放特征。

2.3.1 室内装修 VOCs 采样方法

借鉴美国 EPA TO-14A 方法中规定的环境空气采样方法，使用预抽真空的 SUMMA 罐进行被动式样品采集，采样流速由限流阀控制，将室内空气样品均匀地采集到 SUMMA 罐中。单次采样使用 3 个经过清洗且抽至真空（≤ 6.7Pa）的 SUMMA 罐：2 个放置于采样点，作为平行样进行空气样品采集；1 个放置于房屋外，作为空白对照样进行空气样品采集（见图 2-20）。

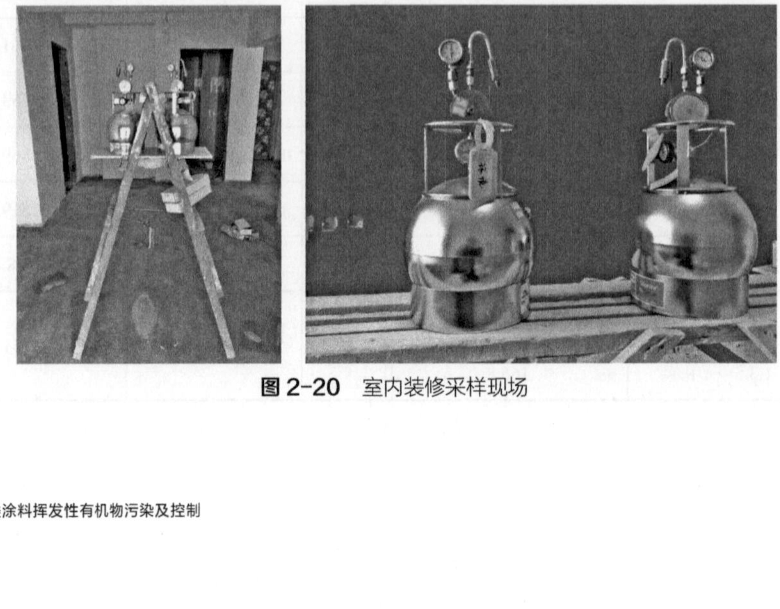

图 2-20 室内装修采样现场

2.3.2 室内装修VOCs排放特征

（1）室内装修过程不同工序VOCs排放浓度

本章选取了7家厨卫防水工序、6家墙面底层处理工序、14家内墙涂装工序进行采样，排除其他工序的污染物干扰。利用皮尔森相关系数对相同工序的检测结果两两进行相关性检验，相关系数最低值为0.772，最高值为0.993，整体的相关系数在0.900左右，相关性比较强。经过上述统计学计算后，将实测3种工序的VOCs浓度范围及其平均值列于表2-8中，并绘制箱线图，见图2-21。

表2-8 室内装修过程3个工序VOCs排放浓度

组分名称	厨卫防水/(μg/m³)			墙面底层处理/(μg/m³)			内墙涂装/(μg/m³)		
	最大浓度	最小浓度	平均浓度	最大浓度	最小浓度	平均浓度	最大浓度	最小浓度	平均浓度
丙烯	8.3	1.7	4.8	20.2	5.1	12.4	29.5	5.0	14.7
二氯二氟甲烷	—	—	—	38.7	2.5	34.7	66.0	3.2	21.1
氯甲烷	—	—	—	6.6	3.1	4.5	—	—	—
1,3-丁二烯	—	—	—	3.9	1.6	3.6	—	—	—
乙醇	42.5	18.3	35.2	366.2	33.2	182.5	238.2	20.3	82.6
丙酮	57.2	15.3	36.3	59.0	18.5	42.3	62.6	11.9	35.9
异丙醇	19.3	6.3	15.7	—	—	—	35.1	3.9	27.1
二氯甲烷	14.6	4.2	11.1	3.9	2.9	3.7	19.4	4.3	13.4
甲基叔丁基醚	—	—	—	27.8	6.4	25.8	27.3	1.7	18.3
正己烷	—	—	—	—	—	—	9.4	5.9	7.7
2-丁酮	—	—	—	99.0	9.9	33.3	76.5	5.8	27.6
乙酸乙酯	8.9	3.4	6.0	9.9	3.0	7.8	24.7	7.6	17.0
氯仿	19.1	2.5	12.2	—	—	—	4.6	3.5	4.0
四氯化碳	—	—	—	—	—	—	9.5	1.5	6.5
苯	10.5	3.9	7.1	10.6	4.8	7.6	17.9	1.9	9.6
1,2-二氯乙烷	—	—	—	9.8	3.9	8.8	75.2	10.8	44.5
庚烷	—	—	—	—	—	—	19.6	4.3	9.6
1,2-二氯丙烷	—	—	—	—	—	—	14.8	5.8	8.8
甲苯	19.7	4.9	12.1	22.6	11.4	15.1	21.7	5.3	14.0
乙苯	6.2	1.5	4.5	3.7	1.4	2.9	8.0	4.9	5.5
间、对二甲苯	10.3	1.4	7.4	9.5	2.4	5.3	9.8	7.7	8.6

续表

组分名称	厨卫防水 /（μg/m³）			墙面底层处理 /（μg/m³）			内墙涂装 /（μg/m³）		
	最大浓度	最小浓度	平均浓度	最大浓度	最小浓度	平均浓度	最大浓度	最小浓度	平均浓度
邻二甲苯	—	—	—	—	—	—	19.7	6.8	9.7
苯乙烯	28.3	4.5	18.3	—	—	—	16.8	4.6	6.8
异丁烷	—	—	—	16.8	2.2	9.0	10.9	3.0	6.8
1- 丁烯	—	—	—	4.9	1.3	4.5	—	—	—
正丁烷	—	—	—	33.8	1.8	13.2	24.4	5.1	10.8
异戊烷	6.3	2.5	5.0	34.5	2.5	18.0	35.6	20.8	28.8
正戊烷	16.4	1.6	10.5	17.2	8.4	12.3	9.3	8.8	9.2
异戊二烯	—	—	—	24.3	3.7	12.3	9.1	2.9	3.1
2- 甲基戊烷	—	—	—	5.4	2.5	3.3	—	—	—
环戊烷	—	—	—	—	—	—	—	—	—
3- 甲基戊烷	—	—	—	—	—	—	—	—	—
甲基环戊烷	—	—	—	—	—	—	—	—	—
2- 甲基己烷	—	—	—	—	—	—	—	—	—
3- 甲基己烷	—	—	—	—	—	—	19.6	7.0	11.6
甲基环己烷	—	—	—	—	—	—	16.3	2.5	10.3
乙酸丁酯	—	—	—	33.6	9.4	31.0	108.9	97.8	103.8
VOCs 物种数	14 种			23 种			29 种		
VOCs 浓度加和	267.6	72.0	186.2	861.9	141.9	493.9	1040.4	274.6	577.4
TVOCs	391.5	279.6	325.6	1097.0	415.7	735.3	1699.0	415.7	977.2

注：“—”表示未检出。

从表 2-8 中可以看出，厨卫防水工序检测出 14 种 VOCs 组分，墙面底层处理工序检测出 23 种 VOCs 组分，内墙涂装工序检测出 29 种 VOCs 组分。总挥发性有机物（TVOCs）的浓度水平从高到低依次为：内墙涂装＞墙面底层处理＞厨卫防水。内墙涂装工序 TVOCs 浓度最高，均值为 1.0mg/m³ 左右；其次为墙面底层处理工序，TVOCs 浓度均值为 0.7mg/m³ 左右；最低的是厨卫防水工序，TVOCs 浓度均值为 0.3mg/m³ 左右。目前内墙涂装工序主要使用水性内墙涂料，墙面底层处理工序主要使用内墙腻子，厨卫防水工序主要使用水性防水涂料，由于内墙涂料中 VOCs 含量相对较高，因此其挥发到环境空气中的 TVOCs 浓度最高。由高翔等 2006 年的研究可知，室内装修现场测试的 TVOCs 范围为 5.0 ～ 21.4mg/m³，明显高于本书的检测结果，原因在于近几年室内装修涂料生产配方及工艺得到改良，更加注重环保，因此其 VOCs 含量大幅降低。

根据《民用建筑工程室内环境污染控制标准》（GB 50325—2020）中第 6.0.1 款强制规定，民用建筑工程及室内装修工程应在工程完工至少 7d 以后、工程交付使用前进行室内环境质量验收，其中 Ⅰ 类民用建筑工程 TVOCs 的限值为 $0.45mg/m^3$，Ⅱ 类民用建筑工程 TVOCs 的限值为 $0.50mg/m^3$，可见墙面底层处理工序与内墙涂装工序都超标，原因在于采样时间为每道工序结束后 12h 时，正处于 VOCs 高排放量时期，超标是必然的。根据 J. A. Kim 的环境舱研究可知，涂料在涂装刚结束时 TVOCs 排放速率为 $2.4mg/(m^2 \cdot h)$，涂装 24h 后 TVOCs 的排放速率为 $0.07mg/(m^2 \cdot h)$，排放速率下降了两个数量级，达到稳定排放状态。超标是因为采样时间点的选取差异造成的，在可接受范围内。

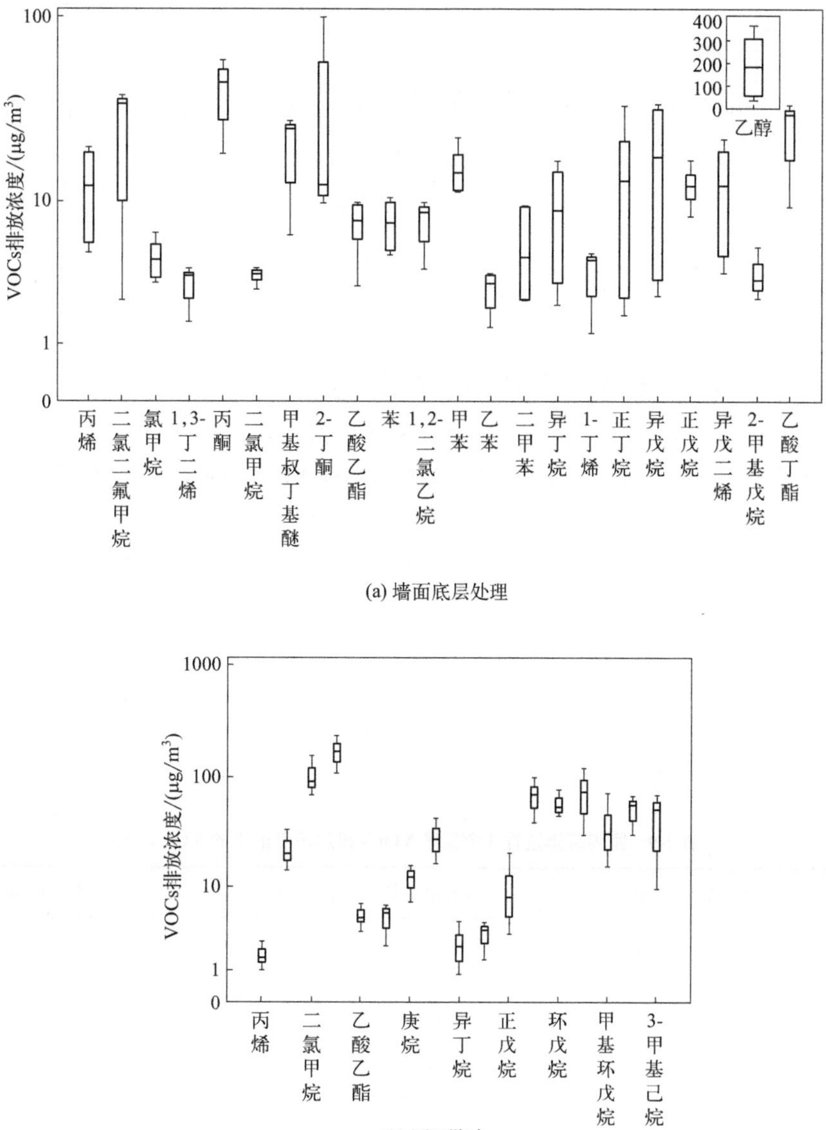

(a) 墙面底层处理

(b) 厨卫防水

图 2-21

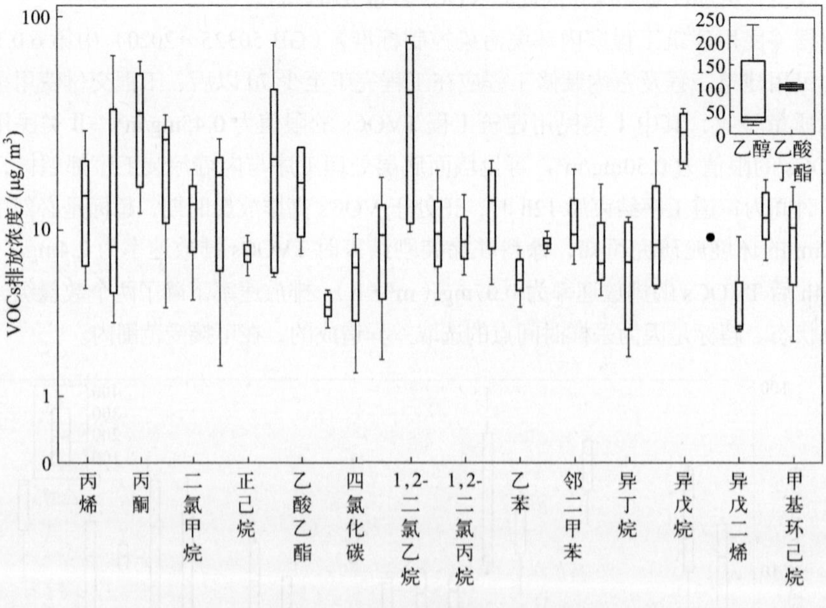

(c) 内墙涂装

图 2-21 室内装修过程 3 个工序 VOCs 排放浓度箱线图

（2）室内装修过程不同工序 VOCs 排放成分谱

将厨卫防水、墙面底层处理和内墙涂装 3 个工序测得的各种 VOCs 组分浓度取平均值后，对浓度大小进行排序，选取每个工序浓度排名前 10 的 VOCs 物种，将结果列于表 2-9 中。从表 2-9 中可以看出，厨卫防水工序排放的主要 VOCs 物种为丙酮、乙醇、苯乙烯、异丙醇、氯仿等，但整体排放浓度不高；墙面底层处理工序排放的主要 VOCs 物种为乙醇、丙酮、二氯二氟甲烷、2- 丁酮、乙酸丁酯等，乙醇的排放浓度明显高于其他有机物，原因可能为醇类物质作为内墙腻子的助剂，含量比较高，而且分子量比较小，饱和蒸气压较高，易于挥发；内墙涂装工序排放的主要 VOCs 物种为乙酸丁酯、乙醇、1,2- 二氯乙烷、丙酮、异戊烷等，乙酸丁酯的排放浓度相对于其他物质较高，原因可能在于乙酸丁酯溶解性强，是涂料制备中常用的有机溶剂。

表 2-9　室内装修过程 3 个工序 VOCs 排放浓度前十的 VOCs 物种

序号	厨卫防水 / (μg/m³)		墙面底层处理 / (μg/m³)		内墙涂装 / (μg/m³)	
	组分名称	组分浓度	组分名称	组分浓度	组分名称	组分浓度
1	丙酮	36.3	乙醇	182.5	乙酸丁酯	103.8
2	乙醇	35.2	丙酮	42.3	乙醇	82.6
3	苯乙烯	18.3	二氯二氟甲烷	34.7	1,2- 二氯乙烷	44.5
4	异丙醇	15.7	2- 丁酮	33.3	丙酮	35.9

续表

序号	厨卫防水 /（μg/m³）		墙面底层处理 /（μg/m³）		内墙涂装 /（μg/m³）	
	组分名称	组分浓度	组分名称	组分浓度	组分名称	组分浓度
5	氯仿	12.2	乙酸丁酯	31.0	异戊烷	28.8
6	甲苯	12.1	甲基叔丁基醚	25.8	2- 丁酮	27.6
7	二氯甲烷	11.1	异戊烷	18.0	异丙醇	27.1
8	正戊烷	10.5	甲苯	15.1	二氯二氟甲烷	21.1
9	间、对二甲苯	7.4	正丁烷	13.2	甲基叔丁基醚	18.3
10	苯	7.1	丙烯	12.4	乙酸乙酯	17.0

（3）室内装修过程不同工序 VOCs 排放组分构成

对厨卫防水、墙面底层处理和内墙涂装 3 个工序测得的各种 VOCs 组分按照烷烃、烯烃、芳香烃、醇类、醛酮类、卤代烃和其他有机物进行分类，再将每个工序相同种类的 VOCs 排放浓度进行累加，对各类 VOCs 所占的百分比进行计算，得到了图 2-22。厨卫防水工序的 VOCs 组分主要以醇类物质和芳香烃为主，占比分别为 27.4% 和 26.6%；墙面底层处理工序的 VOCs 组分以醇类、醛酮类为主，占比分别为 36.9% 和 15.3%，芳香烃占比较少；内墙涂装工序整体排放比较平均，其他物质、醇类物质和卤代烃较为突出，占比分别为 24.1%、19.0% 和 17.0%，其他物质中以乙酸丁酯的排放为主，芳香烃占比较少。

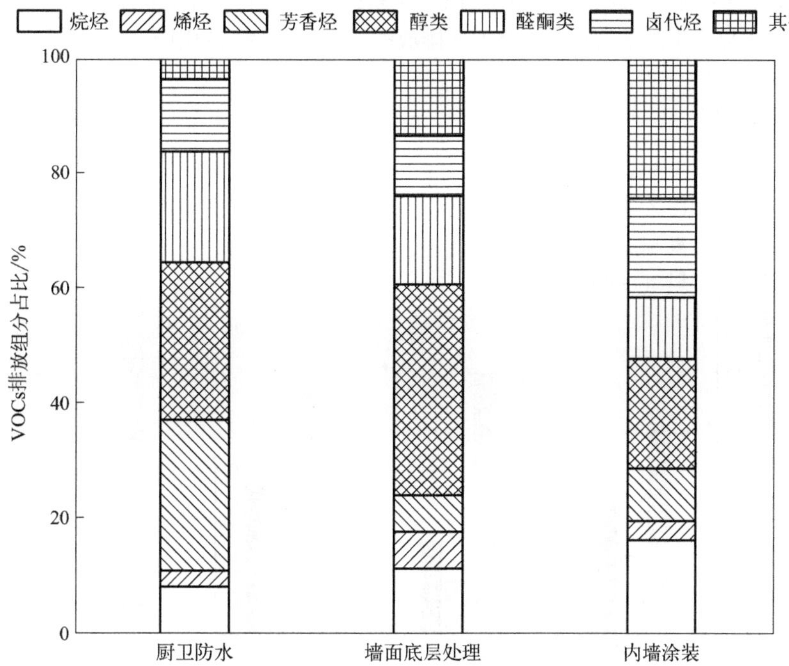

图 2-22 室内装修过程 3 个工序 VOCs 排放组分构成

（4）室内装修过程不同工序苯系物排放浓度

苯系物是一类典型的室内挥发性有机化合物，常见的苯系物包括苯、甲苯、乙苯、二甲苯（邻、间、对二甲苯）、苯乙烯等。国际癌症研究机构（IARC）将苯归为一级致癌物（Group 1），即对人类为确定的致癌物；将乙苯和苯乙烯归为二级 B 类致癌物（Group 2B），即对人类为有可能致癌物。苯对皮肤、眼睛和上呼吸道有刺激作用，长期接触可使骨髓造血机能发生障碍，引起再生障碍性贫血。人体在短时间内吸入较高浓度的苯系物，如甲苯等，可导致人体中枢神经系统出现麻醉作用，可能的症状包括头晕、头痛、恶心、胸闷、乏力、意识模糊等，严重的可致昏迷，甚至导致呼吸、循环衰竭而死亡；若长期接触，即使苯系物浓度不高，也可能引起慢性中毒，可能的症状有头痛、失眠、神经萎靡、记忆力衰退等。

基于上述原因，需要对室内装修过程中苯系物的排放进行详细的研究。本章对厨卫防水、墙面底层处理、内墙涂装和墙纸粘贴 4 个不同工序排放的苯，甲苯，乙苯，间、对二甲苯以及邻二甲苯 5 种苯系物浓度进行整理，结果如图 2-23 所示。由图可知，内墙涂装工序中 5 种苯系物全部检出，含量相对比较平均，其中主要的苯系物为甲苯，排放浓度为 14.0μg/m³，但是芳香烃在内墙涂装工序 VOCs 排放中只占到了 9.4%，因此不是主要的排放物。厨卫防水和墙面底层处理工序均检出 4 种苯系物，均未检出邻二甲苯。厨卫防水工序排放的主要苯系物为甲苯，排放浓度为 12.1μg/m³，由于芳香烃在厨卫防水 VOCs 排放中占比较大，为 26.6%，因此甲苯也是厨卫防水工序排放的主要 VOCs 之一。墙面底层处理工序排放的主要苯系物同样为甲苯，排放浓度为 15.1μg/m³，由于芳香烃在墙面底层处理工序 VOCs 排放中只占到了 6.3%，因此甲苯不是墙面底层处理工序的主要 VOCs 排放物。墙纸粘贴工序中只检出了苯和甲苯两种苯系物，其中甲苯为主要排放物，排放浓度为 27.0μg/m³，明显高于苯的排放。4 个工序排放的主要苯系物均为甲苯。

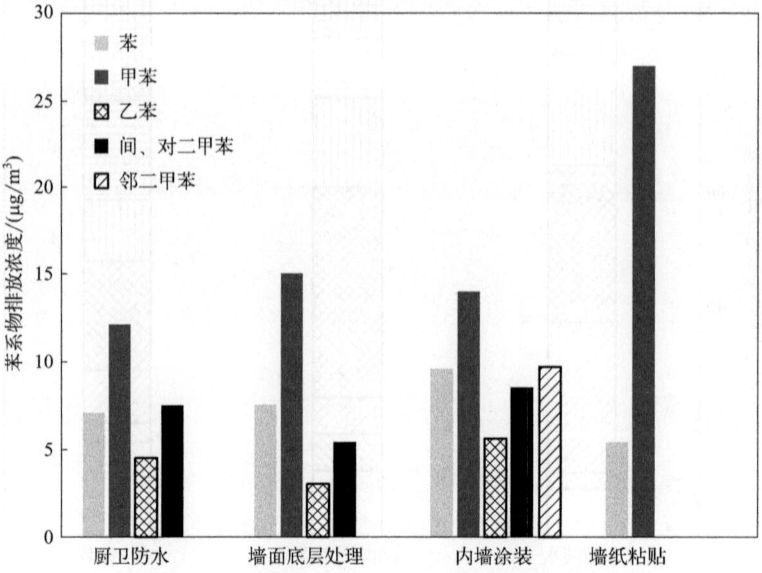

图 2-23 室内装修过程 4 个工序苯系物排放浓度

2014年莫菲菲等的研究指出，在装修的房屋内，苯、甲苯、乙苯以及二甲苯的平均排放浓度分别为（0.018±0.019）mg/m^3、（0.033±0.056）mg/m^3、（0.017±0.018）mg/m^3和（0.035±0.415）mg/m^3，与本书的检测结果相似。2014年陈潜等对水性涂料中的苯系物进行检测，结果发现二甲苯含量最高，其次是乙苯，与本书排放浓度比较符合。2006年高翔等对室内装修排放的苯系物进行检测，发现排放的苯系物分别为苯0.5～2.2mg/m^3、甲苯1.6～6.7mg/m^3，乙苯0.3～0.8mg/m^3，邻二甲苯0.4～2.2mg/m^3，间、对二甲苯1.0～7.4mg/m^3，明显高于本书的浓度，主要原因是近几年涂料配方、工艺技术得到改进，以及环保要求提高，涂料中的VOCs含量及苯系物含量都明显降低，挥发到环境空气中的浓度明显降低，而且高翔等的检测可能是室内装修复合污染，而本书是单一工序排放浓度研究。根据朱海欧等对墙纸排放VOCs的检测可知，墙纸中未检测到乙苯、二甲苯等，与本书墙纸粘贴工序中只检测到了苯和甲苯一致。

参考文献

[1] 陈潜 . 水性涂料中挥发性有机物分析方法研究 [D]. 上海：东华大学，2014.

[2] 高翔，白志鹏，游燕，等 . 不同室内环境空气中挥发性有机物的暴露水平及其对健康的影响 [J]. 环境与健康杂志，2006（4）：300-303.

[3] GB 50325—2020 民用建筑工程室内环境污染控制标准 [S].

[4] HJ 734—2014 固定污染源废气 挥发性有机物的测定 固相吸附 - 热脱附 / 气相色谱 - 质谱法 [S].

[5] HJ 759—2015 环境空气 挥发性有机物的测定 罐采样 / 气相色谱 - 质谱法 [S].

[6] 罗帅 . 水性涂料的研究进展 [J]. 现代涂料与涂装，2015，18（12）：1-6.

[7] 莫菲菲 . 居室室内空气中 TVOC 和甲醛的污染类型及规律 [D]. 杭州：浙江大学，2015.

[8] 莫梓伟，邵敏，陆思华 . 中国挥发性有机物（VOCs）排放源成分谱研究进展 [J]. 环境科学学报，2014，34（9）：2179-2189.

[9] 盛涛，高宗江，高松，等 . 上海市专项化学品制造行业 VOCs 排放特征及臭氧生成潜势研究 [J]. 环境科学研究，2019，32（5）：830-838.

[10] 谭超群 . 1,2- 二氯丙烷在涂料和油墨工业中的应用 [J]. 涂料工业，2008，38（8）：48-50.

[11] 吴健，高松，陈玺，等 . 涂料制造行业挥发性有机物排放成分谱及影响 [J]. 环境科学，2020，41（4）：1582-1588.

[12] 朱海欧，陈进，卢志刚，等 . ETC-ATD-GC/MS 法测试墙纸中挥发性有机物 [J]. 中国造纸，2014，33（2）：25-29.

[13] IARC（International Agency for Research on Cancer）. IARC Monographs Volume 120：Benzene[EB/OL]. [2018]. https://www.iarc.who.int/news-events/iarc-monographs-volume-120-benzene/.

第 3 章 建筑类涂料 VOCs 含量检测分析方法

3.1 建筑类涂料 VOCs 定义

建筑类涂料 VOCs 含量检测方法与 VOCs 定义密切相关，不同的定义采用不同的测试方法，可能得出不同的结果。目前，各国标准对 VOCs 的定义有所不同，总结见表 3-1。各国对 VOCs 的定义主要分为 3 类：a. 能参与大气光化学反应的有机化合物；b. 在常温、常压下，任何能自行挥发的有机液体或固体；c. 在 101.3kPa 标准压力下，任何初沸点低于或等于 250℃的有机化合物。我国涂料行业不同标准中 VOCs 的定义也有所不同，《室内装饰装修材料 内墙涂料中有害物质限量》（GB 18582—2008）、《建筑用外墙涂料中有害物质限量》（GB 24408—2009）、《地坪涂装材料》（GB/T 22374—2018）、《环境标志产品技术要求 水性涂料》（HJ 2537—2014）中将 VOCs 定义为在 101.3kPa 标准压力下，任何初沸点低于或等于 250℃的有机化合物；《建筑钢结构防腐涂料中有害物质限量》（GB 30981—2014）和《室内地坪涂料中有害物质限量》（GB 38468—2019）中将 VOCs 定义为在所处的大气温度和压力下，可以自然挥发的任何有机液体或固体。2020 年我国对墙面涂料、防腐涂料相关标准进行了修订，将《室内装饰装修材料 内墙涂料中有害物质限量》（GB 18582—2008）和《建筑用外墙涂料中有害物质限量》（GB 24408—2009）修订为《建筑用墙面涂料中有害物质限量》（GB 18582—2020），GB 18582—2008 和 GB 24408—2009 已废止；将《建筑钢结构防腐涂料中有害物质限量》（GB 30981—2014）修订为《工业防护涂料中有害物质限量》（GB 30981—2020），GB 30981—2014 已废止。修订后的 GB 18582—2020 和 GB 30981—2020 中 VOCs 定义发生了变化，将 VOCs 定义为参与大气光化学反应的有机化合物，或者根据有关规定确定的有机化合物。2020 年国内首次发布的《低挥发性有机化合物含量涂料产品技术要求》（GB/T 38597—2020）也将 VOCs 定义为参与大气光化学反应的有机化合物，或者根据有关规定确定的有机化合物。

GB 18582—2008、GB 24408—2009 和 GB 30981—2014 中采用气相色谱法测定 VOCs 含量时，均以沸点为 251℃的己二酸二乙酯或沸点为 252.6℃的十四烷作为色谱分离的标记物，将初沸点低于或等于 250℃的有机化合物计入 VOCs 含量。标准修订后，GB 18582—2020 和 GB 30981—2020 中均以沸点为 251℃的己二酸二乙酯作为色谱分离的标记物，也是将初沸点低于或等于 250℃的有机化合物计入 VOCs 含量。标准修订后，虽然 VOCs 定义发生了变化，但是测定 VOCs 含量时，都是采用沸点为 251℃的己二酸二乙酯作为色谱分离的标记物。

表 3-1 各国标准对 VOCs 的定义

标准	VOCs 定义
美国标准：ASTMD 3960—2005	任何能参与大气光化学反应的有机化合物
美国环保署（US EPA）	除 CO、CO_2、H_2CO_3、金属碳化物、碳酸盐和碳酸铵外，任何能参与大气光化学反应的碳化合物
世界卫生组织（WHO）	指沸点在 50 ～ 260℃、室温下饱和蒸气压超过 133.3kPa 的易挥发性有机化合物

续表

标准	VOCs 定义
国际标准化组织标准： ISO 4618—2014 ISO 11890-1—2007 ISO 11890-2—2020 ISO 17895—2005	在常温、常压下，任何能自行挥发的有机液体或固体
欧盟	指在标准大气压（101.3kPa）下，初沸点低于或等于 250℃的有机化合物
德国标准： DIN 55649—2000	在通常压力条件下，沸点或初馏点低于或等于 250℃的任何有机化合物
中国标准： GB 18582—2008 GB 24408—2009 GB/T 22374—2018 HJ 2537—2014	在 101.3kPa 标准压力下，任何初沸点低于或等于 250℃的有机化合物
中国标准： GB 30981—2014 GB 38468—2019	在所处的大气温度和压力下，可以自然挥发的任何有机液体或固体
中国标准： GB 18582—2020 GB 30981—2020 GB/T 38597—2020	参与大气光化学反应的有机化合物，或者根据有关规定确定的有机化合物

3.2 国内外建筑类涂料 VOCs 含量检测方法现状

目前，常用于涂料 VOCs 含量检测的方法主要有重量法（差值法）、气相色谱法、顶空进样法等，可以根据涂料中 VOCs 含量的差异选择不同的检测方法进行有效检测。由于检测条件不同，必然存在各自的优缺点，具体分析如下。

（1）重量法（差值法）

重量法主要适用于预期 VOCs 含量较高的涂料产品的测定。当预期涂料产品中 VOCs 含量大于 15%（质量分数）时可采用此法测定。

目前《色漆和清漆 挥发性有机化合物（VOC）含量的测定 第 1 部分：差值法》（ISO 11890-1：2007）与《色漆和清漆 挥发性有机化合物（VOC）含量的测定 差值法》（GB/T 23985—2009）都是采用重量法检测涂料产品中的 VOCs 含量。国内标准 GB/T 23985—2009 是国际标准 ISO 11890-1：2007 的翻译版，两个标准等同。

ISO 11890-1：2007 标准的原理是将涂料产品中各组分按规定以正确的质量比或体积比混合，如需稀释则用合适的稀释剂稀释，作为备用样品用于测定。分别测定备用样品中的不挥发物含量、水含量和豁免化合物含量，然后用合适的公式计算涂料产品中的 VOCs 含量。ISO 11890-1：2007 考虑到部分涂料产品中还含有部分水分及豁免化合物，详细给出了 4 种不同 VOCs 含量表示方法的计算公式，并将其定义为扣除水分和豁免化合物后的

VOCs 含量。ASTMD 3960—2002 的原理基本上与 ISO 11890-1：2007 标准一致。

重量法操作简单，不需要专用大型仪器，对 VOCs 含量较高的涂料产品能够较为准确地测定，但由于重量法在测定过程中设定的温度为 105℃，与目前国际上普遍认同的 VOCs 沸点 250℃有一定的差距，因此必然会导致 VOCs 含量检测结果普遍偏低。

我国目前溶剂型和无溶剂型建筑类涂料主要采用重量法进行测定。

（2）气相色谱法

气相色谱法主要适用于预期 VOCs 含量相对较低的涂料产品的测定。当预期涂料产品中 VOCs 含量介于 0.1% ～ 15%（质量分数）时，可采用此法测定。

《色漆和清漆 挥发性有机化合物（VOC）含量的测定 第 2 部分：气相色谱法》（ISO 11890-2：2006）和《色漆和清漆 挥发性有机化合物（VOC）含量的测定 气相色谱法》（GB/T 23986—2009）都是采用气相色谱法检测涂料产品中的 VOCs 含量。国内标准 GB/T 23986—2009 是国际标准 ISO 11890-2：2006 的翻译版，两个标准等同。2020 年 ISO 11890-2：2006 修订为《色漆和清漆 挥发性有机化合物（VOC）和 / 或半挥发性有机化合物（SVOC）含量的测定 第 2 部分：气相色谱法》（ISO 11890-2：2020），ISO 11890-2：2006 废止，修订后标准的主要变化如下：a. 范围扩大到包括半挥发性有机化合物（SVOC）的测定；b. 范围扩大到包括质量浓度范围从 0.01% 到 100%；c. 增加了半挥发性有机化合物的测定规范。

ISO 11890-2：2020 标准的原理是将涂料产品中各组分按规定以正确的质量比或体积比混合，如需稀释则用合适的稀释剂稀释，作为备用样品用于测定。采用气相色谱技术分离出备用样品中的挥发性有机化合物和豁免化合物，先对备用样品中的挥发性有机化合物和豁免化合物进行定性分析，然后再采用内标法以峰面积的值来定量测定备用样品中各挥发性有机化合物和豁免化合物的含量，用合适的方法测定样品中的水分含量，并用合适的公式计算涂料产品中的 VOCs 含量。ISO 11890-2：2020 考虑到部分涂料产品中还含有部分水分及豁免化合物，详细给出了 4 种不同 VOCs 含量表示方法的计算公式。由于涂料产品中大部分为有机化合物，故气相色谱法大多数都采用氢火焰离子化检测器来进行定量检测，采用 GC-MS 方法进行定性分析，定量方法一般采用内标法。

ASTMD 6886：2009 原理基本上与 ISO 11890-2：2020 标准一致，适用于检测 VOCs 含量小于 5% 的涂料。原理是称量后的试样用四氢呋喃稀释，利用 GC-FID、GC-MS 或 SPME（固相微萃取）-GC 对试样中挥发性有机化合物组分进行定性、定量，并区分挥发性有机化合物与豁免化合物，使用内标物并根据峰面积确定这些化合物的含量，并计算出涂料中的 VOCs 含量。

气相色谱法通过分离技术使不同 VOCs 化合物得到有效分离后，根据校准化合物的峰面积来定量并计算其含量，因此其具有较高的准确度与精密度，而且气相色谱法采用加入沸点在 250℃左右的已知化合物作为标记物来划分 VOCs 物质的界限，对 VOCs 物质的判定非常准确明了。但是，由于涂料生产过程中一般都使用了大量不同性质的有机化合物，有些有机化合物并不能在气相色谱里得到有效分离，或者有些有机化合物会出现过载、峰型前伸或拖尾、峰型不对称等现象，因此，在检测过程中需要先对 VOCs 相关化合物进行定性后再进行定量，操作较为烦琐。

我国目前水性建筑类涂料主要采用气相色谱法测定，扣除水分后计算其 VOCs 含量。

（3）顶空进样法

顶空进样法主要适用于测定含有微量 VOCs 的涂料产品，一般多用于判定涂料产品是否为低 VOCs 乳胶漆。当预期涂料产品中的 VOCs 含量介于 0.01% ～ 0.1%（质量分数）时可采用此法测定。此法主要用来测定 VOCs 含量很低的水性乳胶漆样品中的VOCs含量。目前,《色漆和清漆 低VOC 乳胶漆中挥发性有机物含量的测定》(ISO 17895：2005）和《色漆和清漆 低 VOC 乳胶漆中挥发性有机化合物（罐内 VOC）含量的测定》(GB/T 23984—2009）都是采用顶空进样法检测乳胶漆中的VOCs含量。国内标准 GB/T 23984—2009 与国际标准 ISO 17895：2005 等同。

ISO 17895：2005 标准的原理是用有隔膜密闭小瓶的顶空进样器进样，并最好用具有自动样品转换器的气相色谱仪来分析。进样时当样品被加热至 150℃后，其中的挥发性有机化合物完全汽化而转移至非极性毛细管分离柱中，以沸点在 252.6℃的十四烷作为标记物来划分 VOCs 物质，对保留时间在十四烷之前的所有化合物的峰面积进行积分。分别对不含储备混合物的稀释后的试样，以及 4 种含有不同质量分数储备混合物的稀释后的试样进行测定，均校准至 1mg 样品的峰面积，并求出平均值，与加入的贮备混合物量作图进行线性回归，由回归直线的斜率和直线在纵坐标上的截距计算出样品中的 VOCs 含量。DIN 55649—2001 的原理类似于 ISO 17895：2005，适用于测定 VOCs 含量在 0.01% ～ 0.1% 的涂料。原理是将经缓冲溶液稀释后的试样注入顶空瓶中，并加热至 150℃，用顶空进样器注入非极性毛细管中，以沸点在 252.6℃的十四烷作为标记物来划分 VOCs 物质，对保留时间在十四烷之前的所有化合物的峰面积进行积分。用 4 种不同浓度的混合标准贮备液，以标准叠加法外推定量测定 VOCs 含量。

无论什么检测标准都有一定的适用范围，不同 VOCs 含量的涂料应选择相应的测定标准。各检测标准适用范围、测定方法和计算公式总结见表 3-2。

3.3 我国现行建筑类涂料 VOCs 含量检测方法标准

在国内建筑类涂料领域，目前并不是所有类别的产品都有专门的 VOCs 检测方法，各类别的建筑类涂料也没有统一的 VOCs 检测方法，多数是引用不同标准附录中的检测方法，我国目前现行的涉及各类建筑类涂料中 VOCs 限量标准和检测方法的标准共有 15 项，具体如表 3-3 所列。

表 3-3 中的标准，根据适用范围不同，可以将这些标准分为通用型标准和专用型标准。通用型标准是指 GB/T 23985—2009 与 GB/T 23986—2009 这 2 项标准。这些标准的适用范围依据涂料中预期 VOCs 含量范围划分，原则上适用于各种用途的涂料。这些方法中规定了多种 VOCs 结果的计算和表示方法，如是否扣除水，是否扣除豁免化合物，以“%”表示还是以“g/L”表示等。作为通用型方法，这些方法在一些实验细节上没有做出明确的规定，只是给出了宽泛的范围。其他不同标准附录中的检测方法都属于专用型标准，它们都是基于通用型方法中的原理，结合具体类型的涂料产品特点制定的专门 VOCs 分析方法。这些专用型标准相比于通用型标准更加细致，各个实验参数更加明确，有利于检验人员的具体执行。

表 3-2 各检测标准适用范围、测定方法和计算公式

标准号	适用范围	测定方法	计算公式	单位	备注
ISO 11890-1：2007	VOCs ＞ 15%（质量分数）	（1）不挥发物含量（NV）的测定：ISO 3251； （2）水分含量（w_w）的测定：ISO 760； （3）豁免溶剂（w_{eci}）的测定：ISO 11890-2； （4）涂料密度（ρ_s）的测定：ISO 2811	（1）$VOC = 100 - NV - w_w$	%	不扣除水
			（2）$VOC = (100 - NV - w_w) \times \rho_s \times 10$	g/L	不扣除水
			（3）$VOC_{lw} = \left(\dfrac{100 - NV - w_w}{100 - \rho_s \dfrac{w_w}{\rho_w}}\right) \times \rho_s \times 1000$	g/L	扣除水
			（4）$VOC_{lwe} = \left(\dfrac{100 - NV - w_w - \sum_{i=1}^{n} w_{eci}}{100 - \rho_s \dfrac{w_w}{\rho_w} - \rho_s \sum_{i=1}^{n} \dfrac{w_{eci}}{\rho_{eci}}}\right) \times \rho_s \times 1000$	g/L	扣除水和豁免溶剂
GB/T 23985—2009	VOCs ＞ 15%（质量分数）	（1）不挥发物含量[w(NV)]的测定：GB/T 1725； （2）水分含量（w_w）的测定：按 GB/T 6283 采用卡尔·费休法，也可采用气相色谱法； （3）豁免溶剂（w_{eci}）的测定：GB/T 23986； （4）涂料密度（ρ_s）的测定：GB/T 6750、GB/T 21862.2、GB/T 21862.3 和 GB/T 21862.4	（1）$w(VOC) = 100 - w(NV) - w_w$	%	不扣除水
			（2）$\rho(VOC) = [100 - w(NV) - w_w] \times \rho_s \times 10$	g/L	不扣除水
			（3）$\rho(VOC)_{lw} = \left[\dfrac{100 - w(NV) - w_w}{100 - \rho_s \dfrac{w_w}{\rho_w}}\right] \times \rho_s \times 1000$	g/L	扣除水
			（4）$\rho(VOC)_{lwe} = \left[\dfrac{100 - w(NV) - w_w - \sum_{i=1}^{n} w_{eci}}{100 - \rho_s \dfrac{w_w}{\rho_w} - \rho_s \sum_{i=1}^{n} \dfrac{w_{eci}}{\rho_{eci}}}\right] \times \rho_s \times 1000$	g/L	扣除水和豁免化合物
ISO 11890-2：2020	0.1% ＜ VOCs ＜ 15%（质量分数）	（1）化合物含量（m_i）的测定：气相色谱法：	（1）$VOC = \sum_{i=1}^{n} m_i \times 100$	%	不扣除水

续表

标准号	适用范围	测定方法	计算公式	单位	备注
		（2）水分含量（m_w）的测定：ISO 760； （3）涂料密度（ρ_s）的测定：ISO 2811	（2） $VOC=\sum_{i=1}^{n}m_i\times\rho_s\times1000$	g/L	不扣除水
			（3） $VOC_{lw}=\left(\dfrac{\sum_{i=1}^{n}m_i}{1-\rho_s\dfrac{m_w}{\rho_w}}\right)\times\rho_s\times1000$	g/L	扣除水
			（4） $VOC_{lwe}=\left(\dfrac{\sum_{i=1}^{n}m_i-\sum_{eci=1}^{n}\dfrac{m_{eci}}{\rho_{eci}}}{1-\rho_s\dfrac{m_w}{\rho_w}-\rho_s\sum_{eci=1}^{n}\dfrac{m_{eci}}{\rho_{eci}}}\right)\times\rho_s\times1000$	g/L	扣除水和豁免溶剂
GB/T 23986.2—2023	0.1% ＜ VOCs ＜ 15%（质量分数）	（1）化合物含量（m_i）的测定：气相色谱法； （2）水分含量（m_w）的测定：按 GB/T 6283 采用卡尔·费休法，也可采用气相色谱法； （3）涂料密度（ρ_s）的测定：GB/T 6750、GB/T 21862.2、GB/T 21862.3 和 GB/T 21862.4	（1） $w(VOC)=\sum_{i=1}^{n}m_i\times100$	%	不扣除水
			（2） $\rho(VOC)=\sum_{i=1}^{n}m_i\times\rho_s\times1000$	g/L	不扣除水
			（3） $\rho(VOC)_{lw}=\left(\dfrac{\sum_{i=1}^{n}m_i}{1-\rho_s\dfrac{m_w}{\rho_w}}\right)\times\rho_s\times1000$	g/L	扣除水
			（4） $w(VOC)_{lwe}=\left(\dfrac{\sum_{i=1}^{n}m_i-\sum_{eci=1}^{n}\dfrac{m_{eci}}{\rho_{eci}}}{1-\rho_s\dfrac{m_w}{\rho_w}-\rho_s\sum_{i=1}^{n}\dfrac{m_{eci}}{\rho_{eci}}}\right)\times\rho_s\times1000$	g/L	扣除水和豁免溶剂

续表

标准号	适用范围	测定方法	计算公式	单位	备注
ISO 17895：2005	0.01 < VOCs < 0.1%（质量分数）	（1）化合物含量（m_{VOC}）的测定：顶空进样法； （2）涂料密度（ρ_{EP}）的测定：从生产商提供的资料中查取，或采用 ISO 2811 测定	（1）$w_{VOC}=\frac{m_{VOC}}{m_p}\times 1000$	mg/kg	不扣除水
			（2）$\rho_{VOC}=\frac{w_{VOC}\rho_{EP}}{1000}$	g/L	不扣除水
GB/T 23984—2009	0.01 < VOCs < 0.1%（质量分数）	（1）化合物含量（m_{VOC}）的测定：顶空进样法； （2）涂料密度（ρ_{EP}）的测定：从生产商提供的资料中查取，或采用 GB/T 6750、GB/T 21862.2、GB/T 21862.3 和 GB/T 21862.4 中规定的任何一种方法测定	（1）$w_{VOC}=\frac{m_{VOC}}{m_p}\times 1000$	mg/kg	不扣除水
			（2）$\rho_{VOC}=\frac{w_{VOC}\rho_{EP}}{1000}$	g/L	不扣除水

表 3-3　我国现行的各类建筑类涂料 VOCs 限量标准和 VOCs 检测方法标准

产品类型	VOCs 限量标准号	VOCs 限量标准名称	VOCs 检测方法标准号	VOCs 检测方法标准名称	测试方法大类
预期 VOCs 含量介于 0.1% ～ 15%（质量分数）的样品			GB/T 23986—2009	色漆和清漆 挥发性有机化合物（VOC）含量的测定 气相色谱法	气相色谱法： （1）基于气相色谱法，先对涂料中各个 VOCs 组分进行定性后定量，然后加和；
水性内墙涂料	GB 18582—2008	室内装饰装修材料 内墙涂料中有害物质限量	GB 18582—2008 附录 A 和附录 B	室内装饰装修材料 内墙涂料中有害物质限量	
水性外墙涂料	GB 24408—2009	建筑用外墙涂料中有害物质限量	GB 24408—2009 附录 A 和附录 B	建筑用外墙涂料中有害物质限量	

续表

产品类型	VOCs 限量标准号	VOCs 限量标准名称	VOCs 检测方法标准号	VOCs 检测方法标准名称	测试方法大类
水性建筑涂料	HJ 2537—2014	环境标志产品技术要求 水性涂料	GB/T 23986—2009 中 10.4 与 10.2	色漆和清漆 挥发性有机化合物（VOC）含量的测定 气相色谱法	（2）适用于预期 VOCs 含量相对较低的涂料； （3）我国目前建筑类涂料中水性涂料产品主要采用气相色谱法测定
水性建筑防水涂料	JC 1066—2008	建筑防水涂料中有害物质限量	GB 18582—2008 附录 A 和附录 B	室内装饰装修材料 内墙涂料中有害物质限量	
挥发固化型防水涂料	HJ 457—2009	环境标志产品技术要求 防水涂料	HJ/T 201—2005 附录 A	环境标志产品技术要求 水性涂料	
水性建筑防腐涂料	HG/T 5176—2017	钢结构用水性防腐涂料	GB/T 23986—2009 中 10.4	色漆和清漆 挥发性有机化合物（VOC）含量的测定 气相色谱法	
水性环氧防腐涂料	HG/T 4759—2014	水性环氧树脂防腐涂料	GB 18582—2008 附录 A 和附录 B	室内装饰装修材料 内墙涂料中有害物质限量	
膨胀型水性防火涂料	JG/T 415—2013	建筑防火涂料有害物质限量及检测方法	GB 18582—2008 附录 A 和附录 B	室内装饰装修材料 内墙涂料中有害物质限量	
非膨胀型水性防火涂料	JG/T 415—2013	建筑防火涂料有害物质限量及检测方法	GB 18582—2008 附录 A 和附录 B	室内装饰装修材料 内墙涂料中有害物质限量	
水性保温隔热涂料	JG/T 338—2011	建筑玻璃用隔热涂料	GB 18582—2008 附录 A 和附录 B	室内装饰装修材料 内墙涂料中有害物质限量	
预期 VOCs 含量大于 15%（质量分数）的样品			GB/T 23985—2009	色漆和清漆 挥发性有机化合物（VOC）含量的测定 差值法	差值法： （1）在一定时间内，在一定温度条件下，烘干试样，VOCs 会挥发出去，通过计算差值测定 VOCs 含量；

续表

产品类型	VOCs 限量标准号	VOCs 限量标准名称	VOCs 检测方法标准号	VOCs 检测方法标准名称	测试方法大类
溶剂型外墙涂料	GB 24408—2009	建筑用外墙涂料中有害物质限量	GB 24408—2009 附录 C	建筑用外墙涂料中有害物质限量	（2）适用于预期 VOCs 含量较高的涂料； （3）我国目前建筑类涂料中溶剂型涂料产品主要采用差值法测定
反应固化型防水涂料	JC 1066—2008	建筑防水涂料中有害物质限量	JC 1066—2008 附录 A	建筑防水涂料中有害物质限量	
反应固化型防水涂料	HJ 457—2009	环境标志产品技术要求防水涂料	GB 18581—2001 中 4.2.1	室内装饰装修材料 溶剂型木器涂料中有害物质限量	
溶剂型防水涂料	JC 1066—2008	建筑防水涂料中有害物质限量	JC 1066—2008 附录 A	建筑防水涂料中有害物质限量	
水性地坪涂料	GB/T 22374—2008	地坪涂装材料	GB/T 22374—2008 附录 A	地坪涂装材料	
溶剂型地坪涂料	GB/T 22374—2008	地坪涂装材料	GB 18581—2001 中 4.2	室内装饰装修材料 溶剂型木器涂料中有害物质限量	
无溶剂型地坪涂料	GB/T 22374—2008	地坪涂装材料	GB 18581—2001 中 4.2	室内装饰装修材料 溶剂型木器涂料中有害物质限量	
溶剂型建筑防腐涂料	GB 30981—2014	建筑钢结构防腐涂料中有害物质限量	GB 30981—2014 附录 A	建筑钢结构防腐涂料中有害物质限量	
聚硅氧烷涂料	HG/T 4755—2014	聚硅氧烷涂料	HG/T 4755—2014	聚硅氧烷涂料	
膨胀型溶剂型防火涂料	JG/T 415—2013	建筑防火涂料有害物质限量及检测方法	JG/T 415—2013 附录 B	建筑防火涂料有害物质限量及检测方法	
溶剂型保温隔热涂料	JG/T 338—2011	建筑玻璃用隔热涂料	GB 24408—2009 附录 C	建筑用外墙涂料中有害物质限量	

注：GB 18582—2008 和 GB 24408—2009 已于 2020 年 12 月 1 日废止，修订为 GB 18582—2020；GB 18581—2001 已于 2010 年 6 月 1 日废止，修订为 GB 18581—2020；GB/T 22374—2008 已于 2019 年 5 月 2 日废止，修订为 GB/T 22374—2018；GB 30981—2014 已于 2020 年 12 月 1 日废止，修订为 GB 30981—2020。GB/T 23986—2009 已废止，修订为 GB/T 23986.2—2023。

3.4 评价我国现行建筑类涂料 VOCs 含量检测方法标准

采用理论分析法和实验室比对检测法，分析并评价了我国现行的各类建筑类涂料 VOCs 含量检测方法标准。

3.4.1 理论分析法

对表 3-3 中各类型建筑类涂料 VOCs 检测方法标准进行分析与比较，对标准的适用范围、测试原理、测定方法、计算公式等进行了总结，采用气相色谱法的标准分析见表 3-4，采用差值法的标准分析见表 3-5。从表 3-4 与表 3-5 中可以看出，水性地坪涂料比较特殊，虽然属于水性涂料，但 GB/T 22374—2008 附录 A 中水性地坪涂料 VOCs 含量的测定使用差值法。对于校准化合物，GB 18582—2008 标准中给出了 23 种校准化合物，GB 24408—2009 比 GB 18582—2008 多了乙二醇甲醚、乙二醇甲醚醋酸酯、乙二醇乙醚、乙二醇乙醚醋酸酯 4 种校准化合物，GB/T 23986—2009 没有给出具体的校准化合物。对于水分含量的测定，GB 18582—2008、GB 24408—2009 与 GB/T 23986—2009 采用气相色谱法或卡尔•费休法测试，气相色谱法为仲裁方法，而 GB/T 22374—2008 规定水分含量测试采用卡尔•费休法。对于差值法测建筑类涂料 VOCs 含量，GB 24408—2009 与 JG/T 415—2013 要求扣除沸点大于 250℃的 VOCs，JC 1066—2008、GB 18581—2001 与 GB 30981—2014 不要求扣除沸点大于 250℃的 VOCs。差值法测建筑类涂料 VOCs 含量，在挥发物含量的测定中，JC 1066—2008、GB 18581—2001 与 JG/T 415—2013 涂料烘干时间为 3h，而 GB 30981—2014 与 GB 24408—2009 烘干时间为 1h，烘干时间不同。

3.4.2 实验室比对检测法

3.4.2.1 不同实验室检测结果比对

选择 5 种水性涂料，在 2 个不同的实验室内对每种涂料中 VOCs 含量进行了检测，其检测结果见表 3-6。检测标准中再现性要求不同实验室间测试结果的相对偏差＜ 20%，表 3-6 中对同一涂料在不同实验室检测，其相对偏差都远远高于标准要求，导致这样的相对偏差的原因是多方面的。涂料的前处理、水的测定方法、气相色谱条件以及操作人员的误差等都会影响测试结果。

3.4.2.2 同一实验室检测结果比对

使用 GC-MS 分别采用两种色谱条件对 6 种水性涂料中 VOCs 含量进行了检测，采用的两种色谱条件见表 3-7，其检测结果见表 3-8。两种色谱条件除色谱升温程序、分流比和检测器工作时间不同外，其他条件都相同。被检测的 6 种水性涂料由这两种色谱条件不同引起的 VOCs 相对偏差为 5% ～ 39%，色谱条件的不同对检测结果的影响程度比不同实验室间检测结果的影响程度低一些，但也不可忽略。

表 3-4 采用气相色谱法的标准分析

涂料类别	引用 VOCs 测试方法标准号	适用范围	原理	测定方法	计算公式	单位	备注
水性内墙涂料、水性建筑防水涂料、水性环氧防腐涂料、膨胀型水性防火涂料、非膨胀型水性防火涂料、水性保温隔热涂料	GB 18582—2008	本方法适用于 VOCs 的含量（质量分数）≥ 0.1% 且 ≤ 15% 的涂料及其原料的测试	试样经稀释后，通过气相色谱分析技术使样品中各挥发性有机物分离，定性鉴定被测化合物后，用内标法测量其含量	（1）化合物质量分数（w_i）的测定：气相色谱法； （2）水分含量（w_w）的测定：气相色谱法或卡尔·费休法； （3）涂料密度（ρ_s）的测定：GB/T 6750	（1）涂料产品按下式计算 VOC 含量： $\rho(VOC)=\left(\dfrac{\sum w_i}{1-\rho_s\dfrac{w_w}{\rho_w}}\right)\times\rho_s\times1000$ 式中 $\rho(VOC)$——涂料产品的 VOC 含量，g/L； w_i——测试试样中被测化合物 i 的质量分数，g/g； w_w——测试试样中水的质量分数，g/g； ρ_s——试样的密度，g/mL； ρ_w——水的密度，g/mL； 1000——转换因子	g/L	扣除水
					（2）腻子产品按下式计算 VOC 含量： $w(VOC)=\sum w_i\times1000$ 式中 $w(VOC)$——腻子产品的 VOC 含量，g/kg； w_i——测试试样中被测化合物 i 的质量分数，g/g； 1000——转换因子	g/kg	不扣除水
水性外墙涂料	GB 24408—2009	本方法适用于 VOCs 的含量（质量分数）≥ 0.1% 且 ≤ 15% 的涂料及其原料的测试	试样经稀释后，通过气相色谱分析技术使样品中各挥发性有机物分离，定性鉴定被测化合物后，用内标法测试其含量	（1）化合物质量分数（w_i）的测定：气相色谱法； （2）水分含量（w_w）的测定：气相色谱法或卡尔·费休法； （3）涂料密度（ρ_s）的测定：GB/T 6750	涂料产品按下式计算 VOC 含量： $\rho(VOC)=\left(\dfrac{\sum w_i}{1-\rho_s\dfrac{w_w}{\rho_w}}\right)\times\rho_s\times1000$ 式中 $\rho(VOC)$——涂料产品的 VOC 含量，g/L； w_i——测试试样中被测化合物 i 的质量分数，g/g； w_w——测试试样中水的质量分数，g/g；	g/L	扣除水

续表

涂料类别	引用 VOCs 测试方法标准号	适用范围	原理	测定方法	计算公式	单位	备注
					ρ_s——试样的密度，g/mL； ρ_w——水的密度，g/mL； 1000——转换因子		
水性建筑涂料、水性建筑防腐涂料	GB/T 23986—2009	适用于预期 VOCs 含量 > 0.1%（质量分数）、< 15%（质量分数）的样品	准备好样品后，采用气相色谱分离技术分离 VOCs。根据样品的类型，选择热进样或冷柱进样方式，优先选用热进样方式，化合物经定性鉴定后，用内标法以峰面积值来定量。用这种方法也可以测定水分含量，这取决于所用的仪器。然后进行计算并得出样品的 VOCs 含量	（1）化合物含量（m_i）的测定：气相色谱法； （2）水分含量（m_w）的测定：按 GB/T 6283 采用卡尔·费休法，也可采用气相色谱法； （3）涂料密度（ρ_s）的测定：GB/T 6750、GB/T 21862.2、GB/T 21862.3 和 GB/T 21862.4	（1）“待测”样品的 VOC 含量，单位以质量分数（%）表示： $w(VOC)=\sum_{i=1}^{n} m_i \times 100$ 式中 $w(VOC)$——“待测”样品的 VOC 含量，以质量分数（%）表示； m_i——1g 试验样品中化合物 i 的质量，g； 100——质量（g/g）换算成质量分数（%）的换算系数	%	不扣除水
					（2）“待测”样品的 VOC 含量，单位以克每升（g/L）表示： $\rho(VOC)=\sum_{i=1}^{n} m_i \times \rho_s \times 1000$ 式中 $\rho(VOC)$——“待测”样品的 VOC 含量，g/L； m_i——1g 试验样品中化合物 i 的质量，g； ρ_s——试验样品在 23℃时的密度，g/mL； 1000——质量（g/g）换算成克每升（g/L）的换算系数	g/L	不扣除水

续表

涂料类别	引用 VOCs 测试方法标准号	适用范围	原理	测定方法	计算公式	单位	备注
					（3）“待测”样品扣除水后的 VOC 含量，单位以克每升（g/L）表示： $\rho(\mathrm{VOC})_{\mathrm{lw}}=\left(\dfrac{\sum_{i=1}^{n}m_i}{1-\rho_{\mathrm{s}}\dfrac{m_{\mathrm{w}}}{\rho_{\mathrm{w}}}}\right)\times\rho_{\mathrm{s}}\times1000$ 式中 $\rho(\mathrm{VOC})_{\mathrm{lw}}$——“待测”样品扣除水后的 VOC 含量，g/L； m_i——1g 试验样品中化合物 i 的质量，g； m_{w}——1g 试验样品中水的质量，g； ρ_{s}——试验样品在 23℃ 时的密度，g/mL； ρ_{w}——水在 23℃ 时的密度，g/mL； 1000——换算系数	g/L	扣除水
					（4）“待测”样品扣除水和豁免化合物（仅在有国家法规要求时适用）后的 VOC 含量，单位以克每升（g/L）表示： $w(\mathrm{VOC})_{\mathrm{lwe}}=\left(\dfrac{\sum_{i=1}^{n}m_i-\sum_{eci=1}^{n}\dfrac{m_{eci}}{\rho_{eci}}}{1-\rho_{\mathrm{s}}\dfrac{m_{\mathrm{w}}}{\rho_{\mathrm{w}}}-\rho_{\mathrm{s}}\sum_{i=1}^{n}\dfrac{m_{eci}}{\rho_{eci}}}\right)\times\rho_{\mathrm{s}}\times1000$ 式中 $w(\mathrm{VOC})_{\mathrm{lwe}}$——“待测”样品扣除水和豁免化合物后的 VOC 含量，g/L； m_{eci}——1g 试验样品中豁免化合物 i 的质量，g； m_{w}——1g 试验样品中水的质量，g； ρ_{s}——试验样品在 23℃ 时的密度，g/mL；	g/L	扣除水和豁免化合物

续表

涂料类别	引用 VOCs 测试方法标准号	适用范围	原理	测定方法	计算公式	单位	备注
					ρ_w ——水在 23℃ 时的密度，g/mL； ρ_{eci} ——豁免化合物 i 的密度，g/mL； 1000 ——换算系数		
水性涂料	HJ/T 201—2005	本方法可用于 VOCs 含量＞0.1%（质量分数）、＜15%（质量分数）的涂料的测试	试样经稀释后，通过气相色谱分析技术分离挥发性有机化合物组分。定性检验这些挥发性有机化合物组分之后，用内标法测定这些化合物的量	（1）化合物质量分数（m_i）的测定：气相色谱法； （2）水分含量（m_w）的测定：气相色谱法； （3）涂料密度（ρ_s）的测定：按 GB/T 6750 标准方法测定样品的密度	（1）腻子类产品计算 VOC 含量： $$w(\mathrm{VOC})=\sum_{i=1}^{n}m_i\times\rho_s\times1000$$ 式中 $w(\mathrm{VOC})$ ——产品的 VOC 含量，g/L； m_i ——1g 测试试样中化合物 i 的质量，g； ρ_s ——23℃时测试试样的密度，g/mL； 1000——转换因子	g/L	不扣除水
					（2）涂料产品计算 VOC 含量： $$w(\mathrm{VOC})_{lw}=\frac{\sum_{i=1}^{n}m_i}{1-\rho_s\frac{m_w}{\rho_w}}\times\rho_s\times1000$$ 式中 $w(\mathrm{VOC})_{lw}$ ——扣除水后产品的 VOC 含量，g/L； m_i ——1g 测试试样中化合物 i 的质量，g； m_w ——1g 测试试样中水的质量，g； ρ_s ——23℃时测试试样的密度，g/mL； ρ_w ——23℃ 时水的密度，g/mL； 1000 ——转换因子	g/L	扣除水

注：GB 18582—2008 和 GB 24408—2009 已于 2020 年 12 月 1 日废止，修订为 GB 18582—2020。

表 3-5　采用差值法的标准分析

涂料类别	引用 VOCs 测试方法标准号	适用范围	原理	测定方法	计算公式	单位	备注
溶剂型外墙涂料、溶剂型保温隔热涂料	GB 24408—2009	溶剂型涂料中 VOCs 含量测试	试样经气相色谱法测试，如未检测出沸点大于250℃的有机化合物，所测试样挥发物含量即为产品的 VOCs 含量。如检测出沸点大于250℃的有机化合物，则对试样中沸点大于250℃的有机化合物进行定性鉴定和定量分析。从挥发物含量中扣除试样中沸点大于250℃有机化合物的含量即为产品的 VOCs 含量	（1）挥发物质量分数（w）的测定：按 GB/T 1725—2007 规定测定试样的不挥发物含量，以 1 减去不挥发物含量即得挥发物含量，试验条件为（105±2）℃温度下，烘干 1h； （2）涂料密度（ρ_s）的测定：按 GB/T 6750—2007 的规定测定试样的密度，试验温度为（23±2）℃； （3）试样中沸点大于 250℃有机化合物含量（$w_{漆}$）的测定：气相色谱法	（1）涂料中沸点≤ 250℃ VOCs 的含量按下式计算： $\rho(VOC)=(w-w_{漆})\rho_s\times1000$ 式中　$\rho(VOC)$——涂料中沸点小于或等于 250℃的挥发性有机化合物含量，g/L； w——试样中挥发物含量的质量分数，g/g； $w_{漆}$——试样中沸点大于 250℃化合物的质量分数，g/g； ρ_s——试样在（23±2）℃时的密度，g/mL； 1000——转换因子	g/L	不扣除水
反应固化型防水涂料、溶剂型防水涂料	JC 1066—2008			（1）挥发物质量分数（V）的测定：对于反应型建筑防水涂料，将样品混合搅拌均匀后，立即取样称量，然后将样品在（23±2）℃、相对湿度（60±15）% 的条件下放置 24h，再放入（105±2）℃的烘箱中 3h，按 GB/T 6751 测定防水涂料中挥发物质量分数；对于溶剂型建筑防水涂料，将样品混合搅拌均匀后，按 GB/T 6751 测定防水涂料中挥发物的质量分数，试验条件为（105±2）℃，烘干 3h； （2）涂料密度（$\rho_{样}$）的测定：按 GB/T 6750 测定涂料密度，试验温度为（23±2）℃	挥发性有机物含量（VOCs）按下式计算： $VOC=V\rho_{样}\times1000$ 式中　VOC——防水涂料中挥发性有机物含量，g/L； V——防水涂料中挥发物的质量分数； $\rho_{样}$——防水涂料在（23±2）℃时的密度，g/mL	g/L	不扣除水

续表

涂料类别	引用 VOCs 测试方法标准号	适用范围	原理	测定方法	计算公式	单位	备注
溶剂型地坪涂料、无溶剂型地坪涂料	GB 18581—2001			（1）挥发物质量分数（V）的测定：将样品搅拌均匀后，按 GB/T 6751—1986 测定涂料中挥发物质量分数，试验条件为（105±2）℃下保持 3h； （2）涂料密度（ρ_s）的测定：将样品搅拌均匀后，按 GB/T 6750—1986 测定涂料密度，试验温度为（23±2）℃	挥发性有机物含量（VOCs）按下式计算： $VOC=V\rho_s\times1000$ 式中 VOC——涂料中挥发性有机物含量，g/L； V——涂料中挥发物的质量分数； ρ_s——涂料在（23±2）℃时的密度，g/mL	g/L	不扣除水
水性地坪涂料	GB/T 22374—2008		地坪涂装材料中总挥发物含量扣除水分含量，即为地坪涂装材料中挥发性有机化合物含量，总挥发物含量的测定采用差值法	（1）总挥发物含量（w）的测定：将样品搅拌均匀后，按 GB/T 6751 测定地坪涂料中总挥发物质量分数（w），试验条件为（105±2）℃下保持 3h； （2）水分含量测定：卡尔·费休法； （3）涂料密度（ρ）的测定：将样品搅拌均匀后，按 GB/T 6750 测定地坪涂料密度，试验温度为（23±2）℃	挥发性有机物含量（VOCs）按下式计算： $VOC=\dfrac{(w-w_{H_2O})\rho}{100-\rho(w_{H_2O}/\rho_{H_2O})}\times1000$ 式中 VOC——地坪涂装材料中挥发性有机物含量，g/L； w——地坪涂装材料中总挥发物的质量分数，%； w_{H_2O}——地坪涂装材料中水的质量分数，%； ρ——（23±2）℃时地坪涂装材料的密度，g/mL； ρ_{H_2O}——（23±2）℃时水的密度，g/mL； 1000——转换因子	g/L	扣除水
溶剂型建筑防腐涂料	GB 30981—2014		按产品明示的配比和稀释比例制备混合试样，搅拌均匀后，测定试样的挥发物含量，所测试的挥发物含量即为产品的 VOCs 含量	（1）挥发物质量分数（w）的测定：按产品明示的配比和稀释比例制备混合试样，搅拌均匀后，按 GB/T 1725—2007 的规定测定试样的不挥发物含量，单位为克每克（g/g），以 1 减去不挥发物含量得出试样的挥发物含量，单位为（g/g）。称取试样量（1±0.1）g，试验条件为（105±2）℃温度下烘干 1h；	挥发性有机化合物含量按下式计算： $\rho(VOC)=w\rho_s\times1000$ 式中 $\rho(VOC)$——试样的 VOC 含量，g/L； w——试样中挥发物含量的质量分数，g/g； ρ_s——试样的密度，g/mL； 1000——转换因子	g/L	不扣除水

续表

涂料类别	引用 VOCs 测试方法标准号	适用范围	原理	测定方法	计算公式	单位	备注
				（2）涂料密度（ρ_s）的测定：按产品明示的配比和稀释比例制备混合试样，搅拌均匀后，按 GB/T 6750—2007 的规定测定试样的密度，试验温度为（23±2）℃			
膨胀型溶剂型防火涂料	JG/T 415—2013		试样经溶剂稀释后直接注入气相色谱仪中，经色谱柱分离后，以内标法定量试样中沸点大于 250℃的有机化合物，VOCs 含量为挥发物含量扣除试样中沸点大于 250 ℃的有机化合物的含量	（1）挥发物质量分数（V）的测定：按产品明示的施工配比制备混合试样，搅拌均匀后，按 GB/T 1725 规定测定试样的不挥发物含量，单位为克每克（g/g）。以 1 减去不挥发物含量得出试样的挥发物含量，单位为克每克（g/g）。称取试样质量（1±0.1）g，试验条件为（105±2）℃温度下烘干 3h； （2）涂料密度（ρ_s）的测定：按 GB/T 6750 的规定测定试样的密度，试验温度为（23±2）℃； （3）试样中沸点大于 250℃有机化合物含量（$w_漆$）的测定：气相色谱法	涂料中沸点＜250℃ VOCs 的含量按下式计算： $\rho(VOC)=(w-w_{漆})\rho_s\times1000$ 式中 $\rho(VOC)$——试样中沸点≤250℃的挥发性有机化合物含量，g/L； w——试样中挥发物的质量占比，g/g； $w_{漆}$——试样中沸点＞250 ℃化合物的质量占比，g/g； ρ_s——试样在（23±2）℃时的密度，g/mL； 1000——转换因子	g/L	不扣除水

注：GB 24408—2009 已于 2020 年 12 月 1 日废止，修订为 GB 18582—2020；GB/T 6751 已于 2008 年 4 月 1 日废止；GB 18581—2001 已于 2010 年 6 月 1 日废止，修订为 GB 18581—2020；GB/T 6750—1986 已于 2008 年 4 月 1 日废止，修订为 GB/T 6750—2007；GB/T 22374—2008 已于 2019 年 5 月 2 日废止，修订为 GB/T 22374—2018；GB 30981—2014 已于 2020 年 12 月 1 日废止，修订为 GB 30981—2020。

表 3-6　同一涂料在不同实验室内的检测结果

涂料	检测机构	VOCs 含量 /（g/L）	相对偏差 /%
水性内墙面漆 1	A	＜2	93
	B	29	
水性内墙底漆 1	C	40	70
	D	12	
水性内墙底漆 2	C	15	87
	E	＜2	
水性外墙面漆 1	C	63	54
	F	29	
水性外墙面漆 2	E	47	96
	A	2	

表 3-7　两种色谱条件

项目	色谱条件 1	色谱条件 2
色谱柱	6% 氰丙基 / 苯基和 94% 二甲基聚硅氧烷	6% 氰丙基 / 苯基和 94% 二甲基聚硅氧烷
进样口温度	250℃	250℃
色谱升温程序	80℃保持 1 min，然后以 10℃ /min 的升温速率升至 230℃保持 15min（同标准 GB 18582—2008 的色谱升温程序，目前 GB 18582—2008 已于 2020 年 12 月 1 日废止，修订为 GB 18582—2020）	35℃保持 5min，然后以 5℃ /min 的升温速率升至 50℃保持 1min，再以 10℃ /min 的升温速率升至 100℃保持 1min，然后以 5℃ /min 的升温速率升至 130℃后再以 10℃ /min 的升温速率升至 160℃保持 1min，然后以 5℃ /min 的升温速率升至 180℃，最后以 10℃ /min 的升温速率升至 230℃保持 10min
载气	高纯氦气（99.999%）	高纯氦气（99.999%）
进样量	1μL	1μL
柱流速	1mL/min	1mL/min
分流比	不分流	10 ： 1
电离方式	电子轰击（EI）	电子轰击（EI）
电离能量	70eV	70eV
离子源温度	200℃	200℃
色谱 - 质谱接口温度	230℃	230℃
检测电压	-1600V	-1600V
电离电压	-70eV	-70eV
扫描质量范围（m/z）	10 ～ 300	10 ～ 300
检测器工作时间	3 ～ 31min	5 ～ 11min 与 13 ～ 44min

表 3-8　使用两种色谱条件对涂料样品的 VOCs 含量检测结果

涂料种类	内墙面漆 1/（g/L）		内墙面漆 2/（g/L）		内墙底漆 1/（g/L）		内墙底漆 2/（g/L）		水性防腐涂料 1/（g/L）		水性防腐涂料 2/（g/L）	
方法	方法 1	方法 2	方法 1	方法 2	方法 1	方法 2	方法 1	方法 2	方法 1	方法 2	方法 1	方法 2
乙苯	N.D.	N.D.	N.D.	N.D.	0.026	0.019	0.036	0.115	0.050	0.115	N.D.	0.117
甲醇	0.073	0.042	0.400	1.013	N.D.	0.012	0.760	0.546	0.614	0.948	0.664	0.882
乙醇	0.032	0.079	N.D.	N.D.	0.088	0.071	0.033	N.D.	0.067	0.122	0.062	0.074
丁醇	0.094	0.026	0.121	N.D.	0.039	0.089	0.057	N.D.	0.229	0.218	0.259	0.166
乙二醇	N.D.	N.D.	15.115	20.754	N.D.	N.D.	14.115	13.629	6.157	5.148	6.132	4.192
二甲基乙醇胺	N.D.	N.D.	N.D.	N.D.	N.D.	N.D.	N.D.	N.D.	4.508	2.382	3.951	2.369
乙二醇丁醚	N.D.	N.D.	N.D.	N.D.	N.D.	N.D.	0.036	N.D.	32.480	25.052	31.454	29.092
总计	0.199	0.147	15.636	21.767	0.153	0.191	15.037	14.290	44.105	33.985	42.522	36.892
相对偏差	26%		39%		25%		5%		23%		13%	

注：N.D. 表示未检出。

3.5 我国现行建筑类涂料 VOCs 含量检测方法存在的问题

虽然目前我国对建筑类涂料中 VOCs 含量的检测已经建立了较为完整的标准体系，但是在实际检测过程中也存在着一些亟待解决的问题。

本章建筑类涂料 VOCs 含量检测方法存在的问题主要针对 GB 18582—2008、GB 24408—2009、GB 30981—2014、GB 18581—2001、GB 18581—2009、GB/T 22374—2008 提出。目前 GB 18582—2008 和 GB 24408—2009 已于 2020 年 12 月 1 日废止，修订为 GB 18582—2020；GB 30981—2014 已于 2020 年 12 月 1 日废止，修订为 GB 30981—2020；GB 18581—2001 已于 2010 年 6 月 1 日废止；GB 18581—2009 已于 2020 年 12 月 1 日废止，修订为 GB 18581—2020；GB/T 22374—2008 已于 2019 年 5 月 2 日废止，修订为 GB/T 22374—2018。

3.5.1 水性涂料中水含量检测偏差的问题

检测水性涂料中水含量时，可以采用气相色谱法和卡尔・费休法两种方法测定，采用两种不同方法测定经常导致水含量检测结果存在较大偏差，从而导致 VOCs 含量计算结果存在较大偏差。采用卡尔・费休法测定水性涂料中水含量时，准确度受诸多外界因素的干扰，如样品含水量过高、存在干扰卡尔・费休试剂体系氧化还原反应的离子、卡尔・费休仪器电极表面污染等因素都会造成水含量检测结果误差。应该探讨一种更为合理的方法来测定水性涂料产品中的水含量，或者统一采用标准的气相色谱法来检测水性涂料中的水含量，从而使 VOCs 含量计算结果具有更高的重现性。

3.5.2 水性涂料 VOCs 含量检测校准化合物不足的问题

GB 18582—2008 中给出了 22 种校准化合物，包括甲醇、乙醇、正丙醇、异丙醇、正丁醇、异丁醇、苯、甲苯、乙苯、二甲苯、三乙胺、二甲基乙醇胺、2- 氨基 -2- 甲基 -1- 丙醇、乙二醇、1,2- 丙二醇、1,3- 丙二醇、二乙二醇、乙二醇单丁醚、二乙二醇单丁醚、二乙二醇乙醚醋酸酯、二乙二醇丁醚醋酸酯与 2,2,4- 三甲基 -1,3- 戊二醇。标准 GB 24408—2009 比标准 GB 18582—2008 多了乙二醇甲醚、乙二醇甲醚醋酸酯、乙二醇乙醚、乙二醇乙醚醋酸酯 4 种校准化合物。标准 GB/T 23986—2009 没有给出具体的校准化合物，如出现了校准化合物之外的未知化合物色谱峰，假设其相对于内标物的校正因子为 1 进行定量。

目前检测机构一般采用标准 GB 18582—2008 或标准 GB 24408—2009 中的校准化合物，如果待测样品中检出的化合物在这些校准化合物范围之内，而且这些校准化合物都作了标准曲线，那么这样定量是最准确的。如果待测样品中检出的化合物不在这些校准化合物范围之内，检出化合物没作标准曲线，则假设其相对于内标物的校正因子为 1，但因为每种化合物与内标物的响应不同，相对于内标物的校正因子不同，如果都假设其相对于内标物的校正因子为 1，则误差较大。

标准 GB 18582—2008 或标准 GB 24408—2009 已经发布了十多年，近几年涂料行业发展较快，涂料生产技术与配方都有较大改变，这两项标准中校准化合物有待于扩充或者替换。建筑类涂料类型较多，各家涂料生产企业生产的涂料配方不同，成分较为复杂，检测机构检测样品多，对所有检出物质都作标准曲线进行定量较困难，一般都采用标准 GB 18582—2008 或标准 GB 24408—2009 中的校准化合物，这就引起了定量偏差。

3.5.3 水性涂料 VOCs 组分定性、定量准确性的问题

目前，由于涂料生产过程中使用不同种类的溶剂，在涂料尤其是水性涂料 VOCs 的检测过程中，出现一些 VOCs 组分的分离度低、气相色谱仅仅通过保留时间定性有误等问题，因此，需要对色谱条件进行优化，提高 VOCs 组分的分离度，以提高 VOCs 含量检测的准确性。建议检测机构在检测样品之前，先优化色谱条件，提高混合校准化合物的分离度。

3.5.4 差值法检测建筑类涂料中 VOCs 含量引入误差的问题

目前在检测过程中，使用差值法检测溶剂型、无溶剂型、反应型建筑类涂料中的 VOCs 含量时存在较大偏差。

差值法检测溶剂型、无溶剂型、反应型建筑类涂料中 VOCs 含量时，样品烘干时间对测试结果有影响，标准 GB 24408—2009、HG/T 4755—2014 与 GB 30981—2014 要求在烘箱里烘干时间为 1h，而标准 JC 1066—2008、GB 18581—2001 与 JG/T 415—2013 要求在烘箱里烘干时间为 3h，烘干时间不同必然会引起测试结果的差异。这种同类型产品采用不同检测方法标准检测 VOCs 含量时，烘干时间不一致势必会造成依据不同检测标准得到的结果不一致的后果。

差值法检测溶剂型、无溶剂型、反应型建筑类涂料中 VOCs 含量时，标准 GB 24408—2009 与 JG/T 415—2013 要求扣除沸点大于 250℃的 VOCs，而标准 JC 1066—2008、GB 18581—2001、GB 30981—2014 与 GB/T 23985—2009 等不要求扣除沸点大于 250℃的 VOCs，2009 年修订的标准 GB 18581—2009 也规定要扣除沸点大于 250℃的 VOCs，这种同类型产品采用不同检测方法标准检测 VOCs 含量时，是否扣除沸点大于 250℃的 VOCs 的问题势必会导致依据不同检测标准得到的结果不一致。

差值法检测溶剂型、无溶剂型、反应型建筑类涂料中 VOCs 含量时，受操作因素影响较大，涂料样品在皿里的铺匀程度会影响测量结果，如果涂料摊铺不平会导致内部 VOCs 不能被烘出，影响检测结果；涂料中有成膜物质，烘干一段时间后就会形成一层膜覆盖在表面，膜会阻止涂料中 VOCs 的进一步挥发，有的标准明确要求搅拌，有的标准不要求，各个检测机构的操作也不相同，会引起测量偏差。

3.5.5 检测标准适用问题

水性地坪涂料比较特殊，虽然属于水性涂料，但 GB/T 22374—2008 附录 A 中水性地坪涂料 VOCs 含量的测定使用差值法。差值法主要适用于预期 VOCs 含量较高的溶剂型涂料产品的测定，当预期涂料产品中 VOCs 含量＞ 15%（质量分数）时可采用此法测定。而

目前水性地坪涂料中 VOCs 含量一般＜15%（质量分数），如果采用差值法会导致较大偏差，建议采用气相色谱法。

无溶剂型地坪涂料、无溶剂型防腐涂料与反应型防水涂料体系中，通常会加入反应型溶剂，这类溶剂被称为“活性稀释剂”，如用于无溶剂型环氧涂料中的缩水甘油醚类或缩水甘油醚酯类，这些活性稀释剂的绝大部分在涂料成膜过程中参与反应，并未释放到空气中，不会对环境造成污染。如果采用现行的溶剂型涂料 VOCs 含量测试方法即差值法进行测定，这些活性成分就会部分挥发，从而导致 VOCs 含量测试结果显著高于实际 VOCs 含量，显然不合理，而这些涂料属于环境友好型涂料，这样的测试结果会影响这些环境友好型涂料的发展，不利于技术的进步。在涂料生产和施工过程中，为降低涂料黏度或改变产品某些性能，会加入一些溶剂或稀释剂，这些 VOCs 不参与成膜反应，在成膜过程中会释放到空气中，是涂料中 VOCs 的主要来源。因此，建议无溶剂型涂料与溶剂型涂料采用不同的检测方法，而且需针对无溶剂型涂料制定专门的 VOCs 含量检测分析方法。

因此，我国现行的建筑类涂料 VOCs 含量检测方法标准体系还存在一些不足，这会对准确检测建筑类涂料中 VOCs 含量水平及准确量化建筑类涂料中 VOCs 排放情况造成一定困扰，因此有必要进一步完善健全现行建筑类涂料 VOCs 含量检测方法标准体系，对现有的检测方法进行统一，从而促进建筑类涂料行业的健康有序发展和提高我国建筑类涂料行业的检测水平。

3.6 建筑类涂料 VOCs 含量检测方法研究

3.6.1 气相色谱法检测水性建筑类涂料 VOCs 含量的研究

3.6.1.1 气相色谱条件的优化

采用气相色谱 - 飞行时间质谱仪及标准 GB 18582—2008 中规定的 23 种 VOCs 混合标准品，考察不同固定相色谱柱、不同柱长色谱柱对 23 种 VOCs 分离效果的影响，并优化了程序升温梯度及分流比参数。目前 GB 18582—2008 已于 2020 年 12 月 1 日废止，修订为 GB 18582—2020。

（1）色谱柱固定相对 VOCs 分离的影响

采用两种固定相的色谱柱分离 23 种 VOCs：一种色谱柱型号为 HP-5MS，规格为 30m × 0.25mm（内径）× 0.25μm（膜厚），填充物为 5% 苯基甲基硅氧烷，弱极性，适用于半挥发性物质、卤代烃、农药、麻醉药等的分离；另一种色谱柱型号为 VF-624MS，规格为 30m × 0.25mm（内径）× 1.4μm（膜厚），填充物为 6% 氰丙基 / 苯基和 94% 二甲基聚硅氧烷，弱中极性，适用于 VOCs、醇类、多氯联苯（PCBs）、农药等的分离。两种极性色谱柱都按照 GB 18582—2008 标准方法中的升温程序分离 23 种 VOCs，对 23 种 VOCs 标准溶液进行全扫，采用 HP-5MS 色谱柱得到的总离子流色谱图见图 3-1，采用 VF-624MS 色谱柱（柱长 30m）得到的总离子流色谱图见图 3-2，图中各个峰号对应的 VOCs 物质名称与保留时间见表 3-9。

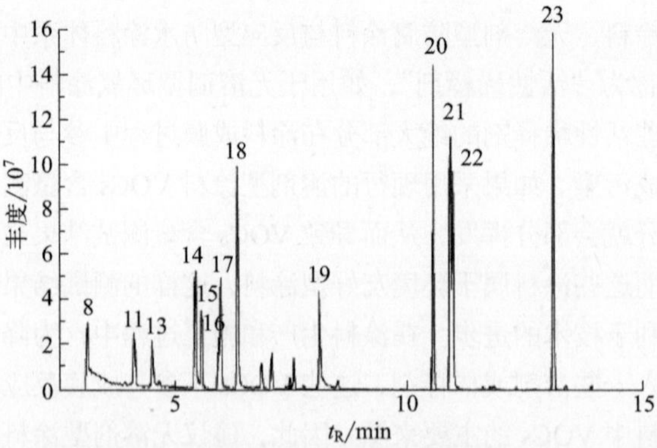

图 3-1 使用 HP-5MS 色谱柱得到的 23 种 VOCs 的总离子流色谱图（t_R 为保留时间，下同）

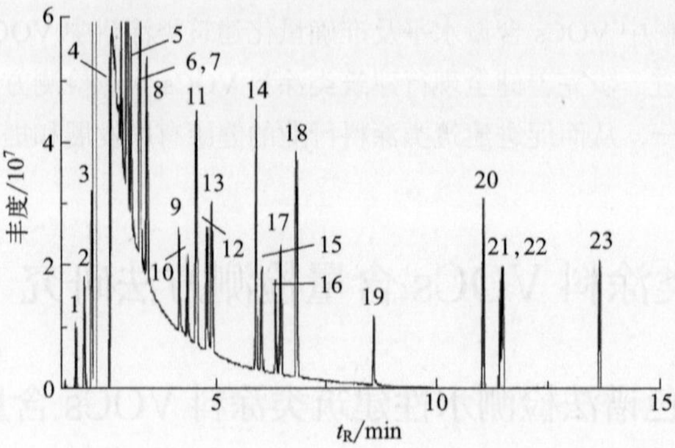

图 3-2 使用 VF-624MS 色谱柱（柱长 30m）得到的 23 种 VOCs 的总离子流色谱图

表 3-9 使用不同固定相色谱柱检出的 VOCs 物质名称与保留时间

序号	VOCs 物质名称	保留时间 /min	
		HP-5MS 色谱柱	VF-624MS 色谱柱（30m）
1	甲醇	未检出	1.8
2	乙醇	未检出	2.0
3	异丙醇	未检出	2.2
4	正丙醇	未检出	2.5
5	异丁醇	未检出	2.8
6	三乙胺	未检出	3.3
7	苯	未检出	3.3
8	正丁醇	3.1	3.5
9	二甲基乙醇胺	未检出	4.2

续表

序号	VOCs 物质名称	保留时间 /min	
		HP-5MS 色谱柱	VF-624MS 色谱柱（30m）
10	乙二醇	未检出	4.4
11	甲苯	4.2	4.6
12	2- 氨基 -2- 甲基丙醇	未检出	4.8
13	1,2- 丙二醇	4.5	4.9
14	乙苯	5.5	6.0
15	间二甲苯	5.6	6.1
16	1,3- 丙二醇	6.0	6.4
17	邻二甲苯	6.0	6.5
18	乙二醇丁醚	6.4	6.9
19	二乙二醇	8.1	8.6
20	二乙二醇乙醚醋酸酯	10.6	11.1
21	二乙二醇丁醚	10.9	11.4
22	2,2,4- 三甲基 -1,3- 戊二醇	11.0	11.5
23	二乙二醇丁醚醋酸酯	13.1	13.7

由图 3-1、图 3-2 可以看出，使用弱极性 HP-5MS 色谱柱分离 23 种 VOCs 时，低沸点的物质无法检出，如甲醇、乙醇、异丙醇、正丙醇、异丁醇等没有检出，可能是因为它们与溶剂乙腈共流出；三乙胺与二甲基乙醇胺等胺类物质没有检出；1,3- 丙二醇与邻二甲苯、二乙二醇丁醚与 2,2,4- 三甲基 -1,3- 戊二醇等保留时间较接近的物质不能很好地分离，几乎不能分辨。使用弱中极性 VF-624MS 色谱柱（柱长 30m）时所有物质均可检出，除正丙醇、异丁醇、三乙胺、苯与溶剂峰重合外，其他峰重合现象有明显改善，因此极性稍大的 VF-624MS 色谱柱更适合用于分离 VOCs。

（2）色谱柱柱长对 VOCs 分离的影响

采用柱长 30m 的 VF-624MS 色谱柱分离 23 种 VOCs 时，正丙醇、异丁醇、三乙胺、苯与溶剂峰重合，因此需要进一步探索柱长对分离效果的影响。采用柱长 60m 的 VF-624MS 色谱柱按照 GB 18582—2008 标准方法的升温程序分离 23 种 VOCs，对 23 种 VOCs 标准溶液进行全扫，得到的总离子流色谱图见图 3-3，图中各个峰号对应的 VOCs 物质名称与保留时间见表 3-10。

图 3-3 结果显示，23 种 VOCs 均检出，而且与使用柱长 30m 的 VF-624MS 色谱柱对比，使用柱长 60m 的 VF-624MS 色谱柱分离 23 种 VOCs 时，溶剂乙腈与正丙醇、异丁醇、三乙胺、苯等物质峰重合现象减少，分离效果得到改善，因此选择柱长 60m 的 VF-624MS

色谱柱更有利于分离 VOCs。

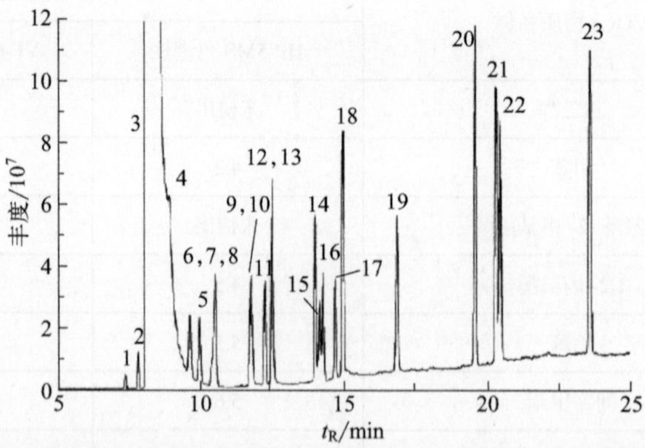

图 3-3 使用 VF-624MS 柱（柱长 60m）得到的 23 种 VOCs 的总离子流色谱图

表 3-10 使用不同柱长色谱柱检出的 VOCs 物质名称与保留时间

序号	VOCs 物质名称	保留时间 /min	
		VF-624MS 色谱柱（30m）	VF-624MS 色谱柱（60m）
1	甲醇	1.8	7.4
2	乙醇	2.0	7.9
3	异丙醇	2.2	8.2
4	正丙醇	2.5	9.0
5	异丁醇	2.8	10.0
6	三乙胺	3.3	10.4
7	苯	3.3	10.6
8	正丁醇	3.5	10.7
9	二甲基乙醇胺	4.2	11.8
10	乙二醇	4.4	12.0
11	甲苯	4.6	12.3
12	2- 氨基 -2- 甲基丙醇	4.8	12.6
13	1,2- 丙二醇	4.9	12.6
14	乙苯	6.0	14.1
15	间二甲苯	6.1	14.2
16	1,3- 丙二醇	6.4	14.3
17	邻二甲苯	6.5	14.8
18	乙二醇丁醚	6.9	15.0

续表

序号	VOCs 物质名称	保留时间 /min	
		VF-624MS 色谱柱（30m）	VF-624MS 色谱柱（60m）
19	二乙二醇	8.6	16.9
20	二乙二醇乙醚醋酸酯	11.1	19.7
21	二乙二醇丁醚	11.4	20.4
22	2,2,4- 三甲基 -1,3- 戊二醇	11.5	20.5
23	二乙二醇丁醚醋酸酯	13.7	23.6

（3）程序升温梯度的优化

采用柱长 60m 的 VF-624MS 色谱柱按照 GB 18582—2008 标准方法的升温程序分离 23 种 VOCs 时仍有部分峰重合，因此对程序升温梯度进行了优化。采用柱长 60m 的 VF-624MS 色谱柱按照优化的升温程序分离 23 种 VOCs 时，得到的总离子流色谱图见图 3-4，图中各个峰号对应的 VOCs 物质名称、保留时间见表 3-11。对比图 3-3，图 3-4 中 23 种 VOCs 化合物均得到良好分离。GB 18582—2008 标准方法的色谱升温程序为 80℃下保持 1min，然后以 10℃ /min 的升温速率升温至 230℃保持 15min。优化升温程序为 35℃下保持 5min，然后以 5℃ /min 的升温速率升温至 50℃保持 1min，再以 10℃ /min 的升温速率升温至 100℃保持 1min，然后以 5℃ /min 的升温速率升温至 130℃后再以 10℃ /min 的升温速率升温至 160℃保持 1min，然后以 5℃ /min 的升温速率升温至 180℃，最后以 10℃ /min 的升温速率升温至 230℃保持 10min。

根据总离子流色谱图（图 3-4）中各化合物的质谱图，选择定性离子和定量离子，23 种 VOCs 的定性离子、定量离子及离子丰度比见表 3-11。

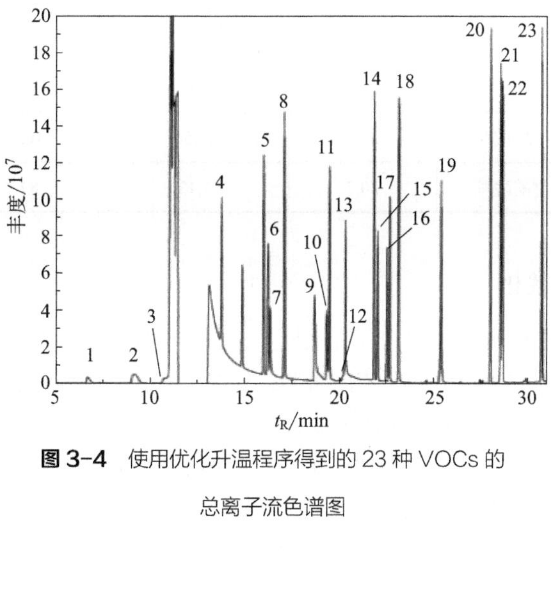

图 3-4 使用优化升温程序得到的 23 种 VOCs 的总离子流色谱图

表 3-11　使用优化升温程序检出的 VOCs 物质名称、保留时间、定性离子、定量离子和离子丰度比

序号	VOCs 物质名称	保留时间 /min	定性离子（*m/z*）	定量离子（*m/z*）	离子丰度比
1	甲醇	6.8	31,15	31	999 ： 123
2	乙醇	9.2	45,31,15	45	514 ： 999 ： 16
3	异丙醇	10.8	45,31,15	45	999 ： 68 ： 95
4	正丙醇	13.8	59,31	59	109 ： 999
5	异丁醇	16.0	74,43,31	31	141 ： 999 ： 376
6	三乙胺	16.2	101,86,58	86	188 ： 999 ： 296
7	苯	16.3	78,39	78	9 ： 1
8	正丁醇	17.1	56,41,31	56	999 ： 876 ： 981
9	二甲基乙醇胺	18.7	89,58	58	58 ： 999
10	乙二醇	19.3	43,31	31	142 ： 999
11	甲苯	19.4	91,65	91	999 ： 121
12	2- 氨基 -2- 甲基丙醇	20.2	58,41	58	999 ： 142
13	1,2- 丙二醇	20.3	45,31	45	10 ： 1
14	乙苯	21.8	106,91	91	282 ： 999
15	间二甲苯	22.0	106,91	91	520 ： 999
16	1,3- 丙二醇	22.5	58,31,28	58	598 ： 878 ： 999
17	邻二甲苯	22.6	106,91	91	501 ： 999
18	乙二醇单丁醚	23.1	87,57,45	87	211 ： 999 ： 436
19	二乙二醇	25.3	75,45	45	227 ： 999
20	二乙二醇乙醚醋酸酯	27.9	87,72,43	87	629 ： 508 ： 999
21	二乙二醇丁醚	28.5	57,45	87	773 ： 999
22	2,2,4- 三甲基 -1,3- 戊二醇	28.6	103,56	103	155 ： 999
23	二乙二醇丁醚醋酸酯	30.7	57,43	87	999 ： 964 ： 940

（4）分流比的优化

分流比是控制进样量的参数，分流比越大，进样时检测的样品量越少。目前建筑类涂料 VOCs 含量检测标准中给出的分流比可调，检测机构根据检测设备与待测样品实际情况调节分流比。如待测涂料样品中 VOCs 成分含量高，分流比会调高；进样量 1μL 情况下内墙涂料与外墙涂料的分流比一般为 10 ： 1，如果涂料中 VOCs 含量很高，可以加大分流比，如调为 20 ： 1 或 30 ： 1。分流比太小，则溶剂峰太宽，会把醇类物质遮盖，而且各待测

物信号较强，拖尾较严重，导致异丁醇、三乙胺和苯这 3 种保留时间较近的物质不能很好地分离，间二甲苯、1,3- 丙二醇与邻二甲苯也分辨不清楚。

3.6.1.2 前处理方法的研究

(1) 提取溶剂的选择

提取溶剂的选择要考虑 3 个因素：

① 溶剂的溶解性强，涂料能在溶剂中完全分散；

② 溶剂对待测 VOCs 物质检测信号产生的影响尽可能小；

③ 不含任何干扰测试的物质。

气相色谱条件优化研究及调研发现，乙腈可溶解 23 种校准化合物，乙腈作为溶剂产生的色谱信号对其他 VOCs 色谱信号的影响很小，涂料在乙腈中的分散性较好，乙腈不挥发或挥发得很慢，而且涂料中一般无乙腈，能满足测定要求，因此选择乙腈作提取溶剂。

(2) 提取方式的选择

水性建筑类涂料 VOCs 含量检测的前处理环节主要有萃取和净化两个步骤，萃取的常用方法为静置萃取、超声萃取和涡旋萃取，净化则采用离心技术。

1）萃取方式的选择

首先，结合净化步骤，对静置萃取、超声萃取和涡旋萃取方法进行了比较研究，选择合适的前处理条件。实验采用市售的水性涂料样品，分别称取 1.0g（精确到 0.1mg）涂料样品于试管中，加入 10mL 乙腈后分别选择静置萃取、超声萃取和涡旋萃取 3 种方式使其充分混匀，提取涂料中的 VOCs，然后以 5000r/min 的转速离心 5min，取上清液 1μL 用 GC-MS 测定其 VOCs 含量。3 种萃取方式的萃取条件及 VOCs 含量检测结果见表 3-12。

表 3-12 3 种萃取方式的萃取条件及 VOCs 含量检测结果

序号	萃取方式	萃取条件	VOCs 含量 /（g/L）
1	静置萃取	25℃，10min	8.2
2	超声萃取	25℃，100Hz，10min	8.8
3	涡旋萃取	25℃，10min	13.7

由表 3-12 可知，萃取相同时间时，采用涡旋萃取方法的 VOCs 含量检测结果最大，总 VOCs 提取量最多。将 VOCs 提取量最多的方法定为最优方法，因此选择采用涡旋萃取。

2）涡旋萃取与离心净化前处理条件的优化

涡旋萃取与离心净化前处理条件的优化采用正交试验方法，正交试验设计表见表 3-13。分别称取 1.0g（精确到 0.1mg）涂料样品于试管中，加入 10mL 乙腈后按照不同条件处理，之后取上清液 1μL 用 GC-MS 测定其 VOCs 含量，VOCs 含量检测结果如表 3-14 所列。由表 3-14 中检测结果可得，涡旋 15min，以 5000r/min 的转速离心 9min，VOCs 含量检测结果最大，可提取 VOCs 量最多，因此将其确定为优选的水性建筑类涂料中 VOCs 含量检测前处理方法。

表 3-13　前处理条件正交试验设计表

涡旋时间 /min	离心转速 /（r/min）	离心时间 /min
10	5000	3
5	8000	6
15	3000	9

表 3-14　不同正交条件及 VOCs 含量检测结果

序号	涡旋时间 /min	离心转速 /（r/min）	离心时间 /min	VOCs 含量 /（g/L）
1	10	5000	3	5.7
2	10	8000	6	8.2
3	10	3000	9	7.3
4	5	3000	3	6.1
5	5	8000	9	6.6
6	5	5000	6	7.1
7	15	3000	6	6.9
8	15	8000	3	7.9
9	15	5000	9	9.8

3.6.1.3　方法学研究

（1）线性关系及检测限

将 23 种 VOCs 混合标准品配制成 1mg/L、5mg/L、10mg/L、20mg/L、30mg/L、50mg/L 6 个阶梯浓度，以各物质响应峰面积为纵坐标，以各物质浓度为横坐标，分别采用 GB 18582—2008 标准方法气相色谱条件和优化方法气相色谱条件建立标准曲线，23 种 VOCs 的分析参数及线性回归方程见表 3-15。结果表明，除三乙胺外，2 种方法 23 种化合物的相关系数（R^2）均达到 0.99 以上，显示出比较好的线性关系。优化方法中，23 种化合物的线性范围为 1 ～ 200mg/L，而标准方法的线性范围为 1 ～ 50mg/L，说明总体检测定量时优化方法更有利。优化方法检出限为 1 ～ 5mg/L。标准方法中有 10 种化合物的分离度未达到 1.5，而优化方法中只有乙二醇、1,3- 丙二醇与二乙二醇单丁醚 3 种化合物的分离度未达到 1.5，分离度在 0.7 ～ 26.4 之间，但提取特征离子后所有化合物均分离开，不影响定性、定量分析，整体分离效果较好，适用于 23 种 VOCs 的定性、定量分析。

表 3-15　23 种 VOCs 的分析参数及线性回归方程

序号	名称	线性回归方程		相关系数		线性范围 /（mg/L）		检出限 /（mg/L）		分离度	
		标准方法	优化方法	标准方法	优化方法	标准方法	优化方法	标准方法	优化方法	标准方法	优化方法
1	甲醇	$y = 3999.3x+37759$	$y = 13022x+35350$	0.9928	0.9987	1 ～ 30	1 ～ 200	1	1	2.5	7.7
2	乙醇	$y = 7630.2x-9390.6$	$y = 22092x+81699$	0.9952	0.9943	1 ～ 30	1 ～ 200	1	1	2.3	4.4
3	异丙醇	$y = 9651.9x-10954$	$y = 30452x+46865$	0.998	0.9961	1 ～ 50	1 ～ 200	1	1	5.0	10.6
4	正丙醇	$y = 6416.6x-6768.8$	$y = 23581x-31730$	0.9926	0.9973	1 ～ 50	1 ～ 200	1	1	4.6	25.3
5	异丁醇	$y = 5981.4x-7738.1$	$y = 9623.8x-19666$	0.9974	0.9975	1 ～ 50	1 ～ 200	1	1	1.8	2.2
6	三乙胺	$y = 5942.5-2127$	$y = 341144x-5476602$	0.9962	0.9895	1 ～ 50	1 ～ 200	1	1	0.5	1.9
7	苯	$y = 11616x-11293$	$y = 719036x-4018764$	0.9956	0.9968	1 ～ 50	1 ～ 200	1	5	0.7	5.0
8	正丁醇	$y = 8959.7x-9876.5$	$y = 23789x-33917$	0.9967	0.9973	1 ～ 50	1 ～ 200	5	1	4.8	9.0
9	二甲基乙醇胺	$y = 4522.6x-20353$	$y = 27353x-715100$	0.991	0.9901	1 ～ 50	5 ～ 200	5	5	0.4	3.4
10	乙二醇	$y = 4691x-15190$	$y = 12951x-159424$	0.998	0.9925	1 ～ 50	1 ～ 200	1	5	1.3	0.9
11	甲苯	$y = 13178x-16855$	$y = 34799x+106894$	0.9969	0.9914	1 ～ 50	1 ～ 200	1	1	1.1	5.5
12	2- 氨基 -2- 甲基丙醇	$y = 14280x-53069$	$y = 25545x-411252$	0.9977	0.9920	1 ～ 50	1 ～ 200	1	5	6.9	1.5

续表

序号	名称	线性回归方程		相关系数		线性范围 / (mg/L)		检出限 / (mg/L)		分离度	
		标准方法	优化方法	标准方法	优化方法	标准方法	优化方法	标准方法	优化方法	标准方法	优化方法
13	1,2- 丙二醇	$y = 14280x-53069$	$y = 25606x-126433$	0.9977	0.9977	1 ~ 50	1 ~ 200	1	5	0.1	14.9
14	乙苯	$y = 21217x-39708$	$y = 15692x+11321$	0.9962	0.9960	1 ~ 50	1 ~ 200	0.1	1	0.8	1.9
15	间二甲苯	$y = 9296.6x-17270$	$y = 9308.1x+5574.9$	0.9961	0.9956	1 ~ 50	1 ~ 200	0.5	1	0.6	4.7
16	1,3- 丙二醇	$y = 1648.6x-7070.2$	$y = 11602x-117122$	0.9969	0.9941	1 ~ 50	5 ~ 200	5	5	2.2	0.7
17	邻二甲苯	$y = 9668.1x-17669$	$y = 9748.6x+8283.8$	0.9962	0.9970	1 ~ 50	1 ~ 200	0.5	1	1.3	5.8
18	乙二醇丁醚	$y = 7340.1x-15912$	$y = 24181x-55925$	0.9941	0.9977	1 ~ 50	1 ~ 200	0.5	1	10.0	19.8
19	二乙二醇	$y = 7002.4x-38992$	$y = 13895x-171626$	0.9938	0.9930	1 ~ 50	1 ~ 200	1	1	14.3	25.1
20	二乙二醇乙醚醋酸酯	$y = 12143x-25013$	$y = 39848x+5378.1$	0.9925	0.9979	1 ~ 50	1 ~ 200	0.5	1	3.6	5.9
21	二乙二醇单丁醚	$y = 10965x-25687$	$y = 21389x-106504$	0.9905	0.9968	1 ~ 50	1 ~ 200	0.5	1	0.8	0.8
22	2,2,4- 三甲基 -1,3- 戊二醇	$y = 6610.2x-5722.5$	$y = 26895x-176284$	0.9972	0.9978	1 ~ 30	5 ~ 200	5	1	15.5	26.4
23	二乙二醇丁醚醋酸酯	$y = 13829x-28337$	$y = 38518x-57563$	0.9931	0.9978	1 ~ 50	1 ~ 200	0.3	1	15.5	26.4

（2）精密度及回收率

测回收率时，取 1.0g（精确到 0.1mg）涂料样品于试管中，然后在此样品中分别加入浓度为 1000mg/L 的 23 种 VOCs 混合标准溶液 200μL 和 500μL，加乙腈至 10mL，配制成加标浓度分别为 20mg/L 和 50mg/L 的溶液，23 种 VOCs 的加标回收率和精密度见表 3-16。23 种 VOCs 组分中，甲醇的加标回收率较低，可能是由于其沸点较低，在前处理过程中挥发严重，因此在涂料 VOCs 含量检测中，除样品前处理过程需快速操作外，还应保证涂料样品现配现测；三乙胺与二甲基乙醇胺等胺类物质的加标回收率低，可能是由于胺类物质极性强；2- 氨基 -2- 甲基丙醇、1,3- 丙二醇、乙二醇及 2,2,4- 三甲基 -1,3- 戊二醇等醇类物质的加标回收率较低；其余化合物的回收率在 66.1 ～ 213.8 之间。

表 3-16　23 种 VOCs 的加标回收率和精密度

序号	化合物名称	20mg/L		50mg/L	
		加标回收率 /%	精密度 /%	加标回收率 /%	精密度 /%
1	甲醇	30.1	5.0	32.6	4.5
2	乙醇	93.1	5.7	85.6	0.1
3	异丙醇	150.6	7.6	98.1	3.3
4	正丙醇	75.9	4.5	76.8	1.4
5	异丁醇	83.1	5.9	76.3	2.0
6	苯	121.6	2.9	90.1	4.5
7	三乙胺	0.0	2.9	6.7	4.5
8	正丁醇	91.3	4.8	76.0	1.6
9	二甲基乙醇胺	0.0	7.0	4.4	0.6
10	乙二醇	65.5	3.1	50.6	2.7
11	甲苯	114.2	2.9	84.5	0.6
12	2- 氨基 -2- 甲基丙醇	0.1	6.2	0.0	1.0
13	1,2- 丙二醇	66.1	9.8	72.8	2.9
14	乙苯	101.1	7.5	90.2	3.6
15	间二甲苯	95.3	6.5	213.8	8.2
16	1,3- 丙二醇	31.2	1.4	58.5	5.9
17	邻二甲苯	98.6	2.9	81.3	1.1
18	乙二醇丁醚	80.2	1.8	74.6	3.2
19	二乙二醇	131.5	5.7	83.4	4.2
20	二乙二醇乙醚醋酸酯	86.6	6.2	80.8	4.5

续表

序号	化合物名称	20mg/L		50mg/L	
		加标回收率 /%	精密度 /%	加标回收率 /%	精密度 /%
21	二乙二醇单丁醚	68.0	6.2	69.7	2.1
22	2,2,4- 三甲基 -1,3- 戊二醇	47.2	5.1	58.4	3.3
23	二乙二醇丁醚醋酸酯	77.6	7.8	77.0	4.9

影响 VOCs 加标回收率的因素及检测操作要求如下：

① 取样时，加入涂料后须立即拧紧容器的封口盖，防止 VOCs 挥发。

② 样品配制及涡旋萃取完成后，应立即取出进行离心，否则萃取的 VOCs 会再次被疏松的填料包覆，使得检测结果偏小。

③ 样品前处理的所有步骤需快速完成，而且在涡旋萃取及离心时应将试管密封，防止在样品前处理过程中 VOCs 过度损失。

④ 取离心后的上清液用 GC-MS 测定其 VOCs 含量时，应注意检查进样口及衬管是否洁净，必要时更换衬管，否则会带入不必要的杂质，影响 VOCs 物质的定量。

⑤ 甲醇的加标回收率较低，可能是由于甲醇的沸点较低，在处理过程中挥发严重，因此除过程需快速操作外还应保证实际样品现配现测；胺类物质、1,3- 丙二醇及 2,2,4- 三甲基 -1,3- 戊二醇的加标回收率较低，可能是由于它们的极性强，因此可考虑换用强极性 HP-innowax 柱测定。

3.6.2 差值法检测溶剂型建筑类涂料 VOCs 含量的研究

关于溶剂型建筑类涂料 VOCs 检测，不同用途、类别的建筑类涂料引用不同检测方法标准，现行的涉及溶剂型建筑类涂料 VOCs 含量检测的方法标准都是采用差值法原理，但因这些标准中对是否扣除沸点大于 250℃的 VOCs、烘干时间、待测样品是否在皿中完全铺平、皿里涂膜均匀程度、烘干过程中是否搅拌等各条件的规定不同，故同一涂料采用不同检测方法标准得到的 VOCs 含量检测结果不一致。针对差值法检测溶剂型建筑类涂料 VOCs 含量时引入误差的问题，以下探讨了烘干时间、涂料摊铺面积、是否扣除沸点大于 250℃的 VOCs 对 VOCs 含量检测结果的影响规律。

3.6.2.1 烘干时间对 VOCs 含量检测结果的影响

分别选用溶剂型地坪涂料、防火涂料、防腐涂料各 1 个，考察烘干时间对涂料 VOCs 含量检测结果的影响，结果见图 3-5。

由图 3-5 可知，烘干时间在 1 ～ 3h 内时，随着烘干时间的增加，VOCs 含量的增加幅度较大；烘干 3h 之后，VOCs 含量增加幅度很小，甚至有些涂料的 VOCs 含量在 3h 之后开始小幅度下降，这可能是烘干时间 3h 之后，烘干时间的影响减弱，同时受涂料涂膜均匀程度、涂膜厚度等影响导致的。因此，涂料合适的烘干时间为 3h。

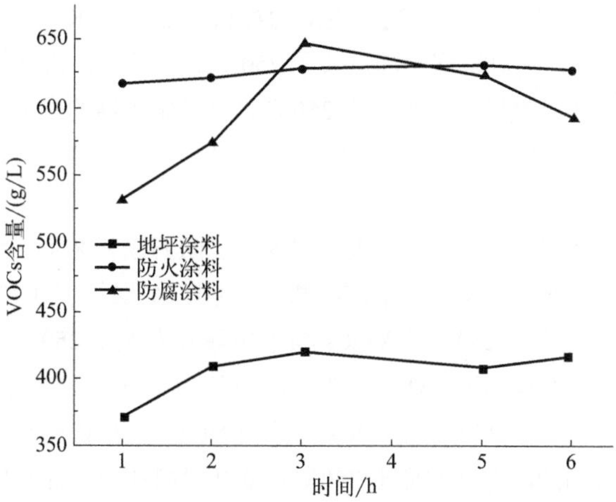

图 3-5 烘干时间对溶剂型涂料 VOCs 含量检测结果的影响

3.6.2.2 涂料摊铺面积对 VOCs 含量检测结果的影响

分别选用溶剂型地坪涂料、防火涂料、防腐涂料各 2 个，考察涂料摊铺面积对涂料 VOCs 含量检测结果的影响，结果见图 3-6。《色漆、清漆和塑料 不挥发物含量的测定》（GB/T 1725—2007）中要求使用直径为（75±5）mm 的平底皿，本书选用直径为 75mm（面积为 4416mm^2）的平底皿，分别取 1g 涂料，涂料摊铺面积选择 2208mm^2，3312mm^2 与 4416mm^2。由图可知，随着涂料摊铺面积的增大，VOCs 含量增加，这是因为涂料配方中含有成膜物质，烘干一段时间后就会在表面形成一层覆盖膜，膜会阻止涂料中挥发性有机物的继续烘出，涂料摊铺面积越大，皿中的涂膜越薄，越有利于 VOCs 的烘出。

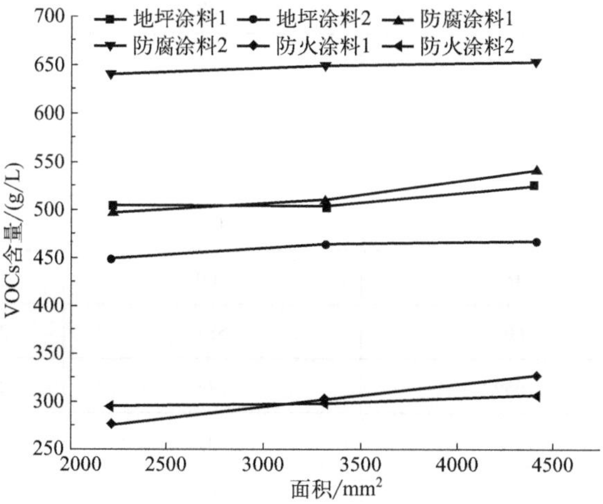

图 3-6 涂料摊铺面积对溶剂型涂料 VOCs 含量检测结果的影响

3.6.2.3 是否扣除沸点大于 250℃的 VOCs 对 VOCs 含量检测结果的影响

扣除沸点大于 250℃的 VOCs 是指试样经气相色谱法测试，如未检测出沸点大于

250℃的有机化合物，所测试样挥发物含量即为涂料产品的 VOCs 含量；如检测出沸点大于 250℃的有机化合物，则对试样中沸点大于 250℃的有机化合物进行定性鉴定和定量分析，从挥发物含量中扣除试样中沸点大于 250℃的有机化合物的含量即为涂料的 VOCs 含量。不扣除沸点大于 250℃的 VOCs 是指试样不用气相色谱法测试，认为试样挥发物含量即为涂料中的 VOCs 含量。

分别选用溶剂型地坪涂料 6 个、防火涂料 8 个、防腐涂料 8 个，考察是否扣除沸点大于 250℃的 VOCs 对涂料 VOCs 含量检测结果的影响，结果见表 3-17。由表可知，这 22 个溶剂型涂料扣除沸点大于 250℃的 VOCs 与不扣除沸点大于 250℃的 VOCs 的绝对偏差在 1 ～ 53g/L 之间，相对偏差在 0.3% ～ 12.7% 之间，大部分涂料的相对偏差小于 5%。防火涂料中是否扣除沸点大于 250℃的 VOCs 对涂料 VOCs 含量检测结果的影响很小，可见防火涂料中有机化合物的沸点基本低于 250℃；地坪涂料和防腐涂料中都含有少量沸点大于 250℃的有机化合物。

表 3-17 是否扣除沸点大于 250℃的 VOCs 对涂料 VOCs 含量检测结果的影响

涂料种类	VOCs 含量（不扣除沸点大于 250℃的 VOCs）/（g/L）	VOCs 含量（扣除沸点大于 250℃的 VOCs）/（g/L）	绝对偏差 /（g/L）	相对偏差 /%
地坪涂料 1	561	547	14	2.6
地坪涂料 2	472	419	53	12.7
地坪涂料 3	507	473	34	7.2
地坪涂料 4	529	509	20	3.9
地坪涂料 5	486	465	21	4.5
地坪涂料 6	376	359	17	4.7
防腐涂料 1	290	282	8	2.8
防腐涂料 2	539	530	9	1.7
防腐涂料 3	486	478	8	1.7
防腐涂料 4	484	477	7	1.5
防腐涂料 5	465	460	5	1.1
防腐涂料 6	607	587	20	3.4
防腐涂料 7	669	648	21	3.2
防腐涂料 8	677	647	30	4.6
防火涂料 1	412	400	12	3.0
防火涂料 2	311	310	1	0.3
防火涂料 3	406	404	2	0.5
防火涂料 4	382	380	2	0.5

续表

涂料种类	VOCs 含量（不扣除沸点大于250℃的 VOCs）/（g/L）	VOCs 含量（扣除沸点大于250℃的 VOCs）/（g/L）	绝对偏差/（g/L）	相对偏差 /%
防火涂料 5	631	628	3	0.5
防火涂料 6	420	414	6	1.5
防火涂料 7	478	473	5	1.1
防火涂料 8	715	713	2	0.3

3.7 建筑类涂料 VOCs 含量检测方法建议

为了解决现有建筑类涂料 VOCs 含量检测分析方法存在的问题，借鉴外国经验，基于国内检测方法的研究，提出了统一各用途建筑类涂料 VOCs 含量检测方法的建议，建议废止现有建筑类涂料标准中以附录形式给出的检测分析方法标准，统一建立建筑类涂料挥发性有机物含量检测分析方法标准。所建立的方法标准必须涵盖各类分散介质建筑类涂料 VOCs 含量检测分析方法，包括溶剂型涂料、水性涂料与无溶剂型涂料的 VOCs 含量检测分析方法，同时进一步明确检测分析设备，细化检测参数要求，确保各实验室及检测机构的检测分析结果具有良好的可比性和重复性。

参考文献

[1] 陈潜 . 水性涂料中挥发性有机物分析方法研究 [D]. 上海：东华大学，2014.
[2] GB 18581—2001 室内装饰装修材料 溶剂型木器涂料中有害物质限量 [S].
[3] GB 18581—2009 室内装饰装修材料 溶剂型木器涂料中有害物质限量 [S].
[4] GB 18581—2020 木器涂料中有害物质限量 [S].
[5] GB 18582—2008 室内装饰装修材料 内墙涂料中有害物质限量 [S].
[6] GB 18582—2020 建筑用墙面涂料中有害物质限量 [S].
[7] GB 24408—2009 建筑用外墙涂料中有害物质限量 [S].
[8] GB 24409—2009 汽车涂料中有害物质限量 [S].
[9] GB 30981—2014 建筑钢结构防腐涂料中有害物质限量 [S].
[10] GB 30981—2020 工业防护涂料中有害物质限量 [S].
[11] GB/T 1725—2007 色漆、清漆和塑料 不挥发物含量的测定 [S].
[12] GB/T 22374—2008 地坪涂装材料 [S].
[13] GB/T 22374—2018 地坪涂装材料 [S].
[14] GB/T 23984—2009 色漆和清漆 低 VOC 乳胶漆中挥发性有机化合物（罐内 VOC）含量的测定 [S].
[15] GB/T 23985—2009 色漆和清漆 挥发性有机化合物（VOC）含量的测定 差值法 [S].
[16] GB/T 23986—2009 色漆和清漆 挥发性有机化合物（VOC）含量的测定 气相色谱法 [S].
[17] GB/T 38597—2020 低挥发性有机化合物含量涂料产品技术要求 [S].
[18] GB/T 6750—2007 色漆和清漆 密度的测定 比重瓶法 [S].
[19] GB/T 6751—1986 色漆和清漆 挥发物和不挥发物的测定 [S].
[20] 郭中宝，陈鹏，刘实华 . 涂料 VOC 检测方法现状分析及涂料消费税关于 VOC 检测建议 [J]. 中国涂料，2015，30（3）：29-32.
[21] HG/T 4755—2014 聚硅氧烷涂料 [S].
[22] HG/T 4759—2014 水性环氧树脂防腐涂料 [S].
[23] HG/T 5176—2017 钢结构用水性防腐涂料 [S].
[24] HJ 2537—2014 环境标志产品技术要求 水性涂料 [S].
[25] HJ 457—2009 环境标志产品技术要求 防水涂料 [S].
[26] JC 1066—2008 建筑防水涂料中有害物质 [S].
[27] JG/T 338—2011 建筑玻璃用隔热涂料 [S].
[28] JG/T 415—2013 建筑防火涂料有害物质限量及检测方法 [S].
[29] 季军宏，唐瑛 . 涂料中 VOC 测试方法的建议与展望 [J]. 涂料工业，2015，45（4）：60-63.
[30] 刘付建，郭新东，翁乙斌，等 . QuEChERS/ 超高效液相色谱法测定水性涂料中 5 种酚和酚类衍生物 [J]. 分析测试学报，2014，33（3）：329-333.
[31] 刘红 . 挥发性有机化合物（VOC）含量测量不确定度的评定 [J]. 监督与选择，2008（7）：61-63.
[32] 鲁茜 . 大气环境中 VOCs 的组成及其气相色谱检测方法研究 [D]. 武汉：武汉理工大学，2013.
[33] 马丛欣 . 气相色谱法测定水性涂料中的 VOC[J]. 中国涂料，2008，23（8）：58-61.
[34] 王黎明，周瑶，赵婕，等 . 空气中 VOCs 检测方法的现状及研究方向 [J]. 上海工程技术大学学报，2011，25（2）：104-107.
[35] 魏争，黄洪 . 涂料中 VOC 测试方法简述 [J]. 涂料技术与文摘，2009，30（2）：11-13.
[36] 尹建武，曹磊，敖飞龙，等 . 乳胶漆中 VOC 测定方法的探索 [J]. 涂料工业，2008，38（2）：61-65.
[37] 曾培源，李建军，廖东奇，等 . 汽车涂料生产环节 VOCs 的排放特征及安全评价 [J]. 环境科学，2013，34（12）：4592-4598.
[38] 钟国鸣，张戈，凌晖 . 水性涂料挥发性有机化合物的检测结果分析 [J]. 科技与创新，2016（12）：133-134.

[39] 钟国鸣，张戈，徐璐. 顶空－气相色谱质谱法用于固化涂料中挥发性有机物检测中的运用[J]. 化工管理，2016(13)：213-214.

[40] ISO 11890-1：2007 Paints and varnishes-Determination of volatile organic compound (VOC) content-Part 1：Difference method[S].

[41] ISO 11890-2：2006 Paints and varnishes-Determination of volatile organic compound (VOC) content-Part 2：Gas-chromatographic method[S].

[42] ISO 11890-2：2020 Paints and varnishes-Determination of volatile organic compound (VOC) and/or semi volatile organic compound (SVOC) content-Part 2：Gas-chromatographic method[S].

[43] ISO 17895：2005 Paints and varnishes-Determination of the volatile organic compound content of low-VOC emulsion paints (in-can VOC) [S].

[44] ISO 4618：2014 Paints and varnishes-Terms and definitions[S].

第 4 章 建筑类涂料 VOCs 检测

4.1 建筑类涂料样品采集

本书共采集了604个建筑类涂料样品，其中，包括188个内墙涂料、100个外墙涂料、189个防水涂料、70个地坪涂料、38个防腐涂料和19个防火涂料，见表4-1。涂料样品主要通过对涂料生产企业抽检、市场销售抽检、建筑工程及室内装饰装修工程抽检获取。墙面涂料、防水涂料通过涂料生产企业抽检、市场销售抽检、建筑工程及室内装饰装修工程抽检获取；地坪涂料市场上基本无销售，主要通过对涂料生产企业抽检、建筑工程抽检获取；防火涂料市场上基本无销售，主要通过对涂料生产企业抽检、建筑工程抽检获取；防腐涂料通过对涂料生产企业抽检、市场销售抽检、建筑工程及室内装饰装修工程抽检获取。抽检样品密封于塑料或玻璃容器中。

表4-1 抽检建筑类涂料基本信息

涂料大类	涂料小类	分散介质类型	抽检样品数量/个
墙面涂料	内墙涂料	水性	188
	外墙涂料	水性	98
		溶剂型	2
防水涂料	—	水性	136
		反应型	53
地坪涂料	—	水性	4
		无溶剂型	44
		溶剂型	22
功能性建筑涂料	防腐涂料	水性	16
		溶剂型	22
	防火涂料	水性	6
		溶剂型	13

为使抽检涂料有代表性，采集样品遵循以下原则：a. 选取京津冀、长江三角洲、珠江三角洲及国内其他区域典型城市、区、县对各类建筑类涂料进行抽检；b. 对市场销售抽检的涂料，选取国际、国内全国性和国内地方性品牌进行抽检，而且市场占有率较高的品牌为采样重点；c. 每个品牌选取不同档次与不同功能系列的样品；d. 销售企业规模选择了高档建材超市、建材批发市场与个人销售点；e. 对涂料生产企业抽检的涂料，外企、国企和民营企业均为抽检对象，尽量抽检企业的主导产品；f. 对工程抽检的涂料，选取典型建筑工程和室内装饰装修工程使用的建筑类涂料进行抽样检测。

4.2 建筑类涂料样品分析

若所分析的建筑类涂料样品为施工状态下的样品，可以直接测试；若获取的样品为非即用状态，需按照产品规定的施工配比混合后测试；涂料样品不考虑水的稀释配比，即测试之前不需用水稀释涂料。

水性内墙涂料、水性防水涂料、水性防腐涂料、水性地坪涂料和水性防火涂料中VOCs含量按照GB 18582—2008附录A与附录B的方法进行检测。

水性外墙涂料中VOCs含量按照GB 18582—2008附录A与附录B及GB 24408—2009附录A与附录B的方法进行检测。

反应型防水涂料中VOCs含量按照JC 1066—2008附录A的方法进行检测。

溶剂型外墙涂料、溶剂型防腐涂料、溶剂型地坪涂料、溶剂型防火涂料中VOCs含量按照GB 24408—2009附录C的方法进行检测，测定挥发物含量时涂料烘干时间不同于GB 24408—2009附录C方法的1h，烘干时间为3h，其他都按GB 24408—2009附录C的方法进行测试。

无溶剂型地坪涂料中VOCs含量按照GB 18581—2001中4.2的方法进行检测。

目前GB 18582—2008和GB 24408—2009已于2020年12月1日废止，修订为GB 18582—2020；GB 18581—2001已于2010年6月1日废止，修订为GB 18581—2020。

4.3 建筑类涂料VOCs含量水平

4.3.1 建筑类涂料VOCs含量检测结果

选取部分典型内墙涂料、外墙涂料、防水涂料、地坪涂料、防腐涂料、防火涂料的VOCs含量检测结果列表，典型内墙涂料VOCs含量检测结果见表4-2，典型外墙涂料VOCs含量检测结果见表4-3，典型防水涂料VOCs含量检测结果见表4-4，典型地坪涂料VOCs含量检测结果见表4-5，典型防腐涂料VOCs含量检测结果见表4-6，典型防火涂料VOCs含量检测结果见表4-7。

表4-2 典型内墙涂料VOCs含量检测结果

涂料类型	VOCs含量/(g/L)	涂料类型	VOCs含量/(g/L)
水性内墙面漆	145	水性内墙底漆	7
水性内墙面漆	38	水性内墙底漆	53
水性内墙面漆	36	水性内墙底漆	15
水性内墙面漆	96	水性内墙底漆	0.5
水性内墙面漆	53	水性内墙底漆	14
水性内墙面漆	47	水性内墙底漆	12
水性内墙面漆	41	水性内墙底漆	16
水性内墙面漆	55	水性内墙底漆	＜2
水性内墙面漆	36	水性内墙底漆	＜2

续表

涂料类型	VOCs 含量 /（g/L）	涂料类型	VOCs 含量 /（g/L）
水性内墙面漆	34	水性内墙底漆	＜2
水性内墙面漆	10	水性内墙底漆	6
水性内墙面漆	16	水性内墙底漆	10
水性内墙面漆	12	水性内墙底漆	9
水性内墙面漆	3	水性内墙底漆	2
水性内墙面漆	＜2	水性内墙涂料	50
水性内墙面漆	15	水性内墙涂料	46
水性内墙面漆	＜2	水性内墙涂料	18
水性内墙面漆	79	水性内墙涂料	47
水性内墙面漆	3	水性内墙涂料	32
水性内墙面漆	25	水性内墙涂料	43
水性内墙面漆	38	水性内墙涂料	34
水性内墙面漆	＜2	水性内墙涂料	41
水性内墙面漆	67	水性内墙涂料	＜2
水性内墙面漆	88	腻子粉	2g/kg
水性内墙面漆	71	腻子粉	1g/kg
水性内墙面漆	74	腻子粉	未检出（检出限为 1g/kg）
水性内墙面漆	42	腻子粉	未检出（检出限为 1g/kg）
水性内墙底漆	51	腻子粉	未检出（检出限为 1g/kg）
水性内墙底漆	13	腻子粉	未检出（检出限为 1g/kg）
水性内墙底漆	40	腻子粉	未检出（检出限为 1g/kg）

表 4-3　典型外墙涂料 VOCs 含量检测结果

涂料类型	VOCs 含量 /（g/L）	涂料类型	VOCs 含量 /（g/L）
水性外墙面漆	63	水性外墙面漆	4
水性外墙面漆	53	水性外墙面漆	96

续表

涂料类型	VOCs 含量 /（g/L）	涂料类型	VOCs 含量 /（g/L）
水性外墙面漆	1	水性外墙底漆	69
水性外墙面漆	＜2	水性外墙底漆	45
水性外墙面漆	48	水性外墙底漆	5
水性外墙面漆	5	水性外墙底漆	21
水性外墙面漆	47	水性外墙底漆	63
水性外墙面漆	48	水性外墙底漆	32
水性外墙面漆	23	水性外墙底漆	6
水性外墙面漆	65	水性真石漆	7
水性外墙面漆	65	水性真石漆	20
水性外墙面漆	135	水性真石漆	6
水性外墙面漆	11	水性真石漆	8
水性外墙面漆	16	水性真石漆	10
水性外墙面漆	30	水性真石漆	＜2
水性外墙面漆	5.1	水性真石漆	＜2
水性外墙面漆	10	水性真石漆	＜2
水性外墙底漆	171	腻子粉	未检出（检出限为 1g/kg）
水性外墙底漆	58	溶剂型外墙涂料	291
水性外墙底漆	60	溶剂型外墙涂料	456

表 4-4　典型防水涂料 VOCs 含量检测结果

涂料类型	VOCs 含量 /（g/L）	涂料类型	VOCs 含量 /（g/L）
水性防水涂料	1	水性防水涂料	＜2
水性防水涂料	0.2	水性防水涂料	＜2
水性防水涂料	3	水性防水涂料	＜2
水性防水涂料	＜2	水性防水涂料	2.8
水性防水涂料	8	水性防水涂料	＜2
水性防水涂料	5	水性防水涂料	15
水性防水涂料	3	水性防水涂料	＜2
水性防水涂料	3	水性防水涂料	＜2

续表

涂料类型	VOCs 含量 /（g/L）	涂料类型	VOCs 含量 /（g/L）
水性防水涂料	4	反应型防水涂料	130
水性防水涂料	9	反应型防水涂料	127
水性防水涂料	＜2	反应型防水涂料	119
水性防水涂料	＜2	反应型防水涂料	136
反应型防水涂料	36	反应型防水涂料	134
反应型防水涂料	97	反应型防水涂料	192
反应型防水涂料	49	反应型防水涂料	295
反应型防水涂料	60	反应型防水涂料	262
反应型防水涂料	110	反应型防水涂料	177
反应型防水涂料	105	反应型防水涂料	187
反应型防水涂料	142	反应型防水涂料	160
反应型防水涂料	123	反应型防水涂料	140

表 4-5　典型地坪涂料 VOCs 含量检测结果

涂料类型	VOCs 含量 /（g/L）	涂料类型	VOCs 含量 /（g/L）
水性地坪涂料	105	溶剂型地坪涂料	375
水性地坪涂料	104	溶剂型地坪涂料	408
水性地坪涂料	107	溶剂型地坪涂料	316
水性地坪涂料	116	溶剂型地坪涂料	389
无溶剂型地坪涂料	10	溶剂型地坪涂料	338
无溶剂型地坪涂料	36	溶剂型地坪涂料	288
无溶剂型地坪涂料	54	溶剂型地坪涂料	498
无溶剂型地坪涂料	58	溶剂型地坪涂料	234
无溶剂型地坪涂料	32	溶剂型地坪涂料	547
无溶剂型地坪涂料	60	溶剂型地坪涂料	129
无溶剂型地坪涂料	67	溶剂型地坪涂料	419
无溶剂型地坪涂料	81	溶剂型地坪涂料	456
无溶剂型地坪涂料	76	溶剂型地坪涂料	509
溶剂型地坪涂料	580	溶剂型地坪涂料	456
溶剂型地坪涂料	149	溶剂型地坪涂料	359

表 4-6　典型防腐涂料 VOCs 含量检测结果

涂料类型	VOCs 含量 /（g/L）	涂料类型	VOCs 含量 /（g/L）
水性防腐涂料	7	溶剂型防腐涂料	600
水性防腐涂料	66	溶剂型防腐涂料	403
水性防腐涂料	46	溶剂型防腐涂料	291
水性防腐涂料	60	溶剂型防腐涂料	456
水性防腐涂料	＜2	溶剂型防腐涂料	650
水性防腐涂料	6	溶剂型防腐涂料	681
水性防腐涂料	35	溶剂型防腐涂料	660
水性防腐涂料	18	溶剂型防腐涂料	648
水性防腐涂料	42	溶剂型防腐涂料	646
水性防腐涂料	98	溶剂型防腐涂料	439

表 4-7　典型防火涂料 VOCs 含量检测结果

涂料类型	VOCs 含量 /（g/L）	涂料类型	VOCs 含量 /（g/L）
水性防火涂料	＜2	溶剂型防火涂料	400
水性防火涂料	＜2	溶剂型防火涂料	310
水性防火涂料	＜2	溶剂型防火涂料	404
水性防火涂料	＜2	溶剂型防火涂料	380
水性防火涂料	＜2	溶剂型防火涂料	628
水性防火涂料	＜2	溶剂型防火涂料	414

4.3.2　建筑类涂料 VOCs 含量水平分析

抽检的企业生产、市场销售及工程在用的 604 个建筑类涂料样品 VOCs 含量检测结果汇总见表 4-8 及图 4-1。604 个建筑类涂料样品的 VOCs 含量范围为 0 ～ 713g/L，VOCs 含量差异较大。建筑类涂料 VOCs 含量受功能种类、分散介质、主要成膜物质和品牌等影响，这些因素不同导致涂料配方有差别，进而影响 VOCs 含量。

表 4-8　抽检建筑类涂料 VOCs 含量检测结果

涂料大类	涂料小类	分散介质类型	抽检样品数量 / 个	VOCs 含量范围 /（g/L）	平均 VOCs 含量 /（g/L）
墙面涂料	内墙涂料	水性	188	0 ～ 145	34.2
	外墙涂料	水性	98	0 ～ 171	23.6
		溶剂型	2	291 ～ 456	373.5

续表

涂料大类	涂料小类	分散介质类型	抽检样品数量 / 个	VOCs 含量范围 /(g/L)	平均 VOCs 含量 /(g/L)
防水涂料	—	水性	136	0 ~ 63	4.3
		反应型	53	7 ~ 324	109.8
地坪涂料	—	水性	4	104 ~ 116	108.0
		无溶剂型	44	5 ~ 81	33.9
		溶剂型	22	60 ~ 580	344.0
功能性建筑涂料	防腐涂料	水性	16	0 ~ 116	40.0
		溶剂型	22	282 ~ 681	520.4
	防火涂料	水性	6	0 ~ 2	2.0
		溶剂型	13	267 ~ 713	431.5

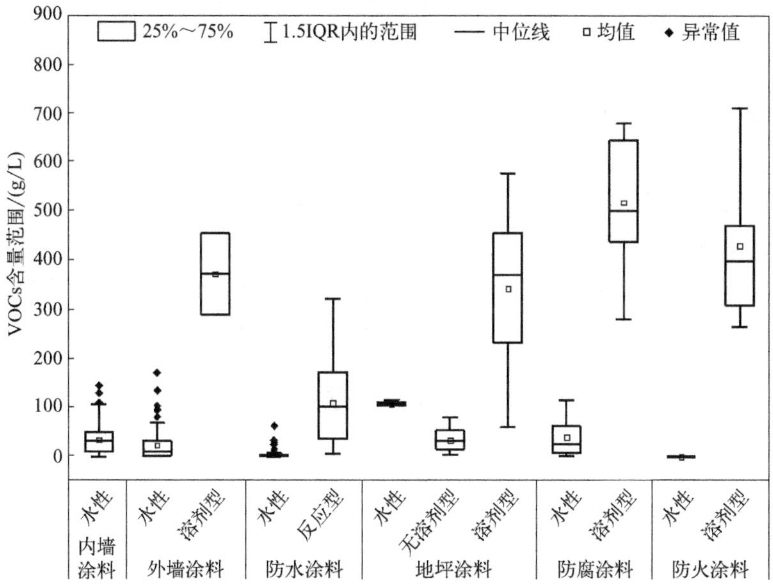

图 4-1 各类建筑类涂料 VOCs 含量检测结果

各类建筑类涂料的 VOCs 含量范围与平均 VOCs 含量分别为：水性内墙涂料 VOCs 含量范围为 0 ～ 145g/L，平均 VOCs 含量为 34.2g/L。水性外墙涂料 VOCs 含量范围为 0 ～ 171g/L，平均 VOCs 含量为 23.6g/L；溶剂型外墙涂料 VOCs 含量范围为 291 ～ 456g/L，平均 VOCs 含量为 373.5g/L。水性防水涂料 VOCs 含量范围为 0 ～ 63g/L，平均 VOCs 含量为 4.3g/L；反应型防水涂料 VOCs 含量范围为 7 ～ 324g/L，平均 VOCs 含量为 109.8g/L。水性地坪涂料 VOCs 含量范围为 104 ～ 116g/L，平均 VOCs 含量为 108.0g/L；无溶剂型地坪涂料 VOCs 含量范围为 5 ～ 81g/L，平均 VOCs 含量为 33.9g/L；溶剂型地坪涂料 VOCs

含量范围为 60 ～ 580g/L，平均 VOCs 含量为 344.0g/L。水性防腐涂料 VOCs 含量范围为 0 ～ 116g/L，平均 VOCs 含量为 40.0g/L；溶剂型防腐涂料 VOCs 含量范围为 282 ～ 681g/L，平均 VOCs 含量为 520.4g/L。水性防火涂料 VOCs 含量范围为 0 ～ 2g/L，平均 VOCs 含量为 2.0g/L；溶剂型防火涂料 VOCs 含量范围为 267 ～ 713g/L，平均 VOCs 含量为 431.5g/L。

整体来看，溶剂型涂料 VOCs 含量水平最高，比反应型涂料、无溶剂型涂料和水性涂料高很多。

① 溶剂型防腐涂料平均 VOCs 含量最高，为 520.4g/L；

② 溶剂型防火涂料平均 VOCs 含量为 431.5g/L；

③ 溶剂型外墙涂料平均 VOCs 含量为 373.5g/L；

④ 溶剂型地坪涂料平均 VOCs 含量为 344.0g/L。

溶剂型外墙涂料、溶剂型地坪涂料、溶剂型防腐涂料、溶剂型防火涂料等各类溶剂型涂料平均 VOCs 含量都在 300g/L 以上。水性内墙涂料与水性外墙涂料中，VOCs 含量大于 100g/L 的样品较少，尤其水性外墙涂料中的真石漆与质感漆整体 VOCs 含量水平较低。真石漆与质感漆由骨料、黏结材料（成膜物质）、各种功能助剂和水组成。真石漆骨料一般为天然石材和石英砂，质感漆骨料一般为质感砂子；黏结材料（成膜物质）一般使用苯丙乳液、纯丙乳液等。由于其配方中乳液和助剂量少，因此 VOCs 含量很低。水性防水涂料整体 VOCs 含量水平要低于水性内墙涂料与水性外墙涂料 VOCs 含量水平。目前，水性防水涂料以聚合物水泥防水涂料与丙烯酸酯聚合物乳液防水涂料为主，适用于非暴露露台、厕浴间和外墙的防水。聚合物水泥防水涂料是由液料（由高分子聚合物乳液和各种添加剂组成）和配套的粉料（由特种水泥、石英粉和各种添加剂组成）复合而成的双组分防水涂料，由于其粉料占比很高，因此 VOCs 含量很低。水性防腐涂料与水性地坪涂料作为功能性建筑涂料，含有的挥发性有机物成分较其他种类水性涂料复杂，VOCs 含量水平也相对高一些，但是本书检测的水性防火涂料 VOCs 含量水平很低。

4.3.3 建筑类涂料 VOCs 含量构成分析

统计检测的各类建筑类涂料，其 VOCs 含量构成情况见表 4-9，水性建筑类涂料 VOCs 含量构成如图 4-2 所示，溶剂型、无溶剂型与反应型建筑类涂料 VOCs 含量构成如图 4-3 所示。

表 4-9　建筑类涂料 VOCs 含量构成情况

涂料大类	涂料小类	分散介质类型	抽检样品数量 / 个	VOCs 含量范围 /（g/L）	各含量范围内样品数 / 个	各含量范围样品数占检测样品总数的比例 /%
墙面涂料	内墙涂料	水性	188	0 ～ 2	24	12.8
				2 ～ 30	67	35.6
				30 ～ 50	52	27.7
				50 ～ 80	32	17.0

续表

涂料大类	涂料小类	分散介质类型	抽检样品数量 / 个	VOCs 含量范围 /（g/L）	各含量范围内样品数 / 个	各含量范围样品数占检测样品总数的比例 /%
墙面涂料	内墙涂料	水性	188	80 ～ 120	11	5.8
				120 ～ 150	2	1.1
				＞ 150	0	0
	外墙涂料	水性	98	0 ～ 2	19	19.4
				2 ～ 30	54	55.1
				30 ～ 50	8	8.2
				50 ～ 80	11	11.2
				80 ～ 120	4	4.1
				120 ～ 150	1	1.0
				＞ 150	1	1.0
		溶剂型	2	0 ～ 100	0	0
				100 ～ 200	0	0
				200 ～ 300	1	50.0
				300 ～ 400	0	0
				400 ～ 500	1	50.0
				500 ～ 600	0	0
				600 ～ 700	0	0
				＞ 700	0	0
防水涂料	—	水性	136	0 ～ 2	73	53.7
				2 ～ 30	61	44.9
				30 ～ 50	1	0.7
				50 ～ 80	1	0.7
				80 ～ 120	0	0
				120 ～ 150	0	0
				＞ 150	0	0
		反应型	53	0 ～ 100	26	49.1
				100 ～ 200	22	41.5
				200 ～ 300	4	7.5
				300 ～ 400	1	1.9

续表

涂料大类	涂料小类	分散介质类型	抽检样品数量 / 个	VOCs 含量范围 /（g/L）	各含量范围内样品数 / 个	各含量范围样品数占检测样品总数的比例 /%
地坪涂料	—	水性	4	0 ～ 2	0	0
				2 ～ 30	0	0
				30 ～ 50	0	0
				50 ～ 80	0	0
				80 ～ 120	4	100
				120 ～ 150	0	0
				＞ 150	0	0
		无溶剂型	44	0 ～ 100	44	100
				100 ～ 200	0	0
				200 ～ 300	0	0
				300 ～ 400	0	0
		溶剂型	22	0 ～ 100	1	4.5
				100 ～ 200	4	18.2
				200 ～ 300	2	9.1
				300 ～ 400	6	27.3
				400 ～ 500	6	27.3
				500 ～ 600	3	13.6
				600 ～ 700	0	0
				＞ 700	0	0
功能性建筑涂料	防腐涂料	水性	16	0 ～ 2	1	6.2
				2 ～ 30	7	43.7
				30 ～ 50	3	18.8
				50 ～ 80	2	12.5
				80 ～ 120	3	18.8
				120 ～ 150	0	0
				＞ 150	0	0
		溶剂型	22	0 ～ 100	0	0
				100 ～ 200	0	0
				200 ～ 300	2	9.1
				300 ～ 400	1	4.5

续表

涂料大类	涂料小类	分散介质类型	抽检样品数量 / 个	VOCs 含量范围 /（g/L）	各含量范围内样品数 / 个	各含量范围样品数占检测样品总数的比例 /%
功能性建筑涂料	防腐涂料	溶剂型	22	400 ～ 500	8	36.4
				500 ～ 600	3	13.6
				600 ～ 700	8	36.4
				＞ 700	0	0
	防火涂料	水性	6	0 ～ 2	6	100
				2 ～ 30	0	0
				30 ～ 50	0	0
				50 ～ 80	0	0
				80 ～ 120	0	0
				120 ～ 150	0	0
				＞ 150	0	0
		溶剂型	13	0~100	0	0
				100 ～ 200	0	0
				200 ～ 300	2	15.4
				300 ～ 400	4	30.8
				400 ～ 500	4	30.8
				500 ～ 600	0	0
				600 ～ 700	2	15.4
				＞ 700	1	7.6

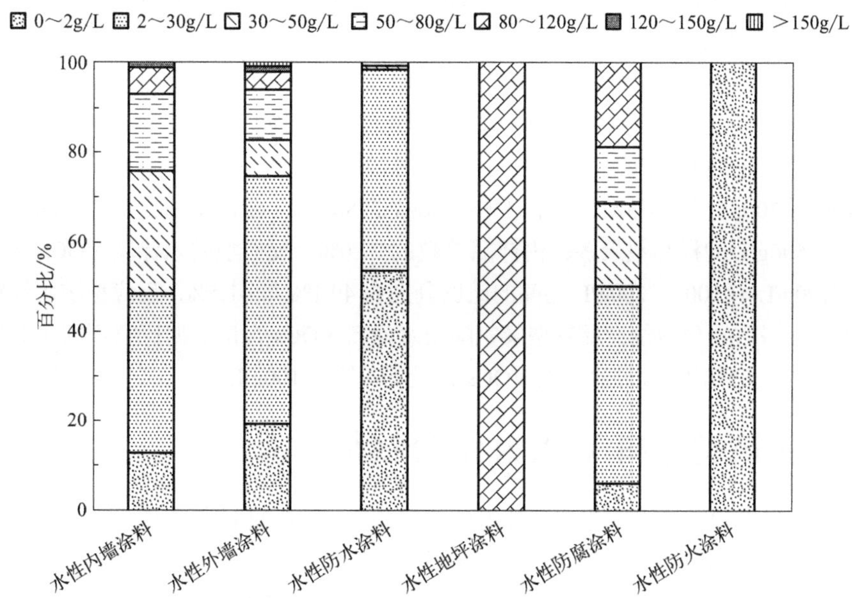

图 4-2 水性建筑类涂料 VOCs 含量构成

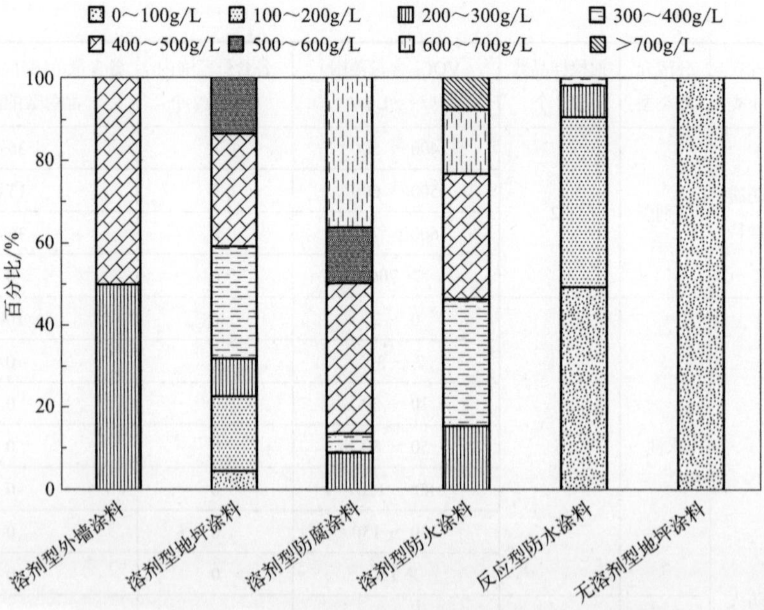

图 4-3 溶剂型、无溶剂型与反应型建筑类涂料 VOCs 含量构成

对于水性涂料，水性内墙涂料和水性外墙涂料 VOCs 含量处于 0 ～ 2g/L、2 ～ 30g/L、30 ～ 50g/L、50 ～ 80g/L 的样品数最多，这些含量范围内水性内墙涂料样品数分别占样品总数的 12.8%、35.6%、27.7% 与 17%，水性外墙涂料样品数分别占样品总数的 19.4%、55.1%、8.2% 与 11.2%。水性防水涂料 VOCs 含量处于 0 ～ 2g/L 的样品数占样品总数的 53.7%，处于 2 ～ 30g/L 的样品数占样品总数的 44.9%，其 VOCs 含量基本低于 10g/L。水性地坪涂料 VOCs 含量都处在 80 ～ 120g/L 之间，总体比水性内墙涂料与水性外墙涂料高。水性防腐涂料 VOCs 含量处于 2 ～ 30g/L 之间的样品数最多。被检测的水性防火涂料 VOCs 含量都低于 2g/L。

对于溶剂型涂料，VOCs 含量变化范围较大，在 0 ～ 800g/L 之间，不同功能、不同树脂成分与不同品牌的溶剂型涂料的 VOCs 含量水平相差较大。溶剂型地坪涂料 VOCs 含量处于 300 ～ 600g/L 的样品数最多，占样品总数的 68.2%。溶剂型防腐涂料 VOCs 含量处于 400 ～ 700g/L 的样品数最多，占样品总数的 86.4%。溶剂型防火涂料 VOCs 含量处于 200 ～ 500g/L 的样品数最多，占样品总数的 77.0%。反应型防水涂料 VOCs 含量水平在 0 ～ 100g/L 与 100 ～ 200g/L 之间的比例分别为 49.1% 与 41.5%，反应型防水涂料中聚氨酯防水涂料占主导地位，反应型聚氨酯防水涂料 VOCs 含量根据厂家不同主要集中在 100g/L 左右。无溶剂型地坪涂料的 VOCs 含量基本低于 100g/L。

4.4 建筑类涂料 VOCs 组分特征

为掌握目前建筑类涂料中 VOCs 组分情况，采用 GC-MS 对 30 种水性内墙涂料、26 种水性外墙涂料、8 种水性防水涂料、1 种反应型防水涂料、5 种水性地坪涂料、8 种溶剂型地坪涂料、12 种水性防腐涂料、9 种溶剂型防腐涂料、5 种水性防火涂料、5 种溶剂型防火涂料总计 109 种建筑类涂料中的 VOCs 组分进行了检测。

4.4.1 建筑类涂料 VOCs 组分种类

4.4.1.1 VOCs 组分区间分类

世界卫生组织将 VOCs 分为：易挥发的挥发性有机物（沸点＜ 100℃）、挥发性有机物（沸点 50 ～ 260℃）、半挥发性有机物（沸点 240 ～ 400℃）3 类。目前，我国和欧盟均没有对 VOCs 进行详细区间划分，而是采用以 250℃沸点区分 VOCs 的方法，其原因较多，如该法符合大多数现有实验室检测能力、校准化合物品种，以及便于实验室间比对等，但国际标准化组织和美国对 VOCs 的定义均不采用以沸点区分的方法。

实际上沸点大于 250℃的很多有机化合物为毒理性很大的化合物，对人类和环境的危害不可忽视，但这些化合物在我国不被定义为 VOCs，如邻苯二甲酸酯、二噁英、多氯联苯、多溴联苯和多溴二苯醚等。目前，我国的国家标准《玩具用涂料中有害物质限量》（GB 24613—2009）对玩具用涂料中 6 种邻苯二甲酸酯进行了限量控制。

4.4.1.2 水性建筑类涂料 VOCs 组分种类

本书除对沸点在 250℃以下的 VOCs 组分进行了研究外，同时对沸点在 250℃以上的有机化合物组分进行了研究。各类水性建筑类涂料中沸点在 250℃以下的 VOCs 组分见表 4-10，各类水性建筑类涂料中沸点在 250℃以上的有机化合物组分见表 4-11。

表 4-10 各类建筑类涂料中沸点在 250℃以下的 VOCs 组分种类

序号	VOCs 组分	水性内墙涂料	水性外墙涂料	水性内墙腻子	水性外墙腻子	水性防水涂料	水性地坪涂料	水性防腐涂料	水性防火涂料	反应型防水涂料	溶剂型地坪涂料	溶剂型防腐涂料	溶剂型防火涂料
1	1,2- 丙二醇	√	√		√	√	√	√					
2	乙二醇	√	√			√	√	√					
3	正丁醇	√	√		√	√	√	√				√	
4	异丁醇	√						√				√	
5	二乙二醇	√	√	√		√	√	√					
6	2- 氨基 -2- 甲基 -1- 丙醇	√	√			√	√	√					
7	甲醇	√	√			√	√	√					
8	乙醇	√	√	√		√	√	√				√	
9	二乙二醇丁醚醋酸酯	√	√	√	√			√					

续表

序号	VOCs 组分	水性内墙涂料	水性外墙涂料	水性内墙腻子	水性外墙腻子	水性防水涂料	水性地坪涂料	水性防腐涂料	水性防火涂料	反应型防水涂料	溶剂型地坪涂料	溶剂型防腐涂料	溶剂型防火涂料
10	二乙二醇乙醚醋酸酯	√											
11	乙苯	√				√	√	√			√	√	
12	2,2,4- 三甲基 -1,3- 戊二醇	√	√	√	√			√					
13	二甲基乙醇胺	√				√	√	√					
14	2- 乙基己醇	√						√					
15	1,1,1- 三（羟甲基）乙烷	√											
16	乙酸	√				√	√	√	√			√	
17	硅烷二醇二甲酯	√											
18	二甲基硅烷二醇	√											
19	三羟甲基丙烷	√											
20	2- 甲基 -4- 异噻唑啉 -3- 酮（MIT）	√				√							
21	丁酸丁酯	√				√						√	
22	异丙醇		√			√		√					
23	乙二醇单丁醚		√	√		√	√	√	√				
24	苯并噻唑		√	√	√	√	√					√	
25	异丁酸酐		√			√							
26	2- 乙基己酸		√	√			√	√			√	√	
27	丙烯酸异辛酯		√					√					
28	*N,N*- 二甲基苄胺			√			√						
29	戊基三乙氧基硅烷				√								
30	三乙胺					√	√	√					
31	正十二烷基三乙氧基硅烷					√							
32	正辛基三乙氧基硅烷					√							
33	丁醚					√							

续表

序号	VOCs 组分	水性内墙涂料	水性外墙涂料	水性内墙腻子	水性外墙腻子	水性防水涂料	水性地坪涂料	水性防腐涂料	水性防火涂料	反应型防水涂料	溶剂型地坪涂料	溶剂型防腐涂料	溶剂型防火涂料
34	丙烯酸正丁酯					√							
35	丙酸丁酯					√							
36	2- 氯乙醇					√							
37	苯甲醛					√						√	
38	乳酸乙酯					√							
39	异丁醚					√							
40	丙酸异丁酯					√							
41	2- 氨基 -2- 甲基 -1,3- 丙二醇					√							
42	苯						√	√					
43	甲苯						√				√	√	
44	邻二甲苯						√	√		√	√	√	√
45	间二甲苯						√	√			√	√	√
46	1,3- 丙二醇						√	√					
47	叔丁基二甲基硅烷醇						√						
48	丙二醇甲醚						√	√			√		
49	戊醇						√						
50	苯酚						√				√		
51	苯乙醇						√						
52	1,2- 环己二醇						√						
53	2- 氨基丁烷						√				√		
54	*N*- 甲基乙胺						√						
55	*N,N*- 二甲基甲酰胺						√						
56	*N,N*- 二甲基 -1- 苯乙胺						√						
57	异辛酸						√					√	
58	醋酸异丁酯						√					√	

续表

序号	VOCs 组分	水性内墙涂料	水性外墙涂料	水性内墙腻子	水性外墙腻子	水性防水涂料	水性地坪涂料	水性防腐涂料	水性防火涂料	反应型防水涂料	溶剂型地坪涂料	溶剂型防腐涂料	溶剂型防火涂料
59	乙酸丁酯						√				√	√	
60	*N*- 甲基吡咯烷酮						√						
61	*N*- 甲基正丙胺						√						
62	氨基甲酸甲酯						√						
63	(*R*)- 苄氧甲基环氧乙烷						√						
64	1,6- 己二异氰酸酯						√					√	
65	二叔丁基过氧化物						√						√
66	丙二醇甲醚醋酸酯						√				√	√	
67	异丙苯						√			√	√	√	√
68	甲基丙烯酸异丁酯						√						
69	正丙苯						√			√	√	√	
70	间乙基甲苯						√						
71	1,3,5- 三甲苯						√	√		√	√	√	√
72	邻乙基甲苯						√					√	
73	甲基丙烯酸羟乙酯						√						
74	叔丁基苯基碳酸酯						√						
75	四聚乙醛						√						
76	二乙二醇单丁醚							√					
77	正丙醇							√					
78	三甲基硅醇							√					
79	2- 甲氧基乙酸乙酯							√					
80	3- 甲基噁唑烷							√					
81	甲基丙烯酸							√					
82	癸烷							√					
83	正十一烷							√					
84	4,7- 二甲基十一烷							√					
85	3,3- 二甲基庚酸							√					

续表

序号	VOCs 组分	水性内墙涂料	水性外墙涂料	水性内墙腻子	水性外墙腻子	水性防水涂料	水性地坪涂料	水性防腐涂料	水性防火涂料	反应型防水涂料	溶剂型地坪涂料	溶剂型防腐涂料	溶剂型防火涂料
86	2- 甲基戊酸甲酯							√					
87	乙二醇二丁醚							√					
88	2,3- 二甲基 -2- 异丙基 - 丁酸							√					
89	苯甲酸							√					
90	正十三烷							√					
91	2- 甲硫基 -4- 乙氨基 -6- 特丁氨基 -1,3,5- 三嗪（又叫特丁净、去草净）							√					
92	苯甲酸异丁酯							√					
93	2- 甲基丙酸							√					
94	一缩二丙二醇							√					
95	2-（2- 羟基丙氧基）-1- 丙醇							√				√	
96	醋酸异辛酯							√					
97	丙酸异戊酯							√					
98	1- 甲氧基 -2- 丙酮							√					
99	甲基丙烯酸甲酯							√					
100	3- 甲基辛烷							√				√	
101	壬烷							√					
102	1- 甲基 -2- 丙醇							√					
103	乙二醇叔丁醚							√					
104	二甲基硅醇							√					
105	六甲基环三硅氧烷							√					
106	八甲基环四硅氧烷							√					
107	十甲基环五硅氧烷							√					
108	2- 甲氧基 -1,3- 二氧戊环							√					

续表

序号	VOCs 组分	水性内墙涂料	水性外墙涂料	水性内墙腻子	水性外墙腻子	水性防水涂料	水性地坪涂料	水性防腐涂料	水性防火涂料	反应型防水涂料	溶剂型地坪涂料	溶剂型防腐涂料	溶剂型防火涂料
109	正丁酸异丙酯							√					
110	2- 甲基己烷									√			
111	环己烷									√			
112	3- 甲基己烷									√			
113	反 -1,3- 二甲基环戊烷									√			
114	顺 -1,3- 二甲基环戊烷									√			
115	顺 -1,2- 二甲基环戊烷									√			
116	正庚烷									√			
117	甲基环己烷									√			
118	乙基环戊烷									√			
119	1,2,4- 三甲基环戊烷									√			
120	3- 甲基 -1- 庚烯									√			
121	2- 甲基庚烷									√			
122	3- 甲基庚烷									√			
123	1,3- 二甲基环已烷									√			
124	辛烷									√			
125	1,2,3- 三甲苯									√	√	√	√
126	1- 乙基 -2- 甲基苯（邻乙基甲苯、2- 乙基甲苯）									√			√
127	1- 乙基 -3- 甲基苯（间乙基甲苯、3- 乙基甲苯）									√		√	√
128	对二甲苯										√	√	√
129	乙酸乙酯										√	√	
130	1,2- 二氯丙烷										√		

续表

序号	VOCs 组分	水性内墙涂料	水性外墙涂料	水性内墙腻子	水性外墙腻子	水性防水涂料	水性地坪涂料	水性防腐涂料	水性防火涂料	反应型防水涂料	溶剂型地坪涂料	溶剂型防腐涂料	溶剂型防火涂料
131	醋酸仲丁酯										√	√	
132	乙基环己烷										√	√	
133	苯乙酮										√	√	
134	甲苯 -1,3- 二异氰酸酯										√		
135	甲苯 -2,4- 二异氰酸酯										√		
136	2- 苯并咪唑酮										√		
137	顺 -2- 戊烯 -1- 醇										√		
138	2- 甲基丁酸甲酯										√		
139	3- 羟基 -3- 甲基 -2- 丁酮										√		
140	丙烯酸异丁酯										√	√	
141	对乙基甲苯										√	√	
142	4- 异丙基甲苯										√	√	
143	环丙基苯										√	√	√
144	冰片基氯										√		
145	六氯丁二烯										√		
146	邻苯二甲酸											√	
147	二异丁基酮										√		
148	苯甲醇										√		
149	乙酸苄酯										√		
150	1-（烯丙氧基）-2- 丙醇										√		
151	对叔丁基苯酚										√		
152	异佛尔酮二胺										√		
153	三甘醇二甲醚										√		
154	*N*-（2- 甲氧基乙基）甲基胺										√		

续表

序号	VOCs 组分	水性内墙涂料	水性外墙涂料	水性内墙腻子	水性外墙腻子	水性防水涂料	水性地坪涂料	水性防腐涂料	水性防火涂料	反应型防水涂料	溶剂型地坪涂料	溶剂型防腐涂料	溶剂型防火涂料
155	环己酮										√	√	
156	甲基异丁酮										√	√	
157	1,2- 二甲基丙基乙酸酯										√		
158	2,2- 二甲基 -3- 庚酮										√		
159	2,2,6,6- 四甲基哌啶										√		
160	1,4- 二乙基苯（对二乙基苯）										√	√	
161	仲丁基苯										√		
162	3- 乙基甲苯										√		
163	2- 乙基对二甲苯										√		
164	2- 苯基 -1,2- 环氧丙烷										√		
165	1- 乙基 -2- 甲基苯										√		
166	1,3- 二甲苯										√		
167	1- 乙基 -3- 甲基苯										√	√	
168	苯乙酸甲酯										√		
169	巯基乙酸乙酯											√	
170	1,2,4- 三甲苯											√	
171	4- 甲基辛烷											√	
172	邻异丙基苯										√	√	√
173	对薄荷 -1,3,8- 三烯											√	√
174	1,1- 二乙氧基丁烷											√	
175	4- 甲基苯甲醇											√	
176	1,1- 二乙氧基己烷											√	

续表

序号	VOCs 组分	水性内墙涂料	水性外墙涂料	水性内墙腻子	水性外墙腻子	水性防水涂料	水性地坪涂料	水性防腐涂料	水性防火涂料	反应型防水涂料	溶剂型地坪涂料	溶剂型防腐涂料	溶剂型防火涂料
177	4,4- 二甲基 -1- 戊烯											√	
178	丙酮											√	
179	氘代甲苯												√
180	正丙基环己烷											√	
181	顺式 - 六氢茚满											√	
182	烯丙苯											√	√
183	3,3- 二甲基戊烷											√	
184	1- 环戊基环戊烯											√	
185	间异丙基甲苯											√	
186	1,2- 二甲基 -4- 乙基苯											√	
187	3,4,5- 三甲基甲苯											√	
188	(*S*)-1,2- 丙二醇											√	
189	苄基正丁基醚											√	
190	富马酸二丁酯											√	
191	乙酸仲戊酯											√	
192	丁二酸二甲酯											√	
193	戊二酸二甲酯											√	
194	甲酸丁酯											√	
195	异佛尔酮											√	
196	乙酸丙酯											√	
197	三叔丁基甲醇											√	
198	丁苯											√	
199	4- 甲基 -2- 戊酮											√	
200	2- 甲基丙醇											√	
201	2- 苯基 -1- 丙烯											√	
202	1- 甲基 -3- 丙基苯											√	

续表

序号	VOCs 组分	水性内墙涂料	水性外墙涂料	水性内墙腻子	水性外墙腻子	水性防水涂料	水性地坪涂料	水性防腐涂料	水性防火涂料	反应型防水涂料	溶剂型地坪涂料	溶剂型防腐涂料	溶剂型防火涂料
203	1- 甲基 -2- 丙基苯											√	
204	1,2- 二乙基苯											√	
205	1,2- 丙二醇醚											√	
206	4- 甲基苯乙烯												√
207	乙叉降冰生烯												√
208	*P*- 伞花烃												√
209	3- 甲基苯乙炔												√
210	1,3- 二甲基 -2- 乙基苯												√
211	5- 乙基间二甲苯												√
212	*N*- 异丙基苯胺												√
213	4- 叔丁基吡啶												√
214	1,2-2 甲基 -4- 乙烯苯												√
215	1,2,3,4- 四甲基苯												√
216	1,2- 二羟基萘												√
217	2,6- 二氟甲苯												√
218	萘												√
219	邻苄基羟胺												√
220	丙基苯												√
221	2,8- 癸二炔												√
222	对甲乙苯												√
223	3,4- 二甲基苯胺												√
224	1- 甲基 -4- 正丙苯												√
225	4,6- 癸二炔												√
226	乙基苯												√
227	乙酸仲丁酯												√
228	6- 苄氨基嘌呤												√

续表

序号	VOCs 组分	水性内墙涂料	水性外墙涂料	水性内墙腻子	水性外墙腻子	水性防水涂料	水性地坪涂料	水性防腐涂料	水性防火涂料	反应型防水涂料	溶剂型地坪涂料	溶剂型防腐涂料	溶剂型防火涂料
229	三甲基乙酸酐												√
230	2,4- 二氯甲苯												√
231	2,6- 二氯甲苯												√
232	甲基苯并噻吩 -2- 甲醛												√
233	环丁腈												√
234	8- 亚甲基 - 三环 [3.2.1.0(2,4)] 辛烷												√
235	4- 甲基茚满												√
236	1- 甲基茚												√

表 4-11　各类建筑类涂料中沸点在 250℃以上的有机化合物组分种类

序号	VOCs 组分	水性内墙涂料	水性外墙涂料	水性内墙腻子	水性外墙腻子	水性防水涂料	水性地坪涂料	水性防腐涂料	水性防火涂料	反应型防水涂料	溶剂型地坪涂料	溶剂型防腐涂料	溶剂型防火涂料
1	戊二酸二（2- 甲基丙）酯	√											
2	己二酸二异丁酯	√						√					
3	己二酸二丁酯	√						√					
4	2,2,4- 三甲基 -1,3- 戊二醇单异丁酸酯	√	√					√					
5	2,2,4- 三甲基 -1,3- 戊二醇双异丁酸酯	√	√					√					
6	三缩四乙二醇	√											
7	己内酰胺	√				√							
8	*N,N*- 丁基二胺	√											
9	碘丙炔正丁胺甲酸酯（碘丙炔基正丁氨基甲酸酯）（IPBC）	√											

续表

序号	VOCs 组分	水性内墙涂料	水性外墙涂料	水性内墙腻子	水性外墙腻子	水性防水涂料	水性地坪涂料	水性防腐涂料	水性防火涂料	反应型防水涂料	溶剂型地坪涂料	溶剂型防腐涂料	溶剂型防火涂料
10	4- 异丙基 -2- 噁唑烷酮 [(*S*)-4- 异丙基 -2- 噁唑烷酮]	√											
11	丙三醇	√						√					
12	2- 乙基 -1,3- 己二醇异丁酸酯	√	√										
13	三乙二醇	√	√										
14	丁二酸二异丁酯	√											
15	二苯甲酮		√										
16	邻苯二甲酸二丁酯				√						√	√	
17	三甘醇					√							
18	1,6- 己二异氰酸酯						√						
19	十二烷基缩水甘油醚						√						
20	对叔戊基苯酚						√						
21	2,4,7,9- 四甲基 -5- 癸炔 -4,7- 二醇						√						
22	4- 乙基苯甲酰胺							√					
23	2- 异丁氧基苯甲酸乙酯							√					
24	正十六烷							√					
25	3- 硝基吡咯							√					
26	2- 乙基 -1,3- 已二酸异丁酸酯							√					
27	五亚乙基乙二醇二甲醚							√					
28	长叶烯										√		
29	邻苯二甲酸										√	√	
30	苄基缩水甘油醚										√		
31	1,2- 丙二醇醚											√	
32	2- 乙基庚酸											√	
33	酞酸二甲酯											√	√

水性建筑类涂料中沸点在250℃以下的VOCs组分主要包括甲醇、乙醇、乙二醇、1,2-丙二醇、正丁醇、异丁醇、二乙二醇、2,2,4-三甲基-1,3-戊二醇等醇类，乙二醇单丁醚、二乙二醇乙醚醋酸酯、二乙二醇丁醚醋酸酯等醇醚及醚酯类，2-氨基-2-甲基-1-丙醇（APM）、三乙胺和二甲基乙醇胺（DMEA）等胺类，2-甲基-4-异噻唑啉-3-酮（MIT），三羟甲基丙烷等。

水性建筑类涂料中沸点大于250℃的有机化合物组分主要包括2,2,4-三甲基-1,3-戊二醇单异丁酸酯、2,2,4-三甲基-1,3-戊二醇双异丁酸酯、己二酸二丁酯、己二酸二异丁酯等。

4.4.1.3 反应型建筑类涂料VOCs组分种类

本书除对沸点在250℃以下的VOCs组分进行了研究外，同时对沸点在250℃以上的有机化合物组分进行了研究。各类反应型建筑类涂料中沸点在250℃以下的VOCs组分见表4-10，各类反应型建筑类涂料沸点在250℃以上的有机化合物组分见表4-11。

反应型建筑类涂料中沸点在250℃以下的VOCs组分主要包括异丙苯、正庚烷、甲基环己烷、2-甲基庚烷、1,3-二甲基环己烷、1,2,3-三甲苯、辛烷、3-甲基己烷、3-甲基庚烷、正丙苯等。

反应型建筑类涂料未检出沸点大于250℃的有机化合物组分。

4.4.1.4 溶剂型建筑类涂料VOCs组分种类

本书除对沸点在250℃以下的VOCs组分进行了研究外，同时对沸点在250℃以上的有机化合物组分进行了研究。各类溶剂型建筑类涂料沸点在250℃以下的VOCs组分见表4-10，各类溶剂型建筑类涂料沸点在250℃以上的有机化合物组分见表4-11。

溶剂型建筑类涂料中使用的有机溶剂一般有脂肪烃类、芳香烃类、萜烯类、醇类、酮类、酯类、醇醚及醚酯类、取代烃类、环烷烃类。有机溶剂在涂料中的作用主要有2个：

① 在制备涂料时加入，用来溶解或分散成膜物质，形成便于施工的液态产品，并在涂膜形成过程中挥发掉，称为真溶剂；

② 在施工过程中稀释涂料，用于改善涂料的可涂布性和提高涂膜的性能，称为稀释剂。

生产涂料选择溶剂时主要考虑4个因素：

① 溶剂成本，希望在保证产品质量的同时尽可能选择成本较低的溶剂代替成本较高的同类型溶剂；

② 溶剂溶解性，为了让涂料中树脂很好地成膜，需要添加一些强溶剂，例如甲基异丁基酮、乙酸丁酯、乙酸乙酯、丙二醇甲醚醋酸酯等；

③ 溶剂挥发速率，不同溶剂的挥发速率不同；

④ 溶剂毒性，不同溶剂的毒性大小不一样。

实际溶剂的选择受多方面因素的影响，随着产品的更新，溶剂的使用组合也在发生变化。涂料成膜物质一般为分子量较大的高分子树脂，溶剂溶解树脂时遵循相似相溶原理，同时要避免与反应型双组分树脂基团发生反应，因此，一般针对某种主要成膜物质，使用的溶剂也比较类似。

溶剂型建筑类涂料中沸点在250℃以下的VOCs组分有141种。甲苯、乙苯、对二甲苯、邻二甲苯、间二甲苯、1,2,3-三甲苯、1,3,5-三甲苯、1,2,4-三甲苯、正丙苯、异丙苯、间乙基甲苯、邻乙基甲苯、对乙基甲苯、1,2,3,4-四甲基苯、间异丙基甲苯、1,3-二甲基-2-乙基苯、环丙基苯等是芳香烃类用量较大的溶剂。乙醇、正丁醇、异丁醇、苯甲醇等是醇类用量较大的溶剂。环己酮、甲基异丁酮等是酮类用量较大的溶剂。乙酸丁酯、乙酸乙酯、乙酸仲丁酯等是酯类用量较大的溶剂。丙二醇甲醚醋酸酯、1,2-丙二醇醚是用量较大的醇醚及醚酯类溶剂。

溶剂型建筑类涂料中常用的沸点大于250℃的有机化合物组分有7种，邻苯二甲酸二丁酯作为增塑剂用量较大，苄基缩水甘油醚作为无溶剂环氧涂料用活性稀释剂用量较大。

4.4.2 建筑类涂料VOCs组分构成

4.4.2.1 水性与反应型建筑类涂料VOCs组分构成

选取部分典型水性与反应型建筑类涂料检测结果作VOCs组分构成图。水性内墙底漆VOCs组分构成见图4-4，水性内墙面漆VOCs组分构成见图4-5，水性外墙涂料VOCs组分构成见图4-6，水性防水涂料VOCs组分构成见图4-7，反应型防水涂料VOCs组分构成见图4-8，水性地坪涂料VOCs组分构成见图4-9，水性防腐涂料VOCs组分构成见图4-10，水性防火涂料VOCs组分构成见图4-11。由图4-4～图4-11可见，相同用途类型不同品牌的建筑类涂料使用的VOCs组分种类与比例有所不同；不同用途类型建筑类涂料VOCs组分种类有差别，水性内墙涂料、水性外墙涂料、水性防水涂料与水性防火涂料的VOCs组分种类相对较少，水性防腐涂料与水性地坪涂料的VOCs组分种类相对复杂。

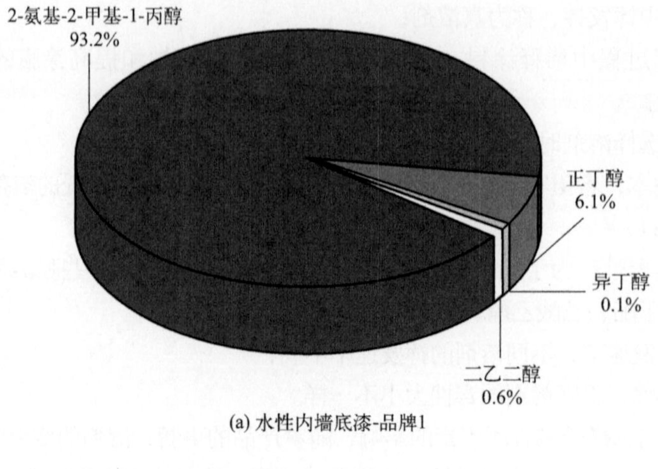

(a) 水性内墙底漆-品牌1

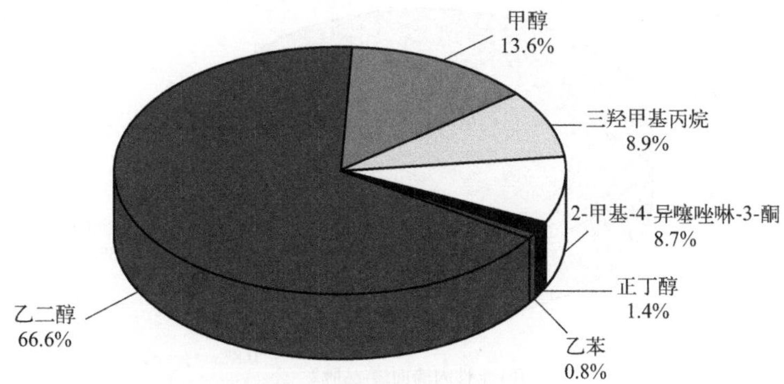

(b) 水性内墙底漆-品牌2

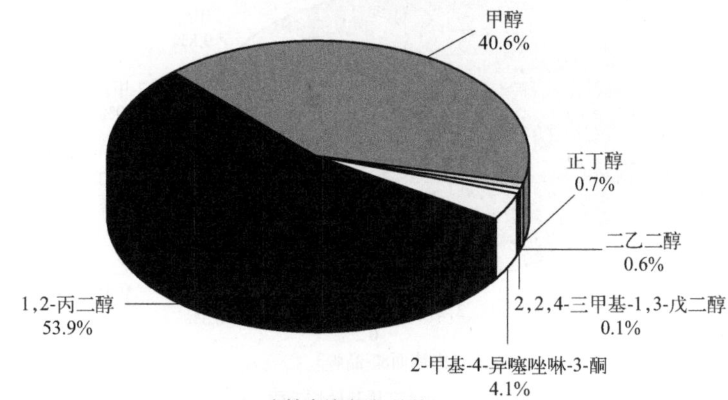

(c) 水性内墙底漆-品牌3

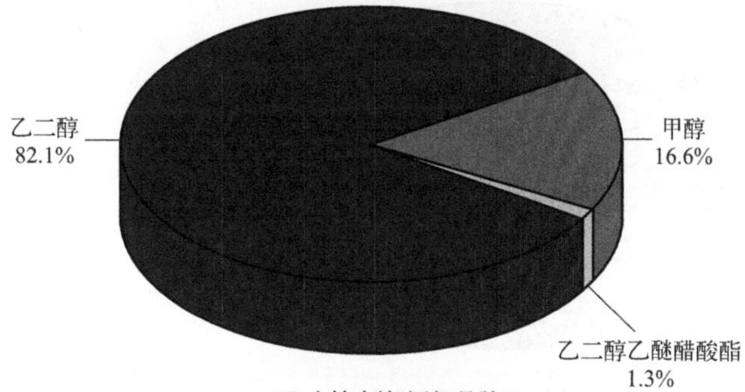

(d) 水性内墙底漆-品牌4

图 4-4 水性内墙底漆 VOCs 组分构成

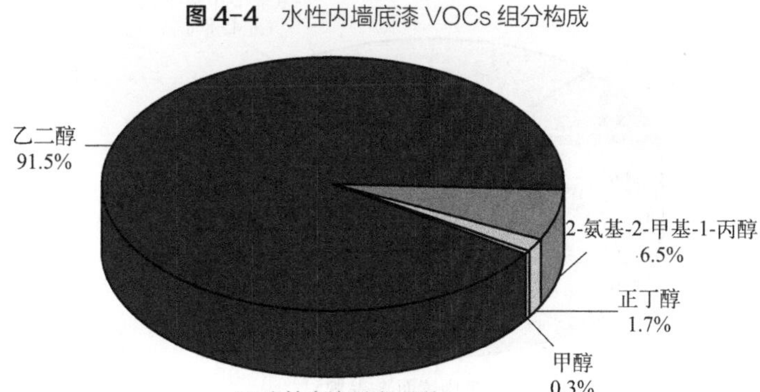

(a) 水性内墙面漆-品牌1

图 4-5

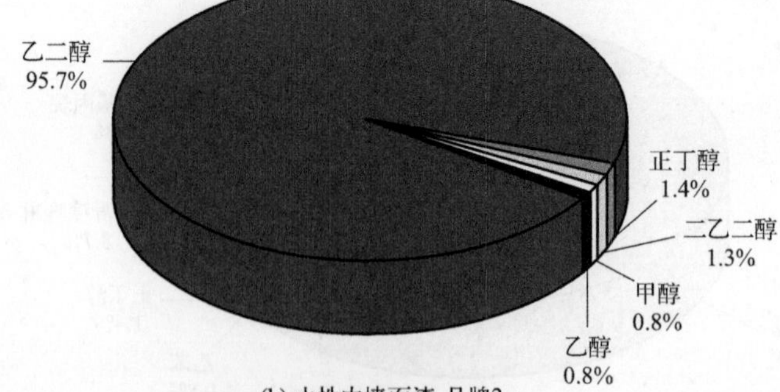

(b) 水性内墙面漆-品牌2

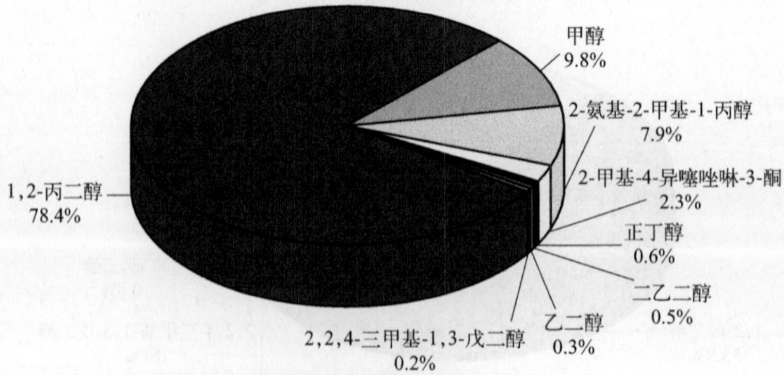

(c) 水性内墙面漆-品牌3

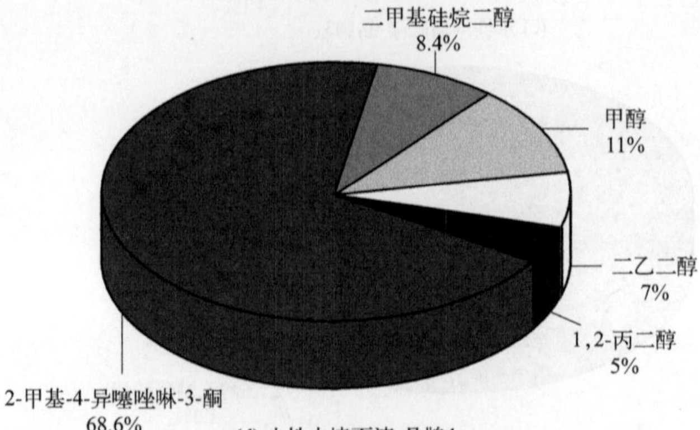

(d) 水性内墙面漆-品牌4

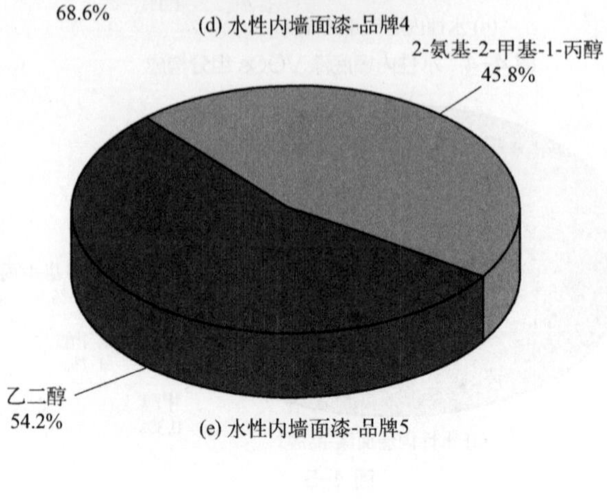

(e) 水性内墙面漆-品牌5

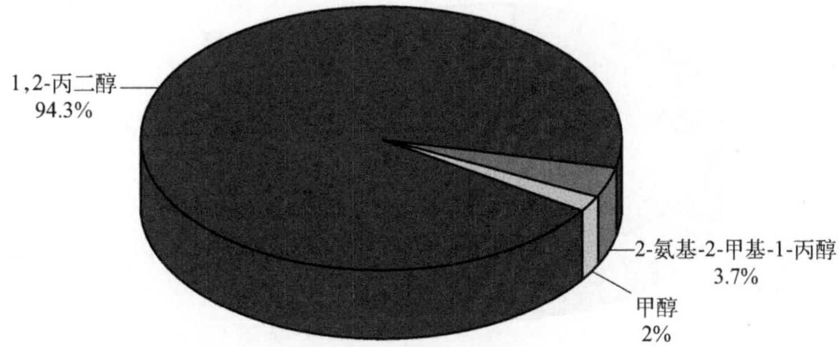

(f) 水性内墙面漆-品牌6

图 4-5　水性内墙面漆 VOCs 组分构成

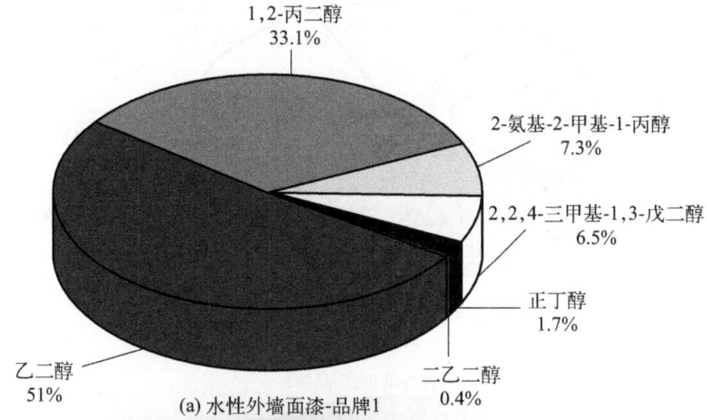

(a) 水性外墙面漆-品牌1

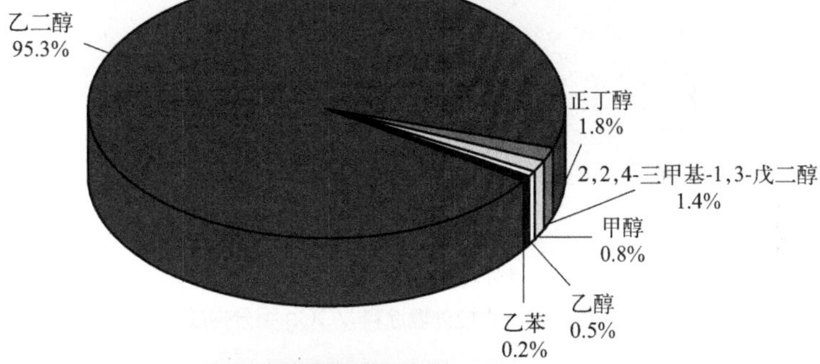

(b) 水性外墙面漆-品牌2

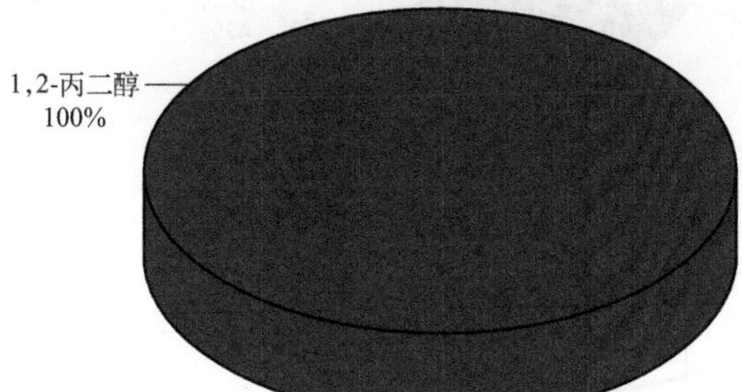

(c) 水性外墙中层漆-品牌3

图 4-6

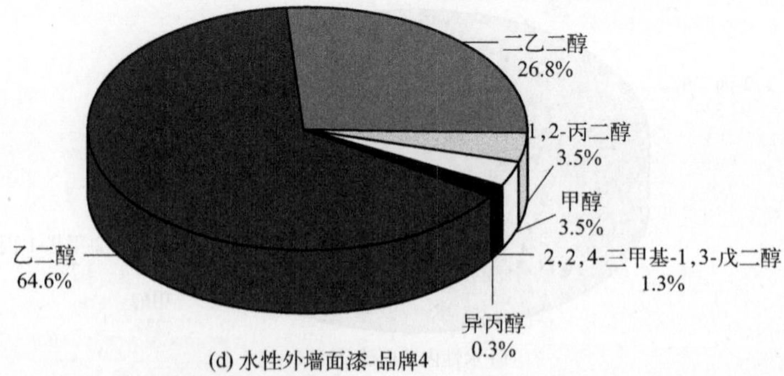

(d) 水性外墙面漆-品牌4

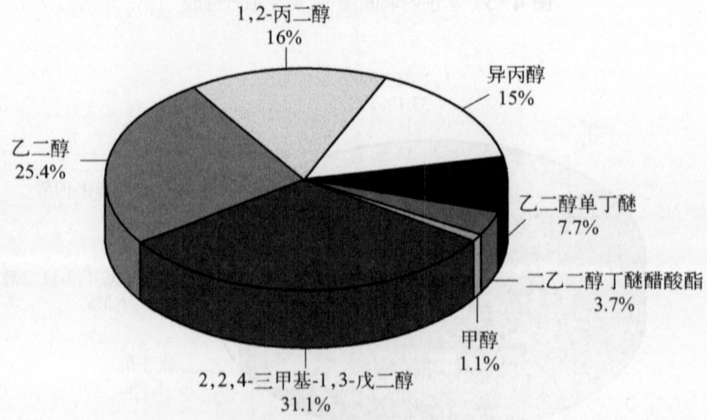

(e) 水性外墙面漆-品牌5

(f) 水性外墙多彩漆-品牌6

图 4-6　水性外墙涂料 VOCs 组分构成

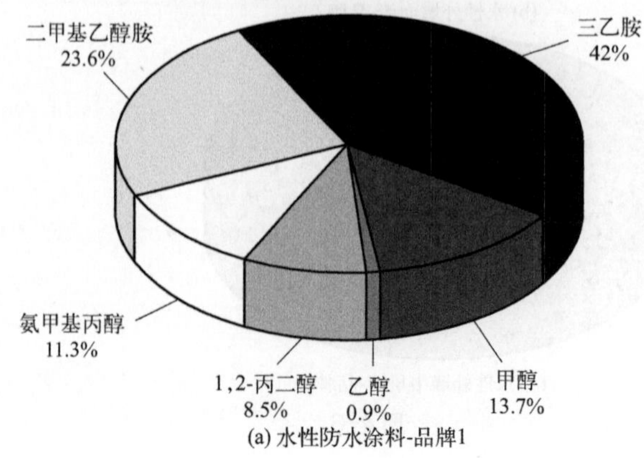

(a) 水性防水涂料-品牌1

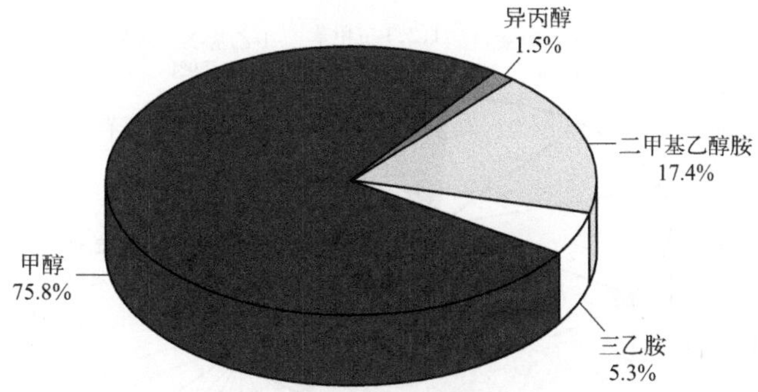

(b) 水性防水涂料-品牌2

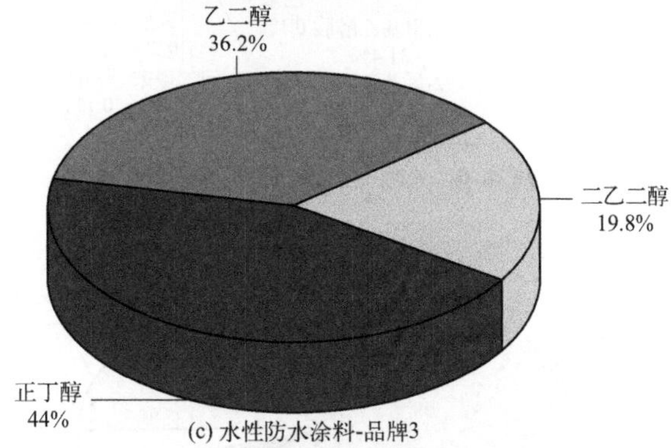

(c) 水性防水涂料-品牌3

图 4-7 水性防水涂料 VOCs 组分构成

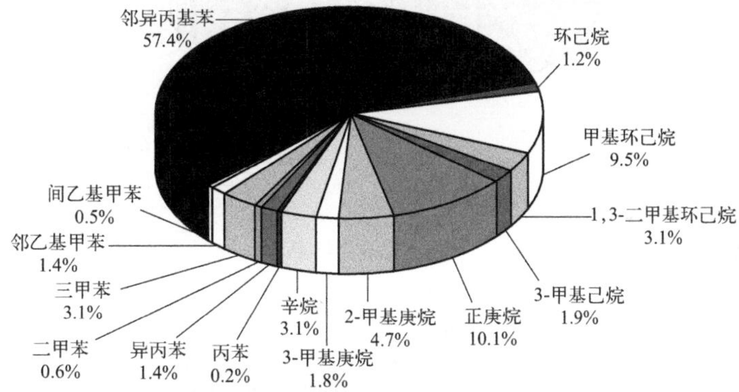

图 4-8 反应型防水涂料 VOCs 组分构成

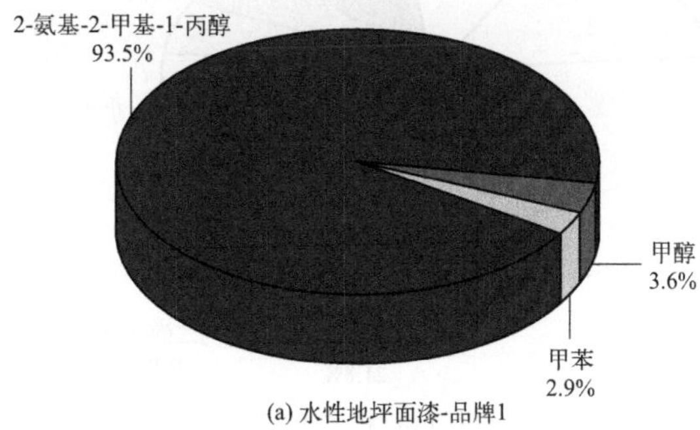

(a) 水性地坪面漆-品牌1

图 4-9

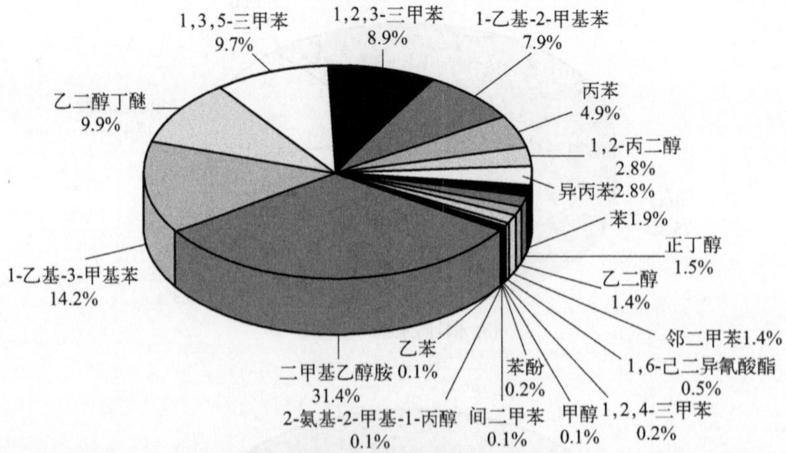

(b) 水性地坪面漆-品牌2

图 4-9 水性地坪涂料 VOCs 组分构成

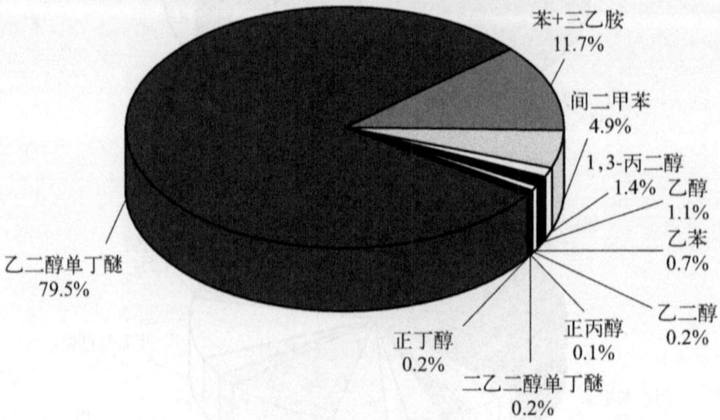

(a) 水性防腐涂料-品牌1

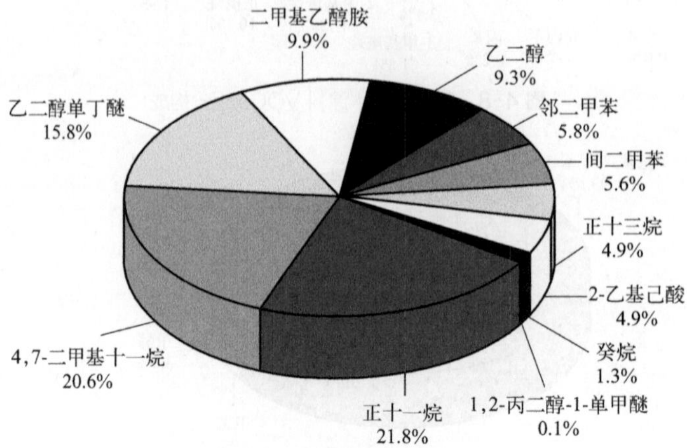

(b) 水性防腐涂料-品牌2

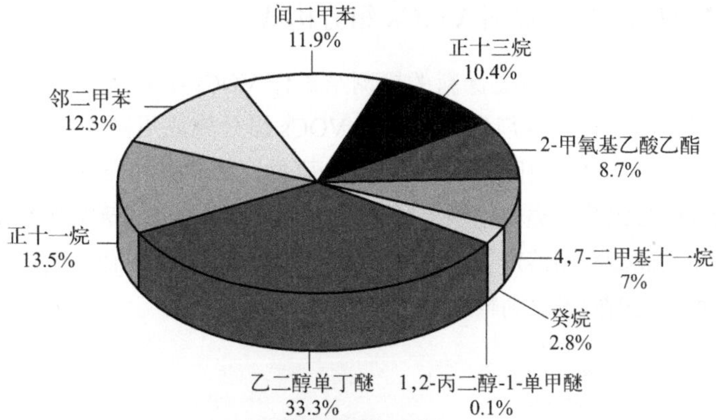

(c) 水性防腐涂料-品牌3

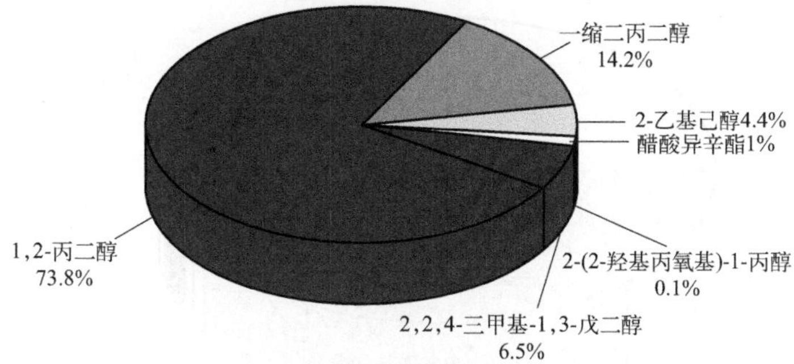

(d) 水性防腐涂料-品牌4

图 4-10 水性防腐涂料 VOCs 组分构成

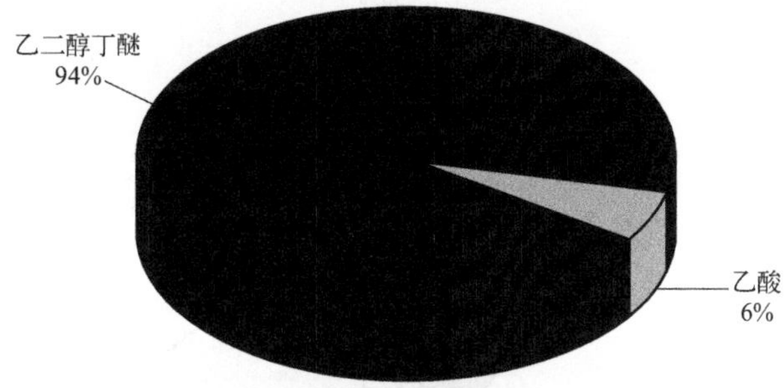

(a) 水性防火涂料-品牌1

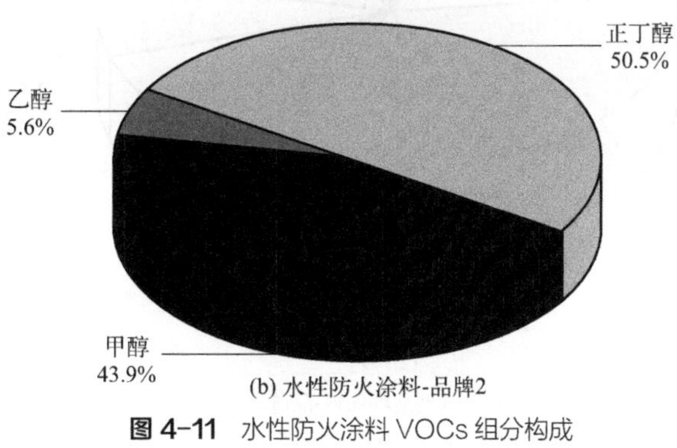

(b) 水性防火涂料-品牌2

图 4-11 水性防火涂料 VOCs 组分构成

4.4.2.2 溶剂型建筑类涂料 VOCs 组分构成

选取部分典型溶剂型建筑类涂料的检测结果作 VOCs 组分构成图。溶剂型地坪涂料 VOCs 组分构成见图 4-12，溶剂型防腐涂料 VOCs 组分构成见图 4-13，溶剂型防火涂料 VOCs 组分构成见图 4-14。由图 4-12 ～图 4-14 可见，相同用途类型建筑类涂料不同品牌的涂料使用的 VOCs 组分种类与比例有所不同；不同用途类型建筑类涂料 VOCs 组分种类有差别，溶剂型防腐涂料与溶剂型地坪涂料的 VOCs 组分种类比较接近，溶剂型防火涂料的 VOCs 组分种类与前两者差别较大，相对复杂一些。

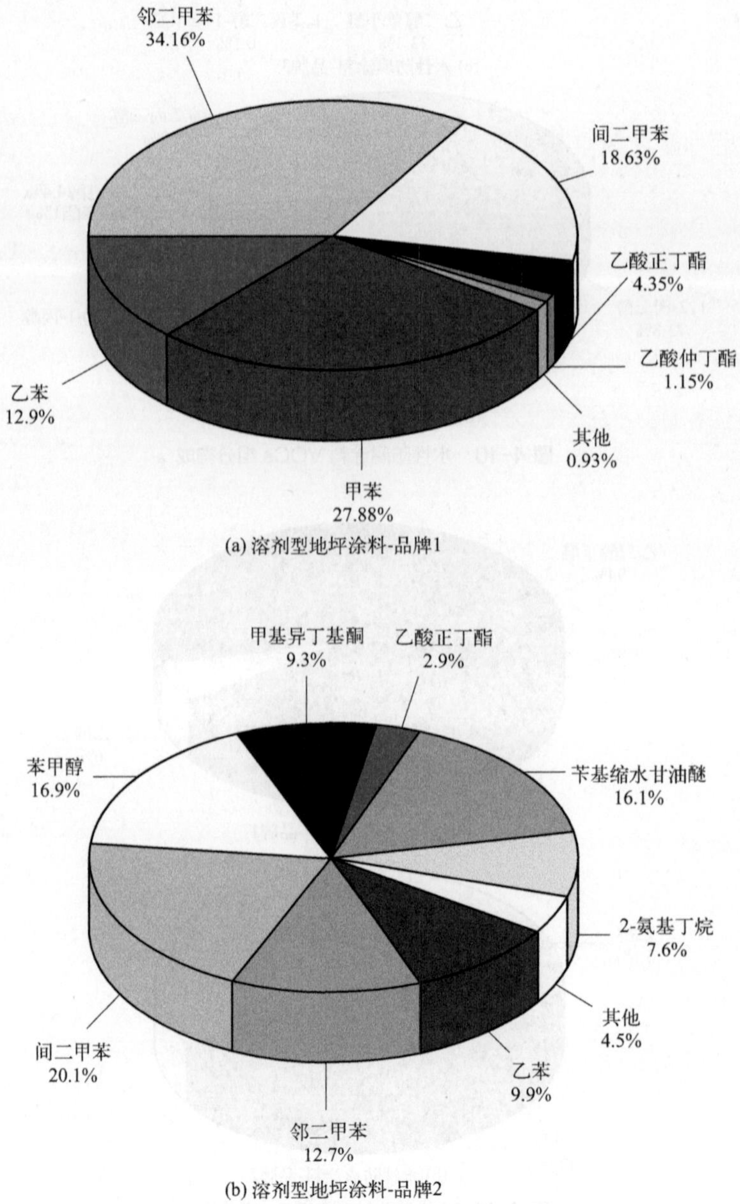

(a) 溶剂型地坪涂料-品牌1

(b) 溶剂型地坪涂料-品牌2

图 4-12 溶剂型地坪涂料 VOCs 组分构成

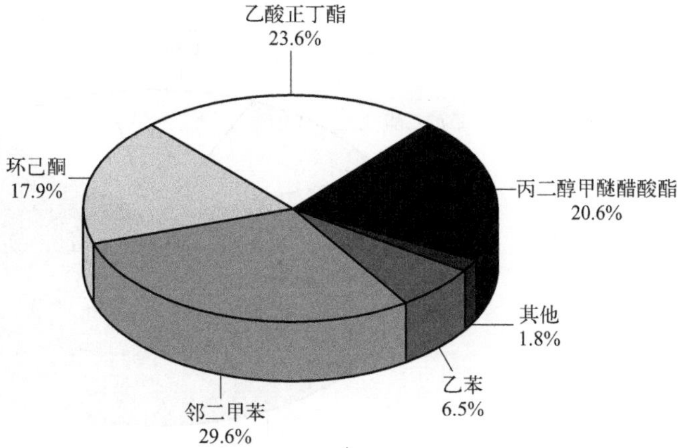

(a) 溶剂型防腐涂料-品牌1

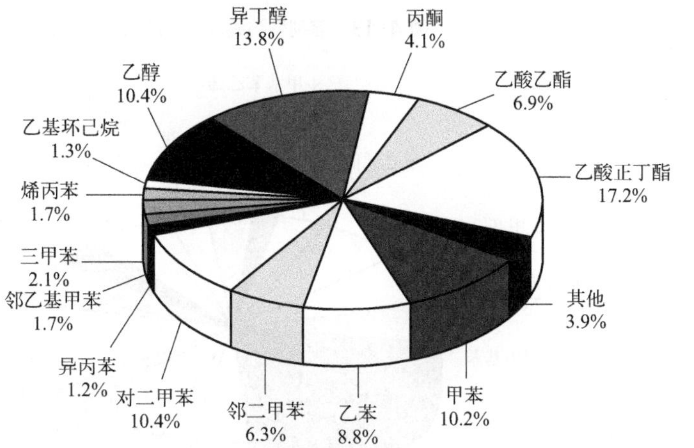

(b) 溶剂型防腐涂料-品牌2

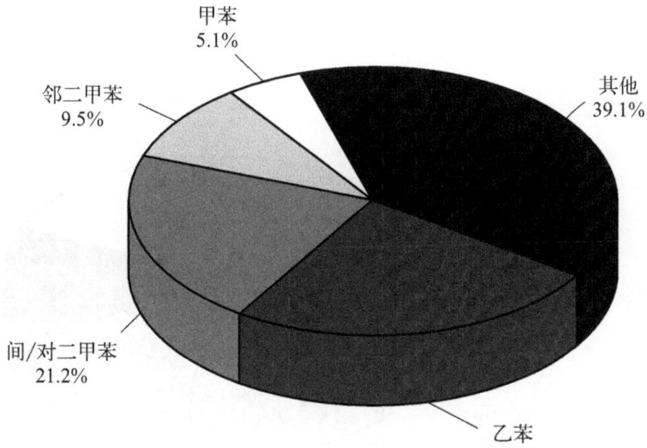

(c) 溶剂型防腐涂料-品牌3

图 4-13

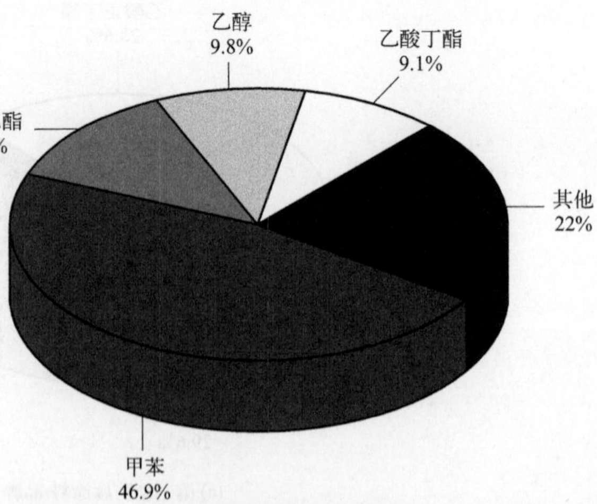

(d) 溶剂型防腐涂料-品牌4

图 4-13 溶剂型防腐涂料 VOCs 组分构成

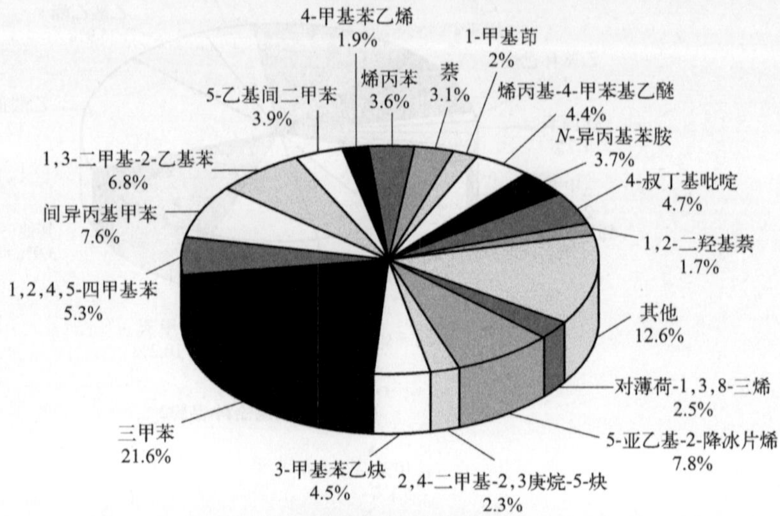

(a) 溶剂型防火涂料-品牌1

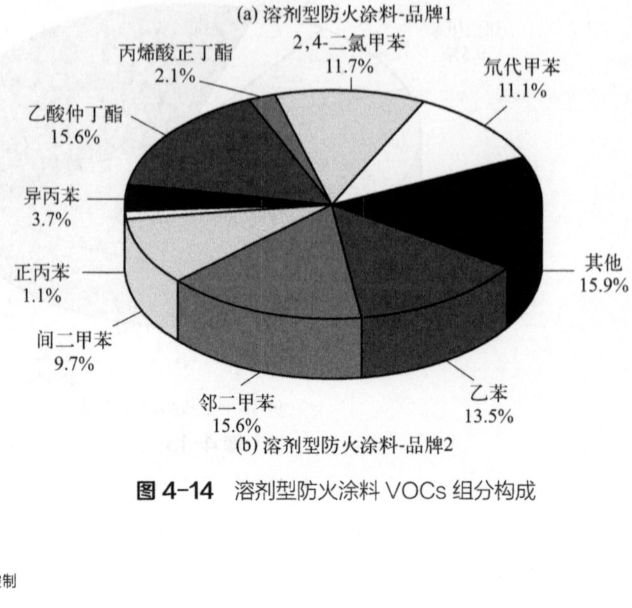

(b) 溶剂型防火涂料-品牌2

图 4-14 溶剂型防火涂料 VOCs 组分构成

4.4.3 建筑类涂料 VOCs 源成分谱

从源头上控制 VOCs 的污染排放是有效降低 VOCs 污染、改善城市空气质量最为直接和有效的手段，因而污染源的相关研究工作一直是 VOCs 研究和关注的重点。VOCs 源成分谱是表征污染源排放特征的基本信息，通过对 VOCs 源成分谱的研究，可以了解污染源排放的具体 VOCs 组分以及具体物种的排放占比信息，为污染源的大气活性贡献评估、治理技术选择以及经济有效的控制措施的制定提供基础数据。因此，源成分谱是 VOCs 污染控制研究的重点和核心内容。

4.4.3.1 建筑类涂料 VOCs 源成分谱建立方法

污染源成分谱为每个 VOCs 组分相对于总排放量的质量分数，是将 VOCs 总排放量分离为组分排放量的必要条件，可用于计算 VOCs 组分排放量，识别 VOCs 排放特征。不同种类建筑类涂料的源成分谱可能不同。同一种类建筑类涂料不同样品的 VOCs 物种种类及浓度存在差异，为了消除某一样品对某一种类建筑类涂料成分谱的单一影响，建立能够反映一类建筑类涂料的成分谱，需要对各样品 VOCs 组分浓度数据进行统计分析。本书将同一种类建筑类涂料的不同样品的 VOCs 成分谱进行平均值处理后，得到该类建筑类涂料的成分谱。VOCs 成分谱表示为各种 VOCs 组分质量相对于所测得的总挥发性有机物质量的百分比（质量分数）。每类建筑类涂料 VOCs 成分谱的计算公式如下：

$$F_{ij} = \frac{\sum_{k=1}^{n} \frac{c_{ikj}}{\mathrm{VOC}_{kj}}}{n}$$

式中 F_{ij}——涂料类型 j 中组分 i 的质量分数，%；

j——涂料类型；

c_{ikj}——涂料类型 j 某一样品 k 中组分 i 的质量浓度，g VOC_i/L 涂料；

VOC_{kj}——涂料类型 j 某一样品 k 中总挥发性有机物的质量浓度，g VOCs/L 涂料；

n——本书中采集的涂料类型 j 的样品数量。

4.4.3.2 建筑类涂料 VOCs 源成分谱建立

本书基于实测，采用归一化的方法得到各类建筑类涂料 VOCs 源成分谱。各类水性建筑类涂料 VOCs 源成分谱见表 4-12，各类反应型建筑类涂料 VOCs 源成分谱见表 4-13，各类溶剂型建筑类涂料 VOCs 源成分谱见表 4-14。各类水性建筑类涂料 VOCs 源成分谱图见图 4-15，各类反应型建筑类涂料（反应型防水涂料）VOCs 源成分谱图见图 4-16，各类溶剂型建筑类涂料 VOCs 源成分谱图见图 4-17。水性建筑类涂料 VOCs 源成分谱包括水性内墙涂料、水性外墙涂料、水性防水涂料、水性地坪涂料、水性防腐涂料和水性防火涂料的 VOCs 源成分谱。反应型建筑类涂料 VOCs 源成分谱包括反应型防水涂料的 VOCs 源成分谱。溶剂型建筑类涂料 VOCs 源成分谱包括溶剂型地坪涂料、溶剂型防腐涂料和溶剂型防火涂料的 VOCs 源成分谱。

将所建立的水性建筑类涂料 VOCs 源成分谱组分划分为烷烃、芳香烃、醇类、酯类、醇醚及醚酯类、酸类、胺类和取代烃类共计 8 类，共检出 48 种 VOCs 物种。水性建筑类涂料中，水性内墙涂料共检出 17 种 VOCs 物种，其中芳香烃 1 种，为乙苯；醇类 8 种，包括甲醇、乙醇、正丁醇、异丁醇、乙二醇、1,2- 丙二醇、三羟甲基丙烷和 2,2,4- 三甲基 -1,3- 戊二醇；酯类 1 种，为丁酸丁酯；醇醚及醚酯类 3 种，包括二乙二醇、乙二醇单丁醚和二乙二醇乙醚醋酸酯；胺类 2 种，包括 2- 氨基 -2- 甲基 -1- 丙醇和二甲基乙醇胺；取代烃类 2 种，包括二甲基硅烷二醇和 2- 甲基 -4- 异噻唑啉 -3- 酮。水性外墙涂料共检出 10 种 VOCs 物种，其中芳香烃 1 种，为乙苯；醇类 7 种，包括甲醇、乙醇、异丙醇、正丁醇、乙二醇、1,2- 丙二醇和 2,2,4- 三甲基 -1,3- 戊二醇；醇醚及醚酯类 1 种，为二乙二醇；胺类 1 种，为 2- 氨基 -2- 甲基 -1- 丙醇。水性防水涂料共检出 14 种 VOCs 物种，其中芳香烃 1 种，为乙苯；醇类 6 种，包括甲醇、乙醇、异丙醇、正丁醇、乙二醇和 1, 2- 丙二醇；酯类 2 种，包括乙酸丁酯和丁酸丁酯；醇醚及醚酯类 2 种，包括二乙二醇和乙二醇单丁醚；胺类 3 种，包括三乙胺、2- 氨基 -2- 甲基 -1- 丙醇和二甲基乙醇胺。水性地坪涂料共检出 21 种 VOCs 物种，其中芳香烃 9 种，包括苯、甲苯、乙苯、丙苯、异丙苯、二甲苯、三甲苯、邻乙基甲苯和间乙基甲苯；醇类 5 种，包括甲醇、乙醇、正丁醇、乙二醇和 1,2- 丙二醇；醇醚及醚酯类 2 种，包括二乙二醇和乙二醇单丁醚；胺类 3 种，包括三乙胺、2- 氨基 -2- 甲基 -1- 丙醇和二甲基乙醇胺；取代烃类 2 种，包括苯酚和 1,6- 己二异氰酸酯。水性防腐涂料共检出 32 种 VOCs 物种，其中烷烃 4 种，包括癸烷、正十一烷、正十三烷和 4,7- 二甲基十一烷；芳香烃 3 种，包括甲苯、乙苯和二甲苯；醇类 11 种，包括甲醇、乙醇、正丙醇、异丙醇、正丁醇、异丁醇、乙二醇、1,2- 丙二醇、1,3- 丙二醇、2,2,4- 三甲基 -1,3- 戊二醇和 2- 乙基己醇；酯类 3 种，包括乙酸烯丙酯、乙酸异丁酯和乙酸异辛酯；醇醚及醚酯类 6 种，包括丙二醇甲醚、乙二醇甲醚乙酸酯、一缩二丙二醇、乙二醇单丁醚、二乙二醇单丁醚和二乙二醇丁醚醋酸酯；酸类 2 种，包括 2- 乙基己酸和邻苯二甲酸；胺类 3 种，包括三乙胺、2- 氨基 -2- 甲基 -1- 丙醇和二甲基乙醇胺。水性防火涂料共检出 5 种 VOCs 物种，其中醇类 3 种，包括甲醇、乙醇和正丁醇；醇醚及醚酯类 1 种，为乙二醇单丁醚；酸类 1 种，为乙酸。

将所建立的反应型建筑类涂料 VOCs 源成分谱组分划分为烷烃、环烷烃和芳香烃共计 3 类，共检出 15 种 VOCs 物种。反应型防水涂料共检出 15 种 VOCs 物种，其中烷烃 5 种，包括 3- 甲基己烷、正庚烷、2- 甲基庚烷、3- 甲基庚烷和辛烷；环烷烃 3 种，包括环己烷、甲基环己烷和 1,3- 二甲基环己烷；芳香烃 7 种，包括丙苯、异丙苯、二甲苯、三甲苯、邻乙基甲苯、间乙基甲苯和邻异丙基苯。

将所建立的溶剂型建筑类涂料 VOCs 源成分谱组分划分为烷烃、环烷烃、烯烃、炔烃、芳香烃、醇类、醛类、酮类、酯类、醇醚及醚酯类、醚类、酸类、取代烃类和其他 VOCs 共计 14 类，共检出 139 种 VOCs 物种。溶剂型建筑类涂料中，溶剂型地坪涂料共检出 54 种 VOCs 物种，其中环烷烃 1 种，为乙基环己烷；烯烃 1 种，为长叶烯；芳香烃 18 种，包括甲苯、乙苯、邻二甲苯、间二甲苯、对二甲苯、正丙苯、异丙苯、间乙基甲苯、邻乙基甲苯、对乙基甲苯、1,3,5- 三甲苯、1,2,3- 三甲苯、邻异丙基甲苯、4- 异丙基甲苯、2- 乙基对二甲苯、1,4- 二乙基苯、仲丁基苯和环丙基苯；醇类 3 种，包括苯甲醇、顺 -2- 戊烯 -1- 醇和 1-（烯丙氧基）-2- 丙醇；酮类 5 种，包括环己酮、4- 甲基 -2- 戊酮、二异丁基甲酮、3- 羟基 -3- 甲基 -2- 丁酮和苯乙酮；酯类 9 种，包括乙酸乙酯、乙酸正丁酯、乙酸仲丁酯、乙酸苄酯、2- 甲基丁酸甲酯、苯乙酸甲酯、1,2- 二甲基丙基乙酸酯、丙烯酸异丁酯和邻苯二甲酸二丁酯；醇醚及醚酯类 3 种，包括丙二醇甲醚醋酸酯、丙二醇甲醚和三甘醇二甲醚；醚类 1 种，为苄基缩水甘油醚；酸类 2 种，包括异辛酸和邻苯二甲酸；取代烃类 10 种，包括苯酚、4- 叔丁基苯酚、异佛尔酮二胺、*N*-（2- 甲氧基乙基）甲基胺、2- 苯基 -1,2- 环氧丙烷、六氯丁二烯、1,2- 二氯丙烷、2- 氨基丁烷、甲苯 -2,4- 二异氰酸酯和 2,2,6,6- 四甲基哌啶；其他 VOCs 1 种。溶剂型防腐涂料共检出 81 种 VOCs 物种，其中烷烃 3 种，包括 4- 甲基辛烷、3- 甲基辛烷和 3,3- 二甲基戊烷；环烷烃 2 种，包括乙基环己烷和正丙基环己烷；烯烃 3 种，包括对薄荷 -1,3,8- 三烯、4,4- 二甲基 -1- 戊烯和 1- 环戊基环戊烯；芳香烃 27 种，包括甲苯、乙苯、丁苯、邻二甲苯、间二甲苯、对二甲苯、正丙苯、异丙苯、间乙基甲苯、邻乙基甲苯、对乙基甲苯、1,3,5- 三甲苯、1,2,3- 三甲苯、1,2,4- 三甲苯、1,2,3,5- 四甲基苯、邻异丙基甲苯、间异丙基甲苯、3- 丙基甲苯、4- 异丙基甲苯、1- 甲基 -2- 丙基苯、1,2- 二乙基苯、1,4- 二乙基苯、4- 乙基邻二甲苯、环丙基苯、4- 戊烯 -2- 基苯、2- 苯基 -1- 丙烯和烯丙苯；醇类 7 种，包括乙醇、正丁醇、异丁醇、（*S*）-1,2 丙二醇、4- 甲基苄醇、三 - 叔丁基甲醇和 2-（2- 羟基丙氧基）-1- 丙醇；醛类 1 种，为苯甲醛；酮类 5 种，包括丙酮、异佛尔酮、环己酮、4- 甲基 -2- 戊酮和苯乙酮；酯类 14 种，包括甲酸丁酯、乙酸乙酯、乙酸丙酯、乙酸正丁酯、乙酸异丁酯、乙酸仲丁酯、乙酸仲戊酯、丁酸丁酯、丁二酸二甲酯、戊二酸二甲酯、丙烯酸异丁酯、富马酸二丁酯、邻苯二甲酸二甲酯和邻苯二甲酸二丁酯；醇醚及醚酯类 2 种，包括丙二醇甲醚醋酸酯和 1,2- 丙二醇醚；醚类 3 种，包括苄基缩水甘油醚、苄基正丁基醚和 1,1- 二丁氧基 -2- 甲基丙烷；酸类 5 种，包括乙酸、异辛酸、间苯二甲酸、2- 乙基庚酸和邻苯二甲酸；取代烃类 8 种，包括 1- 丁氧基戊烷、1,1- 二乙氧基丁烷、1,1- 二乙氧基己烷、1,1′-[亚乙基双（氧基）] 二丁烷、苯并噻唑、巯基乙酸乙酯、丁基氨基甲酸碘代丙炔酯和 1,6- 己二异氰酸酯；其他 VOCs 1 种。溶剂型防火涂料共检出 54 种 VOCs 物种，其中烯烃 4 种，包括对薄荷 -1,3,8- 三烯、2- 甲基 -4- 苯基 -1- 丁烯、乙叉降冰片烯和 1,2,5- 己三烯；炔烃 4 种，包括 2,4- 二甲基 -2，3- 庚烷 -5- 炔、3- 甲基苯乙炔、2,8- 癸二炔和 4,6- 癸二炔；芳香烃 25 种，包括乙苯、邻二甲苯、间二甲苯、对二甲苯、正丙苯、异丙苯、间乙基甲苯、邻乙基甲苯、对乙基甲苯、1,3,5- 三甲苯、1,2,3- 三甲苯、1,2,4,5- 四甲基苯、邻异丙基甲苯、间异丙基甲苯、4- 异丙基甲苯、1,3- 二甲基 -2- 乙基苯、5- 乙基间二甲苯、环丙基苯、4- 甲基苯乙烯、烯丙苯、1,2- 二甲基 -4- 乙酰苯、萘、4- 甲基茚满、1- 甲基茚和 1- 亚乙基 -1H- 茚；醇类 1 种，为 4- 甲基 -1- 苯基 -5- 己烯 -3- 醇；酯类 3 种，包括乙酸仲丁酯、丙烯酸正丁酯和邻苯二甲酸二甲酯；醚类 1 种，为烯丙基 -4- 甲苯基乙醚；取代烃类 15 种，包括双（二氯甲基）醚、3,4- 二甲基苯胺、*N*- 甲基 -2- 硝基吡啶 -3- 胺、*N*- 异丙基苯胺、邻苄基羟胺、4- 叔丁基吡啶、4-[（4- 甲基苄基）氧基] 苯甲醛、1,2- 二羟基萘、2,6- 二氟甲苯、2,4- 二氯甲苯、2,6- 二氯甲苯、氘代甲苯、二叔丁基过氧化物、三甲基乙酸酐和苯并 [*b*] 噻吩 -2- 羧酸甲酯；其他 VOCs 1 种。

由检出 VOCs 物种可以看出，不同分散介质类型的建筑类涂料中检出的 VOCs 组分种类差异很大，溶剂型建筑类涂料中检出的 VOCs 物种最多，VOCs 组分较为复杂，其次为反应型建筑类涂料，而水性建筑类涂料中检出的 VOCs 物种较少，VOCs 组分较为简单。不同用途类型的建筑类涂料中检出的 VOCs 种类也存在差异。

表 4-12 各类水性建筑类涂料 VOCs 源成分谱（质量占比） 单位：%

有机物族	编号	物种	水性内墙涂料	水性外墙涂料	水性防水涂料	水性地坪涂料	水性防腐涂料	水性防火涂料
烷烃	1	癸烷	N.D.	N.D.	N.D.	N.D.	0.18±0.80	N.D.
	2	正十一烷	N.D.	N.D.	N.D.	N.D.	1.86±6.56	N.D.
	3	正十三烷	N.D.	N.D.	N.D.	N.D.	0.66±2.96	N.D.
	4	4,7- 二甲基十一烷	N.D.	N.D.	N.D.	N.D.	1.57±5.66	N.D.
芳香烃	5	苯	N.D.	N.D.	N.D.	0.78±1.03	N.D.	N.D.
	6	甲苯	N.D.	N.D.	N.D.	0.70±1.15	0.01±0.02	N.D.
	7	乙苯	0.07±2.03	0.03±0.07	0.14±0.74	1.12±2.31	0.39±0.30	N.D.
	8	丙苯	N.D.	N.D.	N.D.	1.93±2.53	N.D.	N.D.
	9	异丙苯	N.D.	N.D.	N.D.	1.01±1.31	N.D.	N.D.
	10	二甲苯	N.D.	N.D.	N.D.	13.19±21.05	4.73±6.77	N.D.
	11	三甲苯	N.D.	N.D.	N.D.	8.01±10.73	N.D.	N.D.
	12	邻乙基甲苯	N.D.	N.D.	N.D.	1.69±3.16	N.D.	N.D.
	13	间乙基甲苯	N.D.	N.D.	N.D.	4.56±5.97	N.D.	N.D.
醇类	14	甲醇	6.03±10.89	1.56±1.49	22.57±24.52	1.35±1.50	1.09±8.20	25.99±16.36
	15	乙醇	0.19±8.29	0.10±0.25	0.28±0.31	1.88±3.32	0.89±4.32	3.32±2.09
	16	正丙醇	N.D.	N.D.	N.D.	N.D.	0.03±0.20	N.D.
	17	异丙醇	N.D.	0.13±0.15	0.32±0.48	N.D.	0.08±1.05	N.D.
	18	正丁醇	1.13±13.03	1.05±0.84	22.21±31.93	1.12±0.75	4.08±5.62	29.90±18.82
	19	异丁醇	0.05±1.41	N.D.	N.D.	N.D.	0.27±7.13	N.D.
	20	乙二醇	52.21±40.24	65.16±18.55	7.97±15.23	0.45±0.57	3.10±5.26	N.D.
	21	1,2- 丙二醇	26.90±33.56	14.67±14.87	2.59±2.82	0.93±1.06	0.89±19.56	N.D.
	22	1,3- 丙二醇	N.D.	N.D.	N.D.	N.D.	0.31±0.38	N.D.
	23	三羟甲基丙烷	3.92±14.09	N.D.	N.D.	N.D.	N.D.	N.D.
	24	2,2,4- 三甲基 -1,3- 戊二醇	0.02±0.04	3.39±2.40	N.D.	N.D.	2.18±23.47	N.D.
	25	2- 乙基已醇	N.D.	N.D.	N.D.	N.D.	0.05±1.18	N.D.
酯类	26	乙酸烯丙酯	N.D.	N.D.	N.D.	N.D.	0.01±0.02	N.D.
	27	乙酸丁酯	N.D.	N.D.	1.93±30.16	N.D.	N.D.	N.D.

续表

有机物族	编号	物种	水性内墙涂料	水性外墙涂料	水性防水涂料	水性地坪涂料	水性防腐涂料	水性防火涂料
酯类	28	乙酸异丁酯	N.D.	N.D.	N.D.	N.D.	0.01±0.01	N.D.
	29	乙酸异辛酯	N.D.	N.D.	N.D.	N.D.	0.01±0.27	N.D.
	30	丁酸丁酯	0.05±0.22	N.D.	0.19±2.91	N.D.	N.D.	N.D.
醇醚及醚酯类	31	丙二醇甲醚	N.D.	N.D.	N.D.	N.D.	0.01±0.00	N.D.
	32	二乙二醇	0.47±2.76	11.00±12.55	1.29±6.54	6.28±14.55	N.D.	N.D.
	33	乙二醇甲醚乙酸酯	N.D.	N.D.	N.D.	N.D.	0.29±2.31	N.D.
	34	一缩二丙二醇	N.D.	N.D.	N.D.	N.D.	0.15±3.78	N.D.
	35	乙二醇单丁醚	0.02±0.05	N.D.	5.29±14.13	3.59±4.64	56.49±33.91	28.40±35.04
	36	二乙二醇单丁醚	N.D.	N.D.	N.D.	N.D.	0.05±0.05	N.D.
	37	二乙二醇乙醚醋酸酯	0.03±0.27	N.D.	N.D.	N.D.	N.D.	N.D.
	38	二乙二醇丁醚醋酸酯	N.D.	N.D.	N.D.	N.D.	0.04±0.6	N.D.
酸类	39	乙酸	N.D.	N.D.	N.D.	N.D.	N.D.	12.39±46.48
	40	2- 乙基己酸	N.D.	N.D.	N.D.	N.D.	0.32±1.31	N.D.
	41	邻苯二甲酸	N.D.	N.D.	N.D.	N.D.	7.77±26.52	N.D.
胺类	42	三乙胺	N.D.	N.D.	16.30±24.64	0.38±0.67	7.45±5.44	N.D.
	43	2- 氨基 -2- 甲基 -1- 丙醇	6.16±20.71	2.91±3.43	3.43±3.43	39.09±42.69	0.04±0.62	N.D.
	44	二甲基乙醇胺	0.06±0.48	N.D.	15.50±13.49	11.68±15.14	5.03±26.33	N.D.
取代烃类	45	苯酚	N.D.	N.D.	N.D.	0.07±0.08	N.D.	N.D.
	46	1,6- 己二异氰酸酯	N.D.	N.D.	N.D.	0.20±0.26	N.D.	N.D.
	47	二甲基硅烷二醇	0.04±1.70	N.D.	N.D.	N.D.	N.D.	N.D.
	48	2- 甲基 -4- 异噻唑啉 -3- 酮	2.66±22.11	N.D.	N.D.	N.D.	N.D.	N.D.

注：N.D. 表示未检出。

表 4-13 各类反应型建筑类涂料 VOCs 源成分谱（质量占比） 单位：%

有机物族	编号	物种	反应型防水涂料
烷烃	1	3- 甲基己烷	1.9
	2	正庚烷	10.1
	3	2- 甲基庚烷	4.7
	4	3- 甲基庚烷	1.8
	5	辛烷	3.1
环烷烃	6	环己烷	1.2
	7	甲基环己烷	9.5
	8	1,3- 二甲基环己烷	3.1
芳香烃	9	丙苯	0.2
	10	异丙苯	1.4
	11	二甲苯	0.6
	12	三甲苯	3.1
	13	邻乙基甲苯	1.4
	14	间乙基甲苯	0.5
	15	邻异丙基苯	57.4

表 4-14 各类溶剂型建筑类涂料 VOCs 源成分谱（质量占比） 单位：%

有机物族	编号	物种	溶剂型地坪涂料	溶剂型防腐涂料	溶剂型防火涂料
烷烃	1	4- 甲基辛烷	N.D.	0.08±0.17	N.D.
	2	3- 甲基辛烷	N.D.	0.05±0.09	N.D.
	3	3,3- 二甲基戊烷	N.D.	0.04±0.13	N.D.
环烷烃	4	乙基环己烷	0.05±0.14	0.18±0.43	N.D.
	5	正丙基环己烷	N.D.	0.07±0.19	N.D.
烯烃	6	长叶烯	0.12±0.31	N.D.	N.D.
	7	对薄荷 -1,3,8- 三烯	N.D.	0.23±0.59	0.51±1.01
	8	2- 甲基 -4- 苯基 -1- 丁烯	N.D.	N.D.	0.06±0.11
	9	乙叉降冰片烯	N.D.	N.D.	1.56±3.12
	10	1,2,5- 己三烯	N.D.	N.D.	1.16±2.31
	11	4,4 - 二甲基 -1- 戊烯	N.D.	0.03±0.09	N.D.

续表

有机物族	编号	物种	溶剂型地坪涂料	溶剂型防腐涂料	溶剂型防火涂料
烯烃	12	1- 环戊基环戊烯	N.D.	0.15±0.41	N.D.
炔烃	13	2,4- 二甲基 -2,3- 庚烷 -5- 炔	N.D.	N.D.	2.27±3.52
	14	3- 甲基苯乙炔	N.D.	N.D.	0.89±1.78
	15	2,8- 癸二炔	N.D.	N.D.	2.06±4.12
	16	4,6- 癸二炔	N.D.	N.D.	0.14±0.28
芳香烃	17	甲苯	6.11±8.75	3.99±4.39	N.D.
	18	乙苯	13.79±7.83	10.71±4.25	4.07±5.42
	19	丁苯	N.D.	0.00±0.01	N.D.
	20	邻二甲苯	13.65±11.14	11.57±9.41	3.16±6.21
	21	间二甲苯	15.87±7.88	6.01±5.92	8.91±5.53
	22	对二甲苯	1.76±4.66	9.54±11.98	4.80±7.40
	23	正丙苯	0.40±0.62	0.36±0.52	2.15±2.74
	24	异丙苯	0.92±1.49	1.04±1.56	2.44±2.01
	25	间乙基甲苯	0.91±1.62	0.78±1.17	0.17±0.33
	26	邻乙基甲苯	1.16±2.18	0.98±1.52	1.51±3.02
	27	对乙基甲苯	0.62±1.49	0.32±0.55	1.04±2.08
	28	1,3,5- 三甲苯	0.78±1.52	1.61±2.90	5.17±7.65
	29	1,2,3- 三甲苯	1.85±3.09	1.34±2.73	5.00±5.77
	30	1,2,4- 三甲苯	N.D.	0.21±0.41	N.D.
	31	1,2,3,5- 四甲基苯	N.D.	0.04±0.12	N.D.
	32	1,2,4,5- 四甲基苯	N.D.	N.D.	1.07±2.13
	33	邻异丙基甲苯	0.32±0.84	0.20±0.44	0.48±0.46
	34	间异丙基甲苯	N.D.	0.56±1.57	1.75±2.95
	35	3- 丙基甲苯	N.D.	0.30±0.85	N.D.
	36	4- 异丙基甲苯	0.13±0.23	0.14±0.38	0.10±0.20
	37	1- 甲基 -2- 丙基苯	N.D.	0.13±0.37	N.D.
	38	1,2- 二乙基苯	N.D.	0.12±0.34	N.D.
	39	2- 乙基对二甲苯	0.10±0.26	N.D.	N.D.
	40	1,4- 二乙基苯	0.07±0.18	0.22±0.63	N.D.

续表

有机物族	编号	物种	溶剂型地坪涂料	溶剂型防腐涂料	溶剂型防火涂料
芳香烃	41	1,3-二甲基-2-乙基苯	N.D.	N.D.	1.36±2.73
	42	5-乙基间二甲苯	N.D.	N.D.	0.78±1.56
	43	4-乙基邻二甲苯	N.D.	0.28±0.80	N.D.
	44	仲丁基苯	0.16±0.41	N.D.	N.D.
	45	环丙基苯	0.21±0.56	0.07±0.20	1.06±2.12
	46	4-甲基苯乙烯	N.D.	N.D.	0.39±0.77
	47	4-戊烯-2-基苯	N.D.	0.04±0.12	N.D.
	48	2-苯基-1-丙烯	N.D.	0.01±0.03	N.D.
	49	烯丙苯	N.D.	0.19±0.53	0.72±1.44
	50	1,2-二甲基-4-乙酰苯	N.D.	N.D.	0.18±0.36
	51	萘	N.D.	N.D.	0.61±1.22
	52	4-甲基茚满	N.D.	N.D.	0.35±0.69
	53	1-甲基茚	N.D.	N.D.	0.39±0.78
	54	1-亚乙基-1H-茚	N.D.	N.D.	0.15±0.31
醇类	55	乙醇	N.D.	2.01±3.38	N.D.
	56	正丁醇	N.D.	5.43±7.61	N.D.
	57	异丁醇	N.D.	4.44±6.56	N.D.
	58	(*S*)-1,2-丙二醇	N.D.	0.01±0.03	N.D.
	59	4-甲基苄醇	N.D.	0.07±0.19	N.D.
	60	三-叔丁基甲醇	N.D.	0.04±0.12	N.D.
	61	2-(2-羟基丙氧基)-1-丙醇	N.D.	0.64±1.82	N.D.
	62	苯甲醇	5.70±7.66	N.D.	N.D.
	63	顺-2-戊烯-1-醇	0.19±0.50	N.D.	N.D.
	64	1-(烯丙氧基)-2-丙醇	2.88±7.63	N.D.	N.D.
	65	4-甲基-1-苯基-5-己烯-3-醇	N.D.	N.D.	2.17±4.34
醛类	66	苯甲醛	N.D.	0.07±0.20	N.D.
酮类	67	丙酮	N.D.	0.56±1.29	N.D.
	68	异佛尔酮	N.D.	0.76±2.15	N.D.
	69	环己酮	0.13±0.22	4.70±6.65	N.D.

续表

有机物族	编号	物种	溶剂型地坪涂料	溶剂型防腐涂料	溶剂型防火涂料
酮类	70	4- 甲基 -2- 戊酮	1.16±3.08	4.11±5.11	N.D.
	71	二异丁基甲酮	0.08±0.21	N.D.	N.D.
	72	3- 羟基 -3- 甲基 -2- 丁酮	0.03±0.09	N.D.	N.D.
	73	苯乙酮	0.04±0.10	0.17±0.48	N.D.
酯类	74	甲酸丁酯	N.D.	0.22±0.61	N.D.
	75	乙酸乙酯	2.96±3.92	1.91±2.79	N.D.
	76	乙酸丙酯	N.D.	0.44±1.24	N.D.
	77	乙酸正丁酯	5.14±3.80	14.39±8.11	N.D.
	78	乙酸异丁酯	N.D.	0.14±0.26	N.D.
	79	乙酸仲丁酯	3.04±3.66	0.16±0.30	3.13±6.25
	80	乙酸仲戊酯	N.D.	0.15±0.43	N.D.
	81	丁酸丁酯	N.D.	0.05±0.14	N.D.
	82	丁二酸二甲酯	N.D.	0.01±0.03	N.D.
	83	戊二酸二甲酯	N.D.	0.05±0.14	N.D.
	84	乙酸苄酯	0.09±0.23	N.D.	N.D.
	85	2- 甲基丁酸甲酯	0.02±0.04	N.D.	N.D.
	86	苯乙酸甲酯	0.06±0.16	N.D.	N.D.
	87	1,2- 二甲基丙基乙酸酯	0.06±0.15	N.D.	N.D.
	88	丙烯酸正丁酯	N.D.	N.D.	0.41±0.82
	89	丙烯酸异丁酯	0.07±0.14	0.02±0.07	N.D.
	90	富马酸二丁酯	N.D.	0.02±0.06	N.D.
	91	邻苯二甲酸二甲酯	N.D.	0.04±0.09	16.74±33.48
	92	邻苯二甲酸二丁酯	1.33±3.52	1.20±3.40	N.D.
醇醚及醚酯类	93	丙二醇甲醚醋酸酯	2.62±6.93	3.76±7.25	N.D.
	94	丙二醇甲醚	0.16±0.42	N.D.	N.D.
	95	1,2- 丙二醇醚	N.D.	0.48±1.35	N.D.
	96	三甘醇二甲醚	0.39±1.03	N.D.	N.D.
醚类	97	烯丙基 -4- 甲苯基乙醚	N.D.	N.D.	0.89±1.78
	98	苄基缩水甘油醚	2.77±5.42	0.06±0.18	N.D.
	99	苄基正丁基醚	N.D.	0.15±0.42	N.D.
	100	1,1- 二丁氧基 -2- 甲基丙烷	N.D.	0.12±0.35	N.D.

续表

有机物族	编号	物种	溶剂型地坪涂料	溶剂型防腐涂料	溶剂型防火涂料
酸类	101	乙酸	N.D.	0.14±0.41	N.D.
	102	异辛酸	0.06 ± 0.15	0.31±0.64	N.D.
	103	间苯二甲酸	N.D.	0.11±0.30	N.D.
	104	2- 乙基庚酸	N.D.	0.09±0.25	N.D.
	105	邻苯二甲酸	2.02±2.49	0.12±0.18	N.D.
取代烃类	106	苯酚	0.18±0.49	N.D.	N.D.
	107	1- 丁氧基戊烷	N.D.	0.07±0.20	N.D.
	108	1,1- 二乙氧基丁烷	N.D.	0.07±0.21	N.D.
	109	1,1- 二乙氧基己烷	N.D.	0.02±0.05	N.D.
	110	1,1′-[亚乙基双（氧基）] 二丁烷	N.D.	0.06±0.17	N.D.
	111	苯并噻唑	N.D.	0.05±0.14	N.D.
	112	巯基乙酸乙酯	N.D.	0.03±0.08	N.D.
	113	丁基氨基甲酸碘代丙炔酯	N.D.	0.12±0.33	N.D.
	114	1,6- 己二异氰酸酯	N.D.	0.08±0.23	N.D.
	115	4- 叔丁基苯酚	1.21±3.20	N.D.	N.D.
	116	异佛尔酮二胺	0.50±1.33	N.D.	N.D.
	117	*N*-（2- 甲氧基乙基）甲基胺	2.85±7.53	N.D.	N.D.
	118	2- 苯基 -1,2- 环氧丙烷	0.05±0.14	N.D.	N.D.
	119	六氯丁二烯	0.03±0.09	N.D.	N.D.
	120	1,2- 二氯丙烷	0.16±0.43	N.D.	N.D.
	121	2- 氨基丁烷	0.94±2.50	N.D.	N.D.
	122	甲苯 -2,4- 二异氰酸酯	3.10±5.04	N.D.	N.D.
	123	2,2,6,6- 四甲基哌啶	0.12±0.33	N.D.	N.D.
	124	双（二氯甲基）醚	N.D.	N.D.	0.09±0.18
	125	3,4- 二甲基苯胺	N.D.	N.D.	1.61±3.22
	126	*N*- 甲基 -2- 硝基吡啶 -3- 胺	N.D.	N.D.	0.80±1.43
	127	*N*- 异丙基苯胺	N.D.	N.D.	0.74±1.49
	128	邻苄基羟胺	N.D.	N.D.	2.47±4.94
	129	4- 叔丁基吡啶	N.D.	N.D.	0.94±1.87

续表

有机物族	编号	物种	溶剂型地坪涂料	溶剂型防腐涂料	溶剂型防火涂料
取代烃类	130	4-[（4- 甲基苄基）氧基]苯甲醛	N.D.	N.D.	1.42±2.84
	131	1,2- 二羟基萘	N.D.	N.D.	0.35±0.70
	132	2,6- 二氟甲苯	N.D.	N.D.	0.19±0.38
	133	2,4- 二氯甲苯	N.D.	N.D.	2.34±4.68
	134	2,6- 二氯甲苯	N.D.	N.D.	0.18±0.35
	135	氘代甲苯	N.D.	N.D.	2.21±4.42
	136	二叔丁基过氧化物	N.D.	N.D.	0.08±0.17
	137	三甲基乙酸酐	N.D.	N.D.	0.18±0.37
	138	苯并 [*b*] 噻吩 -2- 羧酸甲酯	N.D.	N.D.	0.06±0.11
其他 VOCs	139	其他 VOCs	0.90±1.07	0.76±0.75	6.56±5.92

注：N.D. 表示未检出。

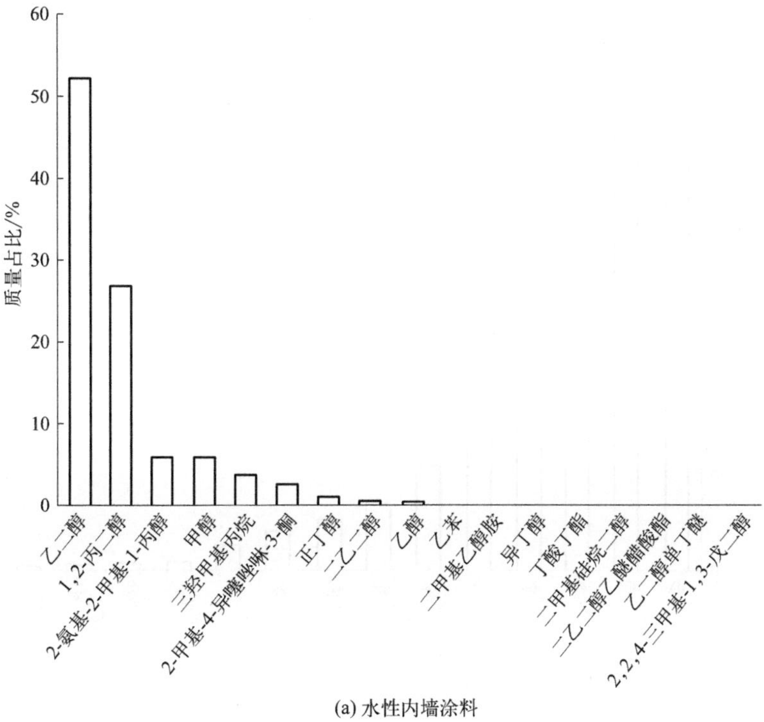

(a) 水性内墙涂料

图 4-15

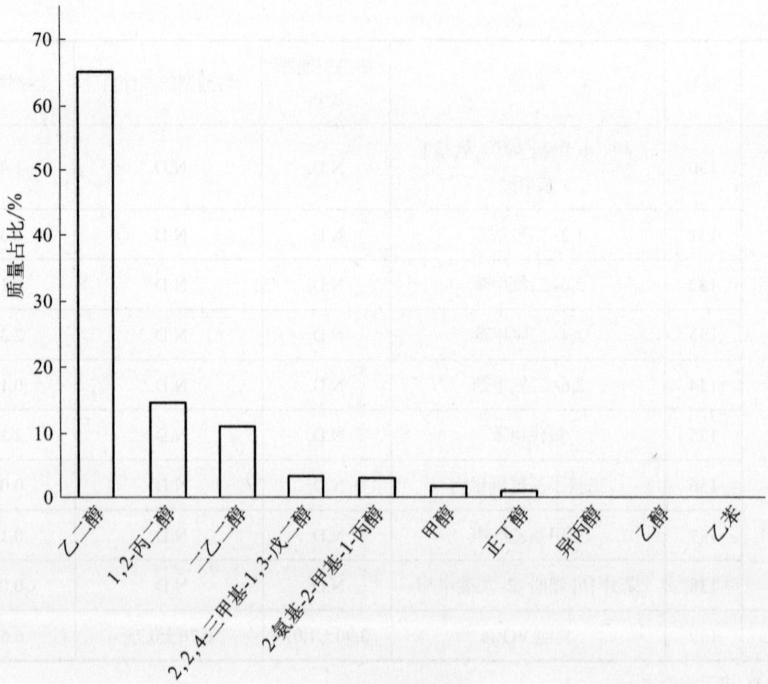

(b) 水性外墙涂料

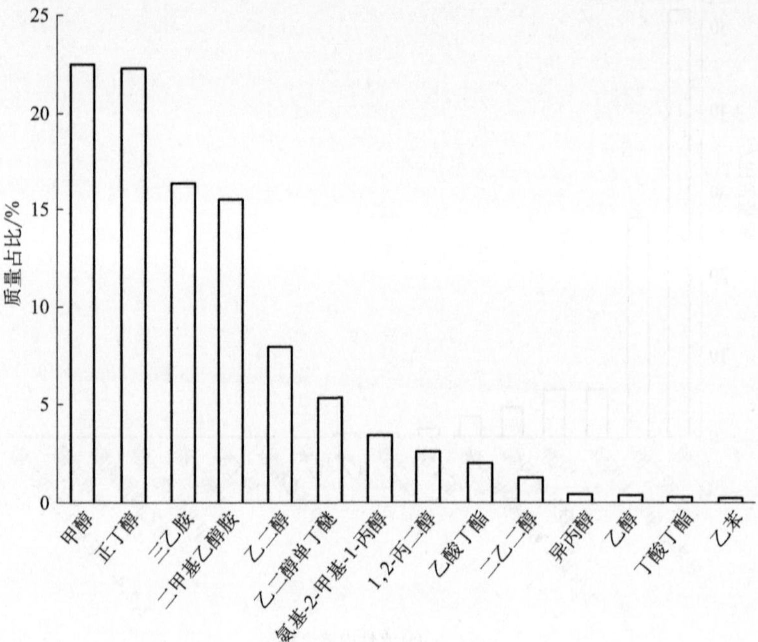

(c) 水性防水涂料

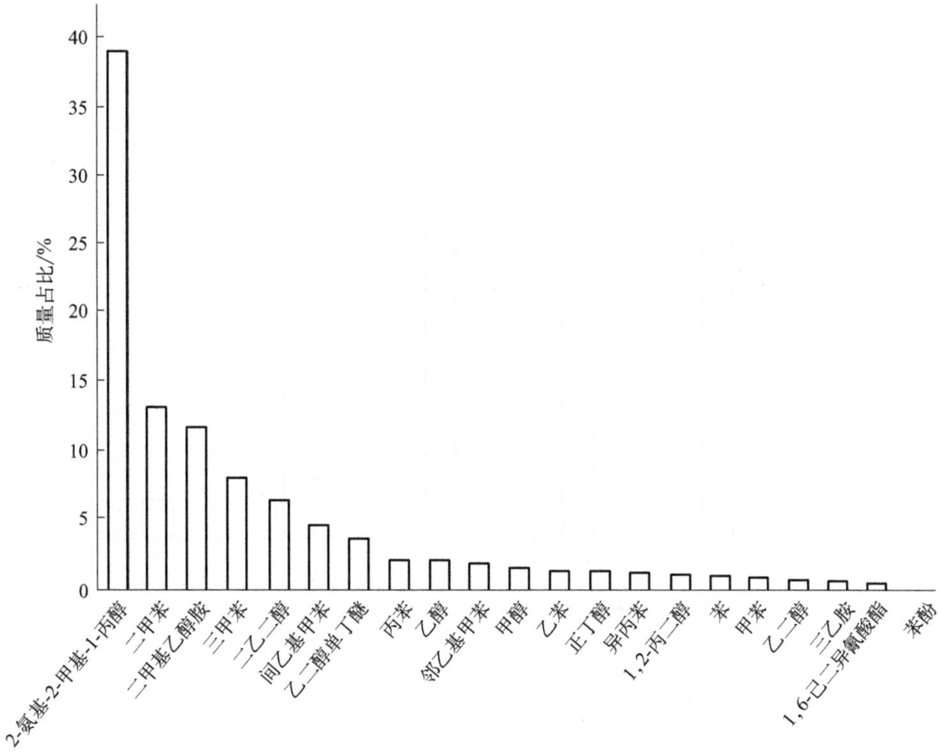

(d) 水性地坪涂料

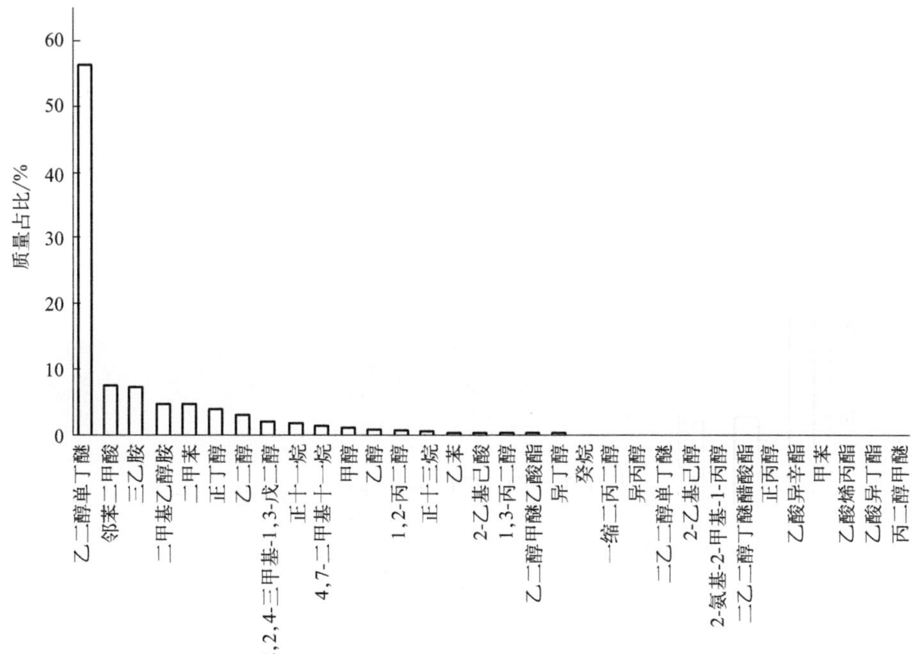

(e) 水性防腐涂料

图 4-15

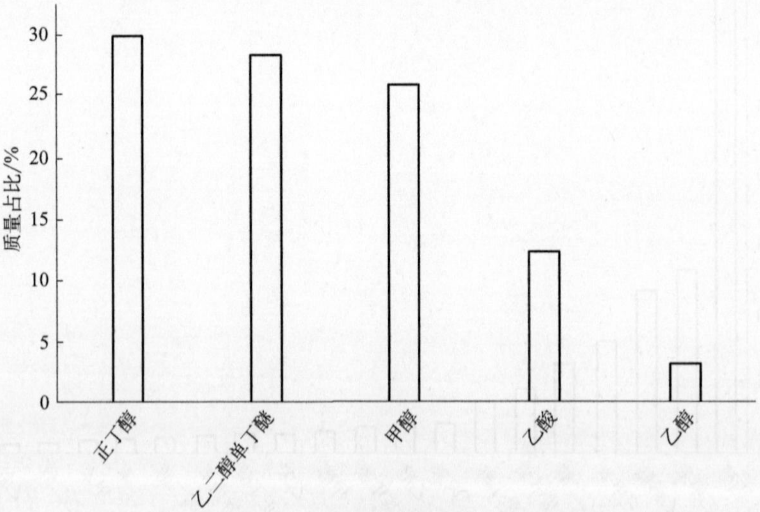

(f) 水性防火涂料

图 4-15 各类水性建筑类涂料 VOCs 源成分谱图

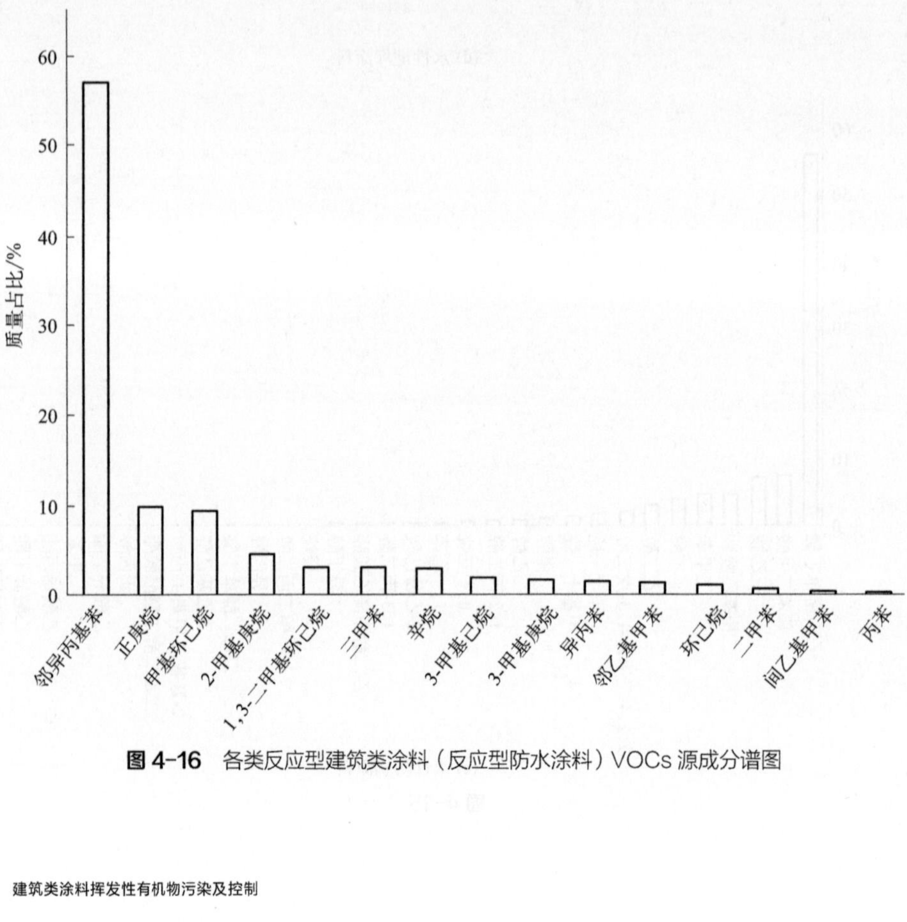

图 4-16 各类反应型建筑类涂料（反应型防水涂料）VOCs 源成分谱图

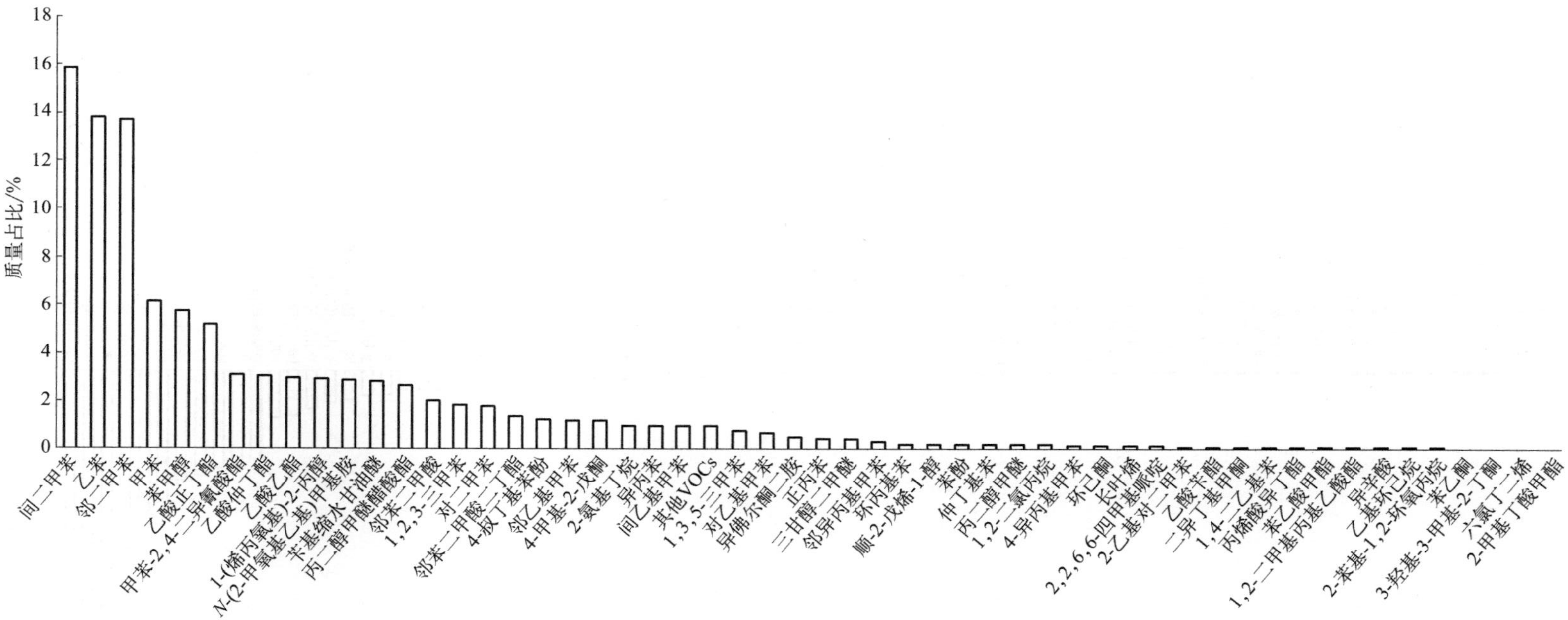

(a) 溶剂型地坪涂料

图 4-17

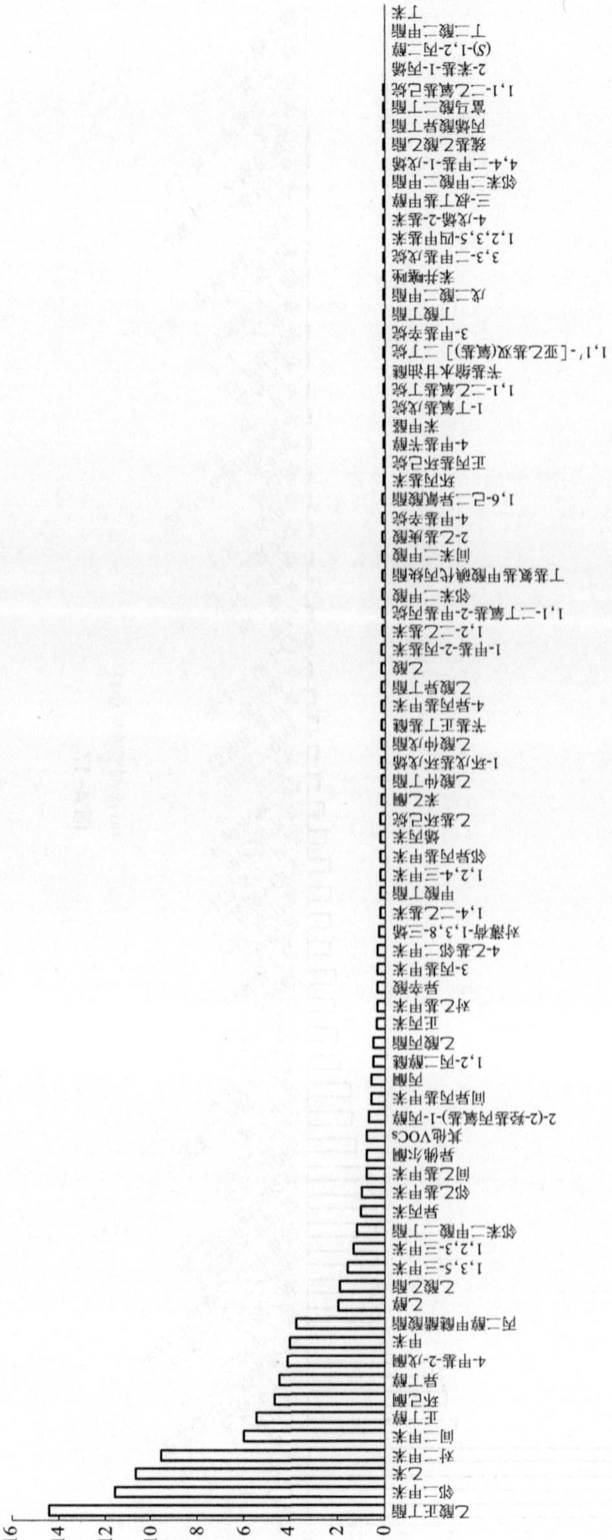

(b) 溶剂型防腐涂料

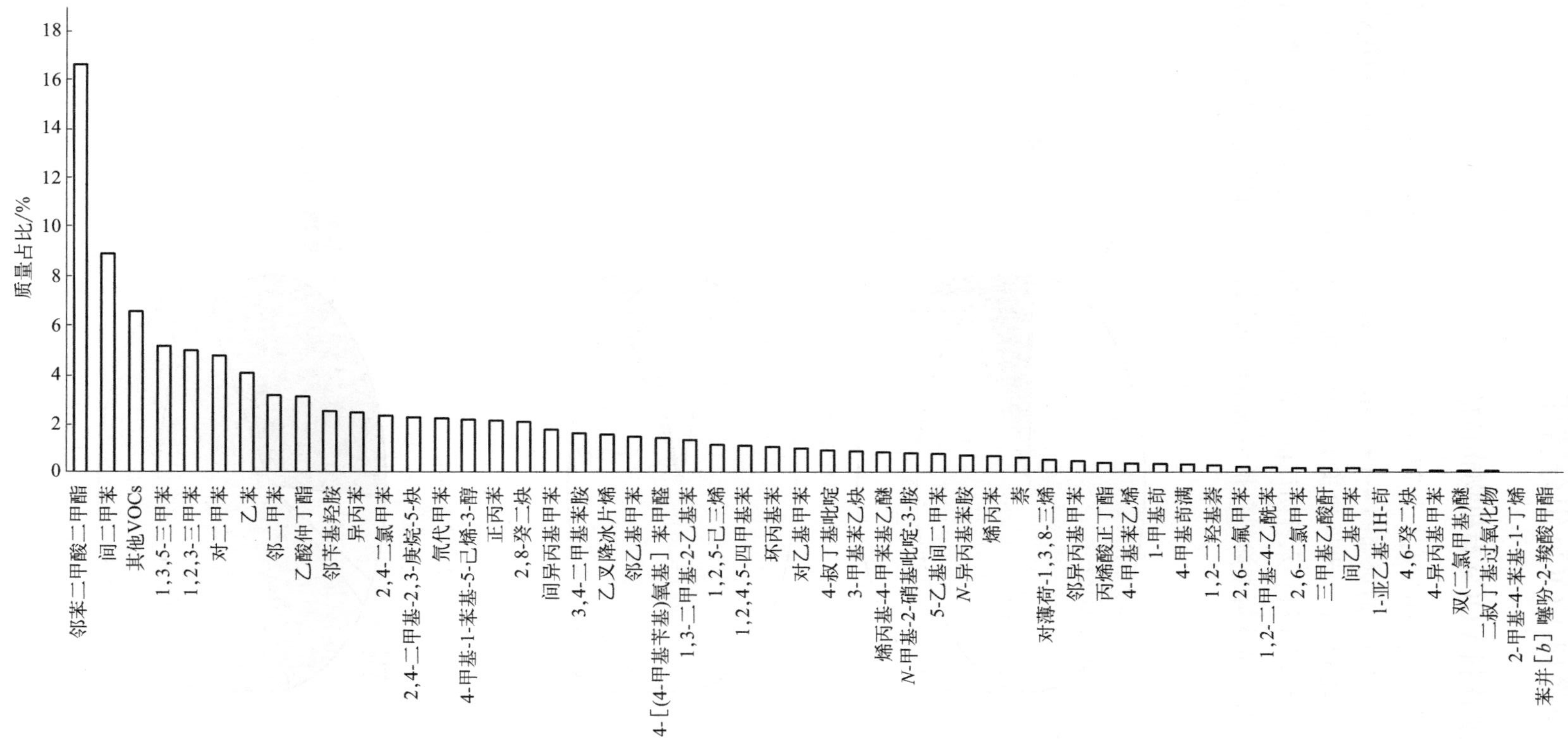

(c) 溶剂型防火涂料

图 4-17 各类溶剂型建筑类涂料 VOCs 源成分谱图

4.4.4 建筑类涂料VOCs组分特征

4.4.4.1 建筑类涂料VOCs有机物族特征

各类水性建筑类涂料VOCs有机物族占比情况如图4-18所示，各类反应型建筑类涂料VOCs有机物族占比情况如图4-19所示，各类溶剂型建筑类涂料VOCs有机物族占比情况如图4-20所示。水性建筑类涂料包括水性内墙涂料、水性外墙涂料、水性防水涂料、水性地坪涂料、水性防腐涂料和水性防火涂料。反应型建筑类涂料为反应型防水涂料。溶剂型建筑类涂料包括溶剂型地坪涂料、溶剂型防腐涂料和溶剂型防火涂料。

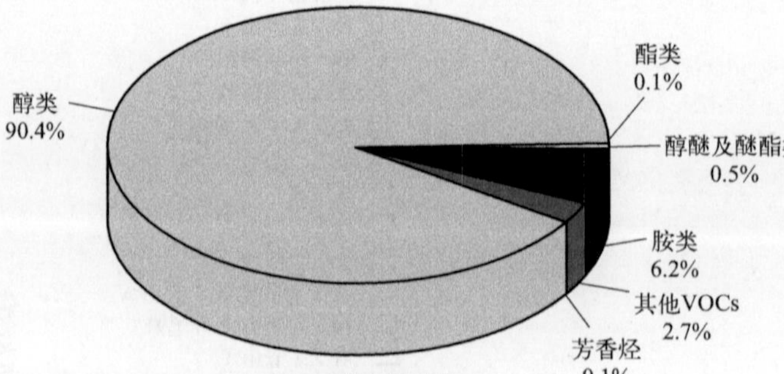

(a) 水性内墙涂料

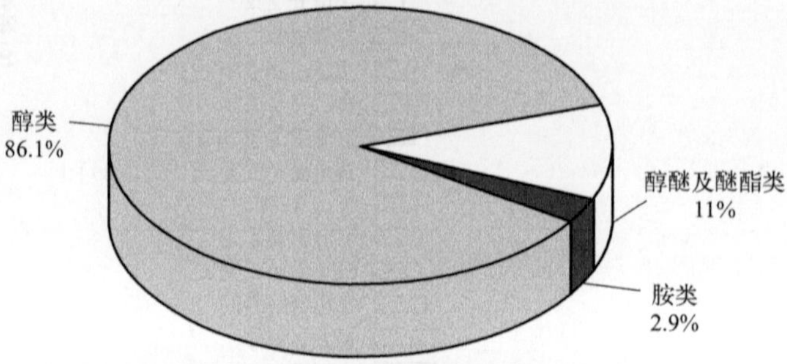

(b) 水性外墙涂料

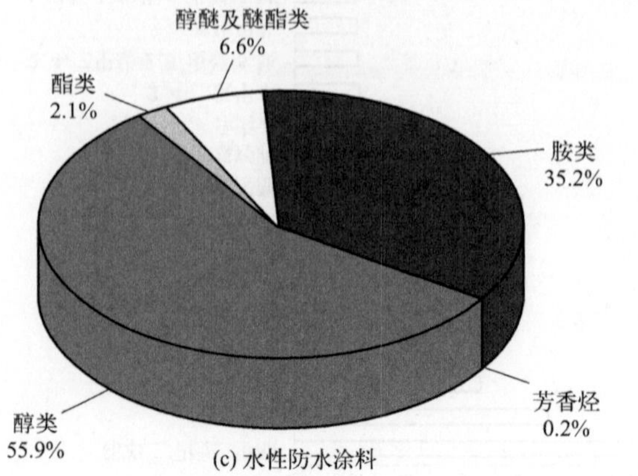

(c) 水性防水涂料

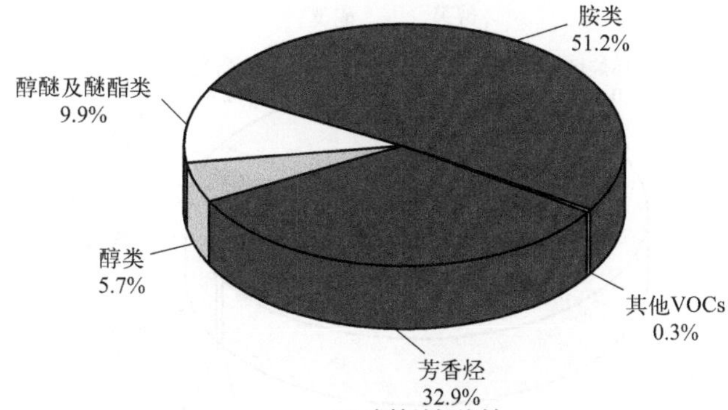

(d) 水性地坪涂料

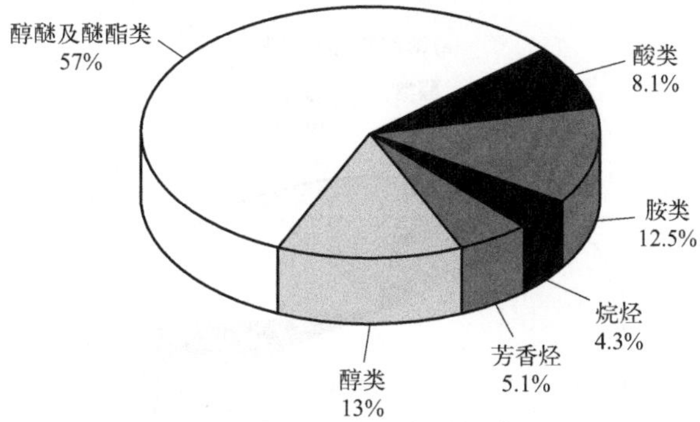

(e) 水性防腐涂料

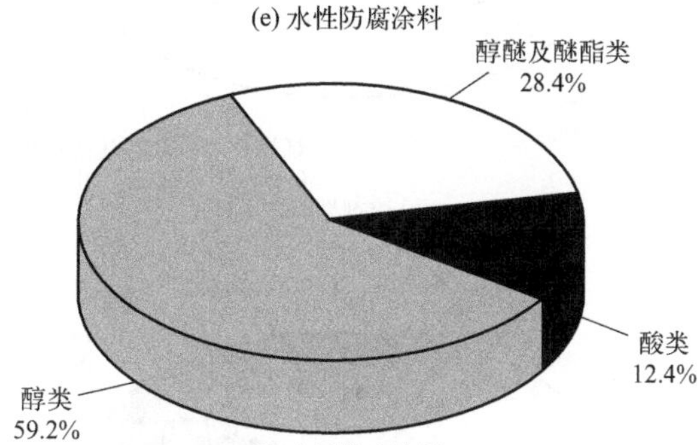

(f) 水性防火涂料

图 4-18 各类水性建筑类涂料 VOCs 有机物族占比情况

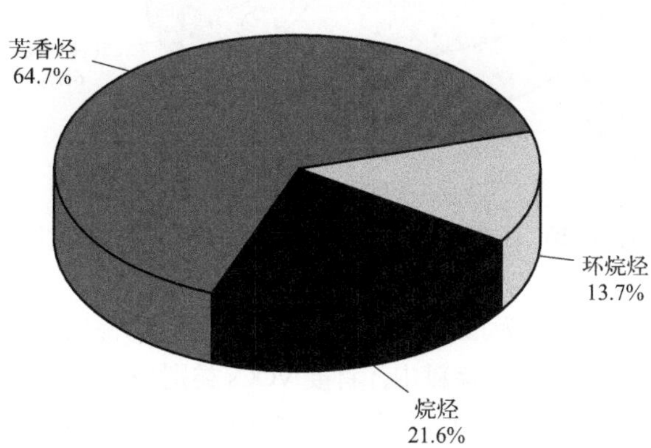

图 4-19 各类反应型建筑类涂料（反应型防水涂料）VOCs 有机物族占比情况

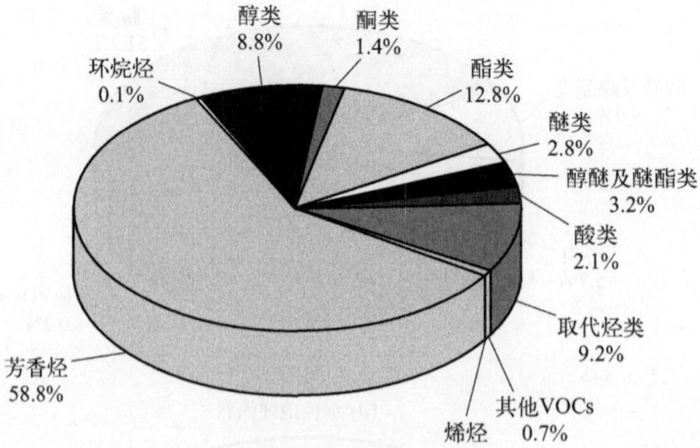

(a) 溶剂型地坪涂料

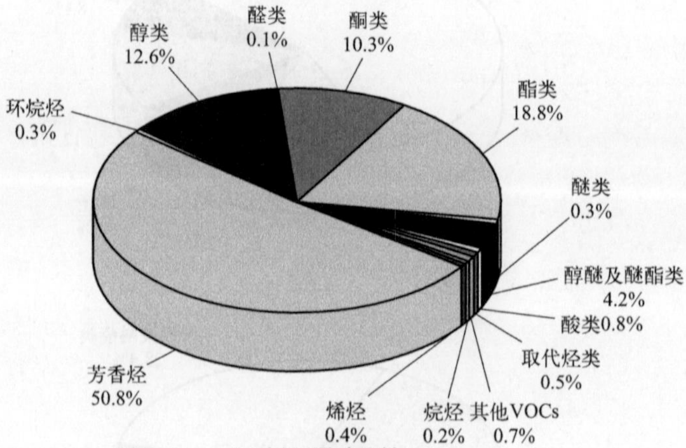

(b) 溶剂型防腐涂料

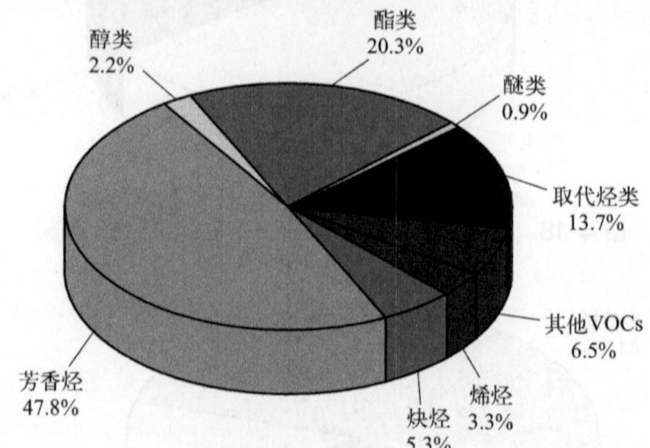

(c) 溶剂型防火涂料

图 4-20 各类溶剂型建筑类涂料 VOCs 有机物族占比情况

水性内墙涂料中，醇类为最主要的 VOCs 类别，占水性内墙涂料 VOCs 的 90.4%，其次是胺类（6.2%）。水性外墙涂料中，首要 VOCs 类别是醇类（86.1%），醇醚及醚酯类（11.0%）次之，最后是胺类（2.9%）。水性防水涂料中，以醇类（55.9%）和胺类（35.2%）为主，其次为醇醚及醚酯类（6.6%）和酯类（2.1%）。水性地坪涂料中，主要 VOCs 类别为胺类

（51.2%）、芳香烃类（32.9%）、醇醚及醚酯类（9.9%）和醇类（5.7%），与水性内墙涂料、水性外墙涂料和水性防水涂料中醇类物质占比最高有所不同。水性防腐涂料中，主要VOCs类别为醇醚及醚酯类，占比高达57%，其次为醇类（13%）、胺类（12.5%）、酸类（8.1%）、芳香烃（5.1%）和烷烃（4.3%），该类涂料含有的主要VOCs类别也与水性内墙涂料、水性外墙涂料和水性防水涂料差异较大。水性防火涂料中，醇类贡献最为突出，占比59.2%，其次为醇醚及醚酯类（28.4%），最后为酸类（12.4%）。反应型防水涂料中，以芳香烃（64.7%）为主，其次为烷烃（21.6%），最后为环烷烃（13.7%）。溶剂型地坪涂料中，首要VOCs类别是芳香烃（58.8%），其次为酯类（12.8%）、取代烃类（9.2%）和醇类（8.8%），还有少量醇醚及醚酯类（3.2%）、醚类（2.8%）和酮类（1.4%）。溶剂型防腐涂料中，首要VOCs类别是芳香烃（50.8%），其次为酯类（18.8%）、醇类（12.6%）和酮类（10.3%），还有少量醇醚及醚酯类（4.2%）。溶剂型防火涂料中，首要VOCs类别是芳香烃（47.8%），其次为酯类（20.3%）和取代烃类（13.7%），还有少量炔烃（5.3%）、烯烃（3.3%）和醇类（2.2%）。

整体而言，醇类、醇醚及醚酯类和胺类物质为各类水性建筑类涂料的主要VOCs类别，检测的各类水性建筑类涂料基本上都包括上述3类VOCs物质。醇类与醇醚及醚酯类物质是水性涂料常用的助溶剂，助溶剂在水性涂料中的作用是提高水溶性树脂和水的互溶性，调节树脂溶液黏度，使树脂溶液稳定，改善对被涂物的浸湿性，提高涂膜干燥速率，以及改善涂膜流平和外观。胺类物质是水性涂料中的中和剂，即pH调节剂，中和剂通过调节水性涂料的储存稳定性及产品配方中酸碱中和平衡值来提高涂料产品的性能。水性地坪涂料和水性防腐涂料中还包括一定占比的芳香烃和烷烃，可能是由于这两类涂料功能的需求而加入的。水性地坪涂料中最具代表性的为水性环氧地坪涂料，环氧树脂体系的涂料多采用芳香烃、醇类、醇醚及醚酯类混合溶剂，加入芳香烃类溶剂，可以降低成本，改善漆膜性能和地坪漆施工性能，提高溶剂的溶解力。

整体而言，芳香烃和酯类物质为各类溶剂型建筑类涂料的主要VOCs类别，检测的各类溶剂型建筑类涂料中质量占比最高的VOCs物质都为芳香烃和酯类。溶剂型地坪涂料、溶剂型防腐涂料和溶剂型防火涂料中，芳香烃类质量占比都为50%左右，酯类质量占比都处于12%～21%之间。其次为醇类、酮类与取代烃。有机溶剂在涂料中的作用主要有两种：一是在制备涂料时溶解成膜物质等，配成溶剂型涂料；二是在涂料施工过程中稀释涂料，用来改善涂料的可涂布性和改善涂膜的性能。起前一种作用的溶剂称为真溶剂，起后一种作用的溶剂称为稀释剂。芳香烃具有溶解力强、化学物理性能稳定、流平性好及成本较低等特点，为涂料生产的传统溶剂。乙酸丁酯、乙酸乙酯、丙二醇甲醚醋酸酯等酯类属于强溶剂，可以使涂料产品中的树脂很好地成膜，因此，酯类是溶剂型涂料常用的溶剂。

4.4.4.2 建筑类涂料VOCs物种特征

各类水性建筑类涂料中质量占比前10的VOCs物种如图4-21所示，各类反应型建筑类涂料中质量占比前10的VOCs物种如图4-22所示，各类溶剂型建筑类涂料中质量占比前10的VOCs物种如图4-23所示。水性建筑类涂料包括水性内墙涂料、水性外墙涂料、水性防水涂料、水性地坪涂料、水性防腐涂料和水性防火涂料。反应型建筑类涂料主要为反应型防水涂料。溶剂型建筑类涂料包括溶剂型地坪涂料、溶剂型防腐涂料和溶剂型防火涂料。

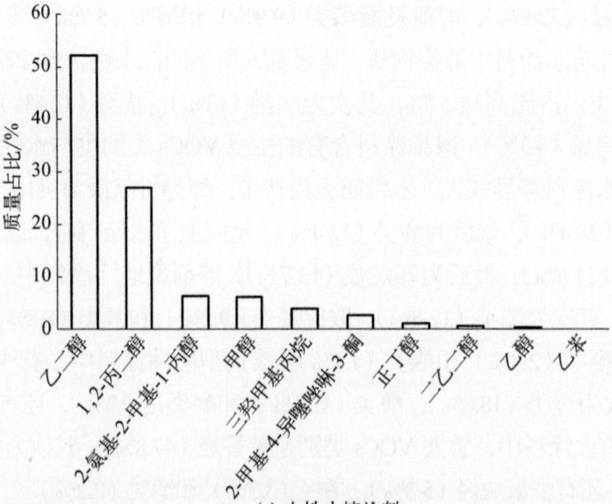

(a) 水性内墙涂料

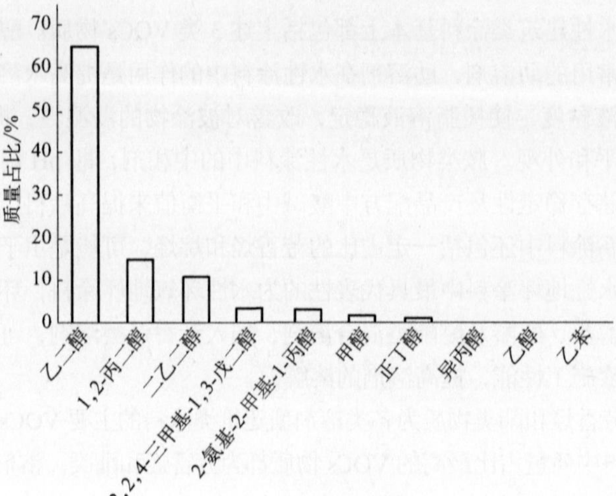

(b) 水性外墙涂料

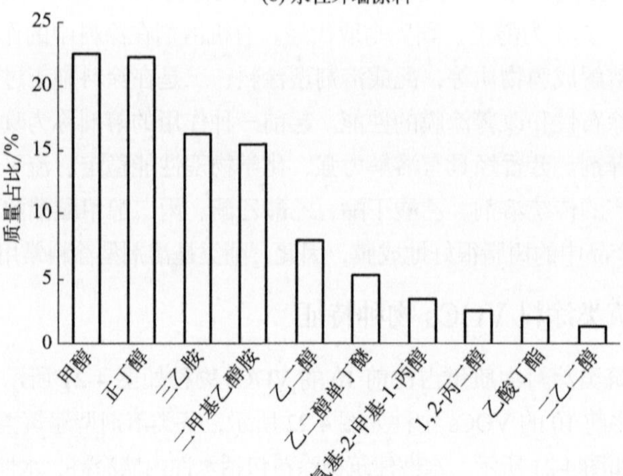

(c) 水性防水涂料

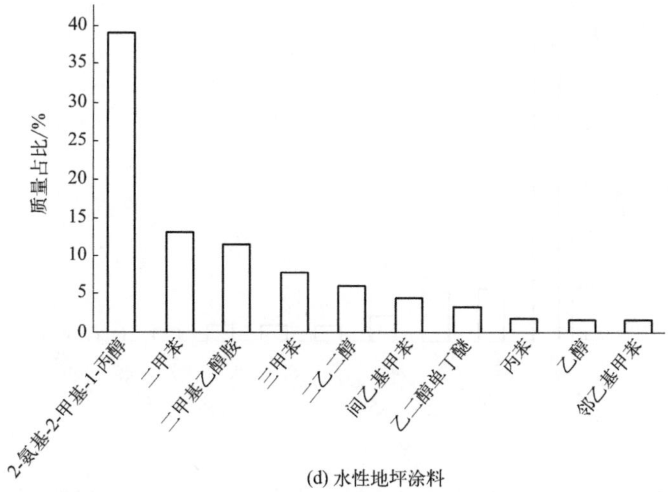

(d) 水性地坪涂料

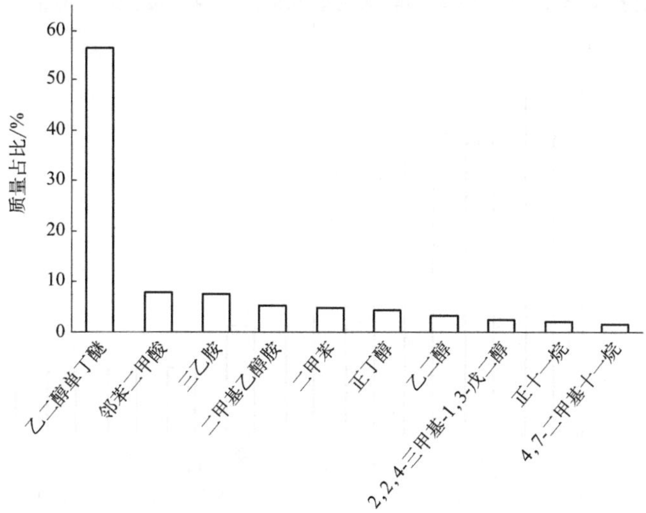

(e) 水性防腐涂料

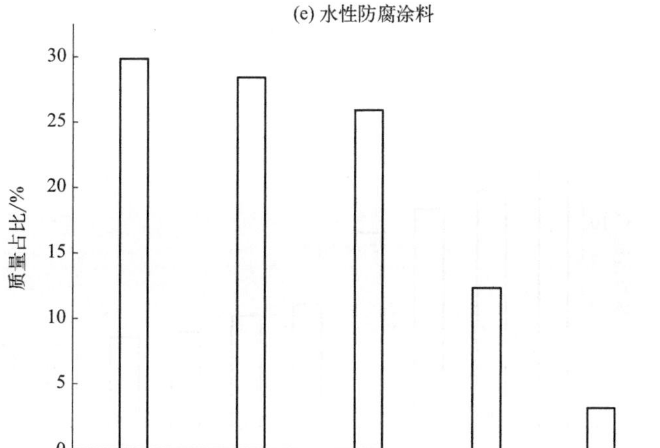

(f) 水性防火涂料

图 4-21 各类水性建筑类涂料中质量占比前 10 的 VOCs 物种

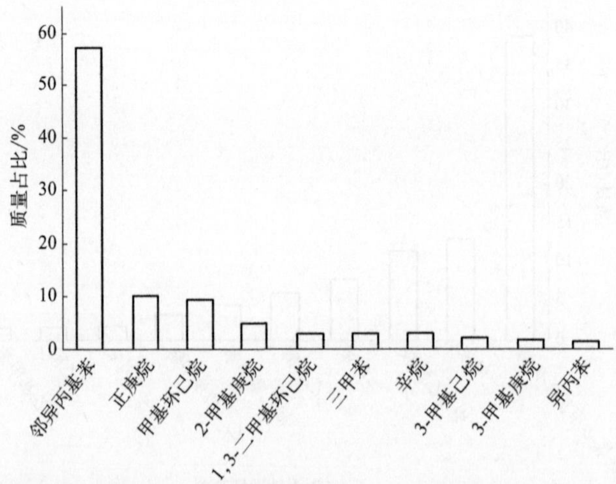

图 4-22 各类反应型建筑类涂料（反应型防水涂料）中质量占比前 10 的 VOCs 物种

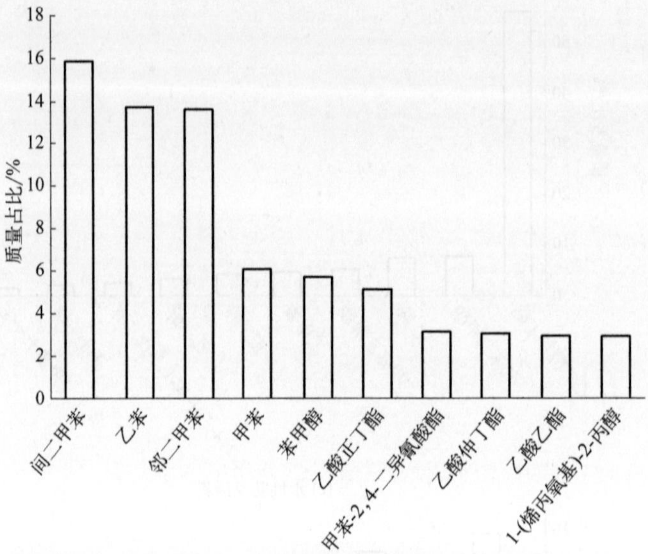

(a) 溶剂型地坪涂料

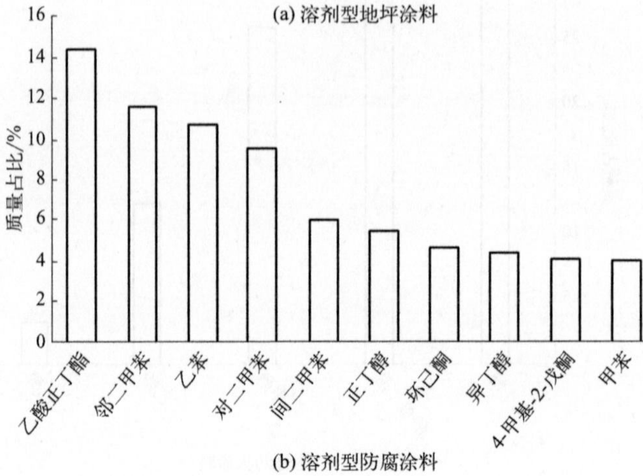

(b) 溶剂型防腐涂料

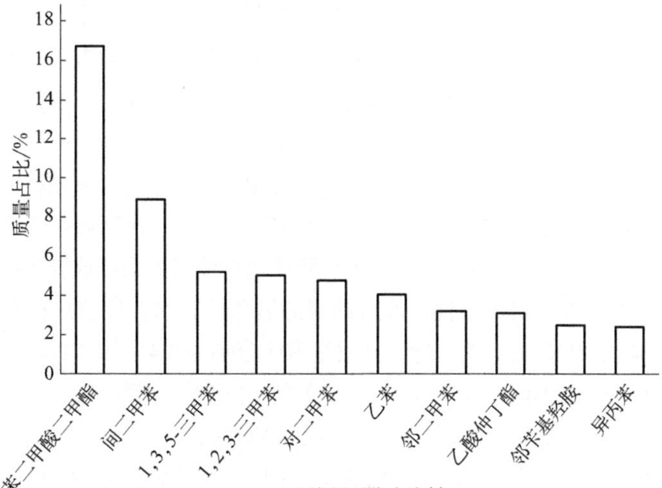

(c) 溶剂型防火涂料

图 4-23 各类溶剂型建筑类涂料中质量占比前 10 的 VOCs 物种

水性建筑类涂料与溶剂型建筑类涂料的主要 VOCs 物种差别很大。各类水性建筑类涂料中质量占比高且使用频率高的 VOCs 物种为乙二醇、1,2- 丙二醇、甲醇、正丁醇、二乙二醇、乙二醇单丁醚、2- 氨基 -2- 甲基 -1- 丙醇、三乙胺、二甲基乙醇胺。水性内墙涂料和水性外墙涂料中质量占比最高的两个物种均为乙二醇和 1,2- 丙二醇，乙二醇和 1,2- 丙二醇在水性内墙涂料中的质量占比分别为 52.2% 和 26.9%，在水性外墙涂料中的质量占比分别为 65.2% 和 14.7%，乙二醇与 1，2- 丙二醇等二醇类溶剂为水性涂料常用的醇类助溶剂，它们作为抗冻剂，赋予了涂料耐冻融稳定性，是水性内墙涂料和水性外墙涂料中 VOCs 最主要的来源。水性防水涂料中浓度最高的醇类助溶剂为甲醇（22.6%）和正丁醇（22.2%），其次为乙二醇（8.0%）、1,2- 丙二醇（2.6%）和二乙二醇（1.3%）。水性防火涂料中浓度最高的醇类助溶剂为正丁醇（29.9%）和甲醇（26.0%），其次为乙醇（3.3%）。乙二醇单丁醚属于醇醚类助溶剂，因其具有良好的溶解特性和优异的助溶能力，而且涂膜干燥速率良好，在合成树脂涂料与水性涂料中被大量使用，其在水性防水涂料、水性地坪涂料、水性防腐涂料和水性防火涂料中的质量占比分别为 5.3%、3.6%、56.5% 和 28.4%。2- 氨基 -2- 甲基 -1- 丙醇（APM）、三乙胺和二甲基乙醇胺（DMEA）等胺类在各类水性涂料中均有检出，为目前水性涂料中常用的水性中和剂，用于调节树脂溶液的 pH 值。中和剂的选择对树脂溶液的稳定性、涂膜的干燥性和涂膜的耐水性均有影响，这 3 种胺类中和剂各有优缺点，既可以单独使用，也可以配合使用。水性内墙涂料和水性外墙涂料中单独使用了 2- 氨基 -2- 甲基 -1- 丙醇，其质量占比分别为 6.2% 和 2.9%，而水性防水涂料、水性地坪涂料和水性防腐涂料中将 2- 氨基 -2- 甲基 -1- 丙醇（APM）、三乙胺和二甲基乙醇胺（DMEA）这 3 种胺类中和剂配合使用，3 种物质的质量占比之和分别为 35.2%、51.2% 和 12.5%。

此外，2- 甲基 -4- 异噻唑啉 -3- 酮是水性涂料中常用的杀菌防腐剂，在水性内墙涂料中的质量占比为 2.7%。另外，水性内墙涂料中还检出了三羟甲基丙烷（3.9%）。水性内墙涂料有醇酸树脂乳液体系，三羟甲基丙烷为合成醇酸树脂的主要原料，检出的三羟甲基丙烷可能为水性醇酸树脂乳液的残留单体。与其他涂料不同，水性地坪涂料中芳香烃质量占比较高，分别为二甲苯（13.2%）、三甲苯（8.0%）、间乙基甲苯（4.6%）、丙苯（1.9%）、邻乙基甲苯（1.7%）。水性防腐涂料中还有一定量的邻苯二甲酸（7.8%）。水性防腐涂料有醇酸树脂乳液体系，邻苯二甲酸为合成水性醇酸树脂的主要原料，检出的邻苯二甲酸可能为水性醇酸树脂乳液的残留单体。由于醇酯-12具有水解稳定性非常好、聚结性能高、冰点低、水溶性小、挥发速度低、适宜的挥发率和适用范围广等特性，近年来被广泛用作涂料的成膜助剂。采用醇酯-12制备的水性涂料，除了能降低水性涂料的最低成膜温度外，还可以改善漆膜耐候性、耐擦洗性、可清洁性，改进涂层的展色性。水性外墙涂料和水性防腐涂料中均检出少量2,2,4-三甲基-1,3-戊二醇，其质量占比分别为3.4%和2.2%，检出的2,2,4-三甲基-1,3-戊二醇可能为2,2,4-三甲基-1,3-戊二醇单异丁酸酯（醇酯-12）的残留单体。

反应型防水涂料中质量占比高且使用频率高的VOCs物种为邻异丙基苯、正庚烷、甲基环己烷、2-甲基庚烷、1,3-二甲基环己烷、三甲苯、辛烷、3-甲基己烷、3-甲基庚烷、异丙苯。

各类溶剂型建筑类涂料中质量占比高且使用频率高的VOCs物种为间二甲苯、对二甲苯、邻二甲苯、乙苯、甲苯、1,2,3-三甲苯、1,3,5-三甲苯、异丙苯、乙酸正丁酯、乙酸仲丁酯、乙酸乙酯、邻苯二甲酸二甲酯、正丁醇、异丁醇、苯甲醇、环己酮、4-甲基-2-戊酮。溶剂型地坪涂料中质量占比最高的前10个物种分别是间二甲苯（15.9%）、乙苯（13.8%）、邻二甲苯（13.7%）、甲苯（6.1%）、苯甲醇（5.7%）、乙酸正丁酯（5.1%）、甲苯-2,4-二异氰酸酯（3.1%）、乙酸仲丁酯（3.0%）、乙酸乙酯（3.0%）和1-（烯丙氧基）-2-丙醇（2.9%），占比之和达72.3%。溶剂型防腐涂料中质量占比最高的前10个物种分别是乙酸正丁酯（14.4%）、邻二甲苯（10.8%）、乙苯（10.8%）、对二甲苯（9.5%）、间二甲苯（6.0%）、正丁醇（5.4%）、环己酮（4.7%）、异丁醇（4.4%）、4-甲基-2-戊酮（4.1%）和甲苯（4.0%），占比之和达74.9%。溶剂型防火涂料中质量占比最高的前10个物种分别是邻苯二甲酸二甲酯（16.7%）、间二甲苯（8.9%）、1,3,5-三甲苯（5.2%）、1,2,3-三甲苯（5.0%）、对二甲苯（4.8%）、乙苯（4.1%）、邻二甲苯（3.2%）、乙酸仲丁酯（3.1%）、邻苄基羟胺（2.5%）和异丙苯（2.4%），占比之和达55.9%。甲苯用途广泛，可以在涂料、燃料、橡胶和印刷等行业中代替苯作为溶剂或者稀释剂。工业用二甲苯由邻二甲苯、间二甲苯、对二甲苯3种异构体组成，以间二甲苯比例最大。

参考文献

[1] 曹鑫悦，吴辉，杨薇桦，等.北京市场水性建筑涂料 VOCs 成分及含量分析 [J]. 环境工程学报，2017，11（5）：3000-3008.

[2] GB 18581—2001 室内装饰装修材料 溶剂型木器涂料中有害物质限量 [S].

[3] GB 18581—2020 木器涂料中有害物质限量 [S].

[4] GB 18582—2008 室内装饰装修材料 内墙涂料中有害物质限量 [S].

[5] GB 18582—2020 建筑用墙面涂料中有害物质限量 [S].

[6] GB 24408—2009 建筑用外墙涂料中有害物质限量 [S].

[7] GB 24613—2009 玩具用涂料中有害物质限量 [S].

[8] JC 1066—2008 建筑防水涂料中有害物质限量 [S].

[9] 柯云婷，孙宇航，成海荣，等.我国木器涂料及汽车涂料中挥发性有机物特征 [J]. 环境科学，2020，41（10）：4446-4454.

[10] 林宣益，倪玉德.涂料用溶剂与助剂 [M]. 北京：化学工业出版社，2012.

[11] 刘薇薇，江庆梅，张心亚，等.超低 VOC 建筑内墙乳胶漆的配方设计 [J]. 河南化工，2006，23（11）：5-7.

[12] 钟鑫，孙慧.自干水溶性醇酸树脂涂料 [J]. 现代涂料与涂装，2007，10（8）：16-20.

[13] 周君蕊，黄宇，张提，等.武汉市建筑涂料及粘胶剂产品中 VOCs 含量水平实测分析 [J]. 青岛大学学报（自然科学版），2020，33（4）：43-49.

[14] Mo Z W，Shao M，Lu S H. Compilation of a source profile database for hydrocarbon and OVOC emissions in China[J]. Atmospheric Environment，2016，143：209-217.

第 5 章　建筑类涂料 VOCs 排放因子及排放清单建立

5.1 建筑类涂料VOCs排放因子建立

通过本书第4章实测建筑类涂料中VOCs含量水平，再结合国内建筑类涂料标准VOCs指标限值和建筑类涂料VOCs含量情况的相关研究，获取了建筑类涂料VOCs排放因子。

5.1.1 建筑类涂料VOCs排放因子建立方法

由于建筑类涂料必须在开放空间中涂装，所以目前涂装中产生的VOCs基本属于无组织排放，按当前排放控制水平，可认为无任何VOCs末端控制措施。各类建筑类涂料采集样品具有代表性，而且数量较多，因此认为各类建筑类涂料的平均VOCs含量为排放因子。每类建筑类涂料VOCs排放因子计算公式如下：

$$\mathrm{EF}_j(\mathrm{VOCs})=\frac{\sum_{k=1}^{n}\mathrm{VOC}_{kj}}{n\rho_j} \tag{5-1}$$

式中 $\mathrm{EF}_j(\mathrm{VOCs})$——涂料类型$j$的VOCs排放因子，g VOCs/kg 涂料；

j——涂料类型；

VOC_{kj}——本书中采集的涂料类型j某一样品k的总挥发性有机物的质量浓度，即VOCs含量水平，g VOCs/ L 涂料；

n——本书中采集的涂料类型j的样品数量；

ρ_j——涂料类型j的平均密度，kg/L。

5.1.2 国内建筑类涂料VOCs含量限值指标

环保标准HJBZ 4—1999首次提出控制涂料中VOCs含量的理念和限值。2001年我国颁布了第一个与建筑类涂料相关的强制性国家标准，即内墙涂料标准GB 18582—2001，该标准将影响环境和人体健康的VOCs作为指标项目纳入标准。随着我国涂料行业的技术进步，在保证涂料性能的基础上，进一步降低了涂料中VOCs含量，随后颁布了一系列标准对VOCs含量要求进一步加强。国内建筑类涂料相关标准VOCs含量限值指标发展历程总结见表5-1。目前，HJBZ 4—1999、HBC 12—2002和HJ/T 201—2005已废止，修订为HJ 2537—2014；GB 18582—2001、GB 18582—2008和GB 24408—2009已废止，修订为GB 18582—2020；GB/T 22374—2008已于2019年5月2日废止，修订为GB/T 22374—2018；GB 30981—2014已于2020年12月1日废止，修订为GB 30981—2020。

表5-1 国内建筑类涂料相关标准VOCs含量限制指标

标准号	标准名称	涂料类别	VOCs含量限值
HJBZ 4—1999	水性涂料	水性涂料	≤ 250g/L
GB 18582—2001	室内装饰装修材料 内墙涂料中有害物质限量	内墙涂料	≤ 200g/L

续表

标准号	标准名称	涂料类别	VOCs 含量限值
HBC 12—2002	环境标志产品认证技术要求 水性涂料	水性涂料	(1) 内墙涂料≤ 100g/L； (2) 外墙涂料≤ 200g/L； (3) 水性防水涂料≤ 250g/L； (4) 水性防腐涂料≤ 250g/L
HJ/T 201—2005	环境标志产品技术要求 水性涂料	水性涂料	(1) 内墙涂料≤ 80g/L； (2) 外墙涂料≤ 150g/L； (3) 墙体用底漆≤ 80g/L； (4) 水性防水涂料≤ 250g/L； (5) 水性防腐涂料≤ 250g/L； (6) 腻子（粉状、膏状）≤ 10g/kg
GB 18582—2008	室内装饰装修材料 内墙涂料中有害物质限量	内墙涂料	(1) 水性墙面涂料≤ 120g/L； (2) 水性墙面腻子≤ 15g/kg
JC 1066—2008	建筑防水涂料中有害物质限量	防水涂料	(1) 水性建筑防水涂料：A 级≤ 80g/L，B 级≤ 120g/L。 (2) 反应型建筑防水涂料：A 级≤ 50g/L，B 级≤ 200g/L。 (3) 溶剂型建筑防水涂料：B 级≤ 750g/L
GB/T 22374—2008	地坪涂装材料	地坪涂料	(1) 水性地坪涂料≤ 120g/L； (2) 溶剂型地坪涂料≤ 500g/L； (3) 无溶剂型地坪涂料≤ 60g/L
HJ 457—2009	环境标志产品技术要求 防水涂料	防水涂料	(1) 挥发固化型防水涂料：双组分聚合物水泥防水涂料≤ 10g/L，单组分丙烯酸酯聚合物乳液防水涂料≤ 10g/L。 (2) 反应固化型防水涂料：环氧防水涂料≤ 150g/kg，聚脲防水涂料≤ 50g/kg，聚氨酯防水涂料≤ 100g/kg
GB 24408—2009	建筑用外墙涂料中有害物质限量	外墙涂料	(1) 水性外墙涂料：底漆≤ 120g/L，面漆≤ 150g/L，腻子≤ 15g/kg。 (2) 溶剂型外墙涂料：色漆≤ 680g/L，清漆≤ 700g/L，闪光漆≤ 760g/L
JG/T 338—2011	建筑玻璃用隔热涂料	建筑玻璃用隔热涂料	水性产品符合 GB18582—2008 要求； 溶剂型产品符合 GB24408—2009 要求
GB/T 19250—2013	聚氨酯防水涂料	聚氨酯防水涂料	(1) A 类≤ 50g/L； (2) B 类≤ 200g/L
JG/T 415—2013	建筑防火涂料有害物质限量及检测方法	防火涂料	(1) 膨胀型防火涂料：溶剂型≤ 500g/L，水性≤ 80g/L。 (2) 非膨胀型防火涂料：≤ 80g/L
HG/T 4755—2014	聚硅氧烷涂料	防腐涂料	聚硅氧烷涂料≤ 390g/L

续表

标准号	标准名称	涂料类别	VOCs 含量限值
GB 30981—2014	建筑钢结构防腐涂料中有害物质限量	防腐涂料	溶剂型防腐涂料： （1）预涂底漆（车间底漆）：无机类≤ 680g/L，环氧树脂类≤ 680g/L，其他树脂类≤ 700g/L。 （2）底漆：无机类（富锌）≤ 660g/L，醇酸树脂类≤ 550g/L，氯化橡胶类≤ 620g/L，氯化聚烯烃树脂类≤ 700g/L，环氧树脂类（富锌）≤ 650g/L，其他树脂类≤ 650g/L。 （3）连接漆≤ 720g/L。 （4）中间漆：醇酸树脂类≤ 490g/L，环氧树脂类≤ 550g/L，氯化橡胶类≤ 600g/L，氯化聚烯烃树脂类≤ 700g/L，丙烯酸酯类≤ 550g/L，其他树脂类≤ 500g/L。 （5）面漆：醇酸树脂类≤ 590g/L，丙烯酸树脂类≤ 650g/L，环氧树脂类≤ 600g/L，氯化橡胶类≤ 610g/L，氯化聚烯烃树脂类≤ 720g/L，聚氨酯树脂类≤ 630g/L，氟碳树脂类≤ 630g/L，硅氧烷树脂类≤ 390g/L，其他树脂类≤ 700g/L
HJ 2537—2014	环境标志产品技术要求 水性涂料	水性涂料	（1）内墙涂料：面漆［光泽（60°）≤ 10］≤ 50g/L，面漆［光泽（60°）＞ 10］≤ 80g/L，底漆≤ 50g/L。 （2）外墙涂料：面漆≤ 100g/L，底漆≤ 80g/L。腻子（粉状、膏状）≤ 10g/kg
GB/T 31815—2015	建筑外表面用自清洁涂料	外墙涂料	符合 GB 24408—2009 要求
JG/T 481—2015	低挥发性有机化合物（VOCs）水性内墙涂覆材料	内墙涂料	（1）内墙底漆≤ 20g/L； （2）内墙面漆≤ 20g/L； （3）膏状腻子≤ 5g/kg
HG/T 5176—2017	钢结构用水性防腐涂料	水性防腐涂料	（1）钢结构用水性防腐涂料底漆≤ 200g/L； （2）钢结构用水性防腐涂料中间漆≤ 200g/L； （3）钢结构用水性防腐涂料面漆≤ 250g/L
GB/T 34676—2017	儿童房装饰用内墙涂料	内墙涂料	儿童房装饰用内墙涂料≤ 10g/L
JG/T 210—2018	建筑内外墙用底漆	内外墙底漆	（1）水性内墙底漆：≤ 120g/L。 （2）水性外墙底漆：≤ 120g/L。 （3）溶剂型外墙涂料：色漆≤ 680g/L，清漆≤ 700g/L，闪光漆≤ 760g/L
GB/T 22374—2018	地坪涂装材料	地坪涂料	（1）溶剂型地坪涂料：≤ 500g/L； （2）水性地坪涂料：≤ 120g/L； （3）无溶剂型地坪涂料：≤ 60g/L
GB 38468—2019	室内地坪涂料中有害物质限量	地坪涂料	（1）溶剂型地坪涂料：色漆≤ 500g/L，清漆≤ 550g/L。 （2）水性地坪涂料：≤ 120g/L。 （3）无溶剂型地坪涂料：≤ 60g/L

续表

标准号	标准名称	涂料类别	VOCs 含量限值
GB 18582—2020	建筑用墙面涂料中有害物质限量	内墙涂料、腻子、外墙涂料、装饰板涂料	(1) 内墙涂料：≤ 80g/L。腻子≤ 10g/kg。 (2) 外墙涂料：含效应颜料类≤ 120g/L，其他类≤ 100g/L。 (3) 溶剂型装饰板涂料：含效应颜料类≤ 760g/L，其他类≤ 580g/L。 (4) 水性装饰板涂料：合成树脂乳液类≤ 120g/L，其他类≤ 250g/L
GB 30981—2020	工业防护涂料中有害物质限量	防腐涂料	(1) 溶剂型防腐涂料 ① 金属基材防腐涂料 车间底漆：无机≤ 720g/L，有机≤ 650g/L。 无机锌底漆≤ 600g/L。 单组分涂料≤ 630g/L。 双组分涂料：底漆≤ 500g/L，中涂≤ 500g/L，面漆≤ 550g/L，清漆≤ 580g/L。 ② 混凝土防护涂料：封闭底漆≤ 700g/L，底漆≤ 540g/L，中涂≤ 540g/L，面漆≤ 550g/L。 ③ 特种涂料≤ 650g/L。 ④ 其他≤ 550g/L。 (2) 水性防腐涂料 ① 金属基材防腐涂料 a. 单组分：醇酸树脂涂料≤ 350g/L。底漆≤ 300g/L，面漆≤ 300g/L，效应颜料漆≤ 420g/L。 b. 双组分：车间底漆≤ 300g/L，底漆≤ 300g/L，中涂≤ 250g/L，面漆≤ 300g/L，效应颜料漆≤ 420g/L。 ② 混凝土防护涂料：封闭底漆≤ 300g/L，底漆≤ 250g/L，中涂≤ 250g/L，面漆≤ 300g/L。 ③ 其他≤ 300g/L。 (3) 无溶剂型防腐涂料≤ 100g/L
GB/T 38597—2020	低挥发性有机化合物含量涂料产品技术要求	内墙涂料、外墙涂料、装饰板涂料、防水涂料、地坪涂料、防腐涂料、防火涂料	(1) 内墙涂料≤ 50g/L。 (2) 外墙涂料≤ 80g/L。 (3) 装饰板涂料：合成树脂乳液类≤ 100g/L，其他类≤ 200g/L。 (4) 防水涂料：水性防水涂料≤ 50g/L，溶剂型单组分防水涂料≤ 100g/L，溶剂型多组分防水涂料≤ 50g/L。 (5) 地坪涂料：溶剂型地坪涂料≤ 250g/L，水性地坪涂料≤ 120g/L，聚合物水泥复合型地坪涂料≤ 50g/L，无溶剂型地坪涂料≤ 60g/L。 (6) 防腐涂料 ① 溶剂型防腐涂料 a. 金属基材防腐涂料 i. 车间底漆（无机）≤ 580g/L。

续表

标准号	标准名称	涂料类别	VOCs 含量限值
GB/T 38597—2020	低挥发性有机化合物含量涂料产品技术要求	内墙涂料、外墙涂料、装饰板涂料、防水涂料、地坪涂料、防腐涂料、防火涂料	ii. 无机锌底漆≤ 550g/L。 iii. 单组分≤ 500g/L。 iv. 双组分：底漆≤ 450g/L，中涂≤ 420g/L，面漆≤ 450g/L，清漆≤ 480g/L。 b. 混凝土防护涂料（一）：底漆≤ 450g/L，中涂≤ 420g/L，面漆≤ 450g/L。 ② 水性防腐涂料 a. 单组分：底漆≤ 200g/L，面漆≤ 250g/L。 b. 双组分：底漆≤ 250g/L，中涂≤ 200g/L，面漆≤ 250g/L。 c. 混凝土防护涂料（二）：封闭底漆≤ 250g/L，底漆≤ 200g/L，中涂≤ 200g/L，面漆≤ 250g/L。 ③ 无溶剂型防腐涂料≤ 60g/L。 （7）防火涂料：溶剂型防火涂料≤ 420g/L，水性防火涂料≤ 80g/L，无溶剂型防火涂料≤ 60g/L

5.1.3 国内建筑类涂料 VOCs 含量研究

自内墙涂料标准 GB 18582—2001 发布之后，国内这些年对内墙涂料、外墙涂料、腻子、防水涂料、地坪涂料、防腐涂料及防火涂料都开展过相关 VOCs 含量的检测，国内各文献研究的各类建筑类涂料 VOCs 含量水平见表 5-2。

表 5-2　国内各文献研究的各类建筑类涂料 VOCs 含量水平

涂料大类	涂料小类	分散介质类型	各研究样品数量 / 个	各研究 VOCs 含量范围 /（g/L）	各研究平均 VOCs 含量 /（g/L）	各样品研究年份	文献
墙面涂料	内墙涂料	水性	250 ～ 375g/L 2；25 ～ 250g/L 22；≤ 25g/L 2	15 ～ 368	—	2001	林宣益，2003
		水性	250 ～ 375g/L 4；25 ～ 250g/L 30；≤ 25g/L 2	10 ～ 353	—	2002	林宣益，2003
		水性	25	101 ～ 369	190.0	2006	李晓红，2006
		水性	4200	—	38.6	2010 ～ 2015	梅一飞，2016
		水性	20	0.2 ～ 11.4g/kg	5.9 g/kg	2016	曹鑫悦，2017
		水性	44	0 ～ 50	11.8	2019	周君蕊，2020

续表

涂料大类	涂料小类	分散介质类型	各研究样品数量 / 个	各研究 VOCs 含量范围 /（g/L）	各研究平均 VOCs 含量 /（g/L）	各样品研究年份	文献
墙面涂料	外墙涂料	水性	20	0.8 ～ 73.5g/kg	17.9 g/kg	2016	曹鑫悦，2017
		水性	16	0 ～ 65	14.8	2019	周君蕊，2020
	腻子	水性	5	0 ～ 3g/kg	1.4 g/kg	2019	周君蕊，2020
防水涂料	—	水性	2	0 ～ 2	1.0	2019	周君蕊，2020
	—	反应型	1	83	83.0	2019	周君蕊，2020
地坪涂料	—	水性	10	89 ～ 120	103.0	2020	Liang Xiaoming，2021
	—	无溶剂型	42	0 ～ 60	40.0	2020	Liang Xiaoming，2021
	—	溶剂型	3	308 ～ 436	370.7	2019	周君蕊，2020
	—	溶剂型	22	126 ～ 600	448.0	2020	Liang Xiaoming，2021
功能性建筑涂料	防腐涂料	水性	4	0 ～ 200	18.5	2019	周君蕊，2020
		水性	20	0 ～ 121	44.0	2020	Liang Xiaoming，2021
		溶剂型	8	200 ～ 726	466.8	2019	周君蕊，2020
		溶剂型	25	261 ～ 693	529.0	2020	Liang Xiaoming，2021
	防火涂料	水性	4	0 ～ 80	68.0	2020	Liang Xiaoming，2021
		溶剂型	6	344 ～ 620	463.0	2016	孙秋颖，2016
		溶剂型	12	304 ～ 720	474.0	2020	Liang Xiaoming，2021

5.1.4 国内建筑类涂料 VOCs 含量实测

实测建筑类涂料 VOCs 含量水平结果见本书第 4 章表 4-8，将表 4-8 与表 5-1、表 5-2 对比。对于内墙涂料，梅一飞等统计了 4200 个内墙涂料 VOCs 含量检测结果，平均 VOCs 含量水平为 38.6g/L，本书实测内墙涂料平均 VOCs 含量为 34.2g/L，与梅一飞等的研究结果比较接近，远小于 GB 18582—2008 中规定的 VOCs 含量限值 120g/L。对于外墙涂料，曹鑫悦等研究结果显示外墙涂料平均 VOCs 含量水平为 17.9g/kg，本书实测外墙涂料平均 VOCs 含量为 23.6g/L，都远小于 GB 24408—2009 中规定的 150g/L 限值。对于防水涂料，本书实测水性防水涂料平均 VOCs 含量为 4.3g/L，是环保标准 HJ 457—2009 限值的 0.4 倍；本书实测反应型防水涂料平均 VOCs 含量为 109.8g/L，与 JC 1066—2008 和 HJ 457—2009 中规定的限值比较接近，符合目前反应型防水涂料 VOCs 含量水平。对于地坪涂料，Liang 等研究结果显示水性地坪涂料平均 VOCs 含量为 103.0g/L，本书实测水性地坪涂料平均 VOCs 含量为 108.0g/L，结果很接近，同时接近 GB/T22374—2008 中规定的 120g/L 限值；Liang 等研究结果显示溶剂型地坪涂料平均 VOCs 含量为 448.0g/L，周君蕊等研究结果显示溶剂型地坪涂料平均 VOCs 含量为 370.7g/L，本书实测溶剂型地坪涂料平均 VOCs 含量为 344.0g/L，与周君蕊等的研究结果比较接近，比 GB/T 22374—2008 中规定的 500g/L 限值低一些；Liang 等研究结果显示无溶剂型地坪涂料平均 VOCs 含量为 40.0g/L，本书实测无溶剂型地坪涂料平均 VOCs 含量为 33.9g/L，比 GB/T 22374—2008 中规定的 60g/L 限值低一些。地坪涂料行业经过将近十年的技术进步，VOCs 含量逐渐降低。对于防腐涂料，Liang 等研究结果显示水性防腐涂料平均 VOCs 含量为 44.0g/L，周君蕊等研究结果显示水性防腐涂料平均 VOCs 含量为 18.5g/L，本书实测水性防腐涂料平均 VOCs 含量为 40.0g/L，与 Liang 等的研究结果比较接近，比 HG/T 5176—2017 中规定的 200g/L 限值低很多；Liang 等研究结果显示溶剂型防腐涂料平均 VOCs 含量为 529.0g/L，周君蕊等研究结果显示溶剂型防腐涂料平均 VOCs 含量为 466.8g/L，本书实测溶剂型防腐涂料平均 VOCs 含量为 520.4g/L，与 Liang 等的研究结果比较接近。GB 30981—2014 标准规定不同类型溶剂型防腐涂料 VOCs 含量限值范围为 390 ～ 720g/L，抽检溶剂型防腐涂料的 VOCs 含量水平与标准相接近。对于防火涂料，Liang 等研究结果显示水性防火涂料平均 VOCs 含量为 68.0g/L，本书实测水性防火涂料平均 VOCs 含量为 2.0g/L，结果相差较大，远小于 JG/T 415—2013 标准规定的 VOCs 含量限值 80g/L。Liang 等研究结果显示溶剂型防火涂料平均 VOCs 含量为 474.0g/L，孙秋颖等研究结果显示溶剂型防火涂料平均 VOCs 含量为 463.0g/L，本书实测溶剂型防火涂料平均 VOCs 含量为 431.5g/L，与 Liang 等和孙秋颖等的研究结果都比较接近，同时接近 JG/T 415—2013 规定的限值 500g/L。对比建筑类涂料标准 VOCs 含量限值指标与实测抽检涂料 VOCs 含量水平，发现实测抽检涂料 VOCs 水平与近几年发布的标准限值比较接近，远小于十年前发布的标准规定的限值。

5.1.5 国内建筑类涂料 VOCs 排放因子建立

本书内墙涂料与水性外墙涂料的排放因子采用实测平均 VOCs 含量，接近目前涂料 VOCs 含量水平。本书溶剂型外墙涂料抽检数量较少，目前使用的溶剂型外墙涂料以醇酸涂料为主，VOCs 含量相对传统溶剂型涂料较低。本书实测溶剂型外墙涂料 VOCs 含量较低，因此采用实测平均 VOCs 含量。本书反应型防水涂料、水性地坪涂料、溶剂型防腐涂料与溶剂型防火涂料实测平均 VOCs 含量接近标准限值，采用实测平均 VOCs 含量。本书水性防水涂料、无溶剂型地坪涂料与溶剂型地坪涂料实测平均 VOCs 含量比 10 年前规定的限值低一些，采用实测平均 VOCs 含量。JC 1066—2008 规定溶剂型防水涂料的限值为 750g/L，经过十几年的技术进步，估测溶剂型防水涂料的 VOCs 含量为 500g/L。本书水性防腐涂料实测平均 VOCs 含量为 40g/L，比 HG/T 5176—2017 中规定的 200g/L 限值低很多，采用实测平均 VOCs 含量。本书水性防火涂料实测 VOCs 含量都＜ 2g/L，远小于 JG/T 415—2013 标准规定的 80g/L 限值，由于水性防火涂料抽检数量有限，采用 JG/T 415—2013 标准规定的限值。

各类建筑类涂料的 VOCs 排放因子见图 5-1。

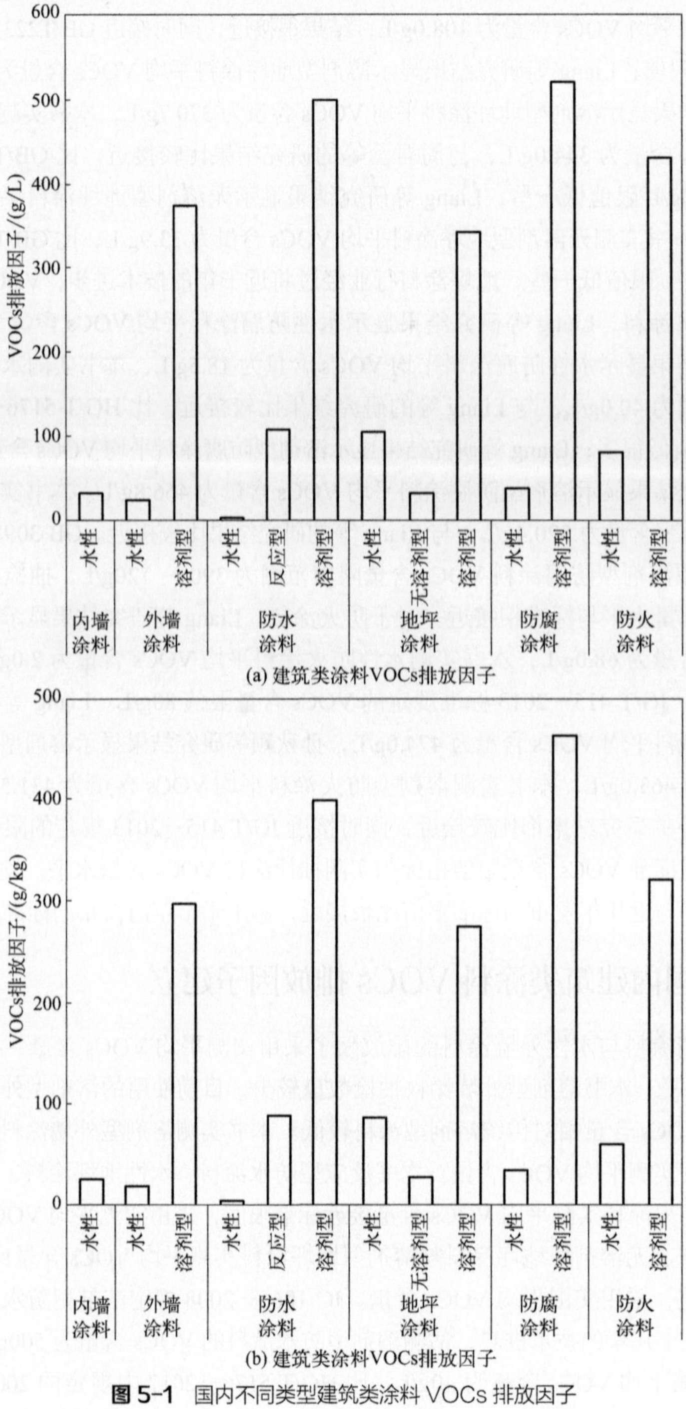

图 5-1 国内不同类型建筑类涂料 VOCs 排放因子

5.2 建筑类涂料 VOCs 排放清单建立

5.2.1 建筑类涂料 VOCs 排放清单建立方法

本书采用排放因子法建立了建筑类涂料 VOCs 排放清单，即根据各类建筑类涂料 VOCs 排放因子及相应活动水平计算各类建筑类涂料的 VOCs 排放量，采用了图 5-1 中的建筑类涂料 VOCs 排放因子，活动水平为 1.2 部分获取的我国建筑类涂料使用量及近几年不同分散介质建筑类涂料使用量占比情况。各类建筑类涂料的 VOCs 排放量核算见式（5-2）。

$$E_j(\text{VOCs}) = A_j \times \text{EF}_j(\text{VOCs}) \tag{5-2}$$

式中 $E_j(\text{VOCs})$ ——涂料类型 j 的 VOCs 排放量，g；

j ——涂料类型；

A_j ——活动水平，本书中为涂料类型 j 的使用量，kg；

$\text{EF}_j(\text{VOCs})$ ——涂料类型 j 的 VOCs 排放因子，g VOCs/kg 涂料。

5.2.2 我国建筑类涂料 VOCs 排放时间变化特征

2012 ～ 2016 年我国建筑类涂料 VOCs 排放量变化趋势见图 5-2。由图 5-2 可见，2012 ～ 2016 年我国建筑类涂料 VOCs 排放量逐年增加，由 2012 年的 27.1 万吨增加到 2016 年的 43.7 万吨。虽然近几年房屋建筑竣工面积变化不大，2015 年和 2016 年房屋建筑竣工面积与 2014 年相比还有所下降，但因旧房翻新引起的内墙涂料与外墙涂料使用量快速增长，以及基础设施快速发展引起的地坪涂料、防腐涂料和防火涂料使用量增长幅度较大，导致建筑类涂料使用量逐年增加，VOCs 排放量随建筑类涂料使用量的增加而增加。而且，地坪涂料、防腐涂料和防火涂料中溶剂型涂料占比很高，导致 VOCs 排放量增长较多。

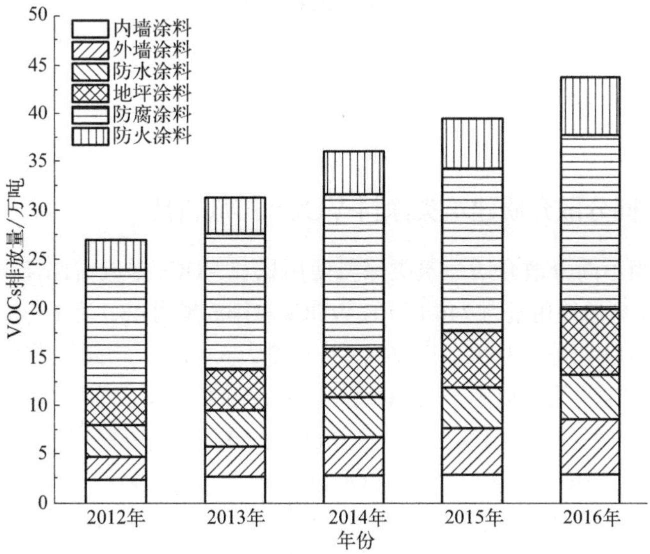

图 5-2 2012 ～ 2016 年我国建筑类涂料 VOCs 排放量变化趋势

5.2.3 我国各类型建筑类涂料 VOCs 排放占比

5.2.3.1 不同用途建筑类涂料 VOCs 排放占比

2016 年我国不同用途建筑类涂料 VOCs 排放占比如图 5-3 所示。2016 年全国建筑类涂料 VOCs 排放量为 43.7 万 t，其中防腐涂料贡献最大，排放量为 17.8 万 t，占建筑类涂料 VOCs 总排放量的 40.7%；其次是地坪涂料，排放量为 6.8 万 t，占建筑类涂料 VOCs 总排放量的 15.6%，这几年城市化进程导致基础设施建设对地坪涂料的需求量较大，而且目前地坪涂料以溶剂型涂料为主，从而导致 VOCs 排放量较大；再次为防火涂料，排放量为 5.9 万 t，占建筑类涂料 VOCs 总排放量的 13.5%，防火涂料中溶剂型占比很大；再次为外墙涂料，排放量为 5.7 万 t，占建筑类涂料 VOCs 总排放量的 13.0%，虽然水性外墙涂料 VOCs 排放因子较小，但外墙涂料使用量占建筑类涂料总使用量的 48.7%，将近 1/2，而且仍有少量溶剂型外墙涂料在使用，VOCs 排放量相对较高。相对来讲，防水涂料中溶剂型占比很少，内墙涂料全部为水性，VOCs 排放贡献比其他涂料小一些。

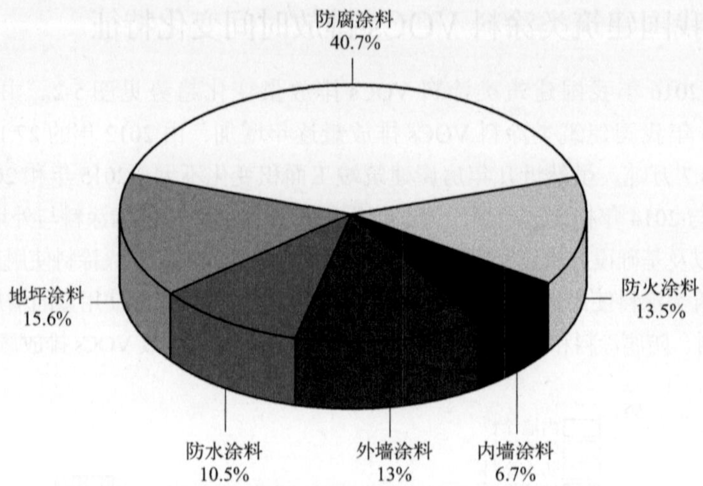

图 5-3 2016 年我国不同用途建筑类涂料 VOCs 排放占比

5.2.3.2 不同分散介质建筑类涂料 VOCs 排放占比

2016 年我国不同分散介质建筑类涂料使用量及 VOCs 排放占比情况如图 5-4 所示。2016 年建筑类涂料总使用量为 746.1 万 t，VOCs 总排放量为 43.7 万 t。水性涂料使用量为 622.6 万 t，占总使用量的 83.5%，而 VOCs 排放量为 6.9 万 t，占建筑类涂料 VOCs 总排放量的 15.8%，VOCs 平均排放因子为 11.1g VOCs/kg 涂料。反应型和无溶剂型涂料使用量为 30.8 万 t，占总使用量的 4.1%，VOCs 排放量为 2.3 万 t，占建筑类涂料 VOCs 总排放量的 5.3%，VOCs 平均排放因子为 74.7g VOCs/kg 涂料。溶剂型涂料使用量为 92.7 万 t，占总使用量的 12.4%，而 VOCs 排放量为 34.5 万 t，占建筑类涂料 VOCs 总排放量的 78.9%，VOCs 平均排放因子为 372.2g VOCs/kg 涂料。建筑类涂料中，溶剂型涂料 VOCs 排放因子最高，其次为反应型和无溶剂型涂料，水性涂料 VOCs 排放因子最低。虽然溶剂型涂料使用量不大，但其 VOCs 排放量占比很高，应予以重视。因此，减少溶剂型涂料的使用有利于减少 VOCs 排放，建筑类涂料进一步水性化是降低 VOCs 排放的趋势。

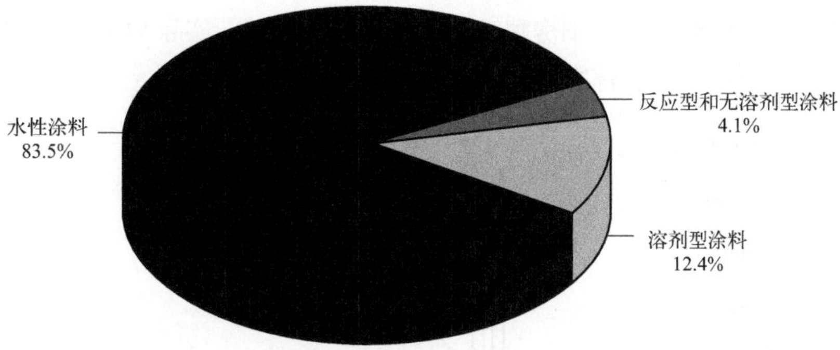

(a) 涂料使用量占比

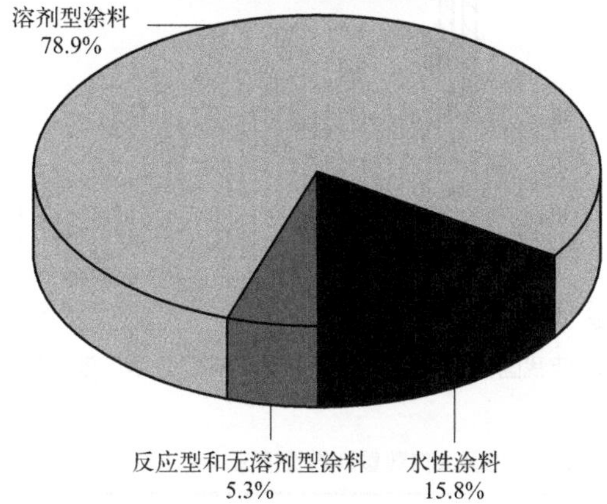

(b) 涂料VOCs排放占比

图 5-4 2016 年我国不同分散介质建筑类涂料使用量及 VOCs 排放占比情况

5.2.4 我国建筑类涂料 VOCs 排放空间分布特征

建筑类涂料 VOCs 排放量与房屋建筑竣工面积的关系最大，而房屋建筑竣工面积又受当地人口数量及需求的影响。2016 年我国各省（区、市）房屋建筑竣工面积如图 5-5 所示，各省（区、市）人口数量及增长情况见表 5-3。

结合 2016 年中国统计年鉴中各省（区、市）房屋建筑竣工面积及 2016 年全国新建房屋建筑类涂料 VOCs 总排放量，建立了 2016 年我国新建房屋建筑类涂料 VOCs 排放的空间分布图，如图 5-6 所示。从图中可以看出，江苏、浙江、湖北、山东这 4 个人口数量排名靠前的省份 VOCs 排放量较大，各省 VOCs 排放量都占全国的 5.0% 以上，其中江苏最大，约占 17.8%，浙江省次之，占 16.3%，湖北省和山东省分别占 6.8% 与 5.6%。这些省份人口数量多，住房需求量大，房屋建筑竣工面积较大，建筑类涂料使用量较大，从而导致 VOCs 排放量较大。天津市、山西省、内蒙古自治区、黑龙江省、海南省、贵州省、西藏自治区、甘肃省、宁夏回族自治区及青海省由于其人口相对数量较少，房屋建筑竣工面积小，VOCs 排放量较低，其 VOCs 排放量占比均≤ 1%。北京、上海等一线城市虽然人口数量较多，人口密集，但是这些城市开发程度基本饱和，可供开发的土地存量较小，因此房屋建筑竣工面积较小，以房屋建筑竣工面积核算出的 VOCs 排放量较小，但北京市与上海市都是以二手房为主导，旧房翻新对涂料的需求量较大，实际 VOCs 排放量比图 5-6 中 VOCs 排放空间分布中的排放量大一些。

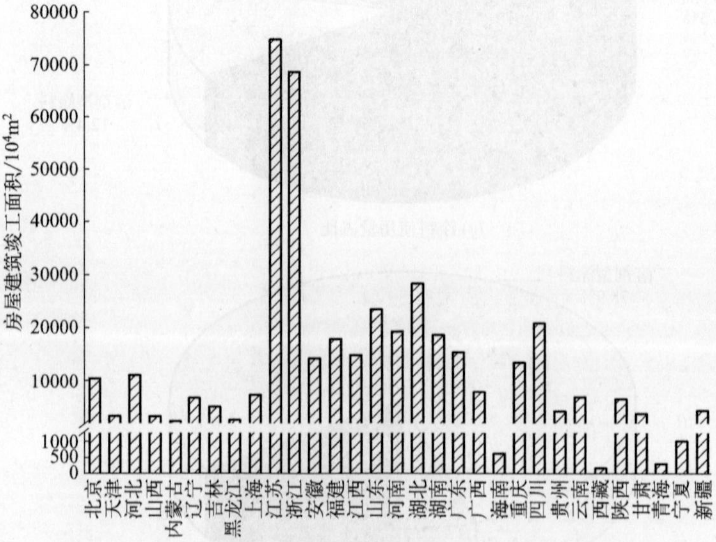

图 5-5 2016 年我国各地房屋建筑竣工面积（未计入港、澳、台）

表 5-3 2016 年我国各地区人口数量及增长情况（未计入港、澳、台）

省（区、市）	2016 年末常住人口数量 / 万人	2016 年末人口数量排名	2016 年人口增量 / 万人	2016 年人口增量排名
北京	2172.9	26	2.4	28
天津	1562.12	27	15.17	20
河北	7470.05	6	45.13	7
山西	3681.64	18	17.52	19
内蒙古	2520.1	23	9.1	22
辽宁	4377.8	14	-4.6	29
吉林	2733.03	21	-20.29	31
黑龙江	3799.2	17	-12.18	30
上海	2419.7	24	4.43	27
江苏	7998.6	5	22.3	17
浙江	5590	10	51	6
安徽	6195.5	8	51.9	5

续表

省（区、市）	2016 年末常住人口数量 / 万人	2016 年末人口数量排名	2016 年人口增量 / 万人	2016 年人口增量排名
福建	3874	15	35	11
江西	4592.3	13	26.7	15
山东	9946.64	2	99.48	2
河南	9532.42	3	52.42	4
湖北	5885	9	33.5	12
湖南	6822	7	39	9
广东	10999	1	150	1
广西	4838	11	42	8
海南	917.13	28	6.31	25
重庆	3048.43	20	31.88	13
四川	8262	4	58	3
贵州	3555	19	25.5	16
云南	4770.5	12	28.7	14
西藏	330.54	31	6.57	24
陕西	3812.62	16	19.75	18
甘肃	2609.95	22	10.4	21
青海	593.46	30	5.03	26
宁夏	674.9	29	7.02	23
新疆	2398.08	25	38.08	10

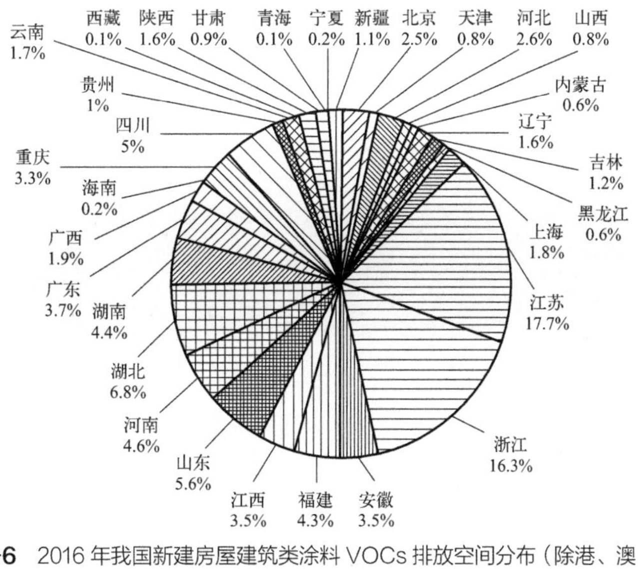

图 5-6 2016 年我国新建房屋建筑类涂料 VOCs 排放空间分布（除港、澳、台）

5.2.5 排放清单不确定性分析

排放清单的不确定性主要来自活动水平和排放因子，包括以下 2 个方面。

① 对于活动水平，国内无各类型建筑类涂料使用量统计数据，本书采用公式核算结果及建筑类涂料专家相关研究结果。新建房屋内墙涂料与外墙涂料使用量主要依据房屋建筑竣工面积核算，房屋建筑竣工面积来源于中国统计年鉴，核算公式中相关参数的准确性会在一定程度上影响核算结果。旧房翻新内墙涂料与外墙涂料使用量的影响因素较多，旧房翻新内墙涂料使用量来自国内相关研究、政策以及行业专家估计，通常认为外墙翻新周期为 10 年，但调研发现实际中翻新周期不等，有的可能会更长，这会给旧房翻新外墙涂料使用量计算结果带来影响。防水涂料、地坪涂料、防火涂料与防腐涂料使用量主要来自国内建筑类涂料专家相关研究结果及中国涂料行业“十三五”规划。每种类型建筑类涂料各分散介质涂料的占比情况主要来自行业调研结果，这些数据的可靠性在一定程度上也影响了估算结果。缺乏各类型建筑类涂料使用量统计数据，是影响排放清单不确定性的重要因素。

② 对于排放因子，本书采用的排放因子是根据大量实测结果获取的，并与其他研究实测结果进行了比较，比较接近。由于地坪涂料、防腐涂料与防火涂料等工程涂料多数需要从建筑工程中抽检，但抽检数量有限，而且这几类涂料的 VOCs 含量水平普遍较高，其排放因子可能带来排放清单估算结果的误差。市场上销售及建筑工程使用的涂料包括很多生产厂家、品牌、功能等，不能全部都抽检到位，带来一定的不确定性。

参考文献

[1] 曹鑫悦，吴辉，杨薇桦，等 . 北京市场水性建筑涂料 VOCs 成分及含量分析 [J]. 环境工程学报，2017，11（5）：3000-3008.

[2] GB 18582—2001 室内装饰装修材料 内墙涂料中有害物质限量 [S].

[3] GB 18582—2008 室内装饰装修材料 内墙涂料中有害物质限量 [S].

[4] GB 18582—2020 建筑用墙面涂料中有害物质限量 [S].

[5] GB 24408—2009 建筑用外墙涂料中有害物质限量 [S].

[6] GB 30981—2014 建筑钢结构防腐涂料中有害物质限量 [S].

[7] GB 30981—2020 工业防护涂料中有害物质限量 [S].

[8] GB 38468—2019 室内地坪涂料中有害物质限量 [S].

[9] GB/T 19250—2013 聚氨酯防水涂料 [S].

[10] GB/T 22374—2008 地坪涂装材料 [S].

[11] GB/T 22374—2018 地坪涂装材料 [S].

[12] GB/T 34676—2017 儿童房装饰用内墙涂料 [S].

[13] GB/T 38597—2020 低挥发性有机化合物含量涂料产品技术要求 [S].

[14] HBC 12—2002 环境标志产品认证技术要求 水性涂料 [S].

[15] HG/T 4755—2014 聚硅氧烷涂料 [S].

[16] HG/T 5176—2017 钢结构用水性防腐涂料 [S].

[17] HJ 2537—2014 环境标志产品技术要求 水性涂料 [S].

[18] HJ 457—2009 环境标志产品技术要求 防水涂料 [S].

[19] HJ/T 201—2005 环境标志产品技术要求 水性涂料 [S].

[20] HJBZ 4—1999 水性涂料 [S].

[21] JC 1066—2008 建筑防水涂料中有害物质限量 [S].

[22] JG/T 338—2011 建筑玻璃用隔热涂料 [S].

[23] JG/T 415—2013 建筑防火涂料有害物质限量及检测方法 [S].

[24] JG/T 481—2015 低挥发性有机化合物（VOC）水性内墙涂覆材料 [S].

[25] 贺克斌，王书肖，张强，等 . 城市大气污染物排放清单编制技术手册 [M].

[26] 李晓红，刘兴荣，李万伟 . 内墙涂料中挥发性有机物含量测定与评价 [J]. 中国公共卫生，2006，22（4）：511-512.

[27] 林宣益 . 2017 年建筑涂料分析和 2018 年展望——高质量发展 [J]. 中国涂料，2018，33（3）：40-46.

[28] 林宣益 . 建筑涂料中挥发性有机化合物含量的测定和控制 [J]. 上海涂料，2003，41（1）：22-26.

[29] 刘登良 . 性能、功能和环保：建筑涂料行业 2013 年回顾及展望 [Z]. 中国涂料工业年鉴，2013.

[30] 梅一飞，关红艳，郭中宝，等 . 我国涂料行业的环保技术发展回顾 [J]. 中国涂料，2016，31（7）：8-13.

[31] 孙秋颖，崔伟伟，袁扬，等 . 溶剂型防火涂料中苯系物和 VOC 测试部分解读 [J]. 质量检测，2016，34（7）：78-80.

[32] 张华洁，张裴 . 外墙涂料推广应用背景和现状及发展趋势 [J]. 山西建筑，2010，36（9）：165-166.

[33] 中国涂料工业协会 . 中国涂料工业年鉴 2018[M]. 北京：中国涂料工业协会出版社，2019.

[34] 中华人民共和国国家统计局 . 中国统计年鉴 -2017[M]. 北京：中国统计出版社，2018.

[35] 周君蕊，黄宇，张提，等 . 武汉市建筑涂料及粘胶剂产品中 VOCs 含量水平实测分析 [J]. 青岛大学学报（自然科学版），2020，33（4）：43-49.

[36] Liang X M，Sun X B，Lu Q，et al. VOC emission inventory of architectural coatings and adhesives for new buildings in China based on investigated and measured data[J]. Atmospheric Environment，2021，245：118014.

[37] Qiu P P，Tian H Z，Zhu C Y，et al. An elaborate high resolution emission inventory of primary air pollutants for the Central Plain Urban Agglomeration of China[J]. Atmospheric Environment，2014，86：93-101.

[38] Wei W，Wang S X，Hao J M. Uncertainty analysis of emission inventory for volatile organic compounds from anthropogenic sources in China[J]. Chinese Journal of Environmental Science，2011，32（2）：305-312.

第 6 章 建筑类涂料 VOCs 环境影响研究

6.1 建筑类涂料 VOCs 环境影响研究方法
6.2 建筑类涂料 VOCs 的臭氧生成潜势
6.3 建筑类涂料 VOCs 的二次有机气溶胶生成潜势
6.4 建筑类涂料 VOCs 的综合环境影响分析
参考文献

6.1 建筑类涂料 VOCs 环境影响研究方法

6.1.1 VOCs 对臭氧影响的评估方法

不同 VOCs 组分的光化学反应活性不同，对近地面 O_3 生成的影响不同。常用臭氧生成潜势（ozone formation potential，OFP）来反映 VOCs 对臭氧生成的相对贡献，通过 OFP 的相对大小，可识别对臭氧生成贡献大的 VOCs 物种，以及确定关键污染源。本书采用最大增量反应活性因子（maximum increment reactivity，MIR）来估算涂料中 VOCs 的臭氧生成潜势，臭氧生成潜势的计算公式如下：

$$\mathrm{OFP}_{ij}=\frac{\sum_{k=1}^{n}c_{ikj}}{n}\times \mathrm{MIR}_i \tag{6-1}$$

式中 OFP_{ij}——涂料类型 j 中组分 i 的臭氧生成潜势，g O_3/L 涂料；

c_{ikj}——涂料类型 j 某一样品 k 中组分 i 的质量浓度，g VOC_i/L 涂料；

n——本书中采集的涂料类型 j 的样品数量；

MIR_i——组分 i 的最大增量反应活性，g O_3/g VOC_i，计算时 MIR 采用 Cater 研究中的系数。

VOCs 污染源反应活性（source reactivity，SR）为污染源排放单位质量 VOCs 的臭氧生成潜势，计算公式如下：

$$\mathrm{SR}_{1j}=\sum_{i=1}^{N}(F_{ij}\times \mathrm{MIR}_i) \tag{6-2}$$

式中 SR_{1j}——涂料类型 j 排放 1g VOCs 时的 O_3 生成量，g O_3/g VOCs；

F_{ij}——涂料类型 j 中组分 i 的质量分数，%；

MIR_i——组分 i 的最大增量反应活性，g O_3/ g VOC_i，计算时 MIR 采用 Cater 研究中的系数；

N——涂料类型 j 中的 VOC 物种数。

6.1.2 VOCs 对二次有机气溶胶影响的评估方法

气溶胶生成潜势是判断有机气溶胶生成量的一种方法，根据 Grosjean 的烟雾箱实验数据，本书采用气溶胶生成系数（FAC）法来估算涂料中 VOCs 的二次有机气溶胶（SOA）生成潜势，计算公式如下：

$$\mathrm{SOA}_{ij}=\frac{\sum_{k=1}^{n}c_{ikj}}{n}\times \mathrm{FAC}_i \tag{6-3}$$

式中 SOA_{ij}——涂料类型 j 中组分 i 的 SOA 生成潜势，g SOA/L 涂料；

c_{ikj}——涂料类型 j 某一样品 k 中组分 i 的质量浓度，g VOC_i/L 涂料；

n——本书中采集的涂料类型 j 的样品数量；

FAC_i——组分 i 的气溶胶生成系数，%，计算时 FAC 取值参考 Grosjean 的研究成果。

VOCs 污染源反应活性（source reactivity，SR）为污染源排放单位质量 VOCs 的气溶胶生成潜势，计算公式如下：

$$SR_{2j} = \sum_{i=1}^{N}(F_{ij} \times FAC_i) \tag{6-4}$$

式中 SR_{2j}——涂料类型 j 排放 1g VOCs 时的 SOA 生成量，g SOA/g VOCs；

F_{ij}——涂料类型 j 中组分 i 的质量分数，%；

FAC_i——组分 i 的气溶胶生成系数，%，计算时 FAC 取值参考 Grosjean 的研究成果；

N——涂料类型 j 中的 VOCs 物种数。

6.1.3 臭氧及二次有机气溶胶产生因子建立方法

各类建筑类涂料的臭氧及二次有机气溶胶产生因子计算公式如下：

$$EF_j(O_3) = \frac{\sum_{i=1}^{N} OFP_{ij}}{\rho_j} \tag{6-5}$$

$$EF_j(SOA) = \frac{\sum_{i=1}^{N} SOA_{ij}}{\rho_j} \tag{6-6}$$

式中 $EF_j(O_3)$——涂料类型 j 的臭氧产生因子，g O_3/kg 涂料；

j——涂料类型；

OFP_{ij}——涂料类型 j 中组分 i 的臭氧生成潜势，g O_3/L 涂料；

ρ_j——涂料类型 j 的平均密度，kg 涂料 /L 涂料；

N——涂料类型 j 中的 VOCs 物种数；

$EF_j(SOA)$——涂料类型 j 的二次有机气溶胶产生因子，g SOA /kg 涂料；

SOA_{ij}——涂料类型 j 中组分 i 的 SOA 生成潜势，g SOA/L 涂料。

6.1.4 臭氧及二次有机气溶胶产生清单建立方法

各类建筑类涂料的臭氧及二次有机气溶胶产生量核算公式如下：

$$E_j(O_3) = SR_{1j} \times E_j(VOC) \quad 或 \quad E_j(O_3) = A_j \times EF_j(O_3) \tag{6-7}$$

$$E_j(SOA) = SR_{2j} \times E_j(VOC) \quad 或 \quad E_j(SOA) = A_j \times EF_j(SOA) \tag{6-8}$$

式中 $E_j(O_3)$——涂料类型 j 的臭氧产生量，g O_3；

SR_{1j}——涂料类型 j 排放 1g VOCs 时的 O_3 生成量，g O_3/g VOCs；

$E_j(VOC)$——涂料类型 j 的 VOCs 排放量，g VOCs；

A_j——活动水平，本书中为涂料类型 j 的使用量，kg 涂料；

$EF_j(O_3)$ ——涂料类型 j 的臭氧产生因子，g O_3/kg 涂料；

$E_j(SOA)$——涂料类型 j 的二次有机气溶胶产生量，g SOA；

SR_{2j}——涂料类型 j 排放 1g VOCs 时的 SOA 生成量，g SOA/g VOCs；

$EF_j(SOA)$ ——涂料类型 j 的二次有机气溶胶产生因子，g SOA /kg 涂料。

6.2 建筑类涂料 VOCs 的臭氧生成潜势

各类建筑类涂料中所含 VOCs 组分对臭氧生成潜势的贡献如图 6-1 所示。

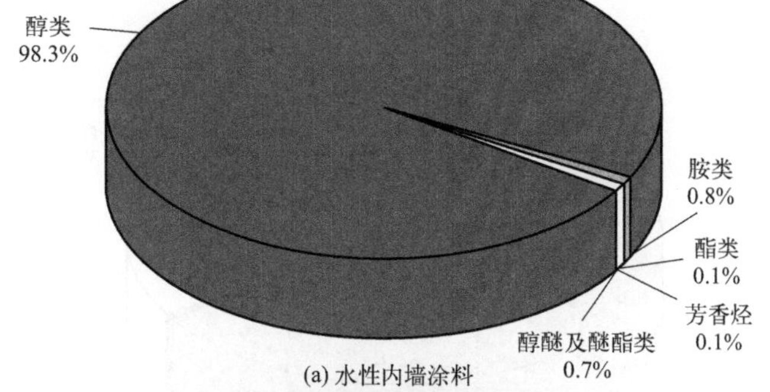

(a) 水性内墙涂料

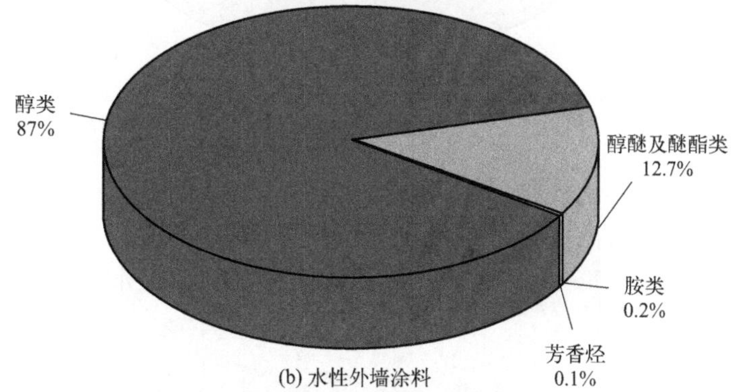

(b) 水性外墙涂料

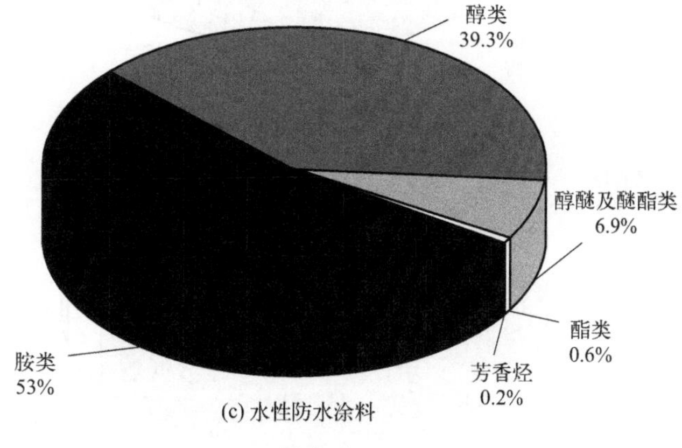

(c) 水性防水涂料

图 6-1

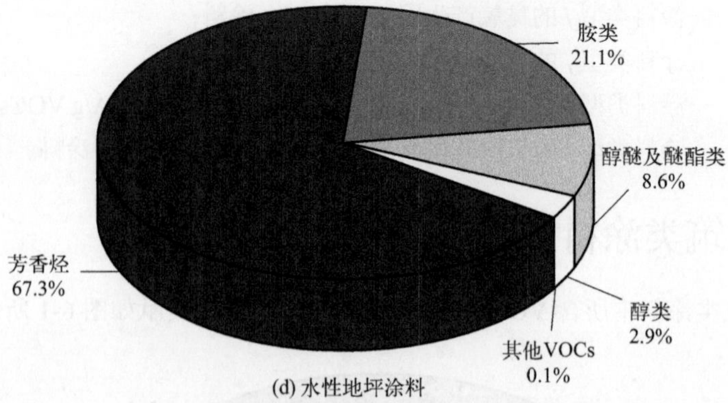

(d) 水性地坪涂料

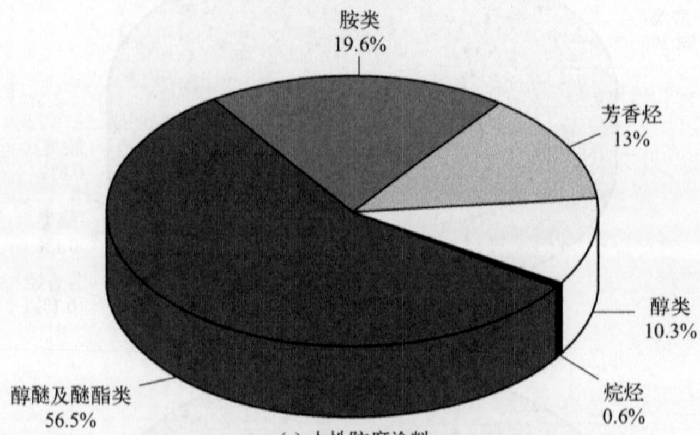

(e) 水性防腐涂料

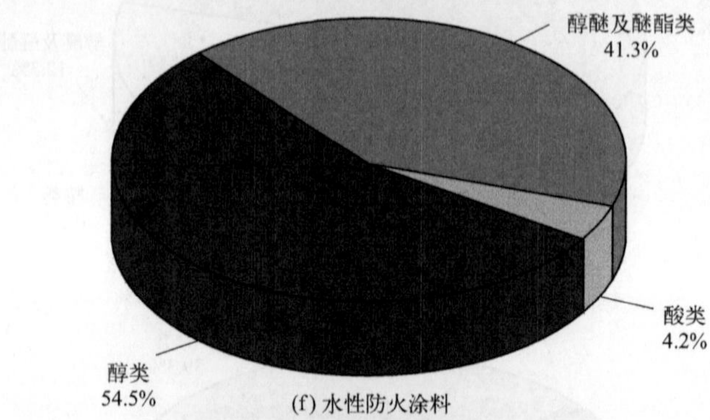

(f) 水性防火涂料

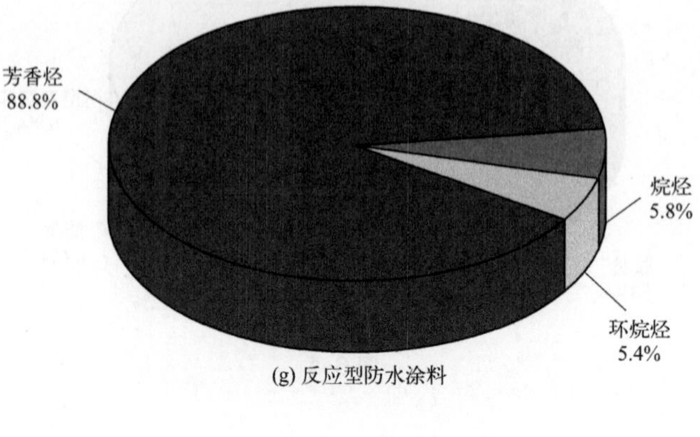

(g) 反应型防水涂料

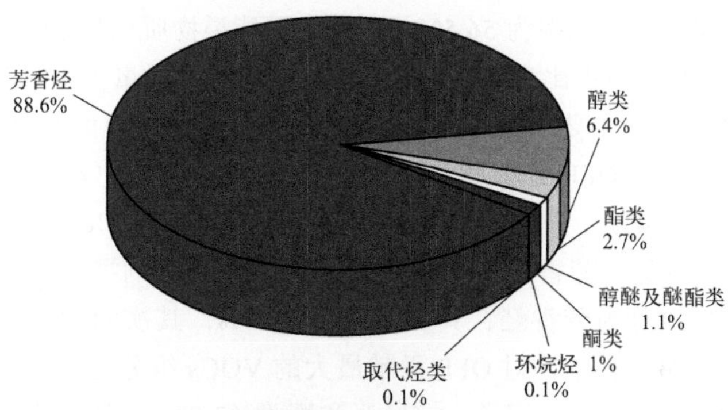

(h) 溶剂型地坪涂料

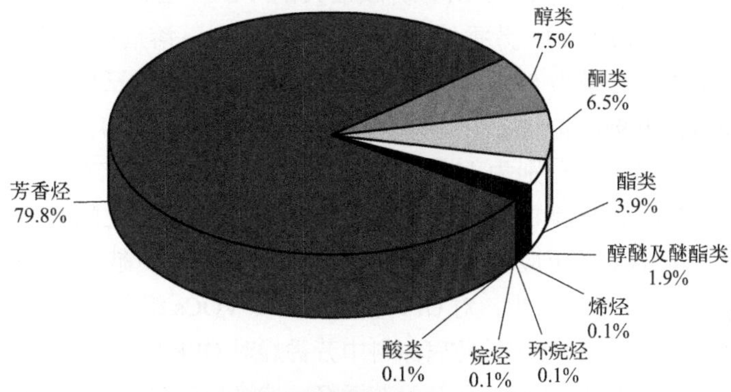

(i) 溶剂型防腐涂料

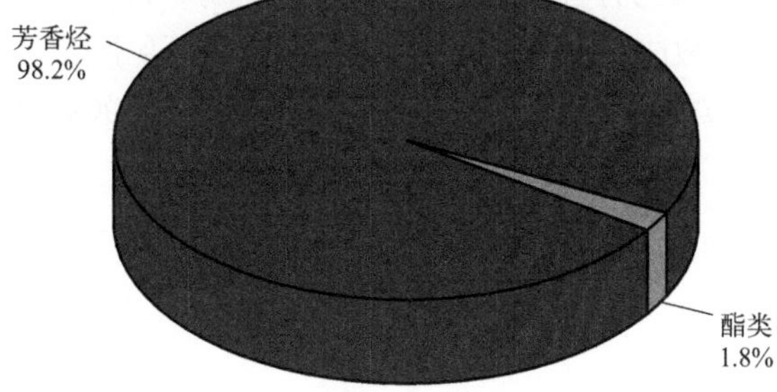

(j) 溶剂型防火涂料

图 6-1 各类建筑类涂料中 VOCs 组分的 OFP 占比情况

由图 6-1 可知，不同用途的建筑类涂料中 VOCs 组分对 OFP 的贡献有差异。水性内墙涂料中，对 OFP 贡献最大的 VOCs 组分为醇类物质，其贡献率为 98.3%。水性外墙涂料中，对 OFP 贡献最大的 VOCs 组分为醇类物质，其贡献率为 87.0%；其次为醇醚及醚酯类物质，其贡献率为 12.7%。水性防水涂料中，对 OFP 贡献最大的 VOCs 组分为胺类（53.0%），其次为醇类（39.3%）和醇醚及醚酯类（6.9%）。水性地坪涂料中，对 OFP 贡献最大的 VOCs 组分为芳香烃（67.3%），胺类（21.1%）和醇醚及醚酯类（8.6%）次之，事实上，芳香烃的质量占比并非最大，其质量占比为 33.0%，但因其有较高的 MIR 值，成为最大的 OFP 贡献者。水性防腐涂料中，醇醚及醚酯类物质是最大的 OFP 贡献者，贡献率为 56.5%，醇醚及醚酯类物质也是水性防腐涂料中质量占比最高的物质，其质量占比为 57.0%，OFP 占比与组分质量占比很接近。水性防火涂料中，对 OFP 贡献的主要 VOCs 组分为醇类（54.5%）和醇醚及醚酯类（41.3%）。反应型防水涂料中，对 OFP 贡献最大的 VOCs 组分为芳香烃（88.8%），其次为烷烃（5.8%）和环烷烃（5.4%），而其质量占比分别为芳香烃（64.7%）、烷烃（21.6%）和环烷烃（13.7%），可见，芳香烃的反应活性较烷烃高。溶剂型地坪涂料中，对 OFP 贡献最大的 VOCs 组分为芳香烃，其贡献率为 88.6%，其次为醇类（6.4%）和酯类（2.7%）。溶剂型防腐涂料中，对 OFP 贡献最大的 VOCs 组分为芳香烃，其贡献率为 79.8%，其次为醇类（7.5%）、酮类（6.5%）和酯类（3.9%），还有少量醇醚及醚酯类（1.9%）。溶剂型防火涂料中，对 OFP 贡献最大的 VOCs 组分为芳香烃，其贡献率为 98.2%，其次为酯类（1.8%）。芳香烃在溶剂型地坪涂料、溶剂型防腐涂料和溶剂型防火涂料中的质量占比分别为 58.8%、50.8% 和 47.8%，而它在三种涂料中的 OFP 贡献率分别为 88.6%、79.9% 和 98.2%；酯类在溶剂型地坪涂料、溶剂型防腐涂料和溶剂型防火涂料中的质量占比分别为 12.8%、18.8% 和 20.3%，而它在三种涂料中的 OFP 贡献率分别为 2.7%、3.9% 和 1.8%，可见，芳香烃的反应活性比酯类高很多。

整体而言，水性涂料、反应型涂料与溶剂型涂料中对 OFP 贡献的主要 VOCs 有机物族有很大差异。在各类水性涂料中，对 OFP 贡献的主要 VOCs 组分为醇类、胺类和醇醚及醚酯类物质，水性地坪涂料和水性防腐涂料中芳香烃对 OFP 也有较大的贡献。在反应型涂料中，对 OFP 贡献的主要 VOCs 组分为芳香烃、烷烃和环烷烃。在各类溶剂型涂料中，对 OFP 贡献最大的 VOCs 组分为芳香烃，芳香烃占绝对优势，因为芳香烃的质量占比最大，加之有较高的 MIR 值，故成为最大的 OFP 贡献者；其次还包括醇类、酮类、酯类。

图 6-2 给出了各类建筑类涂料中对 OFP 贡献最大的前 10 位 VOCs 物种。

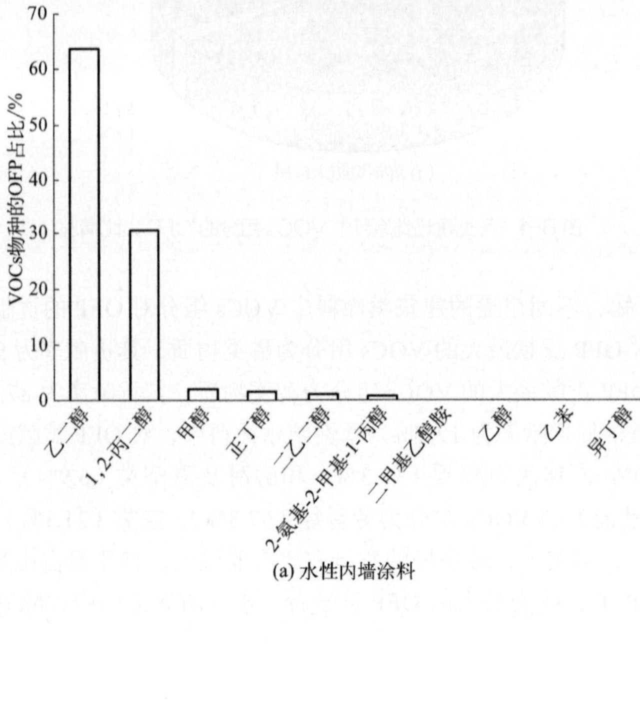

(a) 水性内墙涂料

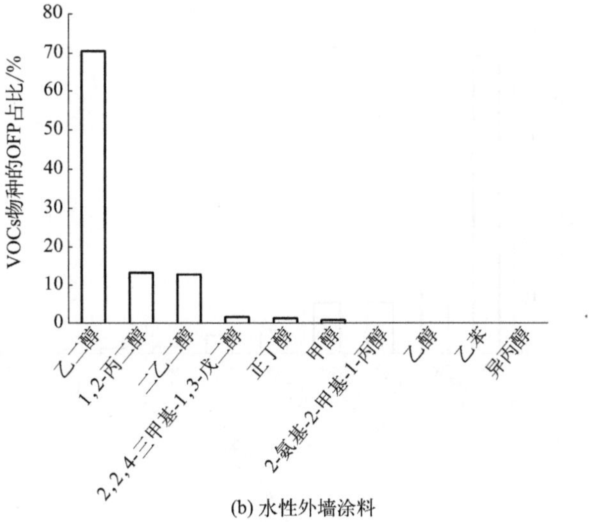

(b) 水性外墙涂料

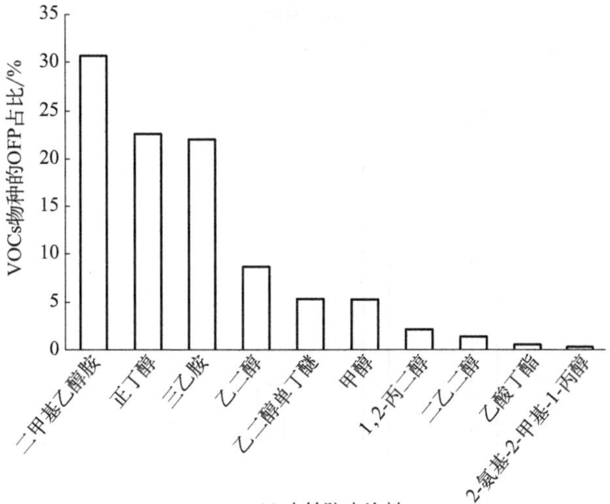

(c) 水性防水涂料

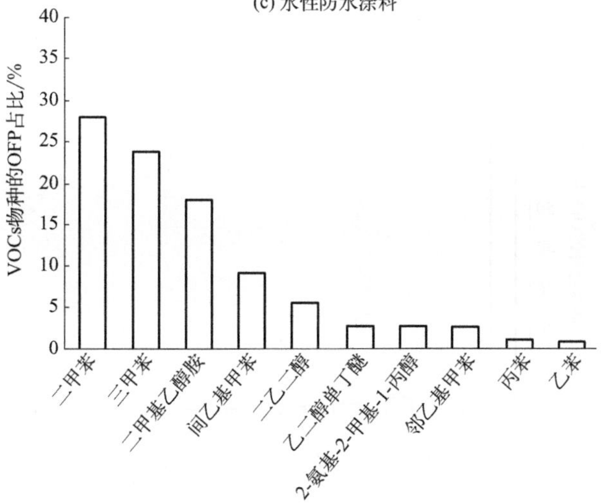

(d) 水性地坪涂料

图 6-2

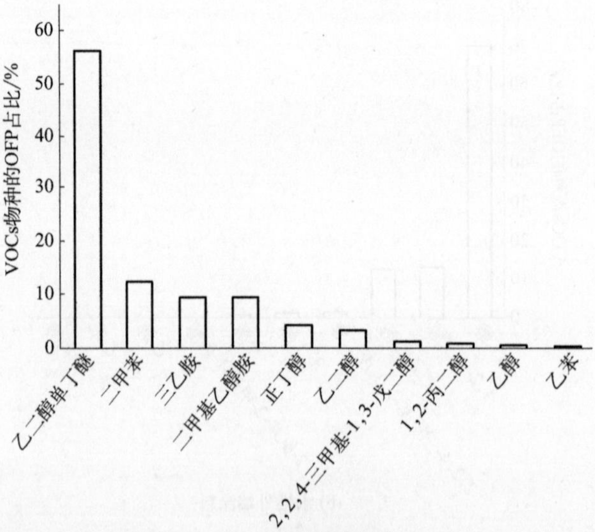

(e) 水性防腐涂料

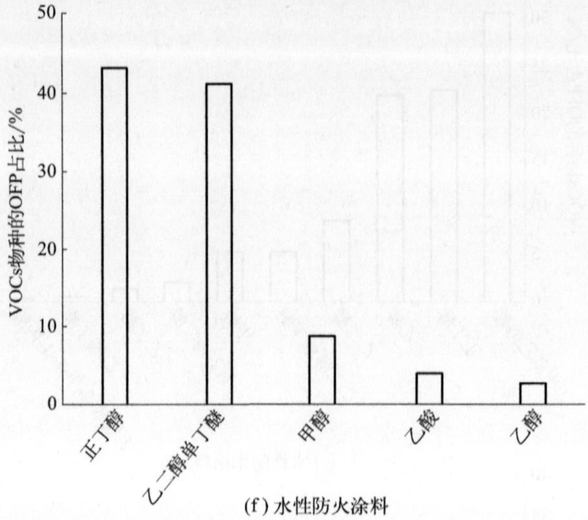

(f) 水性防火涂料

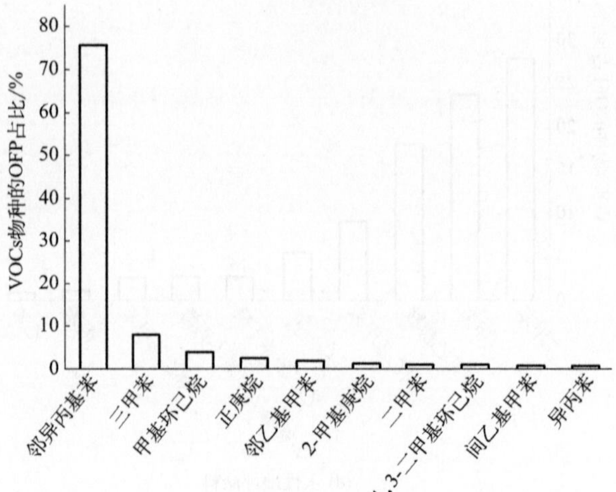

(g) 反应型防水涂料

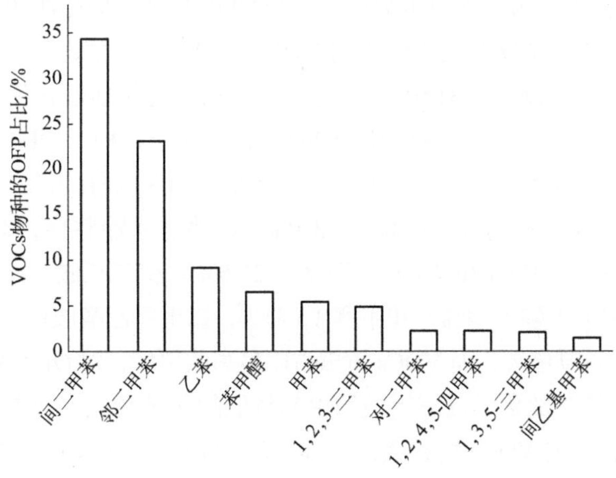

(h) 溶剂型地坪涂料

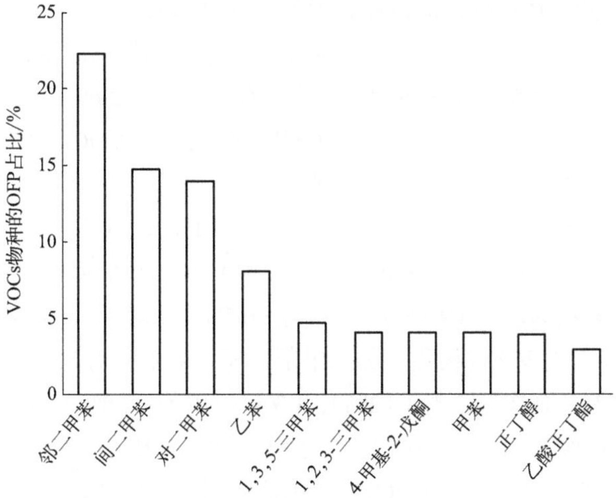

(i) 溶剂型防腐涂料

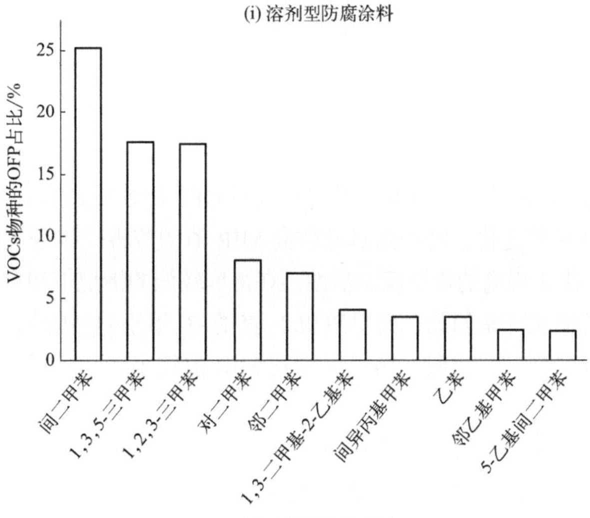

(j) 溶剂型防火涂料

图 6-2 各类建筑类涂料中对 OFP 贡献最大的前 10 位 VOCs 物种

由图 6-2 可知，不同用途的建筑类涂料中对 OFP 贡献最大的前 10 位 VOCs 物种有差异。水性内墙涂料中，对 OFP 贡献最大的 VOCs 物种为乙二醇，其次为 1,2- 丙二醇，对 OFP 的贡献率分别为 63.9% 和 31.0%，同时这两个物种也是质量占比最高的物种，在水性内墙涂料中的质量占比分别为 52.2% 和 26.9%，这两个物种对 OFP 的贡献率与其质量占比很接近。水性外墙涂料中，对 OFP 贡献最大的 VOCs 物种为乙二醇，其次为 1,2- 丙二醇，对 OFP 的贡献率分别为 70.6% 和 13.1%。水性防水涂料中，对 OFP 贡献最大的 VOCs 物种为二甲基乙醇胺（30.7%）、正丁醇（22.5%）和三乙胺（22.1%），其次为乙二醇（8.8%）、乙二醇单丁醚（5.4%）和甲醇（5.4%），二甲基乙醇胺作为 VOCs 质量占比第四的组分，对 OFP 贡献最大，而 VOCs 质量占比最高的甲醇，对 OFP 的贡献率仅为 5.4%，这与二甲基乙醇胺较高的化学反应活性和甲醇较低的化学反应活性有关。水性地坪涂料中，对 OFP 贡献最大的 VOCs 物种为二甲苯（28.0%）、三甲苯（23.8%）和二甲基乙醇胺（18.0%），其次为间乙基甲苯（9.2%）和二乙二醇（5.8%），水性地坪涂料中所含有的臭氧前体物主要为芳香烃物种，值得注意的是，2- 氨基 -2- 甲基 -1- 丙醇虽然质量占比最高，但由于较低的 MIR 值，对臭氧生成潜势贡献较小。水性防腐涂料中，对 OFP 贡献最大的 VOCs 物种为乙二醇单丁醚（56.3%），其次为二甲苯（12.6%）、三乙胺（9.9%）和二甲基乙醇胺（9.7%）。水性防火涂料中，对 OFP 贡献最大的 VOCs 物种为正丁醇（43.2%）和乙二醇单丁醚（41.3%），其次为甲醇（8.8%）。反应型防水涂料中，对 OFP 贡献最大的 VOCs 物种为邻异丙基苯（75.8%），其次为三甲苯（8.1%）、甲基环己烷（3.9%）和正庚烷（2.6%）。溶剂型地坪涂料中，对 OFP 贡献最大的 VOCs 物种为间二甲苯（34.3%）和邻二甲苯（23.1%），其次为乙苯（9.3%）、苯甲醇（6.5%）和甲苯（5.4%）。溶剂型防腐涂料中，对 OFP 贡献最大的 VOCs 物种为邻二甲苯、间二甲苯和对二甲苯，三种二甲苯 OFP 的贡献之和为 51.1%，其次为乙苯（8.2%）、1,3,5- 三甲苯（4.8%）、1,2,3- 三甲苯（4.1%）、4- 甲基 -2- 戊酮（4.0%）、甲苯（4.0%）、正丁醇（3.9%）和乙酸正丁酯（3.0%）。溶剂型防火涂料中，对 OFP 贡献最大的 VOCs 物种为间二甲苯（25.3%）、1,3,5- 三甲苯（17.7%）和 1,2,3- 三甲苯（17.4%），其次为对二甲苯（8.2%）和邻二甲苯（7.0%）。值得注意的是，乙酸正丁酯、乙酸仲丁酯、乙酸乙酯和邻苯二甲酸二甲酯虽然在溶剂型地坪涂料、溶剂型防腐涂料和溶剂型防火涂料中质量占比很高，但由于较低的 MIR 值，其在三种涂料中的 OFP 贡献率都很低。

VOCs 组分化学反应活性（MIR）不同导致对 OFP 贡献最大的前 10 位物种与其对应的质量占比顺序有显著变化，特别是具有较高 MIR 值的芳香烃组分。部分芳香烃物质如二甲苯和三甲苯，由于极高的化学反应活性，在浓度较低的情况下却有较高的 OFP，胺类组分中的二甲基乙醇胺亦是如此；而甲醇和 2- 氨基 -2- 甲基 -1- 丙醇、乙酸正丁酯、乙酸仲丁酯、乙酸乙酯和邻苯二甲酸二甲酯因为其 MIR 值较小，则相对于 VOCs 质量占比其 OFP 占比较小。

整体而言，水性涂料、反应型涂料与溶剂型涂料中对 OFP 贡献大的主要 VOCs 物种有很大差异。各类水性涂料中，对 OFP 贡献较大的物种是乙二醇、1,2- 丙二醇、正丁醇、二甲基乙醇胺、二甲苯、三甲苯和乙二醇单丁醚；乙二醇、1,2- 丙二醇、正丁醇和乙二醇单丁醚的质量占比与 OFP 占比较接近，说明这 4 个物种的反应活性处于中等水平；而二甲基乙醇胺、二甲苯和三甲苯的 OFP 占比明显高于其质量占比，说明其具有较高的反应活性，对臭氧生成的影响较大。反应型涂料中，对 OFP 贡献较大的物种是邻异丙基苯、三甲苯、甲基环己烷和正庚烷。各类溶剂型涂料中，对 OFP 贡献较大的物种是二甲苯（邻二甲苯、间二甲苯、对二甲苯 3 种）、乙苯、甲苯、三甲苯（1,3,5- 三甲苯，1,2,3- 三甲苯）、间乙基甲苯、邻乙基甲苯、间异丙基甲苯等芳香烃，这些物种质量占比高，而且有较高的 MIR 值，成为最大的 OFP 贡献物种。由此可知，重点控制反应活性高的 VOCs 物种的量有利于控制臭氧的生成。

6.3 建筑类涂料 VOCs 的二次有机气溶胶生成潜势

各类建筑类涂料中所含 VOCs 组分对二次有机气溶胶的贡献如图 6-3 所示。水性内墙涂料、水性外墙涂料、水性防水涂料和水性地坪涂料中，对 SOA 的贡献率最大的 VOCs 组分均为芳香烃，芳香烃对 SOA 的贡献率都接近 100%。水性防腐涂料中，对 SOA 贡献最大的 VOCs 组分为芳香烃，其贡献率为 73.2%；其次为烷烃，其贡献率为 26.8%。水性防火涂料的使用基本不产生 SOA。反应型防水涂料中，对 SOA 贡献最大的 VOCs 组分为环烷烃（52.3%）和芳香烃（41.5%），其次为烷烃（6.2%）。溶剂型地坪涂料、溶剂型防腐涂料和溶剂型防火涂料中，对 SOA 贡献最大的 VOCs 组分均为芳香烃，芳香烃对 SOA 的贡献率都接近 100%。

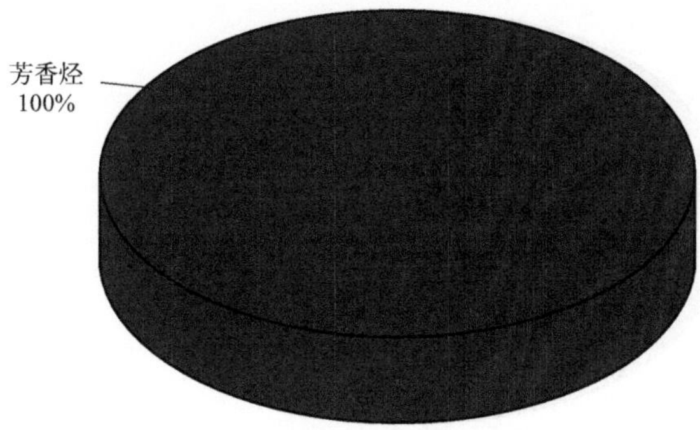

(a) 水性内墙涂料

(b) 水性外墙涂料

图 6-3

(c) 水性防水涂料

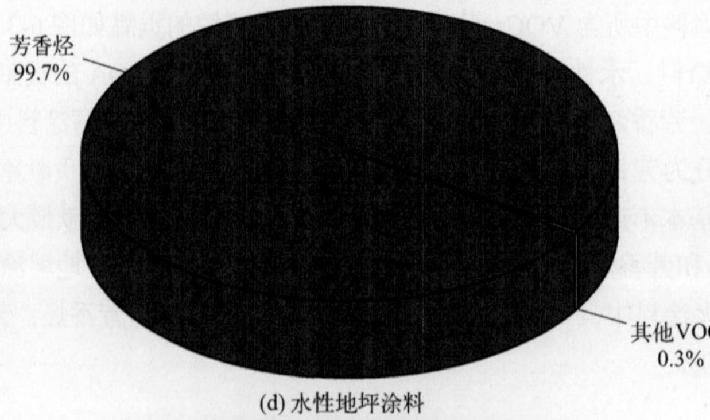

(d) 水性地坪涂料

(e) 水性防腐涂料

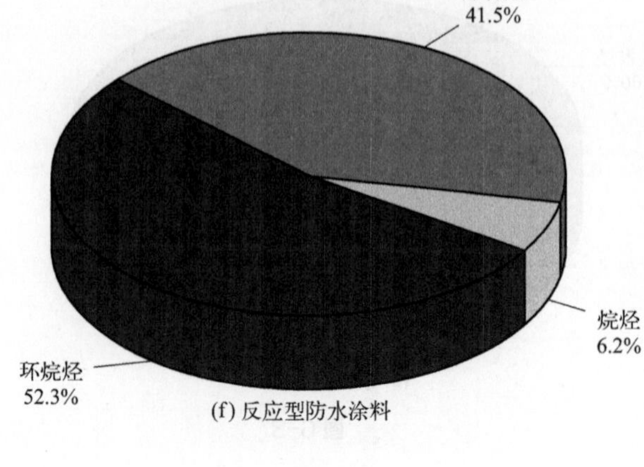

(f) 反应型防水涂料

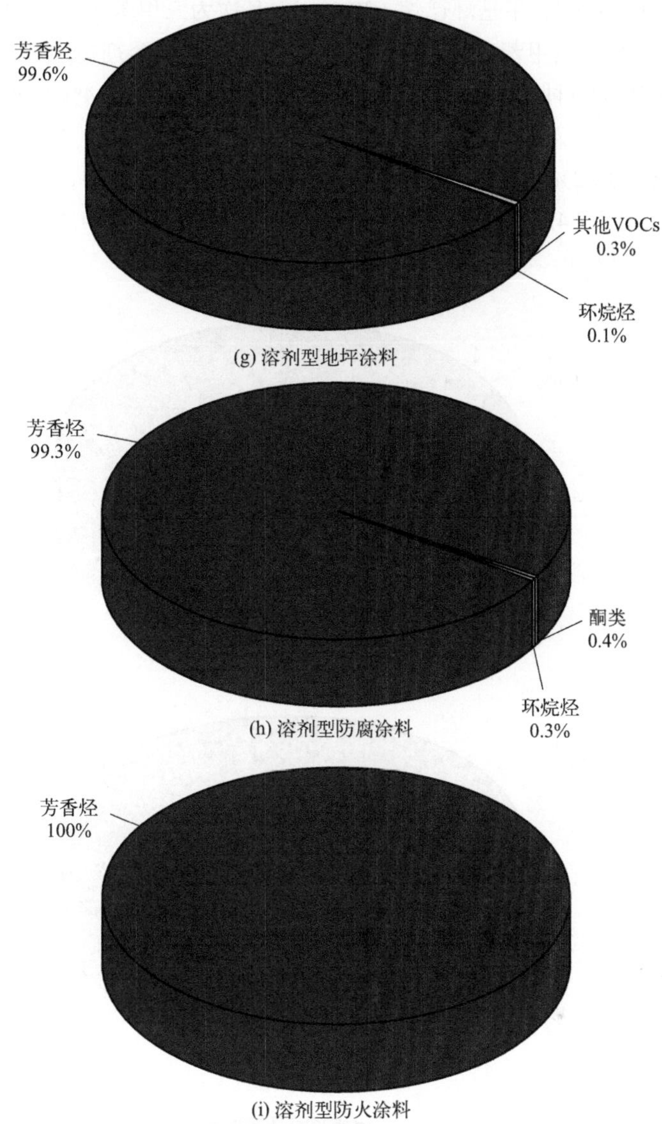

图 6-3 各类建筑类涂料中 VOCs 组分的 SOA 占比情况

整体而言，水性涂料与溶剂型涂料中对 SOA 贡献的主要 VOCs 有机物族一致，基本都是芳香烃，其贡献率接近 100%。反应型涂料中对 SOA 贡献的主要 VOCs 有机物族除芳香烃外，还包括环烷烃和烷烃。

图 6-4 给出了各类建筑类涂料中对 SOA 贡献最大的 VOCs 物种。水性内墙涂料、水性外墙涂料和水性防水涂料中，对 SOA 产生贡献的物种均为乙苯，贡献率高达 100.0%。水性地坪涂料中，对 SOA 贡献率前 5 的物种分别是二甲苯（42.4%）、三甲苯（19.4%）、间乙基甲苯（14%）、邻乙基甲苯（8.1%）和乙苯（5.2%），贡献率之和为 89.1%。水性防腐涂料中，对 SOA 产生贡献的首要 VOCs 物种为二甲苯，其贡献率为 65.2%，其次为正十一烷（17.0%）、正十三烷（8.5%）和乙苯（7.9%）。反应型防水涂料中，对 SOA

贡献最大的VOCs物种为甲基环己烷（39.2%），其次为三甲苯（13.4%）、1,3-二甲基环己烷（12.8%）、邻乙基甲苯（12.2%）和异丙苯（8.9%）。溶剂型地坪涂料中，对SOA贡献最大的VOCs物种为二甲苯（51.6%），其次为乙苯（26.4%）和甲苯（11.7%）。溶剂型防腐涂料中，对SOA贡献最大的VOCs物种为二甲苯（48.1%），其次为乙苯（27.5%）、甲苯（10.2%）和三甲苯（4.7%）。溶剂型防火涂料中，对SOA贡献最大的VOCs物种为二甲苯（42.2%），其次为三甲苯（21.3%）、乙苯（14.2%）、异丙苯（6.3%）和邻乙基甲苯（5.5%）。

(a) 水性内墙涂料

(b) 水性外墙涂料

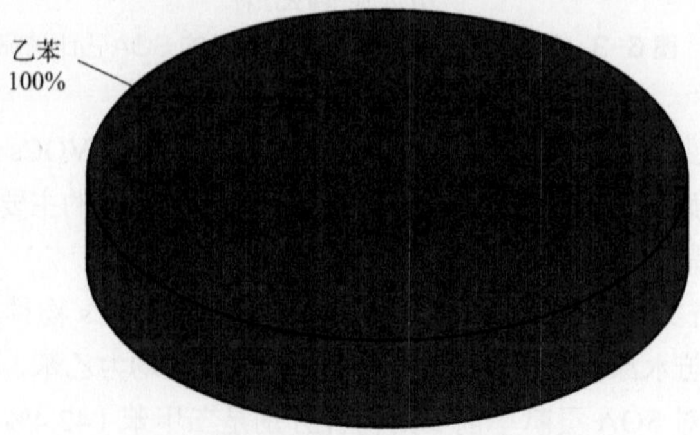

(c) 水性防水涂料

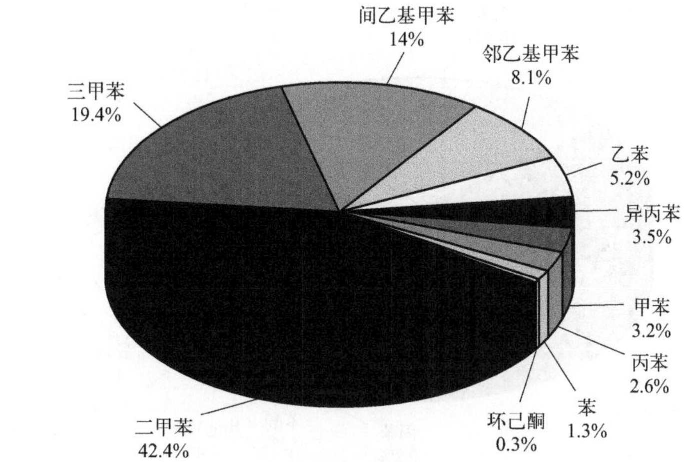

(d) 水性地坪涂料

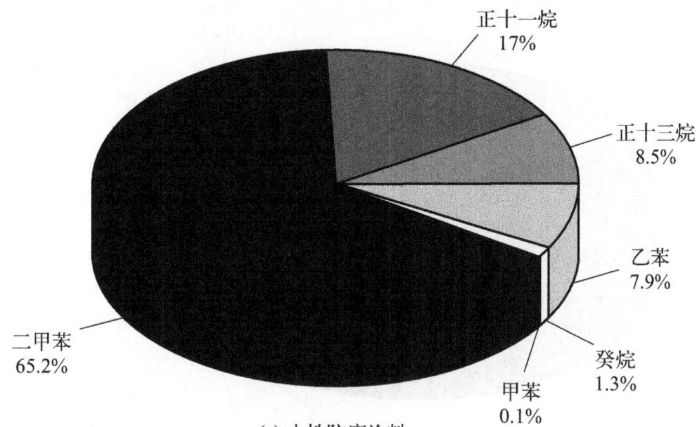

(e) 水性防腐涂料

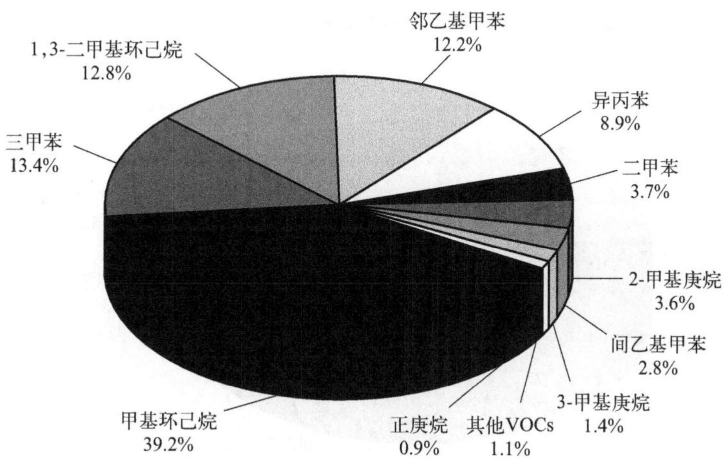

(f) 反应型防水涂料

图 6-4

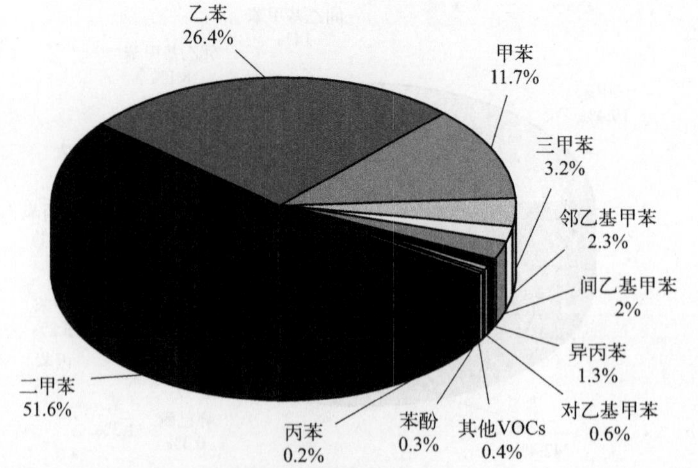

(g) 溶剂型地坪涂料

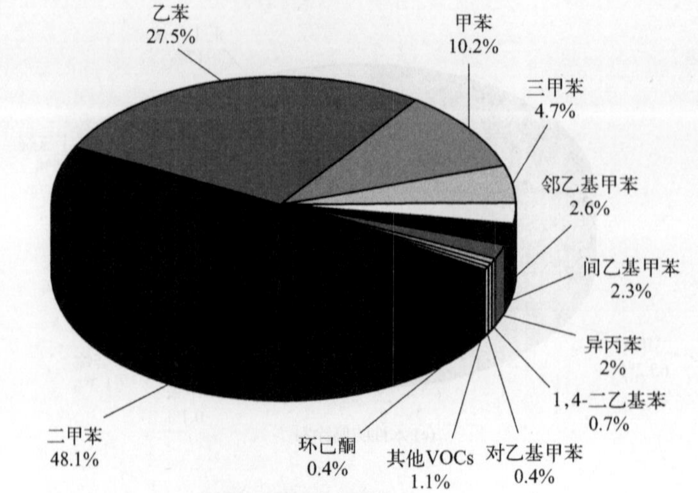

(h) 溶剂型防腐涂料

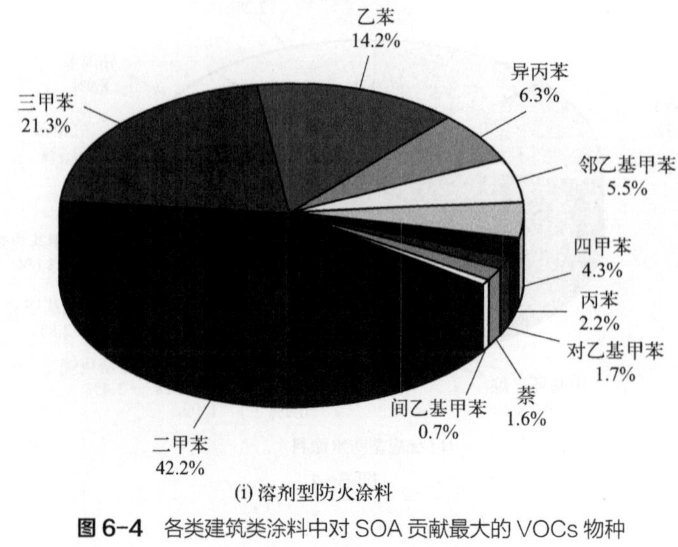

(i) 溶剂型防火涂料

图 6-4 各类建筑类涂料中对 SOA 贡献最大的 VOCs 物种

整体而言，水性涂料、反应型涂料与溶剂型涂料中对 SOA 贡献的主要 VOCs 物种基本一致，对 SOA 贡献较大的物种是二甲苯、甲苯、乙苯、三甲苯、间乙基甲苯、邻乙基甲苯、异丙苯、正十一烷、正十三烷、甲基环己烷。由此可知，重点控制这些物种的量有利于控制二次有机气溶胶的生成。

6.4 建筑类涂料 VOCs 的综合环境影响分析

图 6-5 展示了各类建筑类涂料的 VOCs 排放因子和 O_3、SOA 产生因子，即单位质量涂料的 VOCs 排放、臭氧生成潜势和二次有机气溶胶生成潜势情况。从 VOCs 排放量来看，单位质量水性建筑类涂料（水性建筑类涂料包括水性内墙涂料、水性外墙涂料、水性防水涂料、水性地坪涂料、水性防腐涂料和水性防火涂料）VOCs 排放量范围为 2.8 ～ 86.4g VOCs/kg 涂料，单位质量反应型建筑类涂料（反应型防水涂料）VOCs 排放量为 87.8g VOCs/kg 涂料，单位质量溶剂型建筑类涂料（溶剂型建筑类涂料包括溶剂型地坪涂料、溶剂型防腐涂料和溶剂型防火涂料）VOCs 排放量范围为 275.2 ～ 464.6g VOCs/kg 涂料。与溶剂型建筑类涂料相比，水性建筑类涂料的 VOCs 排放因子大幅降低，不同种类溶剂型建筑类涂料的 VOCs 排放因子是水性建筑类涂料的 3.2 ～ 165.9 倍，说明使用水性建筑类涂料替代溶剂型建筑类涂料能有效降低 VOCs 的排放量，从源头上实现 VOCs 减排。从臭氧生成量和二次有机气溶胶生成量来看，单位质量水性建筑类涂料的 O_3 生成量范围为 7.9 ～ 315.3g O_3/kg 涂料，单位质量反应型建筑类涂料的 O_3 生成量为 364.8g O_3/kg 涂料，单位质量溶剂型建筑类涂料的 O_3 生成量范围为 1104.5 ～ 1844.6g O_3/kg 涂料。单位质量水性建筑类涂料的 SOA 生成量范围为 0 ～ 0.1g SOA/kg 涂料，单位质量反应型建筑类涂料的 SOA 生成量为 0.6g SOA/kg 涂料，单位质量溶剂型建筑类涂料的 SOA 生成量范围为 6.4 ～ 9.3g SOA/kg 涂料。不同种类溶剂型建筑类涂料的单位质量涂料 O_3 生成量是水性建

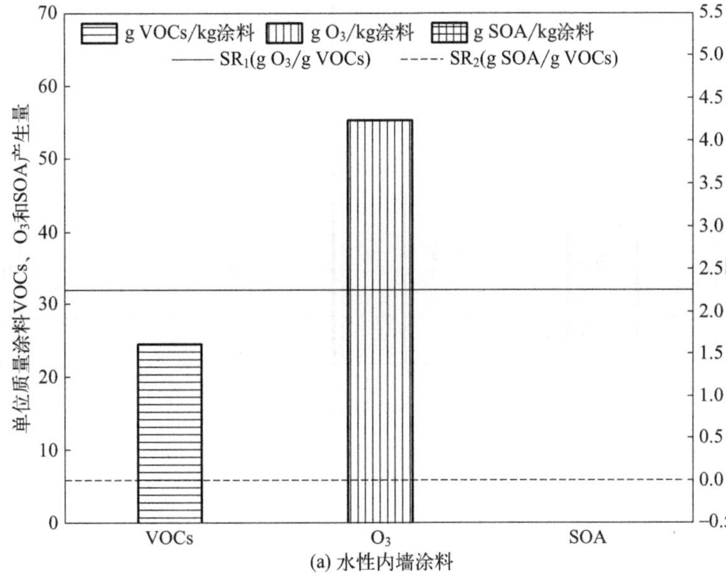

(a) 水性内墙涂料

图 6-5

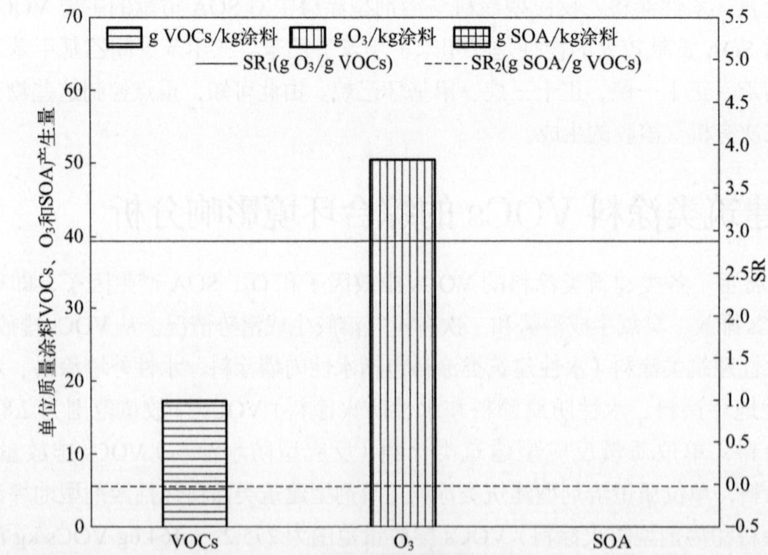

(b) 水性外墙涂料

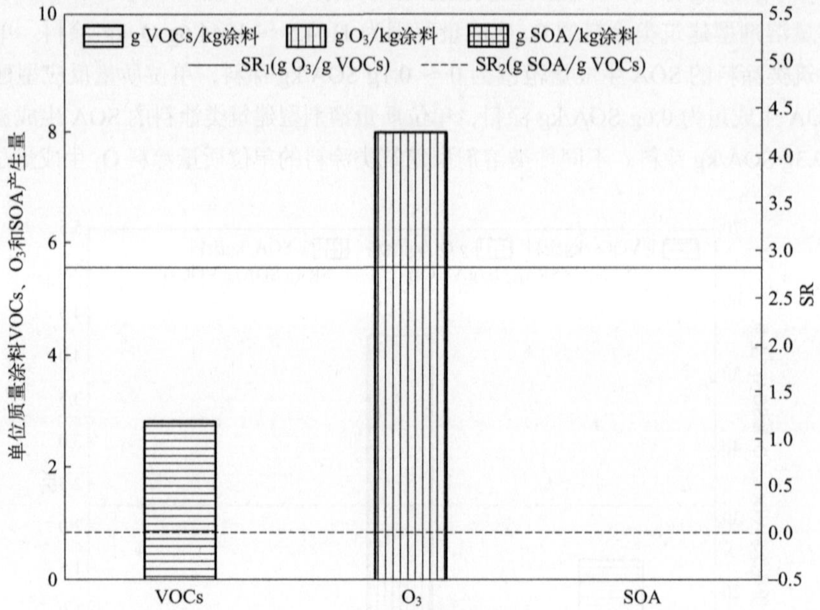

(c) 水性防水涂料

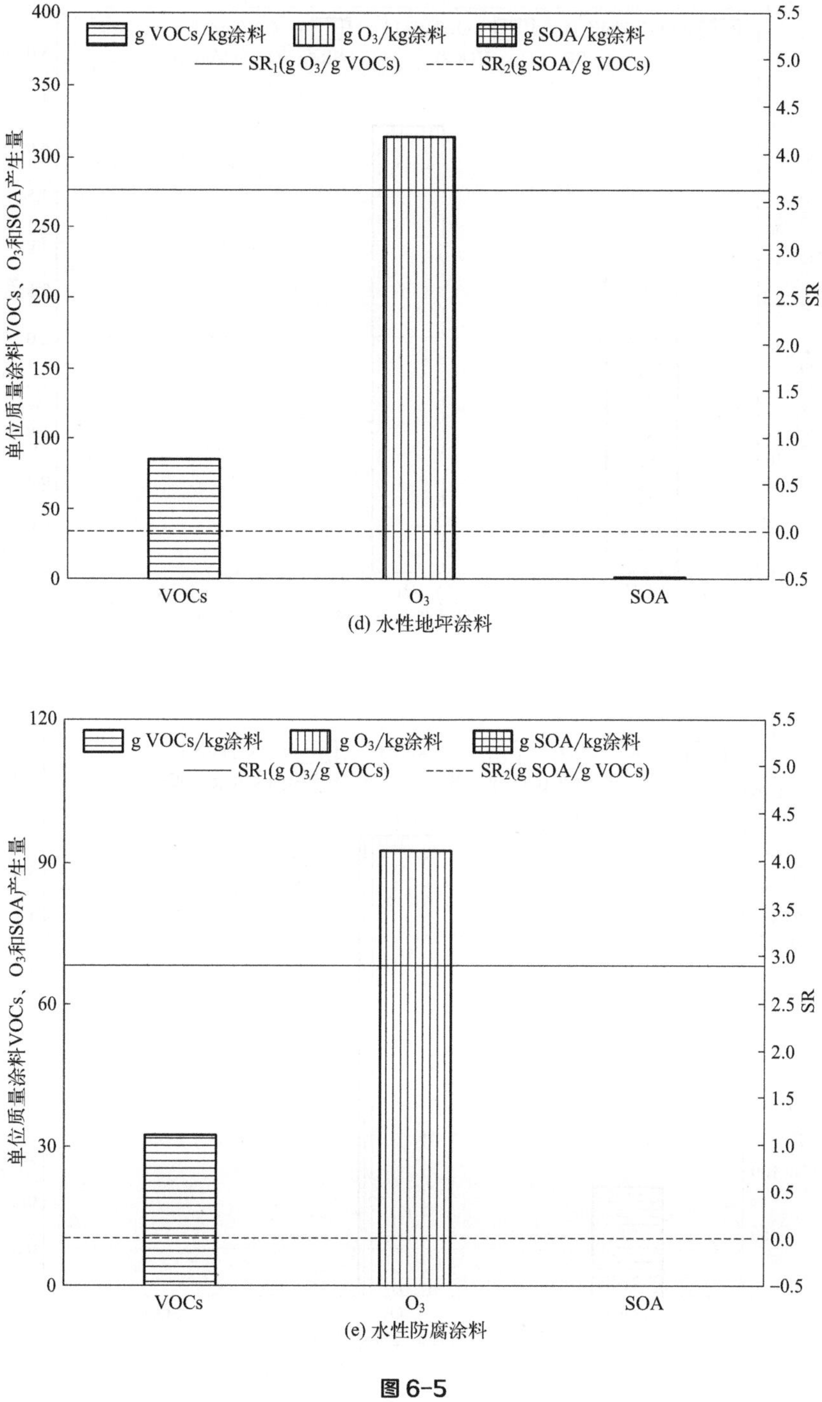

(d) 水性地坪涂料

(e) 水性防腐涂料

图 6-5

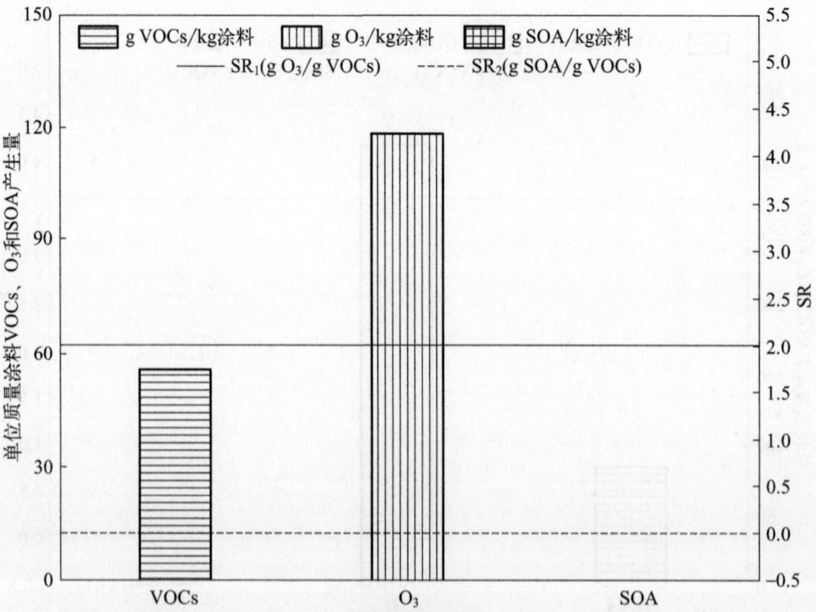

(f) 水性防火涂料

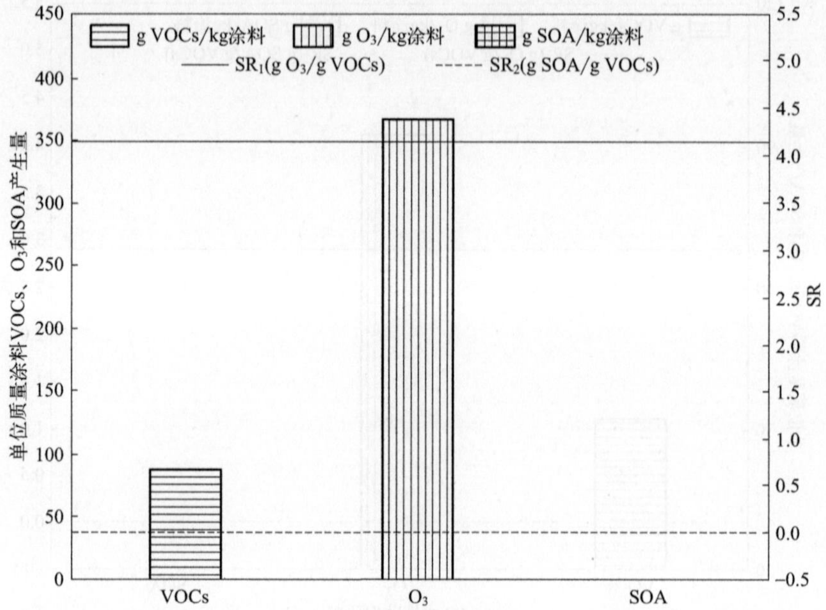

(g) 反应型防水涂料

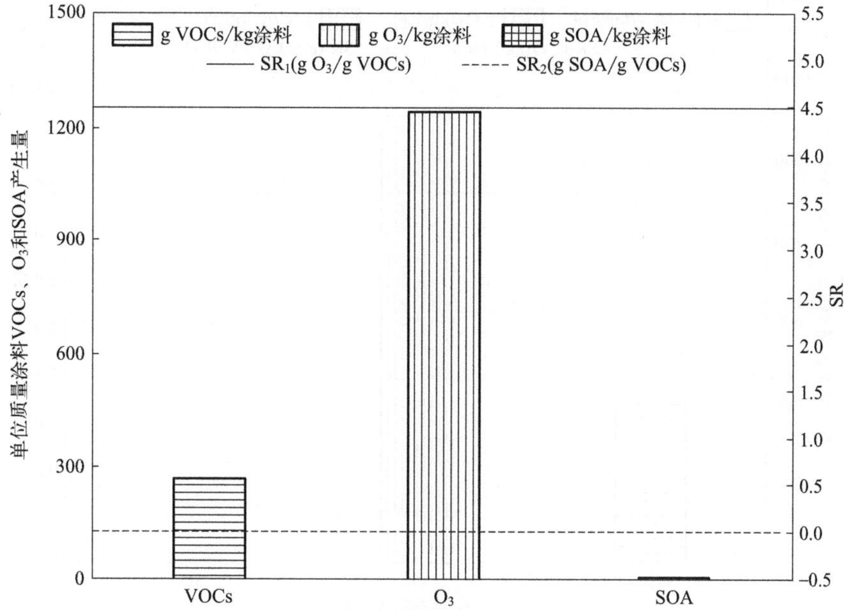

(h) 溶剂型地坪涂料

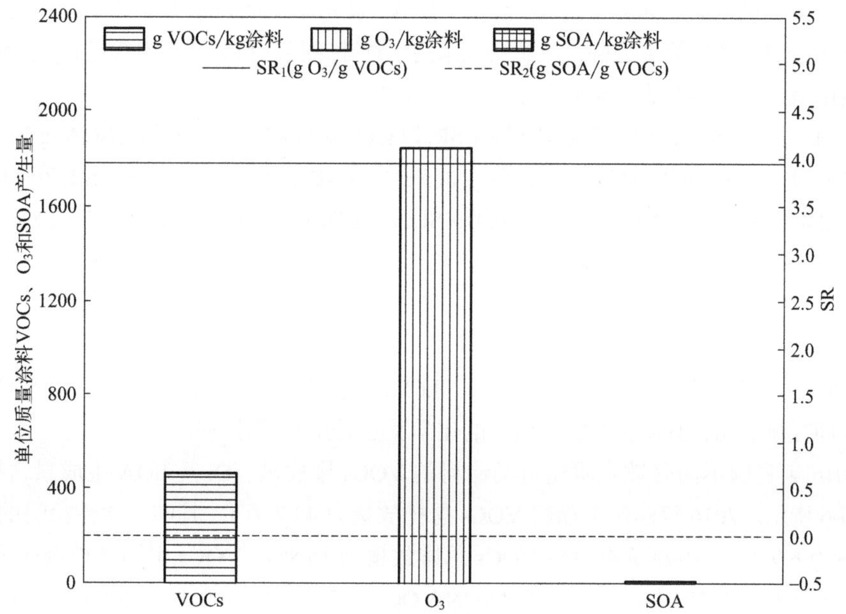

(i) 溶剂型防腐涂料

图 6-5

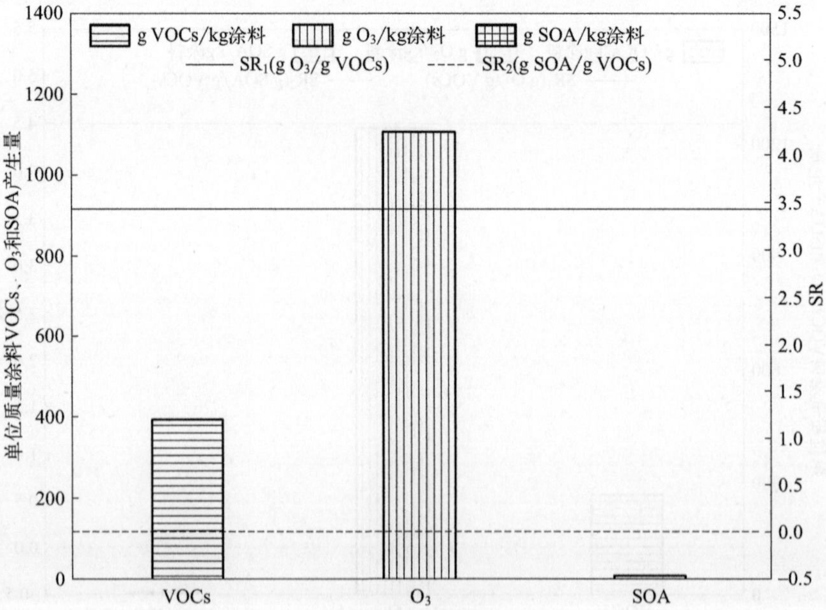

(j) 溶剂型防火涂料

图 6-5 不同种类建筑类涂料的 VOCs 排放因子和 O_3、SOA 产生因子

筑类涂料的 3.5 ～ 232.1 倍，不同种类溶剂型建筑类涂料的单位质量涂料 SOA 生成量是水性建筑类涂料的 6.4 ～ 106.4 倍，由此可以看出，使用单位质量水性建筑类涂料对环境的影响远小于溶剂型建筑类涂料，从源头上采用水性建筑类涂料替代溶剂型建筑类涂料可以大幅度削减二次污染物的生成量。

同时，本研究采用污染源反应活性（SR_1 以 g O_3/ g VOCs 计，SR_2 以 g SOA/ g VOCs 计）对各类建筑类涂料中的 VOCs 活性进行定量评估。各类水性建筑类涂料的 SR_1 和 SR_2 范围分别为 2.0 ～ 3.6g O_3/g VOCs 和 0 ～ 0.01g SOA/g VOCs。反应型建筑类涂料的 SR_1 和 SR_2 分别为 4.2g O_3/g VOCs 和 0.01g SOA/g VOCs。各类溶剂型建筑类涂料的 SR_1 和 SR_2 范围分别为 3.4 ～ 4.5g O_3/g VOCs 和 0.02 ～ 0.03g SOA/ g VOCs。就 VOCs 污染源反应活性而言，各类水性建筑类涂料的 SR_1 为溶剂型建筑类涂料的 44.2% ～ 106.4%，各类水性建筑类涂料的 SR_2 为溶剂型建筑类涂料的 9.1% ～ 58.6%，说明使用水性建筑类涂料不仅可以明显降低 VOCs 排放量，其所含 VOCs 组分的化学反应活性也相对较低。

2016 年我国不同分散介质建筑类涂料的 VOCs 排放量、O_3 及 SOA 生成量占比情况如图 6-6 所示。2016 年建筑类涂料 VOCs 总排放量为 43.7 万 t。其中，水性涂料的 VOCs 排放量为 6.9 万 t，占建筑类涂料 VOCs 总排放量的 15.8%，VOCs 平均排放因子为 11.1g VOCs/kg 涂料；反应型和无溶剂型涂料的 VOCs 排放量为 2.3 万 t，占建筑类涂料 VOCs 总排放量的 5.3%，VOCs 平均排放因子为 74.7g VOCs/kg 涂料；溶剂型涂料的 VOCs 排放量为 34.5 万 t，占建筑类涂料 VOCs 总排放量的 78.9%，VOCs 平均排放因子为 372.2g VOCs/kg 涂料。建筑类涂料中，溶剂型涂料的 VOCs 排放量最高，其次为水性涂料，最后为反应型和无溶剂型涂料。建筑类涂料中，溶剂型涂料的 VOCs 排放因子最高，其次为反应型和无溶剂型涂料，水性涂料的 VOCs 排放因子最低。溶剂型涂料的 VOCs 排放量及

VOCs 平均排放因子均很高，应予以重视。减少溶剂型涂料的使用有利于减少 VOCs 排放，建筑类涂料进一步水性化是降低 VOCs 排放的趋势。

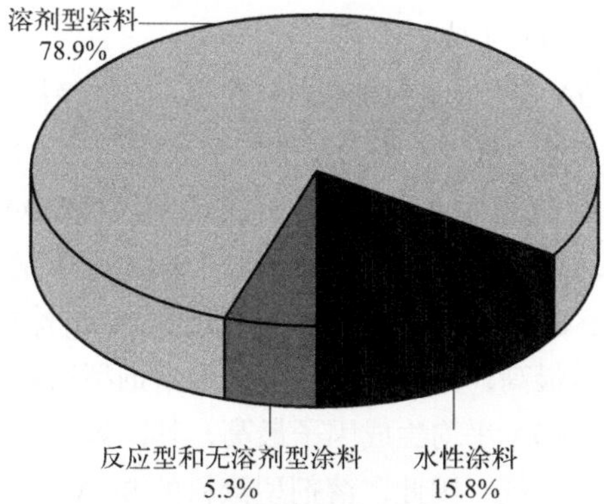

(a) VOCs排放量占比

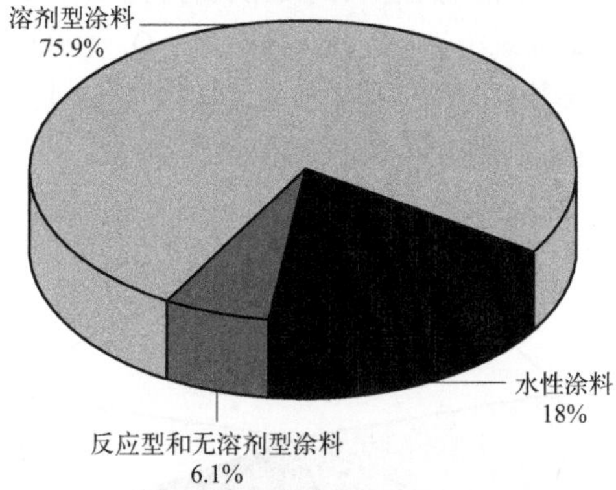

(b) O_3生成量占比

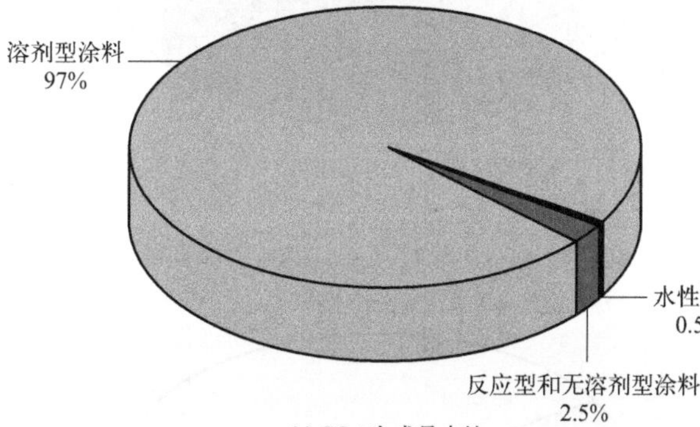

(c) SOA生成量占比

图 6-6 2016 年我国不同分散介质建筑类涂料的 VOCs 排放量、O_3 及 SOA 生成量占比情况

2016 年建筑类涂料 O_3 总生成量为 181.5 万 t。其中，水性涂料的 O_3 生成量为 32.6 万 t，占建筑类涂料 O_3 总生成量的 18.0%，O_3 平均生成因子为 52.3g O_3/kg 涂料；反应型和无溶剂型涂料的 O_3 生成量为 11.2 万 t，占建筑类涂料 O_3 总生成量的 6.1%，O_3 平均生成因子为 364.8g O_3/kg 涂料；溶剂型涂料的 O_3 生成量为 137.7 万 t，占建筑类涂料 O_3 总生成量的 75.9%，O_3 平均生成因子为 1486.1g O_3/kg 涂料。综上，建筑类涂料中，溶剂型涂料的 O_3

生成量最高，其次为水性涂料，最后为反应型和无溶剂型涂料；建筑类涂料中，溶剂型涂料的 O_3 平均生成因子最高，其次为反应型和无溶剂型涂料，水性涂料的 O_3 平均生成因子最低。因此，溶剂型涂料的 O_3 生成量及 O_3 平均生成因子均很高，应予以重视，减少溶剂型涂料的使用将有利于减少 O_3 生成量。

2016年建筑类涂料SOA总生成量为0.8万t。其中，水性涂料的SOA生成量为0.004万t，占建筑类涂料 SOA 总生成量的 0.5%，SOA 平均生成因子为 0.01g SOA/kg 涂料；反应型和无溶剂型涂料的 SOA 生成量为 0.02 万 t，占建筑类涂料 SOA 总生成量的 2.5%，SOA 平均生成因子为 0.6g SOA/kg 涂料；溶剂型涂料的 SOA 生成量为 0.77 万 t，占建筑类涂料 SOA 总生成量的 97%，SOA 平均生成因子为 8.3g SOA/kg 涂料。综上，建筑类涂料中，溶剂型涂料的 SOA 生成量最高，其次为反应型和无溶剂型涂料，最后为水性涂料；建筑类涂料中，溶剂型涂料的 SOA 平均生成因子最高，其次为反应型和无溶剂型涂料，水性涂料的 SOA 平均生成因子最低。因此，溶剂型涂料的 SOA 生成量及 SOA 平均生成因子均为最高，应予以重视，减少溶剂型涂料的使用将有利于减少 SOA 生成量。

2016 年我国不同用途建筑类涂料 VOCs 排放量、O_3 及 SOA 生成量占比情况如图 6-7 所示。2016 年全国建筑类涂料 VOCs 总排放量为 43.7 万 t，其中，防腐涂料贡献率最大，排放量为 17.8 万 t，占建筑类涂料 VOCs 总排放量的 40.8%；其次是地坪涂料，排放量为

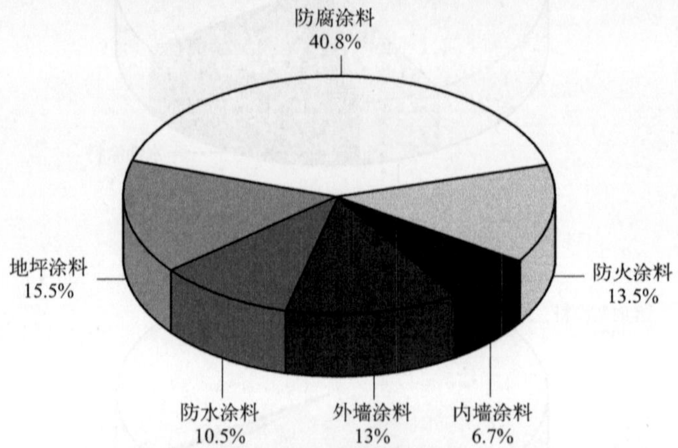

(a) VOCs排放量占比

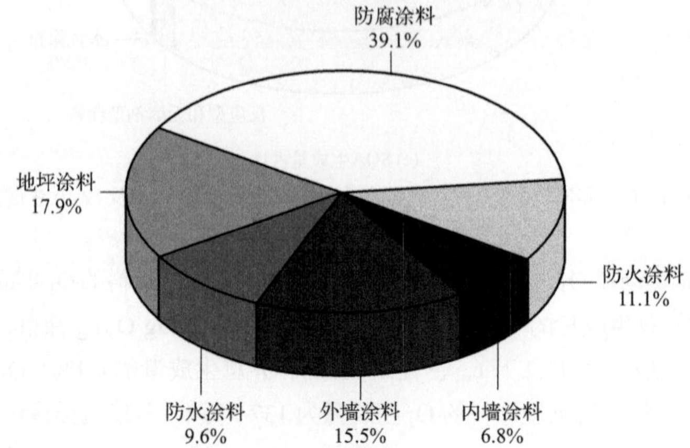

(b) O_3生成量占比

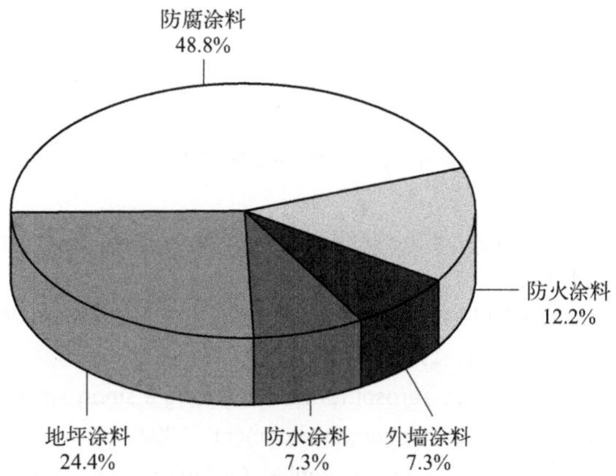

(c) SOA生成量占比

图 6-7 2016 年我国不同用途建筑类涂料的 VOCs 排放量、O_3 及 SOA 生成量占比情况

6.8 万 t，占建筑类涂料 VOCs 总排放量的 15.5%，目前地坪涂料以溶剂型为主，从而导致 VOCs 排放量较大；再次为防火涂料，排放量为 5.9 万 t，占建筑类涂料 VOCs 总排放量的 13.5%，防火涂料中溶剂型涂料占比很大；再次为外墙涂料，排放量为 5.7t，占建筑类涂料 VOCs 总排放量的 13.0%，虽然水性外墙涂料的 VOCs 排放因子较小，但外墙涂料使用量占建筑类涂料总使用量的48.68%，将近达到 1/2，而且仍有少量溶剂型外墙涂料在使用，故 VOCs 排放量相对较高。防水涂料中溶剂型涂料占比很少，内墙涂料全部为水性涂料，VOCs 排放贡献率比其他涂料小一些。

2016 年建筑类涂料 O_3 总生成量为 181.5 万 t。其中，防腐涂料贡献率最大，O_3 生成量为 70.9 万 t，占建筑类涂料 O_3 总生成量的 39.1%，这是由于目前防腐涂料以溶剂型涂料为主，故 VOCs 排放量较大，同时，溶剂型防腐涂料所排放的 VOCs 反应活性较强，其 SR_1 高达 4.0g O_3/g VOCs，即溶剂型防腐涂料每排放 1g VOCs 可产生 4.0g O_3，因此防腐涂料的 O_3 生成量最大。其次是地坪涂料，O_3 生成量为 32.5 万 t，占建筑类涂料 O_3 总生成量的 17.9%。再次为外墙涂料，O_3 生成量为 28.1 万 t，占建筑类涂料 O_3 总生成量的 15.5%。再次为防火涂料，O_3 生成量为 20.2 万 t，占建筑类涂料 O_3 总生成量的 11.1%。虽然外墙涂料的 VOCs 排放量低于防火涂料，但由于外墙涂料所排放的 VOCs 反应活性较强，所以其 O_3 生成量高于防火涂料。防水涂料和内墙涂料对 O_3 生成的贡献率比其他涂料小一些，分别为 9.6% 和 6.8%。

2016 年建筑类涂料 SOA 总生成量为 0.82 万 t。其中，防腐涂料贡献率最大，SOA 生成量为 0.4 万 t，占建筑类涂料 SOA 总生成量的 48.8%，这是由于目前防腐涂料以溶剂型涂料为主，VOCs 排放量较大，同时，溶剂型防腐涂料所排放的 VOCs 反应活性较强，其 SR_2 高达 0.02g SOA/g VOCs，即溶剂型防腐涂料每排放 1g VOCs 可产生 0.02g SOA，因此防腐涂料的 SOA 生成量较大。其次是地坪涂料，SOA 生成量为 0.2 万 t，占建筑类涂料 SOA 总生成量的 24.4%，地坪涂料 VOCs 排放量仅占建筑类涂料 VOCs 总排放量的 15.5%，但其 VOCs 反应活性较高，导致其对 SOA 的贡献率高达 24.4%。再次为防火涂料，SOA 生成量为 0.1 万 t，占建筑类涂料 SOA 总生成量的 12.2%。防水涂料和外墙涂料的 SOA 生成量均为 0.06 万 t，贡献率分别为 7.3% 和 7.3%。内墙涂料对 SOA 的生成没有贡献。

参考文献

[1] Atkinson R. Atmospheric chemistry of VOCs and NO_x[J]. Atmospheric Environment，2000，34（12-14）：2063-2101.

[2] Carter W P L. Development of the SAPRC-07 chemical mechanism[J]. Atmospheric Environment，2010，44（40）：5324-5335.

[3] Grosjean D，Seinfeld J H. Parameterization of formation potential of secondary organic aerosols[J]. Atmospheric Environment，1989，23（9）：1733-1747.

[4] Grosjean D. In situ organic aerosol formation during a smog episode：Estimated production and chemical functionality[J]. Atmospheric Environment，1992，26（6）：953-963.

[5] Yuan B，Shao M，Lu S，et al. Source profiles of volatile organic compounds associatedwith solvent use in Beijing，China[J]. Atmospheric Environment，2010，44（15）：1919-1926.

[6] Yue T T，Yue X，Chai F H，et al. Characteristics of volatile organic compounds（VOCs）from the evaporative emissions of modern passenger cars[J]. Atmospheric Environment，2017，151：62-69.

第 7 章 建筑类涂料 VOCs 含量限值标准及防治政策研究

7.1 国内外建筑类涂料 VOCs 排放控制标准体系

7.1.1 国外建筑类涂料 VOCs 排放控制标准

建筑类涂料中释放出的VOCs不仅会危害生产人员和施工人员的身心健康，还会影响空气质量，对人体健康和环境都会造成负面影响。美国、欧盟等国家和地区对涂料产品的环保非常重视，在建筑类涂料VOCs排放控制方面走在世界前面，20世纪90年代开始便相继出台了一系列法律法规，有强制性的也有自愿性的，制定了涂料产品VOCs含量限值标准和VOCs削减目标值，促进了清洁生产和污染控制技术的发展应用，有效地减少了建筑类涂料VOCs排放。本章对美国、欧盟等国家和地区建筑类涂料VOCs排放控制标准体系进行梳理。

7.1.1.1 美国

（1）《清洁空气法》（CAA）与《国家有毒空气污染物排放标准》（NESHAPs）

美国是最早开展VOCs污染控制的国家，早在50多年前就针对造成大气污染的排放行为制定了《清洁空气法》，截至2011年共修订了10次，是美国大气污染综合控制法律。1990年通过的《清洁空气法修正案》（CAAA）强化了对VOCs排放的限制，要求采取严格措施，提出到2000年VOCs排放量降低70%的目标。

《国家有毒空气污染物排放标准》（NESHAPs）是美国环境保护署（US EPA）制定的固定源大气污染物排放标准体系，该标准禁止或限制排放189种有毒有害物质，其中70%为VOCs，包括甲醇、甲乙醇、甲基异丁基酮、甲苯、二甲苯等涂料常用有机溶剂，该标准对各种涂料产品在原材料使用、生产过程、涂装施工技术选择、废气和废水排放等多方面进行了严格要求，出口到美国的涂料产品以及在美国生产的涂料产品必须执行该标准。

（2）《建筑涂料挥发性有机化合物释放国家标准》（40 CFR Part 59）

US EPA针对消费产品和工业产品的VOCs排放量开展了一项调查研究，发现建筑类涂料VOCs排放量约占所有消费产品和工业产品VOCs排放量的9%，是产品分类中最大的排放源之一，因此很有必要制定建筑类涂料挥发性有机化合物释放国家标准，以减少对大气的污染。USEPA经过多次协商、征求建筑类涂料制造商和消费者的意见，综合各方意见，在1998年发布实施了《建筑涂料挥发性有机化合物释放国家标准》（40 CFR Part 59）。该标准根据涂料用途对其进行分类，并规定了各类涂料的VOCs含量限值，共规定了70多种涂料的VOCs含量限值，见表7-1。1999年9月13日之后在美国销售建筑类涂料的制造商或进口商需执行该标准。为了更好地推动该标准实施，标准还规定了配套的管理制度，对监管对象（建筑类涂料制造商或进口商）采取了超量费用、吨位扣除、粘贴容器标识、记录保存、报告等管理要求。预计该标准实施后每年可减少103000t VOCs排放量。

表 7-1 《建筑涂料挥发性有机化合物释放国家标准》中各种建筑类涂料的 VOCs 含量限值

涂料类别	VOCs 含量限值（扣除水和豁免化合物）/（g/L）
平光涂料（内墙与外墙）	250
非平光涂料（内墙与外墙）	380
地坪涂料	400
屋面涂料	250
防锈涂料	400
防火涂料（清漆）	850
防火涂料（不透明漆）	450
防水密封涂料	600

（3）《建筑涂料管理条例》（Rule-1113）

为促进区域性污染物的综合治理并达到国家臭氧浓度标准要求，美国南海岸空气质量管理局（SCAQMD）发布并实施了《建筑涂料管理条例》（Rule-1113)，该条例为地方性法规，地方性法规更加严格，先进于国家标准，可以满足区域的环境管理需求。该条例根据涂料用途对其进行分类，并规定了各类涂料的 VOCs 含量限值，已经过多次修订，目前执行的 VOCs 含量限值见表 7-2。2016 年 2 月 5 日起，在南海岸空气质量管理区生产、销售和交易的建筑类涂料均执行该条例最新修订版。该条例还规定了管理措施要求、VOCs 检测方法、小容器豁免措施、建筑类涂料装置溶剂清洗应遵循的要求等内容。

表 7-2 《建筑涂料管理条例》中各种建筑类涂料的 VOCs 含量限值

涂料类别	VOCs 含量限值（扣除水和豁免化合物）/（g/L）
平光涂料（内墙与外墙）	50
非平光 - 高光泽涂料（内墙与外墙）	50
防水密封涂料	100
防锈涂料	100
防火涂料	150
地坪涂料	50

（4）《绿色涂料标志要求》（GS-11）

美国 Green Seal 协会于 2008 年发布了《绿色涂料标志要求》（GS-11)，此标志要求对涂料的成分、特定产品的性能、特定产品的健康与环境影响、VOCs 含量、生命周期终端管理、包装与标签等有明确且严格的规定，只有符合以上规定的涂料产品才可颁发“绿色印章”标志，此标志是消费者信赖的环保标志之一。2015 年最新修订版的标志要求中规定的各种建筑类涂料 VOCs 含量限值见表 7-3。VOCs 含量限值按配色前后分别给出，使用的测试方法为 ASTMD6886–SCAQMD 方法 313 或 ISO 11890-2。该标志要求中将 VOCs 定义为任何参与大气光化学反应的有机化合物，并且在标准温度与压力条件下初沸点≤ 280℃。

表 7-3　《绿色涂料标志要求》中各种建筑类涂料的 VOCs 含量限值

涂料类别	VOCs 含量限值（扣除水，配色前）/（g/L）	VOCs 含量限值（扣除水，配色后）/（g/L）
平光涂料	50	100
非平光涂料	100	150
非平光 - 高光泽涂料	150	200
防火涂料	350	400
地坪涂料	100	150
低固体分涂料	120	170
底漆	100	150
屋顶涂料	50	100
防腐涂料	250	300
热反射墙面涂料	50	100
热反射屋顶涂料	100	150

7.1.1.2　欧盟

影响欧盟建筑类涂料行业 VOCs 排放的 2 部重要法规是欧盟理事会于 1999 年颁布的《溶剂释放指令》（1999/13/EC）和 2004 年颁布的《装饰涂料指令》（2004/42/EC）。2009 年欧盟委员会颁布了《室外色漆和清漆生态标签的生态标准》（2009/543/EC）和《室内色漆和清漆生态标签的生态标准》（2009/544/EC），这两部标准的制定是为了降低室外与室内色漆和清漆对环境产生的影响。2014 年欧盟委员会又颁布了《室内外色漆和清漆生态标签的生态标准》（2014/312/EU）。

（1）《溶剂释放指令》（1999/13/EC）

《溶剂释放指令》（1999/13/EC）适用于使用有机溶剂导致 VOCs 排放的活动和装置。根据溶剂消耗限值，该指令规定了 20 种使用有机溶剂的特定活动和装置的 VOCs 排放限值，其中一种规定了溶剂消耗量为 100t/a 以上的涂料与清漆生产中的废气 VOCs 排放浓度限值（有组织排放限值）和总溶剂逃逸限值（无组织排放限值）。涂料生产中会使用大量的溶剂，制定生产过程中 VOCs 排放限值标准是控制工业生产 VOCs 排放的主要手段。该指令规定溶剂消耗量为 100 ～ 1000t/a 的涂料生产企业的废气 VOCs 排放浓度必须小于 150mg/m^3（标），新设备总溶剂逃逸值小于 5%；溶剂消耗量＞ 1000t/a 的涂料生产企业的废气 VOCs 排放浓度必须小于 150mg/m^3（标），新设备总溶剂逃逸值＜ 3%。排污企业可以通过安装污染控制设备或者采用低 VOCs 溶剂等措施达到指令要求。

（2）《装饰涂料指令》（2004/42/EC）

欧洲议会和欧盟理事会于 2004 年通过了《装饰涂料指令》（2004/42/EC），该指令的目的是限制建筑类涂料和汽车产品中的 VOCs 含量，以降低 VOCs 排放对臭氧层的污染。该指令明确了色漆、清漆和汽车表面修补产品的技术规范，规定了每种产品的 VOCs 含量限值，要求各成员国使用该指令附录中规定的测试方法 ISO 11890-2 来测定 VOCs 含量。该指令规定 21 个成员国分两个阶段（第一阶段为 2007 年 1 月 1 日到 2009 年 12 月 31 日；第二阶段为 2010 年 1 月 1 日之后）实施，VOCs 含量限值见表 7-4，要求到 2010 年 VOCs 排放量减少 50%。该指令要求各成员国确保产品进入市场时必须附有标识，标明产品类别、产品 VOCs 含量限值、产品正常使用状态下 VOCs 含量的最大值。该指令要求各成员国指定主管部门来履行指令所赋予的职责，并建立一套监察方案以监察涂料产品是否满足指令要求，就监察结果进行汇报。该指令颁布后，各成员国应实施与指令配套的法律、法规和必要的行政规定，并向欧盟委员会报告，同时制定细则，用以处罚违反指令法规条款者，采取必要措施确保指令的实施。

表 7-4　《装饰涂料指令》中各种建筑类涂料的 VOCs 含量限值

涂料类别	类型	第一阶段 VOCs 含量限值（水性涂料 VOCs 含量扣除水分）/（g/L）	第二阶段 VOCs 含量限值（水性涂料 VOCs 含量扣除水分）/（g/L）
室内哑光墙壁及天花板涂料［光泽（60°）≤ 25］	水性 溶剂型	75 400	30 30
室内有光墙壁及天花板涂料［光泽（60°）＞ 25）］	水性 溶剂型	150 400	100 100
室外矿物基质墙壁涂料	水性 溶剂型	75 450	40 430
室内 / 外木材和金属用装饰与保护涂料	水性 溶剂型	150 400	130 300
室内 / 外装饰清漆和木材着色剂（包括不透明木材着色剂）	水性 溶剂型	150 500	130 400
室内 / 外最小构造的木材着色剂	水性 溶剂型	150 700	130 700
底漆	水性 溶剂型	50 450	30 350
黏合性底漆	水性 溶剂型	50 750	30 750
单组分功能涂料	水性 溶剂型	140 600	140 500

续表

涂料类别	类型	第一阶段 VOCs 含量限值（水性涂料 VOCs 含量扣除水分）/（g/L）	第二阶段 VOCs 含量限值（水性涂料 VOCs 含量扣除水分）/（g/L）
双组分反应的功能涂料（如地坪专用面漆）	水性	140	140
	溶剂型	550	500
多色涂料	水性	150	100
	溶剂型	400	100
装饰涂料	水性	300	200
	溶剂型	500	200

《装饰涂料指令》从源头上控制涂料产品中的 VOCs 含量，源头控制有助于涂料生产过程中 VOCs 排放控制目标的落实。源头减量指令《装饰涂料指令》与末端控制指令《溶剂释放指令》配合使用，可以实现更好的 VOCs 排放管理。

（3）《室外色漆和清漆生态标签的生态标准》（2009/543/EC）和《室内色漆和清漆生态标签的生态标准》（2009/544/EC）

欧盟于 2009 年发布了《室外色漆和清漆生态标签的生态标准》（2009/543/EC）和《室内色漆和清漆生态标签的生态标准》（2009/544/EC），这两个标准分别规定了室外与室内使用的色漆和清漆获得“欧盟生态标签”必须符合的生态标准。“欧盟生态标签”主要颁发给对环境改善做出重大贡献的产品，这两项标准根据产品类别规定了 VOCs 含量限值作为“欧盟生态标签”的评定依据。VOCs 含量限值见表 7-5 和表 7-6。制定该标准的最终目的是使产品得到最有效的使用和最小的浪费，通过降低有机溶剂的排放量来降低环境污染。此标准中 VOCs 定义同《装饰涂料指令》（2004/42/EC）中，也是指在 101.3kPa 标准大气压下任何初沸点≤ 250℃的有机化合物。

表 7-5 《室外色漆和清漆生态标签的生态标准》中各种建筑类涂料的 VOCs 含量限值

涂料类别	VOCs 含量限值（不扣除水分）/（g/L）
室外矿物质基质墙面涂料	40
室外木质和金属件装饰与保护性色漆（包括底漆）	90
室外装饰性清漆和木材着色剂（包括不透明的木材着色剂）	90
室外最小构造木材着色剂	75
室外用底漆	15
室外用黏合性底漆	15
单组分功能涂料	100
双组分反应的功能涂料（如地坪专用漆）	100

表 7-6 《室内色漆和清漆生态标签的生态标准》中各种建筑类涂料的 VOCs 含量限值

涂料类别	VOCs 含量限值（不扣除水分）/（g/L）
室内哑光墙壁 / 天花板涂料［光泽（60°）≤ 25］	15
室内有光墙壁 / 天花板涂料［光泽（60°）> 25］	60
室内木质和金属件装饰与保护性色漆（包括底漆）	90
室内装饰性清漆和木材着色剂（包括不透明的木材着色剂）	75
室内最小构造木材着色剂	75
室内用底漆	15
室内用黏合性底漆	15
单组分功能涂料	100
双组分反应的功能涂料（如地坪专用漆）	100
装饰性效果涂料	90

（4）《室内外色漆和清漆生态标签的生态标准》（2014/312/EU）

2014 年欧盟委员会颁布了《室内外色漆和清漆生态标签的生态标准》（2014/312/EU），相较于 2009/543/EC 和 2009/544/EC，VOCs 含量限值更加严格，并且增加了防锈漆的 VOCs 含量限值，表 7-7。

表 7-7 《室内外色漆和清漆生态标签的生态标准》中各种建筑类涂料的 VOCs 含量限值

涂料类别	VOCs 含量限值（不扣除水分）/（g/L）
室内哑光墙壁 / 天花板涂料［光泽（60°）≤ 25］	10
室内有光墙壁 / 天花板涂料［光泽（60°）> 25］	40
室外矿物质基质墙面涂料	25
室内 / 室外木质和金属件装饰与保护性涂料（包括底漆）	80
室内装饰性清漆和木材着色剂（包括不透明的木材着色剂）	65
室外装饰性清漆和木材着色剂（包括不透明的木材着色剂）	75
室内 / 室外最小构造木材着色剂	50
底漆	15
黏合性底漆	15
单组分功能涂料	80
双组分反应的功能涂料（如地坪专用漆）	80
装饰性效果涂料	80
防锈漆	80

7.1.1.3 德国

（1）《低污染色漆和清漆》（RAL–UZ 12a）

德国发布了《低污染色漆和清漆》（RAL-UZ 12a），为德国“蓝天使”认证标准。RAL-UZ 12a 是有关色漆和清漆的一个标准，所涉及产品可用作内部和外部房屋涂料与工业涂料，包括：底漆、内层油漆、色漆和清漆；薄的和厚的釉料；水基涂料和清漆。此标准要求对涂料的挥发性有机化合物和甲醛进行试验检测。该标准规定的涂料 VOCs 含量限值见表 7-8。根据水性涂料中固体含量的不同，对 VOCs 含量限值进行不同规定，固体含量越低，对 VOCs 的限值要求越严格。

表 7-8　《低污染色漆和清漆》中涂料的 VOCs 含量限值

涂料类别	固体含量 /%	VOCs 含量限值 /%
组Ⅰ	＜20	2
组Ⅱ	≥20，＜30	8
组Ⅲ	≥30	10

（2）《低排放内墙漆》（RAL–UZ 102）

德国发布了《低排放内墙漆》（RAL-UZ 102），为德国“蓝天使”认证标准。RAL-UZ 102 是针对内墙乳胶漆制定的标准。此标准要求对内墙涂料的挥发性有机化合物和甲醛进行试验检测。该标准规定内墙漆挥发性有机化合物（VOCs）含量不得超过 700mg/L，产品中的游离甲醛含量不能超过 100mg/L。

7.1.2　国内建筑类涂料 VOCs 排放控制标准

为了减少涂料在生产和使用过程中对环境与人体健康的影响，国内针对各类建筑类涂料先后制定、修订了 VOCs 限量标准，包括市场准入标准和环境标志标准、国家标准与地方标准，国家层面出台的标准包括国家标准和行业标准，地方标准多出自经济较发达和大气污染防治形势严峻的地区。

7.1.2.1　国家层面标准

20 世纪末，室内装修频繁出现甲醛与 VOCs 超标、板材释放等问题，人们对自身健康的关注和环保意识不断增强，在装修过程中越来越注重装修材料的环保和健康问题。为此，国家质检总局于 2001 年颁布了《室内装饰装修材料　溶剂型木器涂料中有害物质限量》（GB 18581—2001）和《室内装饰装修材料　内墙涂料中有害物质限量》（GB 18582—2001）两项国家标准，这两项国家强制性标准是国内最早针对建筑类涂料、木器涂料发布的标准，为改善室内空气质量而制定。这两项标准的实施对减少装修后室内空气污染物、保证涂料卫生安全、规范涂料市场、推动环境友好型与健康型涂料发展、涂料产品与国际接轨起到了有利作用。随着国内涂料行业技术发展及环保要求的不断提高，2008 年对 GB

18582—2001 进行了修订，修订后的《室内装饰装修材料 内墙涂料中有害物质限量》（GB 18582—2008）大幅度加严了墙面涂料中 VOCs 含量限值指标。此外，考虑到部分涂料产品含有水分，GB 18582—2008 中 VOCs 含量表示方法改为产品中扣除水分后的 VOCs 含量，扣除水分的目的是防止生产商在涂料中加水使涂料变成低固体分涂料从而绕过标准约束，事实上按干膜计 VOCs 含量仍然很高。除内墙涂料标准外，国内还针对其他类别建筑类涂料中有害物质发布了一系列标准，其中都对产品 VOCs 指标做出规定，如针对外墙涂料发布了《建筑用外墙涂料中有害物质限量》（GB 24408—2009），针对建筑钢结构防腐涂料发布了《建筑钢结构防腐涂料中有害物质限量》（GB 30981—2014），针对地坪涂料发布了《地坪涂装材料》（GB/T 22374—2008），针对防水涂料发布了《建筑防水涂料中有害物质限量》（JC 1066—2008），针对防火涂料发布了《建筑防火涂料有害物质限量及检测方法》（JG/T 415—2013）等。

近几年，我国对地坪涂料、墙面涂料、防腐涂料相关标准进行了制修订，包括《地坪涂装材料》（GB/T 22374—2018）、《室内地坪涂料中有害物质限量》（GB 38468—2019）、《建筑用墙面涂料中有害物质限量》（GB 18582—2020）、《工业防护涂料中有害物质限量》（GB 30981—2020）。目前 GB 18582—2001、GB 18582—2008 和 GB 24408—2009 已废止，修订为 GB 18582—2020；GB/T 22374—2008 已废止，修订为 GB/T 22374—2018；GB 30981—2014 已废止，修订为 GB 30981—2020；GB 18581—2001 已废止，修订为 GB 18581—2020。

2020 年 3 月 31 日，国内首次发布了《低挥发性有机化合物含量涂料产品技术要求》（GB/T 38597—2020），2021 年 2 月 1 日起实施，该标准适用于低挥发性有机化合物含量涂料产品的判定，涂料产品涉及建筑用墙面涂料、车辆涂料、木器涂料、工业防护涂料、船舶涂料、地坪涂料、玩具涂料、防水涂料、防火涂料、道路及交通标线涂料。该标准包括的涂料种类齐全、VOCs 含量限值先进。

国家层面建筑类涂料标准中各种涂料的 VOCs 含量限值发展历程总结见表 7-9。

表 7-9 国家层面建筑类涂料标准中各种涂料的 VOCs 含量限值发展历程

标准号	标准名称	涂料类别	VOCs 含量限值
GB 18582—2001	室内装饰装修材料 内墙涂料中有害物质限量	内墙涂料	≤ 200g/L
GB 18582—2008	室内装饰装修材料 内墙涂料中有害物质限量	内墙涂料	（1）水性墙面涂料≤ 120g/L； （2）水性墙面腻子≤ 15g/kg
JC 1066—2008	建筑防水涂料中有害物质	防水涂料	（1）水性建筑防水涂料：A 级≤ 80g/L，B 级≤ 120g/L。 （2）反应型建筑防水涂料：A 级≤ 50g/L，B 级≤ 200g/L。 （3）溶剂型建筑防水涂料：B 级≤ 750g/L
GB/T 22374—2008	地坪涂装材料	地坪涂料	（1）水性地坪涂料：≤ 120g/L； （2）溶剂型地坪涂料≤ 500g/L； （3）无溶剂型地坪涂料≤ 60g/L

续表

标准号	标准名称	涂料类别	VOCs 含量限值
GB 24408—2009	建筑用外墙涂料中有害物质限量	外墙涂料	（1）水性外墙涂料：底漆≤ 120g/L，面漆≤ 150g/L，腻子≤ 15g/kg。 （2）溶剂型外墙涂料：色漆≤ 680g/L，清漆≤ 700g/L，闪光漆≤ 760g/L
JG/T 338—2011	建筑玻璃用隔热涂料	建筑玻璃用隔热涂料	水性产品符合 GB 18582—2008 要求； 溶剂型产品符合 GB 24408—2009 要求
GB/T 19250—2013	聚氨酯防水涂料	聚氨酯防水涂料	A 类≤ 50g/L；B 类≤ 200g/L
JG/T 415—2013	建筑防火涂料有害物质限量及检测方法	防火涂料	（1）膨胀型：溶剂型≤ 500g/L，水性≤ 80g/L。 （2）非膨胀型：≤ 80g/L
HG/T 4755—2014	聚硅氧烷涂料	防腐涂料	聚硅氧烷涂料≤ 390g/L
GB 30981—2014	建筑钢结构防腐涂料中有害物质限量	防腐涂料	溶剂型防腐涂料： （1）预涂底漆（车间底漆）：无机类≤ 680g/L，环氧树脂类≤ 680g/L，其他树脂类≤ 700g/L。 （2）底漆：无机类（富锌）≤ 660g/L，醇酸树脂类≤ 550g/L，氯化橡胶类≤ 620g/L，氯化聚烯烃树脂类≤ 700g/L，环氧树脂类（富锌）≤ 650g/L，其他树脂类≤ 650g/L。 （3）连接漆≤ 720g/L。 （4）中间漆：醇酸树脂类≤ 490g/L，环氧树脂类≤ 550g/L，氯化橡胶类≤ 600g/L，氯化聚烯烃树脂类≤ 700g/L，丙烯酸酯类≤ 550g/L，其他树脂类≤ 500g/L。 （5）面漆：醇酸树脂类≤ 590g/L，丙烯酸树脂类≤ 650g/L，环氧树脂类≤ 600g/L，氯化橡胶类≤ 610g/L，氯化聚烯烃树脂类≤ 720g/L，聚氨酯树脂类≤ 630g/L，氟碳树脂类≤ 630g/L，硅氧烷树脂类≤ 390g/L，其他树脂类≤ 700g/L
GB/T 31815—2015	建筑外表面用自清洁涂料	外墙涂料	符合 GB 24408—2009 要求
JG/T 481—2015	低挥发性有机化合物（VOC）水性内墙涂覆材料	内墙涂料	（1）内墙底漆≤ 20g/L； （2）内墙面漆≤ 20g/L； （3）膏状腻子≤ 5g/kg
HG/T 5176—2017	钢结构用水性防腐涂料	水性防腐涂料	（1）钢结构用水性防腐涂料底漆≤ 200g/L； （2）钢结构用水性防腐涂料中间漆≤ 200g/L； （3）钢结构用水性防腐涂料面漆≤ 250g/L
GB/T 34676—2017	儿童房装饰用内墙涂料	内墙涂料	儿童房装饰用内墙涂料≤ 10g/L
JG/T 210—2018	建筑内外墙用底漆	内外墙底漆	（1）水性内墙底漆≤ 120g/L。 （2）水性外墙底漆≤ 120g/L。 （3）溶剂型外墙涂料：色漆≤ 680g/L，清漆≤ 700g/L，闪光漆≤ 760g/L

续表

标准号	标准名称	涂料类别	VOCs 含量限值
GB/T 22374—2018	地坪涂装材料	地坪涂料	（1）溶剂型地坪涂料≤ 500g/L； （2）水性地坪涂料≤ 120g/L； （3）无溶剂型地坪涂料≤ 60g/L
GB 38468—2019	室内地坪涂料中有害物质限量	地坪涂料	（1）溶剂型地坪涂料：色漆≤ 500g/L，清漆≤ 550g/L。 （2）水性地坪涂料≤ 120g/L。 （3）无溶剂型地坪涂料≤ 60g/L
GB 18582—2020	建筑用墙面涂料中有害物质限量	内墙涂料、腻子、外墙涂料、装饰板涂料	（1）内墙涂料≤ 80g/L。 腻子≤ 10g/kg。 （2）外墙涂料：含效应颜料类≤ 120g/L，其他类≤ 100g/L。 （3）溶剂型装饰板涂料：含效应颜料类≤ 760g/L，其他类≤ 580g/L。 （4）水性装饰板涂料：合成树脂乳液类≤ 120g/L，其他类≤ 250g/L
GB 30981—2020	工业防护涂料中有害物质限量	防腐涂料	（1）溶剂型防腐涂料 ① 金属基材防腐涂料 a. 车间底漆：无机≤ 720g/L，有机≤ 650g/L。 b. 无机锌底漆≤ 600g/L。 c. 单组分涂料≤ 630g/L。 d. 双组分涂料：底漆≤ 500g/L，中涂≤ 500g/L，面漆≤ 550g/L，清漆≤ 580g/L。 ② 混凝土防护涂料：封闭底漆≤ 700g/L，底漆≤ 540g/L，中涂≤ 540g/L，面漆≤ 550g/L。 ③ 特种涂料≤ 650g/L。 ④ 其他类≤ 550g/L。 （2）水性防腐涂料 ① 金属基材防腐涂料 a. 单组分 i. 醇酸树脂涂料≤ 350g/L。 ii. 其他类：底漆≤ 300g/L，面漆≤ 300g/L，效应颜料漆≤ 420g/L。 b. 双组分：车间底漆≤ 300g/L，底漆≤ 300g/L，中涂≤ 250g/L，面漆≤ 300g/L，效应颜料漆≤ 420g/L。 ② 混凝土防护涂料：封闭底漆≤ 300g/L，底漆≤ 250g/L，中涂≤ 250g/L，面漆≤ 300g/L。 ③ 其他类≤ 300g/L。 （3）无溶剂型防腐涂料≤ 100g/L

续表

标准号	标准名称	涂料类别	VOCs 含量限值
GB/T 38597—2020	低挥发性有机化合物含量涂料产品技术要求	内墙涂料、外墙涂料、装饰板涂料、防水涂料、地坪涂料、防腐涂料、防火涂料	（1）内墙涂料≤ 50g/L。 （2）外墙涂料≤ 80g/L。 （3）装饰板涂料：合成树脂乳液类≤ 100g/L，其他类≤ 200g/L。 （4）防水涂料：水性≤ 50g/L，溶剂型单组分≤ 100g/L，溶剂型多组分≤ 50g/L。 （5）地坪涂料：溶剂型地坪涂料≤ 250g/L，水性地坪涂料≤ 120g/L，聚合物水泥复合型地坪涂料≤ 50g/L，无溶剂型地坪涂料≤ 60g/L。 （6）防腐涂料 ① 溶剂型防腐涂料 a. 金属基材防腐涂料 i. 车间底漆（无机）≤ 580g/L。 ii. 无机锌底漆≤ 550g/L。 iii. 单组分≤ 500g/L。 iv. 双组分：底漆≤ 450g/L，中涂≤ 420g/L，面漆≤ 450g/L，清漆≤ 480g/L。 b. 混凝土防护涂料：底漆≤ 450g/L，中涂≤ 420g/L，面漆≤ 450g/L。 ② 水性防腐涂料 a. 金属基材防腐涂料 i. 单组分：底漆≤ 200g/L，面漆≤ 250g/L。 ii. 双组分：底漆≤ 250g/L，中涂≤ 200g/L，面漆≤ 250g/L。 b. 混凝土防护涂料：封闭底漆≤ 250g/L，底漆≤ 200g/L，中涂≤ 200g/L，面漆≤ 250g/L。 ③ 无溶剂型防腐涂料≤ 60g/L。 （7）防火涂料：溶剂型≤ 420g/L，水性≤ 80g/L，无溶剂型≤ 60g/L

7.1.2.2 地方或地区性标准

（1）香港特别行政区

①《空气污染管制（挥发性有机物）规例》 香港特别行政区对建筑类涂料的管制主要依据《空气污染管制（挥发性有机物）规例》中的建筑类涂料 VOCs 含量限值，该规例自 2007 年 4 月 1 日起生效，VOCs 含量限值要求分三个阶段实施（第一阶段 2008 年 1 月 1 日起实施，第二阶段 2009 年 1 月 1 日起实施，第三阶段 2010 年 1 月 1 日起实施），以每千克涂料含有多少克 VOCs 表述，VOCs 含量限值是处于即用状态下涂料的 VOCs 含量限值，分别如表 7-10 ～表 7-12 所列。

表 7-10 《空气污染管制（挥发性有机物）规例》中建筑类涂料第一阶段 VOCs 含量限值

涂料类别	VOCs 含量限值 /（g/kg）
屋顶银漆	250
地下木材防腐剂	350
黏合分隔材料	350
透明手性漆	650
透明木面涂料（掺砂封固底剂）	150
混凝土养护材料	350
干雾涂料	400
防燃外部涂料	350
印染标志涂料	500
室内着色剂	250
菱镁土水泥涂料	450
胶脂涂料	300
其他建筑涂料	250
有色清漆	250
再造涂料	275
外露屋顶涂料	250
非外露屋顶涂料	50
虫胶（透明）	250
虫胶（有色）	730
专业底漆	550
索色剂	350
游泳池维修涂料	100
游泳池其他涂料	340
防水混凝土或砖石固底剂	340
木材防腐剂（其他）	400

表 7-11 《空气污染管制（挥发性有机物）规例》中建筑类涂料第二阶段 VOCs 含量限值

涂料类别	VOCs 含量限值 /（g/kg）
阻燃涂料（透明）	650
哑面涂料	50

续表

涂料类别	VOCs 含量限值 /（g/kg）
仿石涂料或浮雕底漆	100
仿艺漆	350
多彩漆	250
非哑面涂料	150
屋顶底漆（沥青）	350

表 7-12 《空气污染管制（挥发性有机物）规例》中建筑类涂料第三阶段 VOCs 含量限值

涂料类别	VOCs 含量限值 /（g/kg）
透明木面涂料（清漆）	550
透明木面涂料（光油）	150
超高光金属涂料	420
有色阻燃涂料	350
地台涂料	250
金属颜料涂料	500
预处理金属涂料	420
预处理洗涤底漆	420
底漆、封固剂及中涂底漆	200
快干磁漆	250
快干底漆、封固剂及中涂底漆	200
防锈涂料	400
超耐用油性金属涂料	420
道路涂料	150
防水封固底剂	250
低固含量涂料	120

②《香港环保标志标准 水性涂料》（HKEPL-01-004）和《香港环保标志标准 聚氨酯涂料》（HKEPL-02-004） 香港特别行政区于 2002 年发布了《香港环保标志标准 水性涂料》（HKEPL-01-004）与《香港环保标志标准 聚氨酯涂料》（HKEPL-02-004）。水性涂料和聚氨酯涂料产品中总挥发性有机化合物（TVOCs）含量限值要求见表 7-13。

表 7-13 《香港环保标志标准 水性涂料》和《香港环保标志标准 聚氨酯涂料》中涂料的 TVOCs 含量限值

序号	标准或法规号及名称	涂料类别	TVOCs 含量限值 /（g/L）
1	《香港环保标志标准水性涂料》（HKEPL-01-004）	内墙涂料	100（扣除水）
		外墙涂料	200（扣除水）
		水性木器漆	250（扣除水）
		水性防腐涂料	250（扣除水）
		水性防水涂料等产品	250（扣除水）
2	《香港环保标志标准聚氨酯涂料》（HKEPL-02-004）	聚氨酯涂料［光泽（60°）≥ 80］	500
		聚氨酯涂料［光泽（60°）＜ 80］	600

（2）台湾地区

台湾地区于 2007 年发布了标准《建筑用涂料挥发性有机化合物（VOCs）最大限量值》（CNS 15080—2007）。台湾地区在这方面的相关规定主要参考欧盟的标准，但不同的是，其限值指标普遍宽松，可能是由于台湾地区气候湿润，水性涂料等低 VOCs 含量的建筑类涂料的适用范围有限。该标准中 VOCs 含量限值要求如表 7-14 所列。

表 7-14 《建筑用涂料挥发性有机化合物（VOCs）最大限量值》中建筑类涂料 VOCs 含量限值要求

涂料类别	类型	VOCs 含量限值（扣除水分）/（g/L）
内墙、顶棚涂料［光泽（60°）≤ 25］	水性 溶剂型	200 400
内墙、顶棚涂料［光泽（60°）＞ 25］	水性 溶剂型	250 400
外墙涂料	水性 溶剂型	250 450
室内 / 外木材和金属用装饰与保护涂料	水性 溶剂型	250 —
室内 / 外木材和金属用清漆、着色剂	水性 溶剂型	250 550
室内 / 外最小构造的木材着色剂	水性 溶剂型	250 —
底漆	水性 溶剂型	200 450
黏合性底漆	水性 溶剂型	150 —
单组分功能涂料	水性 溶剂型	140 600

续表

涂料类别	类型	VOCs 含量限值（扣除水分）/（g/L）
双组分反应的功能涂料 （如地坪专用面漆）	水性 溶剂型	140 550
多色涂料	水性 溶剂型	150 400
装饰涂料	水性 溶剂型	300 500

（3）京津冀区域

为加强建筑类涂料中挥发性有机化合物排放的控制和管理，减少 VOCs 排放，改善京津冀区域大气环境质量，保护人体健康，按照《北京市 2013—2017 年清洁空气行动计划》和《京津冀大气污染防治强化措施（2016—2017 年）》的要求，京津冀于 2017 年 4 月 12 日发布了《建筑类涂料与胶粘剂挥发性有机化合物含量限值标准》（DB 11/3005—2017、DB 12/3005—2017、DB 13/3005—2017），2017 年 4 月 12 日起实施。该标准适用于京津冀区域内生产、销售和使用的各类建筑类涂料与胶黏剂。该标准作为京津冀区域统一的环保标准，通过该标准的发布和实施，可以促进 VOCs 含量高的建筑类涂料产品退出京津冀区域，引导京津冀区域涂料生产企业采用低 VOCs 含量的原料与先进的生产工艺，实现清洁生产；引导京津冀区域涂料销售企业销售符合标准要求的建筑类涂料产品；引导京津冀区域建筑工程与室内装饰装修工程使用低 VOCs 含量的建筑类涂料产品。该标准的实施可以从源头有效减少 VOCs 的排放，对于改善京津冀区域大气环境质量，推动京津冀区域大气治理具有重要的指导意义与示范作用。该标准中 VOCs 含量限值要求如表 7-15 所列。目前，DB 11/3005—2017 已于 2022 年 10 月 1 日废止，修订为 DB 11/1983—2022。

表 7-15 《建筑类涂料与胶粘剂挥发性有机化合物含量限值标准》中建筑类涂料 VOCs 含量限值

<table>
<tr><td>产品类型</td><td colspan="6">VOCs 含量限值</td></tr>
<tr><td rowspan="2">外墙涂料</td><td colspan="2">面漆①</td><td colspan="2">底漆①</td><td colspan="2">腻子②</td></tr>
<tr><td colspan="2">≤ 100g/L</td><td colspan="2">≤ 80g/L</td><td colspan="2">≤ 10g/kg</td></tr>
<tr><td rowspan="3">内墙涂料</td><td colspan="2">面漆①</td><td colspan="2" rowspan="2">底漆①</td><td colspan="2" rowspan="2">腻子②</td></tr>
<tr><td>光泽（60°）≤ 10</td><td>光泽（60°）> 10</td></tr>
<tr><td>≤ 50g/L</td><td>≤ 80g/L</td><td colspan="2">≤ 50g/L</td><td colspan="2">≤ 10g/kg</td></tr>
<tr><td rowspan="3">防水涂料</td><td colspan="2" rowspan="2">挥发固化型防水涂料①</td><td colspan="4">反应固化型防水涂料③</td></tr>
<tr><td colspan="2">环氧树脂改性防水涂料</td><td>聚脲防水涂料</td><td>聚氨酯防水涂料</td></tr>
<tr><td colspan="2">≤ 10g/L</td><td colspan="2">≤ 150g/L</td><td>≤ 50g/L</td><td>≤ 100g/L</td></tr>
<tr><td rowspan="2">地坪涂料</td><td>水性①</td><td colspan="2">溶剂型③④</td><td colspan="3">无溶剂型</td></tr>
<tr><td>≤ 120g/L</td><td colspan="2">≤ 420g/L</td><td colspan="3">≤ 60g/L</td></tr>
</table>

续表

产品类型	VOCs 含量限值	
建筑防腐涂料	水性①	溶剂型③⑤
	≤ 150g/L	≤ 420g/L

① 外墙涂料、内墙涂料、挥发固化型防水涂料、水性地坪涂料、水性建筑防腐涂料、水基型胶粘剂不考虑稀释配比。

② 外墙与内墙腻子中膏状腻子不考虑稀释配比。粉状腻子按照产品规定的施工配比将粉体与水或胶粘剂等其他液体混合后测试。如施工配比在某一范围内时，应按照水用量最小、胶粘剂等其他液体用量最大的施工配比混合后测试。

③ 反应固化型防水涂料、溶剂型地坪涂料、溶剂型建筑防腐涂料、溶剂型胶粘剂按照产品规定的施工配比混合后测试。如稀释剂的使用量在某一范围内时，应按照产品施工配比规定的最大稀释比例混合后进行测试。

④ 仅适用于在天津市和河北省生产的溶剂型地坪涂料；北京市生产的溶剂型地坪涂料应按照北京市清洁空气行动计划及相关政策执行；京津冀区域销售和使用的地坪涂料应符合水性和无溶剂型的含量限值。

⑤ 仅适用于在天津市和河北省生产、销售、使用的溶剂型建筑防腐涂料，以及北京市在市政、交通设施等中必须采用重防腐工艺时所使用的溶剂型重防腐涂料；北京市生产的溶剂型建筑防腐涂料应按照北京市清洁空气行动计划及相关政策执行，销售和使用的建筑防腐涂料（除前述重防腐情况外）应执行水性防腐涂料的含量限值。

（4）深圳市

深圳市市场监督管理局于 2014 年 12 月 15 日发布了深圳经济特区技术规范《建筑装饰装修涂料与胶粘剂有害物质限量》（SZJG 48—2014），2015 年 3 月 1 日起实施，该规范适用于深圳经济特区销售和使用的建筑装饰装修的涂料与胶粘剂，包括内外墙涂料、木器涂料、防腐涂料、防水涂料、地坪涂料、腻子和各类胶粘剂，其中在钢铁基材上使用的氟碳涂料，以及有专门废气后处理装置的制造企业如家具厂、钢结构厂等生产性使用的涂料和胶粘剂除外。涂料 VOCs 含量限值分 2 个阶段实施，第一阶段 2015 年 6 月 30 日之前的要求见表 7-16，第二阶段 2015 年 7 月 1 日之后的要求见表 7-17。

表 7-16　《建筑装饰装修涂料与胶粘剂有害物质限量》中建筑类涂料第一阶段 VOCs 含量限值

项目	技术指标				
总挥发性有机物含量限值	内墙涂料面漆	外墙涂料面漆	墙体用底漆	木器涂料、防腐涂料、防水涂料、地坪涂料	腻子
	≤ 80g/L	≤ 150g/L	≤ 80g/L	≤ 250g/L	≤ 10g/kg

表 7-17　《建筑装饰装修涂料与胶粘剂有害物质限量》中建筑类涂料第二阶段 VOCs 含量限值

项目	技术指标							
总挥发性有机物含量限值	内墙涂料面漆		外墙涂料面漆	墙体用底漆		木器涂料、防腐涂料、防水涂料、地坪涂料		腻子
	光泽（60°）≤ 10	光泽（60°）> 10		内墙底漆	外墙底漆	木器涂料、清漆	木器涂料色漆、防腐涂料、防水涂料、地坪涂料	
	≤ 50g/L	≤ 80g/L	≤ 100g/L	≤ 50g/L	≤ 80g/L	≤ 200g/L	≤ 150g/L	≤ 10g/kg

（5）河北省

河北省质量技术监督局于 2015 年 11 月 6 日发布了《内外墙干粉乳胶涂料》（DB 13/T 2251—2015），2016 年 1 月 1 日起实施。该标准适用于干粉型内、外墙涂料，施涂后能形成表面平整的薄质涂层。该标准 VOCs 含量限值要求见表 7-18。

表 7-18 《内外墙干粉乳胶涂料》中建筑类涂料 VOCs 含量限值要求

涂料种类	VOCs 含量限值 / (g/kg)
内墙涂料	≤15
外墙涂料	≤15

（6）江苏省

江苏省市场监督管理局于 2019 年 1 月 12 日发布了《涂料中挥发性有机物限量》（DB 32/T 3500—2019），2019 年 1 月 30 日起实施。该标准适用于江苏省区域内销售及使用的建筑类涂料（包含建筑装饰装修和市政工程）、车辆涂料、木器涂料、船舶涂料、集装箱涂料与机械设备涂料。其中，建筑类涂料 VOCs 含量限值要求见表 7-19。

表 7-19 《涂料中挥发性有机物限量》中建筑类涂料 VOCs 含量限值要求

产品类型	产品种类			VOCs 含量限值 / (g/L)
墙面涂料	内墙涂料	面漆	光泽（60°）≤10	50
			光泽（60°）＞10	80
		底漆		50
		腻子		10
	外墙涂料	面漆		100
		底漆、中漆		80
防水涂料	挥发固化型	双组分聚合物水泥防水涂料（液料）		10
		单组分丙烯酸酯聚合物乳液防水涂料		10
	反应固化型	环氧		150
		聚脲		50
		聚氨酯		100
地坪涂料	溶剂型			500
	无溶剂型			60
	聚合物水泥复合型			50
防火涂料	非膨胀型			80
	溶剂型膨胀型			500

（7）西安市

西安市市场监督管理局于 2018 年 10 月 18 日发布了《建筑及交通标志涂料与胶粘剂中挥发性有机化合物含量限值》（DB 6101/T 3030—2018），2019 年 4 月 17 日起实施。该标准适用于西安市辖区生产、销售和使用的各类建筑类涂料、交通标志涂料与胶粘剂。其中，建筑类涂料 VOCs 含量要求见表 7-20。

表 7-20 《建筑及交通标志涂料与胶粘剂中挥发性有机化合物含量限值》中建筑类涂料 VOCs 含量限值要求

<table>
<tr><td>产品类型</td><td colspan="9">含量限值</td></tr>
<tr><td rowspan="2">外墙涂料</td><td colspan="3">面漆①</td><td colspan="3">底漆①</td><td colspan="3">腻子②</td></tr>
<tr><td colspan="3">≤ 100g/L</td><td colspan="3">≤ 80g/L</td><td colspan="3">≤ 10g/kg</td></tr>
<tr><td rowspan="3">内墙涂料</td><td colspan="3">面漆①</td><td colspan="3" rowspan="2">底漆①</td><td colspan="3" rowspan="2">腻子②</td></tr>
<tr><td>光泽（60°）≤ 10</td><td colspan="2">光泽（60°）＞ 10</td></tr>
<tr><td>≤ 50g/L</td><td colspan="2">≤ 80g/L</td><td colspan="3">≤ 50g/L</td><td colspan="3">≤ 10g/kg</td></tr>
<tr><td rowspan="4">防水涂料</td><td colspan="3" rowspan="3">挥发固化型防水涂料①</td><td colspan="6">反应固化型防水涂料③</td></tr>
<tr><td colspan="2" rowspan="2">环氧树脂改性防水涂料</td><td colspan="2" rowspan="2">聚脲防水涂料</td><td colspan="2">聚氨酯防水涂料</td></tr>
<tr><td>单组分</td><td>双组分</td></tr>
<tr><td colspan="3">≤ 10g/L</td><td colspan="2">≤ 150g/L</td><td colspan="2">≤ 50g/L</td><td colspan="2">≤ 100g/L</td></tr>
<tr><td rowspan="2">地坪涂料</td><td colspan="2">水性①</td><td colspan="2">溶剂型③</td><td colspan="5">无溶剂型</td></tr>
<tr><td colspan="2">≤ 120g/L</td><td colspan="2">≤ 420g/L</td><td colspan="5">≤ 60g/L</td></tr>
<tr><td rowspan="2">建筑防腐涂料</td><td colspan="3">水性①</td><td colspan="6">溶剂型③</td></tr>
<tr><td colspan="3">≤ 150g/L</td><td colspan="6">≤ 420g/L</td></tr>
</table>

① 外墙涂料、内墙涂料、挥发固化型防水涂料、地坪涂料、水性防腐涂料不考虑稀释配比。

② 外墙与内墙腻子中膏状腻子不考虑稀释配比。粉状腻子按照产品规定的施工配比将粉体与水或胶粘剂等其他液体混合后测试。如施工配比在某一范围内时，应按照水用量最小、其他液体用量最大的施工配比混合后测试。

③ 反应固化型防水涂料、溶剂型地坪涂料、溶剂型建筑防腐涂料按照产品规定的施工配比混合后测试。如稀释剂的使用量在某一范围内时，应按照产品施工配比规定的最大稀释比例混合后进行测试。

7.1.2.3 环境标志产品技术要求

为推动环境友好型水性涂料市场化，国家环保局于 1994 年正式颁布了水性涂料环境标志标准，作为十环产品认证标准，该标准第一次为水性涂料的环境行为设定评价体系。1999 年第一次修订该标准，在标准中首次提出了控制涂料中 VOCs 含量的理念并设定了 VOCs 评价指标，首次在水性涂料产品中控制 VOCs 含量。到目前为止，《环境标志产品

技术要求 水性涂料》已经完成了五次制修订工作，最新版是环境保护部于2014年3月31日发布的《环境标志产品技术要求 水性涂料》(HJ 2537—2014)，2014年7月1日已开始实施，该标准又提高了VOCs的限量要求，提高了重点污染物苯、甲苯、乙苯总量的限量要求，游离甲醛含量降低至50mg/kg。水性涂料环境标志产品标准以市场化手段推动大气污染物的减排，通过消费者的选择和市场竞争，引导企业自觉调整产业结构，开展清洁生产、循环经济，优化产品设计，采用环保的原料与先进的生产工艺，生产对环境有益的产品，有助于产品结构升级换代，促进了水性涂料市场的健康可持续发展。为减少防水涂料在生产、使用过程中对环境和人体健康的影响，生态环境部还发布了其他环保标准，都对VOCs限量要求进行了明确的规定。目前，HJBZ 4—1999，HBC 12—2002和HJ/T 201—2005已废止，修订为HJ 2537—2014。

环境标志产品技术要求中建筑类涂料VOCs含量限值发展历程总结见表7-21。

表7-21 环境标志产品技术要求中建筑类涂料VOCs含量限值

标准号	标准名称	涂料类别	VOCs含量限值
HJBZ 4—1999	水性涂料	水性涂料	≤ 250g/L
HBC 12—2002	环境标志产品认证技术要求 水性涂料	水性涂料	(1) 内墙涂料≤ 100g/L; (2) 外墙涂料≤ 200g/L; (3) 水性防腐涂料、水性防水涂料≤ 250g/L
HJ/T 201—2005	环境标志产品技术要求 水性涂料	水性涂料	(1) 内墙涂料≤ 80g/L; (2) 外墙涂料≤ 150g/L; (3) 墙体用底漆≤ 80g/L; (4) 水性防腐涂料、水性防水涂料≤ 250g/L; (5) 腻子(粉状、膏状)≤ 10g/kg
HJ 457—2009	环境标志产品技术要求 防水涂料	防水涂料	(1) 挥发固化型防水涂料：双组分聚合物水泥防水涂料≤ 10g/L，单组分丙烯酸酯聚合物乳液防水涂料≤ 10g/L。 (2) 反应固化型防水涂料：环氧防水涂料≤ 150g/kg，聚脲防水涂料≤ 50g/kg，聚氨酯防水涂料≤ 100g/kg
HJ 2537—2014	环境标志产品技术要求 水性涂料	水性涂料	(1) 内墙涂料：面漆［光泽(60°)≤ 10］≤ 50g/L，面漆［光泽(60°)＞ 10］≤ 80g/L，底漆≤ 50g/L。 (2) 外墙涂料：面漆≤ 100g/L，底漆≤ 80g/L。腻子(粉状、膏状)≤ 10g/kg

7.2 建筑类涂料VOCs含量限值标准评估

对抽检的建筑类涂料样品的VOCs含量进行检测、分析，在掌握VOCs含量水平的基础上，结合建筑类涂料的行业发展状况和环境管理要求，对目前有VOCs含量限值的建筑类涂料标准进行了初步评估，提出了标准制修订的建议，见表7-22。

表 7-22　建筑类涂料的 VOCs 含量限值标准评估表

<table>
<tr><th>涂料类别</th><th colspan="2">细化分类</th><th>强制性国家标准</th><th colspan="2">推荐性国家标准</th><th>建筑工程类推荐性标准</th><th>建筑材料行业标准</th><th>化工部推荐性标准</th><th>环境标志产品技术要求</th><th>修订建议</th></tr>
<tr><td rowspan="6">外墙涂料</td><td rowspan="3">水性外墙涂料</td><td>底漆</td><td>120g/L</td><td colspan="2"></td><td></td><td></td><td></td><td>80g/L</td><td>国家标准修订，降低 VOCs 含量限值；其他不修订</td></tr>
<tr><td>面漆</td><td>150g/L</td><td colspan="2"></td><td></td><td></td><td></td><td>100g/L</td><td>国家标准修订，降低 VOCs 含量限值；其他不修订</td></tr>
<tr><td>腻子</td><td>15g/kg</td><td colspan="2"></td><td></td><td></td><td></td><td>10g/kg</td><td>国家标准修订，降低 VOCs 含量限值；其他不修订</td></tr>
<tr><td rowspan="3">溶剂型外墙涂料</td><td>色漆</td><td>680g/L</td><td colspan="2"></td><td></td><td></td><td></td><td></td><td>国家标准修订，降低 VOCs 含量限值</td></tr>
<tr><td>清漆</td><td>700g/L</td><td colspan="2"></td><td></td><td></td><td></td><td></td><td>国家标准修订，降低 VOCs 含量限值</td></tr>
<tr><td>闪光漆</td><td>760g/L</td><td colspan="2"></td><td></td><td></td><td></td><td></td><td>国家标准修订，降低 VOCs 含量限值</td></tr>
<tr><td rowspan="4">内墙涂料</td><td colspan="2">面漆［光泽（60°）≤ 10］</td><td>120g/L</td><td colspan="2"></td><td></td><td></td><td></td><td>50g/L</td><td>国家标准修订，降低 VOCs 含量限值；其他不修订</td></tr>
<tr><td colspan="2">面漆［光泽（60°）＞ 10］</td><td>120g/L</td><td colspan="2"></td><td></td><td></td><td></td><td>80g/L</td><td>国家标准修订，降低 VOCs 含量限值；其他不修订</td></tr>
<tr><td colspan="2">底漆</td><td>120g/L</td><td colspan="2"></td><td></td><td></td><td></td><td>50g/L</td><td>国家标准修订，降低 VOCs 含量限值；其他不修订</td></tr>
<tr><td colspan="2">腻子</td><td>15g/kg</td><td colspan="2"></td><td></td><td></td><td></td><td>10g/kg</td><td>国家标准修订，降低 VOCs 含量限值；其他不修订</td></tr>
<tr><td rowspan="6">防水涂料</td><td colspan="2">双组分聚合物水泥防水涂料</td><td></td><td colspan="2"></td><td></td><td></td><td></td><td>10g/L</td><td>不修订</td></tr>
<tr><td colspan="2">单组分丙烯酸酯聚合物乳液防水涂料</td><td></td><td colspan="2"></td><td></td><td></td><td></td><td>10g/L</td><td>不修订</td></tr>
<tr><td colspan="2">环氧防水涂料</td><td></td><td colspan="2"></td><td></td><td></td><td></td><td>150g/kg</td><td>不修订</td></tr>
<tr><td colspan="2">聚脲防水涂料</td><td></td><td colspan="2"></td><td></td><td></td><td></td><td>50g/kg</td><td>不修订</td></tr>
<tr><td colspan="2" rowspan="2">聚氨酯防水涂料</td><td rowspan="2"></td><td>A 级</td><td>B 级</td><td rowspan="2"></td><td rowspan="2"></td><td rowspan="2"></td><td rowspan="2">100g/kg</td><td rowspan="2">不修订</td></tr>
<tr><td>50g/L</td><td>200g/L</td></tr>
</table>

续表

涂料类别	细化分类		强制性国家标准	推荐性国家标准	建筑工程类推荐性标准	建筑材料行业标准		化工部推荐性标准	环境标志产品技术要求	修订建议
						A级	B级			
防水涂料	水性防水涂料					80g/L	120g/L			修订，降低 VOCs 含量限值
防水涂料	反应型防水涂料					50g/L	200g/L			修订，适当降低 B 级 VOCs 含量限值
防水涂料	溶剂型防水涂料					—	750g/L			修订，降低 VOCs 含量限值
地坪涂料	水性			120g/L						不修订
地坪涂料	溶剂型			500g/L						小幅度降低 VOCs 含量限值
地坪涂料	无溶剂型			60g/L						不修订
防腐涂料	溶剂型	预涂底漆	680 ～ 700g/L							修订，降低 VOCs 含量限值
防腐涂料	溶剂型	底漆	550 ～ 700g/L							修订，降低高限的 VOCs 含量限值
防腐涂料	溶剂型	中间漆	490 ～ 700g/L							修订，降低高限的 VOCs 含量限值
防腐涂料	溶剂型	面漆	390 ～ 720g/L							修订，降低高限的 VOCs 含量限值
防腐涂料	水性							200g/L		不修订
保温隔热涂料	溶剂型				760g/L					修订，降低 VOCs 含量限值
保温隔热涂料	水性				120g/L					修订，降低 VOCs 含量限值
防火涂料	溶剂型				500g/L					不修订
防火涂料	水性				80g/L					不修订

7.2.1 内墙涂料

内墙涂料在性能满足要求的前提下，生产企业和用户更多关注的是环境友好涂料，如低VOCs和零VOCs涂料、不含烷基酚聚氧乙烯醚涂料、低甲醛涂料等。目前内墙涂料主要是水性乳胶漆，水性乳胶漆主要以合成树脂乳液为成膜物质，以水为分散介质，再加入适当颜料、填料及各种助剂加工而成。乳胶漆中VOCs主要来源于防冻剂、成膜助剂、防腐杀菌剂、pH调节剂等助剂。开发低VOCs内墙乳胶漆是近些年乳胶漆的发展方向，因此在乳液、颜填料、助剂方面的选择都考虑降低VOCs，加之为降低VOCs，逐渐用高沸点有机溶剂替代沸点低于250℃的有机溶剂（我国通常将涂料产品中VOCs定义为常压下初沸点不高于250℃的有机化合物），因此内墙涂料VOCs含量水平总体较低。

本书抽检了188个内墙涂料样品，根据内墙涂料VOCs含量检测结果，其VOCs含量处于0～145g/L之间，其中VOCs含量低于国家标准GB 18582—2008限值120g/L的样品数占总样品数的比例为98.9%，VOCs含量低于环境标志产品技术要求HJ 2537—2014限值80g/L的样品数占总样品数的比例为93.0%，VOCs含量≤2g/L（检出限）的样品数占总样品数的比例为12.8%，腻子粉的VOCs含量都处于1～2g/kg。内墙涂料VOCs平均含量为34.2g/L，远低于国家标准GB 18582—2008中规定的限值120g/L。

随着建筑涂料行业技术的发展，涂料生产企业不断进行产品技术改造与产品配方完善，国家强制性标准《室内装饰装修材料内墙涂料中有害物质限量》（GB 18582—2008）中内墙涂料VOCs含量限值不能满足行业发展的需要，限值的宽松也不利于解决建筑类涂料VOCs排放问题，建议加严VOCs含量限值。《环境标志产品技术要求 水性涂料》（HJ 2537—2014）中内墙涂料VOCs含量限值比较合理科学，具有先进性、技术可实现性，能起到行业引导作用，目前不需要修订。

7.2.2 外墙涂料

据调研，目前外墙涂料中水性涂料的使用占比已达到98%左右，溶剂型涂料所占比例约为2%，外墙涂料实现水性化在技术方面基本没有问题。

本书抽检了98个水性外墙涂料样品，根据水性外墙涂料VOCs含量检测结果，其VOCs含量处于1～171g/L之间，其中VOCs含量低于国家标准GB 24408—2009限值150g/L的样品数占总样品数的比例为99.0%，VOCs含量低于环境标志产品技术要求HJ 2537—2014限值80g/L的样品数占总样品数的比例为93.9%，VOCs含量≤2g/L（检出限）的样品数占总样品数的比例为19.4%，腻子粉的VOCs含量都处于1～2g/kg之间。水性外墙涂料VOCs平均含量为23.6g/L，远低于国家标准GB 24408—2009中规定的限值150g/L限值。溶剂型外墙涂料VOCs含量处于291～456g/L之间。目前使用的溶剂型外墙涂料中醇酸涂料、丙烯酸涂料较多，VOCs含量相对较低。

国家强制性标准《建筑用外墙涂料中有害物质限量》（GB 24408—2009）中水性外墙涂料VOCs含量限值非常宽松，不能满足环境管理需求，因此建议修订，大幅度降低水性外墙涂料VOCs含量限值。在一些特殊场合使用的溶剂型外墙涂料主要以丙烯酸类及醇酸类为主，这两类涂料VOCs含量一般处于500g/L以下，故溶剂型外墙涂料VOCs含量限值具有较大的降低空间。《环境标志产品技术要求 水性涂料》（HJ 2537—2014）中外墙涂料 VOCs 含量限值具有先进性与可行性，能起到行业引导作用，目前不需要修订。

7.2.3 防水涂料

目前使用的防水涂料以水基型（聚合物水泥防水涂料、丙烯酸酯聚合物乳液防水涂料）与反应型（聚氨酯防水涂料、聚脲防水涂料、环氧树脂改性防水涂料）为主。反应型聚氨酯防水涂料具有强度高、延伸率大、耐水性能好等特点，常用于地下室、泳池、高铁桥梁等长期浸水的地方起防护作用；水基型聚合物水泥防水涂料与丙烯酸酯聚合物乳液防水涂料适用于非暴露露台、厕浴间及外墙的防水，水基型防水涂料的缺点是在潮湿环境中会乳化。这 3 种防水涂料占市场主流。由于环氧树脂改性防水涂料具有脆性及强度高等弱点，在防水涂料行业使用较少。溶剂型防水涂料可以在环境温度较低的特殊场合使用。防水涂料的发展趋势为水性化与无溶剂化。防水是建筑行业很重要的一个环节，防水不好会严重影响建筑物的使用功能，应重视防水涂料的功能与性能，在满足性能的前提下降低防水涂料中的 VOCs 含量。

本书抽检了 136 个水性防水涂料样品和 53 个反应型防水涂料样品，根据 VOCs 含量检测结果：水性防水涂料 VOCs 含量基本小于 10g/L，VOCs 含量≤ 2g/L（检出限）的样品数占总样品数的比例为 53.7%；反应型聚氨酯防水涂料（包括单组分与双组分）的 VOCs 含量处于 7 ～ 324g/L 之间，其中 VOCs 含量高于 100g/L 的样品数占总样品数的比例为 50.9%。水性防水涂料 VOCs 平均含量为 4.3g/L，是环境标志产品技术要求 HJ 457—2009 限值的 0.4 倍。反应型防水涂料 VOCs 平均含量为 109.8g/L，高于 HJ 457—2009 中规定的限值，高于 JC 1066—2008 中规定的 A 级指标限值，低于 JC 1066—2008 中规定的 B 级指标限值。行业标准《建筑防水涂料中有害物质限量》（JC 1066—2008）中建筑防水涂料按有害物质含量分为 A 级、B 级，建筑防水涂料按性质分为水性、反应型、溶剂型。水性防水涂料包括水乳型沥青基防水涂料、水性有机硅防水剂、水性防水剂、聚合物水泥防水涂料、聚合物乳液防水涂料（含丙烯酸、乙烯醋酸乙烯等）、水乳型硅橡胶防水涂料、聚合物水泥防水砂浆等；反应型防水涂料包括聚氨酯防水涂料（含单组分、水固化、双组分等）、聚脲防水涂料、环氧树脂改性防水涂料、反应型聚合物水泥防水涂料等；溶剂型防水涂料包括溶剂型沥青基防水涂料、溶剂型防水剂、溶剂型基层处理剂等。该标准中反应型 A 级主要针对聚脲防水涂料，B 级主要针对聚氨酯防水涂料。行业标准《建筑防水涂料中有害物质限量》中水性防水涂料 VOCs 含量限值有很大的降低空间，需要修订；反应型防水涂料 B 级指标相对宽松，需要加严；溶剂型防水涂料需要修订，大幅度降低溶剂型防水涂料 VOCs 含量限值。《环境标志产品技术要求 防水涂料》（HJ 457—2009）中水基型与反应型防水涂料 VOCs 含量限值已具有先进性，不需要修订，如想达到反应型防水涂料指标，企业需要采用低 VOCs 含量的原料与先进的生产工艺，进行产品结构升级换代，方可实现。《聚氨酯防水涂料》（GB/T 19250—2013）中 VOCs 含量限值分 A、B 两级指标；A 级聚氨酯 VOCs 含量限值为 50g/L，比较严格，不需要修订；B 级聚氨酯 VOCs 含量限值为 200g/L，相对宽松，需要加严。

7.2.4 地坪涂料

地坪涂料包括水性地坪涂料、无溶剂型地坪涂料和溶剂型地坪涂料。实际应用中，由于水性地坪涂料对环境要求苛刻，普遍应用无溶剂型地坪涂料与溶剂型地坪涂料，地坪涂料仍以溶剂型为主，尤其是底漆与面漆。常见的无溶剂型地坪涂料涂装体系有环氧树脂、聚氨酯、聚脲树脂涂装体系，无溶剂型地坪涂料在技术性能方面基本可以达到溶剂型地坪涂料的技术性能，而且能保持较长使用年限。地坪涂料发展方向主要是趋于水性化与无溶剂化，树脂技术将成为核心竞争力。

本书抽检了4个水性地坪涂料样品，44个无溶剂型地坪涂料样品和22个溶剂型地坪涂料样品。根据VOCs含量检测结果，水性地坪涂料的VOCs含量处于104～116g/L之间，VOCs平均含量为108.0g/L，接近GB/T 22374—2008中规定的限值120g/L；无溶剂型地坪涂料的VOCs含量处于5～81g/L之间，VOCs平均含量为33.9g/L，比GB/T 22374—2008中规定的限值60g/L低一些；溶剂型地坪涂料的VOCs含量处于60～580g/L之间，VOCs平均含量为344.0g/L，比GB/T 22374—2008中规定的限值500g/L低一些。

《地坪涂装材料》(GB/T 22374—2008) 中分别规定了水性地坪涂料、无溶剂型地坪涂料与溶剂型地坪涂料的VOCs含量，水性地坪涂料（120g/L）与无溶剂型地坪涂料（60g/L）VOCs含量限值指标已经比较严格，接近美国《绿色涂料标志要求》(GS-11) 中地坪涂料VOCs含量限值100g/L，具有先进性，不需要修订。对于溶剂型地坪涂料（500g/L）VOCs含量限值指标，一般地区该指标不需要修订，对于京津冀等环境管理要求高的区域，可以考虑修订，增加一个高固含溶剂型涂料VOCs含量限值（VOCs ≤ 250g/L），逐步替代溶剂型地坪涂料VOCs含量限值（VOCs ≤ 500g/L）。

7.2.5 防腐涂料

建筑防腐涂料包括水性、无溶剂型与溶剂型三类，目前使用的建筑防腐涂料以溶剂型为主。溶剂型防腐涂料分为硝基类、醇酸类、双组分聚氨酯类等。水性防腐涂料以水为主要分散介质，仅含有极少量的溶剂，而其施工方法又与传统溶剂型防腐涂料相似，使用方便，极具发展潜力，水性防腐涂料中最具代表性的成膜物有丙烯酸乳液类和单组分水性聚氨酯类，目前水性防腐涂料可以达到中低程度的防腐性能。

本书抽检了16个水性防腐涂料样品和22个溶剂型防腐涂料样品。根据VOCs含量检测结果，水性防腐涂料的VOCs含量处于0～116g/L之间，VOCs平均含量为39.9g/L；溶剂型防腐涂料的VOCs含量处于282～681g/L之间，VOCs平均含量为520.4g/L。

《建筑钢结构防腐涂料中有害物质限量》(GB 30981—2014) 标准中仅对溶剂型建筑防腐涂料中VOCs含量要求作出限定，根据合成树脂类确定的VOCs含量限值为390～720g/L，有必要修订该标准，适当降低VOCs含量限值。《钢结构用水性防腐涂料》(HG/T 5176—2017) 中规定的限值为200g/L，虽比实际检测结果宽松很多，但水性防腐涂料作为环境友好型涂料应予以鼓励发展，目前不需要修订。

7.2.6 防火涂料

本书抽检了6个水性防火涂料样品和13个溶剂型防火涂料样品。根据VOCs含量检测结果，水性防火涂料的VOCs含量处于0～2g/L之间，平均含量为2.0g/L，比《建筑防火涂料有害物质限量及检测方法》（JG/T 415—2013）中规定的限值80g/L低很多；溶剂型防火涂料的VOCs含量处于267～713g/L之间，平均含量为431.5g/L，接近JG/T 415—2013规定的限值500g/L。防火涂料在降低VOCs含量的同时，更要考虑其安全性能，因此目前不建议修订JG/T 415—2013标准。

7.3 国内建筑类涂料VOCs防治政策

7.3.1 国家层面

7.3.1.1 《关于对电池、涂料征收消费税的通知》

为了促进节能环保，2015年1月26日，财政部与国家税务总局制发了《财政部 国家税务总局关于对电池、涂料征收消费税的通知》（以下简称《通知》）（财税〔2015〕16号），自2015年2月1日起施行。《通知》规定，在生产、委托加工与进口环节对电池与涂料征收消费税，适用税率均为4%。对施工状态下，VOCs含量低于420g/L（含420g/L）的涂料免征消费税。

7.3.1.2 《重点行业挥发性有机物削减行动计划》

2016年7月8日，工业和信息化部与财政部联合发布了《重点行业挥发性有机物削减行动计划》（工信部联节〔2016〕217号），总体目标为到2018年，减少苯、甲苯、二甲苯、二甲基甲酰胺（DMF）等溶剂使用量20%以上，低（无）VOCs的绿色产品比例分别达到60%以上。重点推广水性涂料、粉末涂料、高固体分涂料、无溶剂涂料、辐射固化涂料（UV涂料）等绿色涂料产品。

7.3.1.3 《国家鼓励的有毒有害原料（产品）替代品目录（2016年版）》

2016年11月13日，工业和信息化部、科学技术部、环境保护部联合发布了《国家鼓励的有毒有害原料（产品）替代品目录（2016版）》（工信部联节〔2016〕398号），引导企业持续开发、使用低毒低害和无毒无害原料，减少产品中有毒有害物质含量，从源头削减或避免污染物产生。

7.3.1.4 《“十三五”挥发性有机物污染防治工作方案》

2017年9月14日，环境保护部、国家发展和改革委员会、财政部、交通运输部、国家质量监督检验检疫总局和国家能源局联合发布了《“十三五”挥发性有机物污染防治工作方案》（环大气〔2017〕121号），明确指出推进建筑装饰行业VOCs综合治理，推广使用符合环保要求的建筑涂料、木器涂料、胶粘剂等产品，实施区域统一标准，京津冀区域严格执行《建筑类涂料与胶粘剂挥发性有机化合物含量限值标准》要求，并适时将标准实施范围扩展至京津冀周边地区。

7.3.1.5 《打赢蓝天保卫战三年行动计划》

2018年6月27日，国务院发布了《打赢蓝天保卫战三年行动计划》（国发〔2018〕22号），明确指出实施VOCs专项整治方案，重点区域禁止建设生产和使用高VOCs含量的溶剂型涂料、油墨、胶粘剂等项目。2020年，VOCs排放总量较2015年下降10%以上。

7.3.1.6 《重点行业挥发性有机物综合治理方案》

2019年6月26日，生态环境部发布了《重点行业挥发性有机物综合治理方案》（环大气〔2019〕53号），明确提出要大力推进源头替代，通过使用水性、粉末、高固体分、无溶剂、辐射固化等低VOCs含量的涂料，水性、辐射固化、植物基等低VOCs含量的油墨，水基、热熔、无溶剂、辐射固化、改性、生物降解等低VOCs含量的胶粘剂，以及低VOCs含量、低反应活性的清洗剂等，替代溶剂型涂料、油墨、胶粘剂、清洗剂等，从源头减少VOCs产生。

7.3.1.7 《2020年挥发性有机物治理攻坚方案》

2020年6月24日，生态环境部发布了《2020年挥发性有机物治理攻坚方案》（环大气〔2020〕33号），明确提出大力推进源头替代，有效减少VOCs产生。严格落实国家和地方产品VOCs含量限值标准。2020年7月1日起，船舶涂料和地坪涂料生产、销售与使用应满足新颁布实施的国家产品有害物质限量标准要求。京津冀地区建筑类涂料和胶粘剂产品须满足《建筑类涂料与胶粘剂挥发性有机化合物含量限值标准》要求。督促生产企业提前做好油墨、胶粘剂、清洗剂、木器涂料、车辆涂料、建筑用外墙涂料、工业防护涂料等有害物质限量标准实施准备工作，在标准正式生效前有序完成切换，有条件的地区根据环境空气质量改善需要提前实施。

大力推进低（无）VOCs含量原辅材料替代。将全面使用符合国家要求的低VOCs含量原辅材料的企业纳入正面清单和政府绿色采购清单。企业应建立原辅材料台账，记录VOCs原辅材料名称、成分、VOCs含量、采购量、使用量、库存量、回收方式、回收量等信息，并保存相关证明材料。采用符合国家有关低VOCs含量产品规定的涂料、油墨、胶粘剂等，排放浓度稳定达标且排放速率满足相关规定的，相应生产工序可不要求建设末端治理设施。使用的原辅材料VOCs含量（质量分数）均低于10%的工序，可不要求采取无组织排放收集和处理措施。将低VOCs含量产品纳入政府采购名录，并在政府投资项目中优先使用；引导将使用低VOCs含量涂料、胶粘剂等纳入政府采购装修合同环保条款。

7.3.1.8 《市场准入负面清单（2020年版）》

2020年12月10日，国家发展改革委、商务部联合印发了《市场准入负面清单（2020版）》（发改体改规〔2020〕1880号），其中《产业结构调整指导目录》中的淘汰类项目和限制类新建项目，在禁止准入类清单中直接引用，不再逐条列出。《产业结构调整指导目录》涉及 14 类涂料产品。

7.3.1.9 《关于加快解决当前挥发性有机物治理突出问题的通知》

2021 年 8 月 4 日，生态环境部发布了《关于加快解决当前挥发性有机物治理突出问题的通知》（环大气〔2021〕65 号），明确提出针对当前的突出问题开展排查整治。

（1）产品 VOCs 含量存在的突出问题

① 涂料、油墨、胶粘剂、清洗剂等产品 VOCs 含量限值标准仍执行不到位，市场仍存在不达标产品；

② 低（无）VOCs 含量涂料、油墨、胶粘剂、清洗剂替代比例较低。

（2）排查检查要点

① 排查使用涂料、油墨、胶粘剂、清洗剂等含 VOCs 原辅材料的企业，督促企业记录含 VOCs 原辅材料的产品名称、VOCs 含量和使用量等，建立管理台账；

② 定期对含 VOCs 产品生产、销售、进口、使用企业开展抽检抽查，检查产品 VOCs 含量检测报告，并抽测部分批次产品。

（3）治理要求

① 涂料、油墨、胶粘剂、清洗剂等生产企业在产品出厂时应配有产品标签，注明产品名称、使用领域、施工配比以及 VOCs 含量等信息，提供载有详细技术信息的产品技术说明书或者产品安全数据表；

② 含 VOCs 产品使用量大的国企、政府投资建设工程承建单位要自行或委托社会化检测机构进行抽检，鼓励其他企业主动委托社会化检测机构进行抽检。

7.3.2 地方层面

下面以北京市为例进行介绍。

（1）《北京市打赢蓝天保卫战三年行动计划》

2018 年 9 月 7 日，北京市人民政府印发《北京市打赢蓝天保卫战三年行动计划》（京政发〔2018〕22 号），明确提出加强面源污染治理，推进生活和农业污染排放减量化。以建筑装饰、餐饮、汽修等行业为重点，加强生活领域污染治理。推进低挥发性有机物建筑类涂料和消费品使用。按照“源头管控、溯源追责”的原则，严格执行本市建筑类涂料和胶粘剂挥发性有机化合物含量限值标准。市质监局、市工商局等部门组织加强生产、销售领域建筑类涂料和胶粘剂产品检测，自 2018 年 9 月起，每月对生产企业、超市、建材市场进行抽检抽查，曝光不符合标准要求的产品及其生产企业、销售场所。市住房城乡建设、交通、城市管理、铁路等部门和单位按职责分工组织在全市房屋建设和维修、市政道路桥梁建设和维护、城市环境综合整治、铁路维护等各类工程中，将使用低挥发性有机物含量建筑类涂料和胶粘剂的有关要求作为招标文件内容及相应评标因素；同时，率先在政府投资的建设工程中自行或委托社会化监测机构进行抽检、检查，鼓励社会投资的建设工程主动委托社会化监测机构进行抽检，确保使用达标产品。市住房城乡建设委等行业主管部门要将抽检发现不达标产品的生产企业名单反馈至质监、工商部门，质监、工商部门定期向社会公开曝光，对出现 2 个以上批次产品抽检超标的，依法追溯生产企业责任。通过标准引导、产品准入、政策支持、宣传教育等措施，鼓励市民购买、使用低挥发性有机物含量的产品。

（2）《北京市禁止使用建筑材料目录（2018 年版）》

2019 年 4 月 1 日，北京市住房和城乡建设委员会、北京市规划和自然资源委员会、北京市城市管理委员会联合印发《北京市禁止使用建筑材料目录（2018 年版）》（京建发〔2019〕149 号），（2018 年版）目录中禁止使用的涉及 VOCs 的建筑材料包括建筑装饰装修材料中不满足北京市地标 DB 11/3005—2017 的涂料和胶粘剂。

（3）《北京市 VOCs 治理专项行动方案》

2020 年 7 月 17 日，北京市生态环境局发布了《北京市 VOCs 治理专项行动方案》，提出综合施策，深入推进 VOCs 减排。按照国家新胶粘剂、清洗剂、工业防护涂料、车辆涂料等产品 VOCs 含量限值标准，推进相关生产企业有序完成产品切换；12 月 1 日起，严格落实新标准要求。加强生产、销售环节含 VOCs 产品质量抽测，每季度检测量不低于 50 组。加强房屋建设和维修等各类工程含 VOCs 产品质量抽测，并溯源生产、销售企业和场所，依法移送、处置。

（4）《北京市深入打好污染防治攻坚战 2021 年行动计划》

2021 年 2 月 23 日，北京市人民政府办公厅印发《北京市深入打好污染防治攻坚战 2021 年行动计划》（京政办发〔2021〕3 号），其中，《大气污染防治 2021 年行动计划》明确提出推进低 VOCs 含量产品源头替代，严格落实国家胶粘剂、清洗剂、工业防护涂料、车辆涂料、油墨等产品及本市建筑涂料与胶粘剂 VOCs 含量限值标准；各区加强执法检查，督促企业按标准要求建立原辅材料台账，并使用符合标准的低 VOCs 含量产品；针对生产、流通环节，市场监管部门对胶粘剂、涂料、油墨等含 VOCs 产品开展抽检，全年检测量不低于 200 组；强化建设工程等使用环节含 VOCs 产品监管，住房城乡建设、城市管理、交通、铁路等部门和单位对政府投资的建设工程中使用的胶粘剂、涂料等产品组织开展抽检，全年抽检覆盖率达到 10% 左右，在政府采购中推广使用低 VOCs 含量产品。

（5）《北京市工业污染行业生产工艺调整退出及设备淘汰目录（2022 年版）》

2022 年 1 月 20 日，北京市人民政府办公厅印发《北京市工业污染行业生产工艺调整退出及设备淘汰目录（2022 年版）》（京政办发〔2022〕3 号），其中，退出行业和生产工艺涉及建材行业沥青类防水材料生产、化工行业有机溶剂型涂料生产、未达到《建筑用墙面涂料中有害物质限量》标准的墙面涂料生产、未达到《室内地坪涂料中有害物质限量》标准的地坪涂料生产、未达到《工业防护涂料中有害物质限量》标准的工业防护涂料生产、有机溶剂型胶粘剂生产、未达到《胶粘剂挥发性有机化合物限量》标准的非有机溶剂型胶粘剂生产、有机溶剂型稀释剂生产。

参考文献

[1] 北京市人民政府 . 北京市人民政府关于印发《北京市打赢蓝天保卫战三年行动计划》的通知 [EB/OL]. [2018-09-14]. https://www.beijing.gov.cn/zhengce/zhengcefagui/201905/t20190522_61552.html.

[2] 北京市人民政府办公厅 . 关于印发《北京市工业污染行业生产工艺调整退出及设备淘汰目录（2022 年版）》的通知 [EB/OL]. [2022-01-30]. https://www.beijing.gov.cn/zhengce/gfxwj/sj/202201/t20220130_2604282.html.

[3] 北京市人民政府办公厅 . 关于印发《北京市深入打好污染防治攻坚战 2021 年行动计划》的通知 [EB/OL]. [2021-03-03]. https://www.beijing.gov.cn/zhengce/zhengcefagui/202103/t20210303_2297520.html.

[4] 北京市生态环境局 . 北京市印发实施 VOCs 治理专项行动方案 [EB/OL]. [2020-07-17]. https://www.mee.gov.cn/ywdt/dfnews/202007/t20200717_789788.shtml.

[5] 北京市住房和城乡建设委员会，北京市规划和自然资源委员会，北京市城市管理委员会 . 关于发布《北京市禁止使用建筑材料目录（2018 年版）》的通知 [EB/OL]. [2019-04-01]. https://www.bjdx.gov.cn/bjsdxqrmzf/zwfw/tzgg/2005140/2022122212141967544.pdf.

[6] CNS 15080—2007 建筑用涂料挥发性有机化合物（VOCs）最大限量值 [S].

[7] DB 11/3005—2017 建筑类涂料与胶粘剂挥发性有机化合物含量限值标准 [S].

[8] DB 11/1983—2022 建筑类涂料与胶粘剂挥发性有机化合物含量限值标准 [S].

[9] DB 12/3005—2017 建筑类涂料与胶粘剂挥发性有机化合物含量限值标准 [S].

[10] DB 13/3005—2017 建筑类涂料与胶粘剂挥发性有机化合物含量限值标准 [S].

[11] DB 13/T 2251—2015 内外墙干粉乳胶涂料 [S].

[12] DB 32/T 3500—2019 涂料中挥发性有机物限量 [S].

[13] DB 6101/T 3030—2018 建筑及交通标志涂料与胶粘剂中挥发性有机化合物含量限值 [S].

[14] GB 18581—2001 室内装饰装修材料 溶剂型木器涂料中有害物质限量 [S].

[15] GB 18581—2020 木器涂料中有害物质限量 [S].

[16] GB 18582—2001 室内装饰装修材料 内墙涂料中有害物质限量 [S].

[17] GB 18582—2008 室内装饰装修材料 内墙涂料中有害物质限量 [S].

[18] GB 18582—2020 建筑用墙面涂料中有害物质限量 [S].

[19] GB 24408—2009 建筑用外墙涂料中有害物质限量 [S].

[20] GB 30981—2014 建筑钢结构防腐涂料中有害物质限量 [S].

[21] GB 30981—2020 工业防护涂料中有害物质限量 [S].

[22] GB 38468—2019 室内地坪涂料中有害物质限量 [S].

[23] GB/T 19250—2013 聚氨酯防水涂料 [S].

[24] GB/T 22374—2008 地坪涂装材料 [S].

[25] GB/T 22374—2018 地坪涂装材料 [S].

[26] GB/T 31815—2015 建筑外表面用自清洁涂料 [S].

[27] GB/T 34676—2017 儿童房装饰用内墙涂料 [S].

[28] GB/T 38597—2020 低挥发性有机化合物含量涂料产品技术要求 [S].

[29] HBC 12—2002 环境标志产品认证技术要求 水性涂料 [S].

[30] HG/T 4755—2014 聚硅氧烷涂料 [S].

[31] HG/T 5176—2017 钢结构用水性防腐涂料 [S].

[32] HJ 2537—2014 环境标志产品技术要求 水性涂料 [S].

[33] HJ 457—2009 环境标志产品技术要求 防水涂料 [S].

[34] HJ/T 201—2005 环境标志产品技术要求 水性涂料 [S].

[35] HJBZ 4—1999 水性涂料 [S].

[36] HKEPL-01—004 香港环保标志标准 水性涂料 [S].

[37] HKEPL-02-004 香港环保标志标准 聚氨酯涂料 [S].
[38] JC 1066—2008 建筑防水涂料中有害物质限量 [S].
[39] JG/T 210—2018 建筑内外墙用底漆 [S].
[40] JG/T 338—2011 建筑玻璃用隔热涂料 [S].
[41] JG/T 415—2013 建筑防火涂料有害物质限量及检测方法 [S].
[42] JG/T 481—2015 低挥发性有机化合物（VOC）水性内墙涂覆材料 [S].
[43] 建筑涂料 . 新常态下的建筑涂料行业——2015 年的现状与发展 [EB/OL]. [2016-06-03]. http://www.coatings.sh.cn/?p=3361.
[44] 林宣益 . 国内外建筑涂料现状和发展趋势 [J]. 上海涂料，2011，49（2）：35-41.
[45] 林宣益 . 建筑涂料中挥发性有机化合物含量的测定和控制 [J]. 上海涂料，2003，41（1）：22-26.
[46] 孙玉梅 . 生物过滤法去除气态甲苯和乙酸乙酯的工艺和菌系状态的研究 [D]. 大连：大连理工大学，2002：1-206.
[47] SZJG 48—2014 建筑装饰装修涂料与胶粘剂有害物质限量 [S].
[48] 香港特别行政区政府环境保护署，空气污染管制（挥发性有机物）规例 [EB/OL]. [2020-07-15]. https://www.epd.gov.hk/epd/sc_chi/environmentinhk/air/prob_solutions/voc_reg.html.
[49] 中华人民共和国财政部 . 关于对电池涂料征收消费税的通知 [EB/OL]. [2015-07-22]. https://www.mof.gov.cn/gkml/caizhengwengao/wg2015/wg201503/201507/t20150722_1344546.htm.
[50] 中华人民共和国工业和信息化部，财政部 . 关于印发重点行业挥发性有机物削减行动计划的通知 [EB/OL]. [2016-07-08]. https://www.miit.gov.cn/jgsj/jns/wjfb/art/2020/art_a3aa84bea45a4355a68bff88346601f3.html.
[51] 中华人民共和国工业和信息化部，科学技术部，环境保护部 . 关于发布《国家鼓励的有毒有害原料（产品）替代品目录（2016 年版）》的通告 [EB/OL]. [2016-12-26]. https://www.miit.gov.cn/zwgk/zcwj/wjfb/tg/art/2020/art_dc43629922e941628a7c065dad0214d6.html.
[52] 中华人民共和国国家发展改革委，商务部 . 关于印发《市场准入负面清单（2020 年版）》的通知 [EB/OL]. [2020-12-10]. https://www.gov.cn/zhengce/zhengceku/2020-12/16/content_5569975.htm.
[53] 中华人民共和国国务院 . 关于印发打赢蓝天保卫战三年行动计划的通知 [EB/OL]. [2018-07-03]. https://www.gov.cn/zhengce/content/2018-07/03/content_5303158.htm.
[54] 中华人民共和国环境保护部，国家发展和改革委员会，财政部，交通运输部，国家质量监督检验检疫总局，国家能源局 . 关于印发《“十三五”挥发性有机物污染防治工作方案》的通知 [EB/OL]. [2017-09-14].https://www.mee.gov.cn/gkml/hbb/bwj/201709/t20170919_421835.htm.
[55] 中华人民共和国生态环境部 . 关于加快解决当前挥发性有机物治理突出问题的通知 [EB/OL]. [2021-08-04].https://www.mee.gov.cn/xxgk2018/xxgk/xxgk03/202108/t20210805_854161.html.
[56] 中华人民共和国生态环境部 . 关于印发《2020 年挥发性有机物治理攻坚方案》的通知 [EB/OL]. [2020-06-24].https://www.mee.gov.cn/xxgk2018/xxgk/xxgk03/202006/t20200624_785827.html.
[57] 中华人民共和国生态环境部 . 关于印发《重点行业挥发性有机物综合治理方案》的通知 [EB/OL]. [2019-06-26].https://www.mee.gov.cn/xxgk2018/xxgk/xxgk03/201907/t20190703_708395.html.
[58] Decision 2014/312/EU The ecological criteria for the award of the EU Ecolabel for indoor and outdoor paints and varnishes[S].
[59] Directive 1999/13/EC The limitation of emissions of volatile organic compounds due to the use of organic solvents in certain activities and installations[S].
[60] Directive 2004/42/EC Limitation of emissions of volatile organic compounds due to the use of organic solvents in certain paints and varnishes and vehicle refinishing products and amending[S].
[61] Directive 2009/543/EC-2008 Establishing the ecological criteria for the award of the Community eco-label to outdoor paints and varnishes Text with EEA relevance；notified under document number C（2008）4452[S].
[62] Directive 2009/544/EC-2008 Establishing the ecological criteria for the award of the Community eco-

label to indoor paints and varnishes Text with EEA relevance; notified under document number C (2008) 4453[S].
[63] GREEN SEAL. Green seal environmental standard for paints, coatings, stains, and sealers[EB/OL]. [2015-10-26]. http://www.greenseal.org/Portals/0/Documents/Standards/GS-11/GS-11_Ed3-2_Paints_Coatings_Stains_and_Sealers.pdf.
[64] RAL-UZ 102 Basic criteria for award of the environmental label low-emission interior wall paints[S].
[65] RAL-UZ 12a Basic criteria for award of the environmental label low-pollutant paints and varnishes[S].
[66] South Coast Air Quality Management District (AQMD). Rule 1113 architecture coatings[EB/OL]. [2016-02-05]. http://www.aqmd.gov/docs/default-source/rule-book/reg-xi/r1113.pdf.
[67] US environmental protection agency. National emission standards for hazardous air pollutants[EB/OL]. [2020-05-10]. https://www.epa.gov/stationary-sources-air-pollution/national-emission-standards-hazardous-air-pollutants-neshap-9.
[68] US environmental protection agency. National volatile organic compounds emission standards for consumer and commercial products[EB/OL]. [2017-01-06]. http://www.ecfr.gov/cgi-bin/text-idx?SID=82e4af5d5a9f1f246554ba8af0c901cc&mc=true& node=pt40.6.59&rgn=div5.
[69] US environmental protection agency. The Plain English Guide to the Clean Air Act[EB/OL]. [2020-06-10]. https://www.epa.gov/clean-air-act-overview/plain-english-guide-clean-air-act.

第 8 章 我国建筑类涂料 VOCs 污染防治可行技术

建筑类涂料挥发性有机物排放贯穿于其生产、储运销、使用的全生命周期。建筑类涂料挥发性有机物的防治应采取产品源头替代、生产—储运销—使用环节过程控制、终端产品标准监管相结合的思路。主要措施包括：源头推动低 VOCs 含量涂料的研发和推广，建筑类涂料生产—储运销—使用环节 VOCs 防治，制定建筑类涂料挥发性有机物含量限值标准，最终实现控制建筑类涂料 VOCs 污染的目的。

8.1 源头推动低 VOCs 含量涂料的研发和推广

当前，建筑类涂料正逐步朝着环境友好型、低 VOCs 型方向发展，内墙涂料与外墙涂料已基本实现涂料水性化，防水涂料中水性涂料占比也较高，但是防腐涂料、地坪涂料和防火涂料仍然以溶剂型为主。针对这几类涂料，我国应加大研发力度，积极开发水性涂料、无溶剂型涂料、高固体涂料、粉末涂料与 UV 涂料等低 VOCs 涂料，逐渐取代传统的溶剂型涂料。

8.1.1 墙面涂料

墙面涂料包括内墙涂料与外墙涂料。

目前水性内墙涂料的使用比例基本达到 100%。水性乳胶漆配方中 VOCs 主要来源于乳液、溶剂、助剂、色浆等，其中最主要的来源是成膜助剂和防冻剂如二醇类溶剂。鼓励加大对乳胶漆配方的研究，进一步降低 VOCs，但是减少 VOCs 涉及乳液和各种助剂的合理选用，各种原料用量比例应找到一个最优的平衡点，满足优化施工及性能的要求。

外墙涂料完全水性化在技术方面是可达的，目前水性外墙涂料的使用比例基本达到约 98%，鼓励进一步推广使用水性外墙涂料，提高水性外墙涂料的使用比例。南方水性外墙涂料的使用比例达到 100%；北方由于气候对施工条件的影响，施工环境温度低于 5℃时，不利于水性涂料施工，会使用溶剂型外墙涂料。在某些特殊场合必须使用溶剂型外墙涂料时，最好使用工厂预涂好的板，现场安装、现场施工，避免使用溶剂型外墙涂料。

8.1.2 防水涂料

目前水性防水涂料占比较大，其次为反应型防水涂料，两者使用比例约为 90%；溶剂型防水涂料主要用于施工温度较低的环境，已使用较少，使用比例约为 10%。水性防水涂料的 VOCs 含量很低。聚合物水泥复合防水涂料既有聚合物涂膜的延伸性、防水性，也有水硬性胶凝材料强度高、易与潮湿基层黏结的优点，经过许多工程的大量使用，证明其效果理想，符合我国建筑业的发展趋势，应在全国大力推广应用。防水涂料的发展趋势应为水性化与无溶剂化。

8.1.3 地坪涂料、防腐涂料与防火涂料

目前，水性地坪涂料、无溶剂型地坪涂料、溶剂型地坪涂料的使用比例约为 10%、20% 与 70%。无溶剂型地坪涂料的 VOCs 含量较低，是地坪涂料的理想发展趋势，鼓励企

业研发低成本的无溶剂型地坪涂料及树脂体系，推广用户使用水性地坪涂料与无溶剂型地坪涂料。

水性防腐涂料和溶剂型防腐涂料的使用比例分别约为10%和90%。水性防腐涂料以水为主要分散介质，仅含有极少量的溶剂，而其施工方法又与传统溶剂型防腐涂料相似，使用方便，极具发展潜力。水性防腐涂料中最具代表性的成膜物有丙烯酸乳液类和单组分水性聚氨酯类。但是，水性涂料较溶剂型涂料的配方相对复杂，一般包含多种助剂，而这些助剂通常对涂膜的性能产生影响，导致涂膜的性能下降，尤其是耐腐蚀性与耐水性。在市政桥梁、高速公路护栏、火车及铁道设施、汽车、机场设施等重防腐要求情况下使用溶剂型防腐涂料，室内装饰装修等中低程度防腐性能要求情况下应使用水性防腐涂料。水性防腐涂料的耐水性和对基体的润湿性很难同时兼顾，克服单一体系的缺陷，提高涂料的综合性能是亟待解决的技术问题。因污物易使涂膜产生缩孔，水性防腐涂料在施工过程中对基材表面清洁度的要求很高，提高施工性能成为其广泛应用的前提。水性防腐涂料对原材料和制备工艺的要求高，未来需要在保证其原有优良防腐性能的前提下，降低成本，推动产业化。

水性防火涂料和溶剂型防火涂料的使用比例分别约为20%和80%，应向水性趋势发展。

8.2 建筑类涂料生产—储运销—使用环节VOCs防治

8.2.1 建筑类涂料生产环节VOCs防治

8.2.1.1 总体要求

① 涂料生产企业应根据GB 50016、GB 50019、GB 50160、GB 50489等规定进行总图布置，在确保安全的前提下，将易产生VOCs的重点污染源远离敏感点布置，使用功能或检修要求相似的设备适当集中布置，厂房设计采用多层设计，充分利用层高位差进行物料转移，有高差要求的设备应保持合理的高差。

② 涂料生产企业应大力推行清洁生产及节能减排技术改造，提升工艺装备水平，严格控制挥发性有机液体贮存和装卸过程挥发损失、工艺单元操作过程损耗、废水集输处理和固体废物（液）贮存系统逸散、生产设备密封点泄漏、开停工及检维修等非正常工况排污，实现VOCs无组织排放全过程控制。

③ 涂料生产企业应采用连续化、自动化、密闭型生产工艺，对于不能实现密闭的单元，根据生产工艺、操作方式以及废气性质、处理和处置方式，设置不同的废气收集系统，做到“能收则收”。各个废气收集系统均应实现压力损失平衡以及较高的收集效率，另外要综合考虑防腐、防火防爆、耐高温、结露、堵塞等因素。

④ 涂料生产过程VOCs无组织排放应符合国家、地方或行业相关大气污染物排放标准，同时满足地方环保监管要求，避免对周边区域大气环境质量产生不良影响。

⑤ 涂料生产过程VOCs无组织及有组织排放控制设施在设计、安装、调试、运行和维护过程中应始终贯彻“安全第一、预防为主”的原则，严格遵守相关安全技术标准、规范和规程。

8.2.1.2 控制技术

（1）改进工艺设备

要将 VOCs 污染降低或者消除，首先要从改进配方与工艺方面入手。例如，合理改变投料方法，降低投料温度，以及采用无毒低挥发性原料；选用微自动控制系统，实现智能化作业，将人为因素导致的失误降低，确保工艺控制准确、计量准确，防止出现溢槽、涨釜等情况。当前有些涂料生产设备比较陈旧，对控制 VOCs 污染不利，应积极引入先进设备。企业应加大工艺设备投入力度，对现有生产设备进行改造与更新，尽可能使涂料生产在一个无污染、密闭性良好的系统中开展。

（2）贮存和装卸过程 VOCs 控制

① 在符合安全等相关规范的前提下，挥发性有机液体贮存应采用压力罐、高效密封的浮顶罐、安装回收或处理设施的拱顶罐，避免采用桶装挥发性有机液体；储罐应配有呼吸阀、液位计、高液位报警仪以及防雷、防静电等设施。

② 储存真实蒸气压≥ 76.5kPa 的挥发性有机液体应采用压力储罐，鼓励储存异味较强的挥发性有机液体（如胺类）亦采用压力储罐。

③ 储存真实蒸气压≥ 5.2kPa 但＜ 27.6kPa 的设计容量≥ 150m^3 的挥发性有机液体储罐，以及储存真实蒸气压≥ 27.6kPa 但＜ 76.5kPa 的设计容量≥ 75m^3 的挥发性有机液体储罐，应符合以下规定之一：a. 采用内浮顶罐，内浮顶罐的浮盘与罐壁之间应采用液体镶嵌式、机械式楔形、双封式等高效密封方式；b. 采用外浮顶罐，外浮顶罐的浮盘与罐壁之间应采用双封式密封方式，而且初级密封采用液体镶嵌式、机械式楔形等高效密封方式；c. 采用拱顶罐，安装蒸气平衡系统，或呼吸尾气密闭处理。

④ 贮存低沸点（沸点低于 140℃）挥发性有机液体的储罐，须满足以下条件：a. 罐顶应保持气密状态，不得有破洞、裂缝或开口；b. 应设置惰性气体（氮气）保护系统；c. 应设置温控系统，通过储罐外表面喷涂浅色涂料、罐顶装设喷淋冷却水系统、储罐进气冷却等措施来实现。

⑤ 储存过程中产生的罐顶小呼吸尾气需设置蒸气收集系统（冷凝、洗涤、吸收、吸附等），难以实现回收利用的，需有效收集至废气治理设施或采取其他等效措施。

⑥ 浮顶罐浮盘上的开口、缝隙密封设施，以及浮盘与罐壁之间的密封设施在工作状态下应保持密闭。若检测到密闭设施不能密闭，在不关闭工艺单元的条件下，在 15d 内进行维修技术若不可行，则可延迟维修，但不应晚于最近一个停工期。对浮盘的检查至少每 6 个月进行一次，每次检查应记录浮盘密封设施的状态，记录应保存 1 年以上。

⑦ 装卸单位应设置具有安全警示标志标识的挥发性有机液体装卸作业区，建立健全装卸过程中的操作制度，运输挥发性有机液体的车船应按装卸单位的有关规定停放在指定装卸作业区。

⑧ 装卸挥发性有机液体时，应采取全密闭、浸没式液下装载等工艺，严禁喷溅式装载，液体宜从罐体底部进入，或将鹤管伸入罐体底部，鹤管口至罐底距离不得大于 200mm；在注入口未浸没前，初始流速不应大于 1m/s，当注入口浸没鹤管口后可适当提

高流速。

⑨ 装卸挥发性有机液体时，应采取装有气相平衡管的密封循环系统，使大呼吸尾气形成闭路循环，消除装卸和转罐的无组织排放，若难以实现的，需设置蒸气收集系统或将大呼吸尾气有效收集至废气治理设施。

（3）进出料过程 VOCs 控制

① 挥发性有机液体物料应优先采用无泄漏泵或高位槽（计量槽）投加，避免真空抽料，进料方式应采用底部给料或使用浸入管给料，顶部添加液体宜采用导管贴壁给料。

② 采用高位槽 / 中间罐投加物料时，应配置蒸气平衡管，使投料尾气形成闭路循环，消除投料过程无组织排放，难以实现的，将投料尾气有效收集至废气治理设施。高位槽 / 中间罐贮存和装卸尾气控制参照储罐相关技术要求。

③ 反应釜投料所产生的置换尾气（放空尾气）、出渣（釜残等）产生的放料尾气均应有效收集至废气治理设施，反应釜清洗产生的废液需采用管道密闭收集并输送至废水集输系统或密闭废液储槽，储槽放空尾气密闭收集。

④ 挥发性有机液体应尽量避免采用桶装方式，如因运输和贮存等特殊要求必须采用桶装方式，采用桶装物料投料和转移物料时，应设置有效的无组织废气收集系统。

（4）反应过程 VOCs 控制

① 常压带温反应釜上应配备冷凝或深冷回流装置回收 VOCs，减少反应过程中挥发性有机物料的损耗，不凝性废气需有效收集至废气治理设施。

② 反应釜放空尾气、带压反应泄压排放废气及其他置换气需有效收集至废气治理设施。

（5）工艺取样过程 VOCs 控制

企业应优先采用双阀取样器、真空取样器等密闭取样装置，严禁观察孔人工取样，若难以实现密闭取样，取样口应密闭隔离，采用负压排气将取样废气有效收集至废气治理设施。

（6）灌装（包装）过程 VOCs 控制

挥发性有机液体产品灌装和易产生 VOCs 的固体产品包装时应设置密封装置或密封区域，不能实现密闭的应采用负压排气法将灌装废气有效收集至废气治理设施；对成品储罐区灌装挥发性有机液体时参照挥发性有机液体装卸相关规定。

（7）废水集输和处理系统 VOCs 控制

① 企业应优先采用管道等密闭性废水集输系统代替地漏、沟、渠等敞开式收集方式，必要时加装压力释放阀或呼吸阀调节压力波动，释压排放气需有效收集。连接井、车间废水暂存池等产生的逸散废气应加盖密闭，负压收集至废气末端治理设施进行处理。

② 废水处理系统尽可能采用密闭装置化处理技术，处理单元（调节池、厌氧池、吹脱

塔、气浮池等）易产生 VOCs 废气，应加盖密闭，负压收集至废气治理设施。

③ 板框压滤机处理污泥时，宜采用暗流式板框压滤机，并对相关生产区域进行密闭隔离，采用负压排气法将无组织废气收集至废气治理设施。压滤后污泥优先采用密闭输送系统输送至污泥暂存库，污泥贮存过程产生的废气参照固体废物（液）贮存系统逸散废气控制相关要求进行处理。

④ 废水处理系统使用的浮油罐、罐中罐和缓冲罐等各类储罐可参照挥发性有机液体贮存相关技术规范进行管理。

（8）固体废物（液）贮存系统废气控制

① 废液废渣（如釜残等）应采用带有液体灌注孔的密封容器（塑胶或钢制成的桶或罐）装盛，固态废物（如废水处理污泥等）应采用密封塑料袋或带盖的容器装盛。

② 含 VOCs 的原料桶、包装罐、塑料袋，废液废渣密封罐以及固体废物密封塑料袋等应贮存于符合环保、设计、安全等相关规范的密闭贮存系统中，采用负压排气法将贮存过程产生的废气有效收集至废气治理设施。

（9）设备泄漏检测与修复

① 泵、搅拌器、压缩机、泄压设备、采样系统、放空阀（放空管）、阀门、法兰及其他连接件、仪表、气体回收装置和密闭排放装置等易产生 VOCs 泄漏点数量超过 2000 个的溶剂型涂料生产企业，应逐步应用 LDAR 技术，对易泄漏点进行定期检测并及时修复泄漏点，严格控制跑、冒、滴、漏和无组织泄漏排放。

② 溶剂型涂料生产企业应根据物料特性选用符合要求的优质管道、法兰、垫片、紧固件，应通过加装盲板、丝堵、管帽、双阀等措施减少设备和管线排放口、采样口等泄漏的可能性。

③ 设备选择密封介质和密封件时，要充分兼顾润滑、散热。使用水作为密封介质时，要加强水质和流速的检测。输送有毒、强腐蚀性介质时，要选用密封油作为密封介质，同时要充分考虑针对密封介质大量高温热油泄漏时的收集、降温等防护措施，对于易汽化介质要采用双端面或串联干气密封。

（10）开停工、检维修等非正常工况废气控制

① 溶剂型涂料生产装置应制定开停车、检维修等非正常工况的操作规程和无组织废气污染控制措施，新建装置鼓励同步设计、施工与装置开停工、检维修过程中物料回收、密闭吹扫等相配套的设备、管线和辅助设施。

② 生产装置停工退料吹扫过程应优先采用密闭吹扫工艺，吹扫气分类收集后接入回收或废气治理设施。

③ 生产装置停工检维修阶段，应采取密闭、隔离、负压排气或其他等效措施，防止设备拆解过程中残余挥发性有机物料造成环境污染。

④ 生产装置开工进料时，应将置换出来的含 VOCs 废气排入末端治理设施进行净化处理。开工初始阶段产生的易挥发性不合格产品应收集进入中间储罐等装置，储罐放空尾气需有效收集至废气治理设施。

8.2.1.3 管理要求

现场管理是涂料生产中 VOCs 防治的一项十分关键且有效的举措，所以涂料企业必须做好涂料生产现场的管理工作。

① 涂料企业要充分结合自己的生产工序、VOCs 防治目标等制定出一系列现场管理制度与规范，并且将有关职责明确落实到具体人员身上，并通过绩效考核的方式来确保各项现场管理工作得到有效的落实。

② 涂料企业应将 VOCs 的无组织排放污染防治纳入日常生产管理体系，建立健全 VOCs 污染防治设施运行台账，提出突发性 VOCs 泄漏防范和处置措施，纳入企业应急预案中。

③ 涂料企业应加强对无组织排放废气的集中收集和处理，严格控制工艺操作过程中逃逸性有机气体直接排放，通过实施工艺和设备改进、物料储存和装卸方式改进、废水集输处理及固废（液）贮存系统密闭性改造等措施，从源头减少 VOCs 的泄漏排放。

④ 涂料企业应进一步增强企业职工的责任意识和环保意识，生产过程中坚决执行各项环保法律法规和排放标准，严格操作规程，减少化学物质跑、冒、滴、漏现象的发生；对立项时间较早的建设项目要积极进行技术改造，对落后的生产工艺和生产设备要及时淘汰，通过"以新带老"，实现减排增效的目标。

⑤ 涂料企业应在厂界安装特征污染物环境监测设施，并与当地环境保护主管部门联网，明确 VOCs 无组织排放位置、排放种类、排放规律、排放量估算方法、厂界监测数据及达标排放情况等基本信息，应按相关要求向社会公开，接受社会监督。

⑥ 涂料企业要制定出一套包括进厂、车间、岗位的三级环保安全教育培训机制，并予以严格落实。

8.2.2 建筑类涂料储运销环节 VOCs 防治

建筑类涂料储存过程应保持密闭，销售过程中的零售分装和颜色调配应在安装废气收集与净化设施的密闭操作间内完成。

8.2.3 建筑类涂料使用环节 VOCs 防治

8.2.3.1 高效涂装设备应用

建筑类涂料涂装过程在开放空间中进行，涂装中产生的 VOCs 基本属于无组织排放，排放源分散，污染控制难。采用高效涂装设备能够实现相同涂装效果条件下，减少涂料使用量、提高涂料利用率、减少废气污染物排放量的目的。宜积极推广高效涂装工具及设备，鼓励开发操作简便、效率高的涂装工具新产品。禁止销售及使用不符合国家相关标准的劣质涂装设备及工具。

8.2.3.2 建筑类涂料涂装企业 VOCs 防治

大部分建筑类涂料在工程现场使用，但少部分建筑类涂料在工厂使用，例如建筑类钢结构涂料在建筑钢结构制造企业使用。类似采用建筑类涂料的涂装企业，应采取如下防治措施：

① 采用低 VOCs 涂料。推广使用高固含环氧涂料、丙烯酸涂料、聚氨酯涂料、聚硅氧烷涂料等；推广水性涂料的应用，如水性丙烯酸涂料、水性聚氨酯涂料等。

② 采用高效涂装技术。推广使用高压无气喷涂、空气辅助无气喷涂、热喷涂等高涂装效率的喷涂技术，限制空气喷涂技术的使用。

③ 涂装过程中应执行各项环保法律法规和排放标准。各工艺环节及涂装设备清洗过程应在密闭空间或设备中进行，产生的挥发性有机物经集气系统收集后导入挥发性有机物处理设施或排放管道，达标排放。

8.3 制定建筑类涂料挥发性有机物含量限值标准，加强市场调控和监管

建筑类涂料挥发性有机物含量限值标准应纳入强制性国家标准或地方标准，对各地区生产、销售和使用的各类建筑类涂料 VOCs 含量水平进行管控，使地方监管部门有据可依。通过标准的实施，促进 VOCs 含量高的建筑类涂料产品退出标准管辖区域；引导各地区涂料生产企业采用低 VOCs 含量的原料与先进的生产工艺，进行产品结构升级换代；引导各地区销售企业销售符合标准要求的建筑类涂料；引导各地区建筑工程和室内装饰装修工程使用低 VOCs 含量的建筑类涂料。

各地应建立建筑类涂料供应及质量信息网络，加强对涂料生产企业生产、销售企业销售和建筑工程使用的建筑类涂料产品的抽检与监测通报。依法严厉打击非法生产、销售和使用的劣质产品，采用出厂检验、销售企业销售的建筑类涂料抽检、建筑工程使用的建筑类涂料抽检等手段，杜绝生产、销售和使用不符合标准的建筑类涂料。

参考文献

[1] 刘薇薇，江庆梅，张心亚，等 . 超低 VOC 建筑内墙乳胶漆的配方设计 [J]. 河南化工，2006，23（11）：5-7.

[2] GB 50016—2014 建筑设计防火规范 [S].

[3] GB 50019—2015 工业建筑供暖通风与空气调节设计规范 [S].

[4] GB 50160—2008 石油化工企业设计防火标准 [S].

[5] GB 50489—2009 化工企业总图运输设计规范 [S].

第 9 章 国内外建筑类涂料 VOCs 管控制度

9.1 国外建筑类涂料 VOCs 管控制度

9.1.1 美国

美国对建筑类涂料 VOCs 排放管控主要采用源头控制思路，通过标准限定建筑类涂料中 VOCs 含量。

在联邦层面，美国环境保护署（UA EPA）在 1999 年出台了《建筑涂料挥发性有机化合物释放国家标准》(40 CFR Part 59)，在美国地区制造、进口与销售的建筑类涂料按此标准中 VOCs 含量限值要求执行，规定了 70 多种涂料产品的 VOCs 含量限值。在地方层面，美国南海岸空气质量管理局在 2008 年发布了《建筑涂料管理条例》(Rule-1113)，在南海岸空气质量管理区生产、销售和交易的建筑类涂料按此标准中 VOCs 含量限值要求执行，该条例经过多次修订，2016 年 2 月 5 日起执行最新修订版标准，此外，美国羚羊谷地区、莫哈维沙漠地区也先后执行了该条例。美国 Green Seal 协会于 2008 年发布了《美国绿色涂料标志要求》(GS-11)。《建筑涂料挥发性有机化合物释放国家标准》(40 CFR Part 59 Subpart D）还规定了标准实施配套的管理制度，包括：

① 支付超量费用　每个建筑类涂料制造商或进口商的若干产品如超过标准 VOCs 含量限值时，只要每年按规定支付超量费用，仍允许生产或进口。超量费用以该产品超过 VOCs 含量限值计算，每克超量 VOCs 费率为 0.0028 美元。

② 粘贴容器标识　每个建筑类涂料制造商或进口商必须对其销售或分配的涂料在容器上标明相关内容，包括涂料制造日期或日期代码、制造商推荐的稀释剂和稀释量（对于用水稀释的涂料无须说明）或涂料无须稀释说明、VOCs 含量。

③ 记录保存　对于符合 VOCs 含量限值的涂料不要求记录保存，对于再生涂料、支付超量费用与吨位扣除的涂料则要求记录保存。按年记录每种涂料的 VOCs 含量、超过限值的 VOCs 含量、生产或进口的总体积、实际年销量。EPA 有权对产品进行检查，测试 VOCs 含量是否符合标准的规定或是否与所记录的 VOCs 含量相符。

④ 报告制度　所有建筑类涂料制造商和进口商必须按条例规定对涂料进行分类，制定并存档涂料初步分类报告。报告必须不迟于标准生效日期或者该产品首次制造或进口之日起 180d（两者日期以迟者为准），提交给 EPA。

9.1.2 欧盟

欧盟对建筑类涂料 VOCs 排放的管控主要采用源头控制思路，通过标准限定建筑类涂料中的 VOCs 含量。

2004 年，欧洲议会和欧盟理事会通过了《装饰涂料指令》(2004/42/EC)，以减少油漆、清漆及汽车表面整修产品的 VOCs 排放，规定了涂料产品的 VOCs 限量。2009 年，欧盟委员会发布了两个指令，即《室外色漆和清漆生态标签的生态标准》(2009/543/EC）和《室内色漆和清漆生态标签的生态标准》(2009/544/EC)，2014 年欧盟委员会又颁布了《室内外色漆和清漆生态标签的生态标准》(2014/312/EU)。

《装饰涂料指令》(2004/42/EC)还规定了标准实施配套管理制度，包括：

① 标识　该指令要求各成员国确保涂料产品在进入市场时必须附有标识，标识需标明产品类别、标准中所规定的 VOCs 含量限值(产品正常使用状态下 VOCs 含量的最大值)。

② 主管部门　该指令要求各成员国指定主管部门来履行指令所赋予的职责。

③ 监察　成员国应建立一套监察方案，以监察涂料产品是否满足本指令要求。

④ 报告　成员国需就监察结果进行汇报，以证明其符合指令和产品类别要求，报告需要在自符合指令中 VOCs 含量限值之日起的 18 个月后向欧盟委员会递交，欧盟委员会需事先就监察数据的递交制定统一的格式。

⑤ 处罚　该指令颁布后，各成员国应实施与指令配套的法律法规和必要的行政规定，并向欧盟委员会报告，同时制定细则，用以处罚违反指令法规条款者，采取必要的措施确保指令的实施。

9.2 国内建筑类涂料 VOCs 管控制度

9.2.1 香港特别行政区

香港特别行政区对建筑类涂料 VOCs 排放的管控主要采用源头控制思路，通过标准限定建筑类涂料中的 VOCs 含量。

2002 年，香港特别行政区出台了《香港环保标志标准 水性涂料》(HKEPL-01-004)，规定了水性墙面涂料产品中总挥发性有机化合物(TVOCs)含量限值要求。2007 年香港特别行政区实施了《空气污染管制(挥发性有机物)规例》，对在香港特别行政区生产、销售和使用的建筑漆料中的 VOCs 含量进行了限定。

《空气污染管制(挥发性有机物)规例》(简称《规例》)还规定了标准实施配套管理制度，包括：

① 禁止生产及输入超过该规例 VOCs 含量限值的产品。

② 过渡期警告标签　规定了过渡期内不符合日后规例要求的建筑用涂料必须附有警告标签。

③ 受规管漆料显示相关资料的规定　2007 年 4 月 1 日起，任何受规管漆料的生产商或进口商需要在生产或输入的受规管漆料的物料安全资料、商品目录、包装或容器上显示以下资料，包括生产日期、挥发性有机化合物含量，如在使用前必须以溶剂或天拿水稀释，则须显示按有关产品上建议比例计算的稀释后的挥发性有机化合物含量。

④ 产品通知书送交监督的规定　凡任何受规管漆料是在 2007 年 4 月 1 日或之后生产或输入的，该漆料的生产商或进口商必须于该漆料在香港特别行政区出售或使用之前，以书面形式提供关于该漆料的以下资料以便于监督，包括生产商或进口商名称，漆料的牌子及全名，漆料在出售时的容量或重量，需使用的稀释液的牌子、全名及其密度(如该受规管漆料在使用前，必须以溶剂或天拿水稀释)，挥发性有机化合物含量，按稀释比例计算的稀释后的挥发性有机化合物含量(如在使用前必须使用溶剂或天拿水稀释)。

⑤ 提交监督报告的规定　规定了受管制产品的生产商或进口商每年须向监督部门提

交有关受管制产品上一年销售量的报告。

⑥ 罪行及职责　由于受管制产品的供应最终由生产商及进口商控制，故该条规定了他们须承担的法律责任，违反条款属犯罪，处罚有罚款和监禁。

⑦ 备存记录的规定。

9.2.2　台湾省

台湾省对建筑类涂料 VOCs 排放的管控主要采用源头控制思路，限定建筑类涂料中 VOCs 含量。

台湾省 2007 年发布了标准《建筑用涂料挥发性有机化合物（VOCs）最大限量值》（CNS 15080—2007）。

9.2.3　大陆（内陆）

大陆（内陆）对建筑类涂料 VOCs 排放的管控主要体现在标准方面，通过规定涂料产品中的 VOCs 限量来控制建筑类涂料 VOCs 排放。

大陆（内陆）建筑类涂料 VOCs 限量标准主要包括：

① 国家强制性标准，包括《室内装饰装修材料内墙涂料中有害物质限量》（GB 18582—2020）、《室内地坪涂料中有害物质限量》（GB 38468—2019）、《建筑钢结构防腐涂料中有害物质限量》（GB 30981—2020）。

② 国家推荐性标准，如《地坪涂装材料》（GB/T 22374—2018）、《聚氨酯防水涂料》（GB/T 19250—2013）、《建筑外表面用自清洁涂料》（GB/T 31815—2015）、《儿童房装饰用内墙涂料》（GB/T 34676—2017）。

③ 行业标准，如《建筑防水涂料中有害物质限量》（JC 1066—2008）、《建筑玻璃用隔热涂料》（JC/T 338—2011）、《建筑防火涂料有害物质限量及检测方法》（JG/T 415—2013）、《聚硅氧烷涂料》（HG/T 4755—2014）、《低挥发性有机化合物（VOC）水性内墙涂覆材料》（JG/T 481—2015）、《钢结构用水性防腐涂料》（HG/T 5176—2017）、《建筑内外墙用底漆》（JG/T 210—2018）。

④ 地方标准，如《建筑类涂料与胶粘剂挥发性有机化合物含量限值标准》（DB 11/1983—2022）、《建筑装饰装修涂料与胶粘剂有害物质限量》（SZJG 48—2014）、《内外墙干粉乳胶涂料》（DB 13/T 2251—2015）、《涂料中挥发性有机物限量》（DB 32/T 3500—2019）、《建筑及交通标志涂料与胶粘剂中挥发性有机化合物含量限值》（DB 6101/T 3030—2018）。

⑤ 环境标志产品技术要求，如《环境标志产品技术要求 防水涂料》（HJ 457—2009）、《环境标志产品技术要求 水性涂料》（HJ 2537—2014）。

国内大陆（内陆）建筑类涂料 VOCs 限量标准也规定了标准实施配套管理制度，主要是对生产环节的涂料进行管控，质检部门采用型式检验的方法对涂料生产企业的产品进行抽查。

① 在正常生产和销售情况下每年至少进行一次型式检验。

② 有下列情况之一时应随时进行型式检验：a. 生产企业新产品最初定型时；b. 生产企业生产配方、工艺、关键原材料来源及产品施工配比有较大改变时；c. 生产企业停产三个月后又恢复生产时；d. 产品异地生产时。

③ 检验结果的判定：所有项目的检验结果均达到本标准的要求时，产品为符合本标准要求。

9.3 建立我国建筑类涂料 VOCs 管控制度

从建筑类涂料生产、储运销、使用全过程的 VOCs 排放及控制现状来看，源头上采用高固体分涂料、水性涂料、无溶剂型涂料、粉末涂料等低 VOCs 含量涂料替代传统溶剂型涂料，加快低 VOCs 含量建筑类涂料生产工艺及产品的研发，实现产品结构升级换代是防治建筑类涂料 VOCs 污染的根本途径，但同时要建立并完善建筑类涂料 VOCs 管控制度，才能有效减少建筑类涂料行业 VOCs 排放。

（1）加严各类建筑类涂料 VOCs 含量限值

目前我国水性涂料等低 VOCs 含量的建筑类涂料生产工艺已较为成熟，水性内墙涂料与外墙涂料已广泛使用。近些年建筑类涂料产品配方与生产工艺技术快速发展，多年前发布的建筑类涂料相关标准已不能满足涂料技术的发展与大气环境保护需求，应考虑修订该类标准，逐步加严其 VOCs 含量限值。

（2）建立建筑类涂料包装标志制度

规范建筑类涂料产品包装标志，除原有产品说明外，需要在包装标志上补充标明以下内容：

① 产品类型和用途；

② 产品所含挥发性有机化合物最高含量；

③ 对于施工时需要稀释的产品，则需显示推荐的稀释溶剂和稀释量（对于用水稀释的建筑类涂料无须说明）；

④ 对于由双组分或多组分配套组成的产品，则需显示各组分的施工配比。

（3）建立建筑类涂料报告制度

应逐步建立建筑类涂料产品记录保存、提交报告制度，所有建筑类涂料生产企业及销售企业每年须向相关管理部门提交各类建筑类涂料产品上一年销售量的报告，相关管理部门应对建筑类涂料产品信息逐项审核，严格建筑类涂料产品质量。

（4）建立建筑类涂料生产—销售—使用全过程监管制度

建立多部门合作的建筑类涂料生产—销售—使用全过程监管制度。采用传统生产环节型式检验方式，结合生产—销售—使用各环节抽检模式。质检部门采用型式检验的方法对建筑类涂料生产企业的产品进行检验，在正常生产和销售情况下，每年至少进行一次型式检验，有下列情况之一时应随时进行型式检验：

① 生产企业新产品最初定型时；

② 生产企业生产配方、工艺、关键原材料来源及产品施工配比有较大改变时；

③ 生产企业停产三个月后又恢复生产时；

④ 产品在异地生产时。

市场监督管理部门对建筑类涂料生产企业的产品进行抽检，对建筑类涂料销售企业的产品进行抽检，对建筑类涂料直销商店、中间供应商、品牌供应商定期抽检。住房和城乡建设管理部门应加强建筑类涂料使用环节的 VOCs 排放控制，对建筑工程使用的建筑类涂料进行抽检。各级环保部门应对涂料生产企业进行监督性检查，可以采样或现场即时监测 VOCs 有组织与无组织排放，确保排放符合相关排污标准。

（5）建立区域协调联动机制，强化协同治污

强化跨地区、跨部门的综合协调联动，协同治污监管，推进区域建筑类涂料 VOCs 污染控制工作。

（6）强化建筑类涂料管控的能力建设

建立完善各地区的建筑类涂料使用台账以及 VOCs 排放清单，有利于帮助各地区了解污染源排放特征，从源排放角度制定污染物排放削减措施，应用于空气质量的模拟和环境政策评估，以指导制定精细化环境控制政策。

统一建筑类涂料 VOCs 含量检测方法。目前各用途类别的建筑类涂料没有统一的 VOCs 含量检测方法，多数是引用不同标准附录中的检测方法，最常引用的建筑类涂料 VOCs 含量检测方法包括标准 GB/T 23985—2009、GB/T 23986—2009、GB 18582—2008、GB 24408—2009、HJ 2537—2014 及 GB 18581—2009（作废的引用最新版），各个标准中检测方法不一致，导致检测结果重现性及误差较大，因此建议统一制定水性涂料、溶剂型涂料、无溶剂型（反应型）涂料 VOCs 含量检测方法。

（7）加强建筑企业与施工人员培训

建筑施工是劳动密集型行业，大多数工作都需要人工来完成，员工的操作技能与环保意识直接影响建筑类涂料使用环节的 VOCs 排放。对建筑施工人员进行建筑类涂料绿色涂装的职业培训，提高建筑施工人员的环保意识与操作技能，让施工人员学习高效建筑涂装工艺。

鼓励建筑企业建立建筑类涂料使用相关的自主培训考核机制，增强企业提升职工技能水平和综合素质的积极性、主动性。建筑企业应建立涂料涂装工艺的操作规程，明确涂料和稀释剂的合适配比、涂装设备的更换周期，确保涂装设备正常、高效地运行。

（8）利用激励和处罚经济手段控制建筑类涂料 VOCs 排放量

鼓励中小型建筑类涂料生产企业的污染防治行为，建议制定相关的奖励和优惠经济政策，例如包括：奖励表彰采用先进的工艺技术和设备，使用清洁的能源和原料，采用先进末端治理设备，研发新技术、新工艺、新材料，实行环境标志产品认证的企业，为这些企业提供融资渠道、资金补贴和税收优惠。在政府及公开招标采购活动中优先考虑环境友好型企业与环境友好型产品。加大对违法企业的处罚力度，落实环保责任，实行严格的责任追究制度，与政府及企业相关人员政绩考核相关联。并由政府部门组织其他部门开展

VOCs 污染控制项目，如污染防治技术信息的咨询和推荐。

（9）加大环保宣传力度

目前大气环境形势严峻，消费者环保意识提高，要加强宣传，提高全行业环保意识，尤其要使决策者认识到环保是企业的社会责任，使企业意识到降低产品 VOCs 含量是符合中国绿色节能环保政策的需求。推动涂料企业自觉将环保置于重要地位，将减少 VOCs 排放贯穿于产品本身、产品生产与产品使用的每个环节。广泛宣传各项建筑类涂料 VOCs 限量标准，推动消费者和经营者对标准的认知，引导消费者购买、使用符合标准的低 VOCs 含量建筑类涂料产品。

参考文献

[1] CNS 15080—2007 建筑用涂料挥发性有机化合物（VOCs）最大限量值[S].

[2] DB 11/1983—2022 建筑类涂料与胶粘剂挥发性有机化合物含量限值标准[S].

[3] DB 13/T 2251—2015 内外墙干粉乳胶涂料[S].

[4] DB 32/T 3500—2019 涂料中挥发性有机物限量[S].

[5] DB 6101/T 3030—2018 建筑及交通标志涂料与胶粘剂中挥发性有机化合物含量限值[S].

[6] GB 18582—2008 室内装饰装修材料 内墙涂料中有害物质限量[S].

[7] GB 18581—2009 室内装饰装修材料 溶剂型木器涂料中有害物质限量[S].

[8] GB 18582—2020 建筑用墙面涂料中有害物质限量[S].

[9] GB 24408—2009 建筑用外墙涂料中有害物质限量[S].

[10] GB 30981—2014 建筑钢结构防腐涂料中有害物质限量[S].

[11] GB 30981—2020 工业防护涂料中有害物质限量[S].

[12] GB 38468—2019 室内地坪涂料中有害物质限量[S].

[13] GB/T 19250—2013 聚氨酯防水涂料[S].

[14] GB/T 22374—2008 地坪涂装材料[S].

[15] GB/T 22374—2018 地坪涂装材料[S].

[16] GB/T 23985—2009 色漆和清漆 挥发性有机化合物（VOC）含量的测定 差值法[S].

[17] GB/T 23986—2009 色漆和清漆 挥发性有机化合物（VOC）含量的测定 气相色谱法[S].

[18] GB/T 31815—2015 建筑外表面用自清洁涂料[S].

[19] GB/T 34676—2017 儿童房装饰用内墙涂料[S].

[20] HG/T 4755—2014 聚硅氧烷涂料[S].

[21] HG/T 5176—2017 钢结构用水性防腐涂料[S].

[22] HJ 2537—2014 环境标志产品技术要求 水性涂料[S].

[23] HJ 457—2009 环境标志产品技术要求 防水涂料[S].

[24] HKEPL-01-004 香港环保标志标准 水性涂料[S].

[25] JC 1066—2008 建筑防水涂料中有害物质限量[S].

[26] JG/T 338—2011 建筑玻璃用隔热涂料[S].

[27] JG/T 210—2018 建筑内外墙用底漆[S].

[28] JG/T 415—2013 建筑防火涂料有害物质限量及检测方法[S].

[29] JG/T 481—2015 低挥发性有机化合物（VOC）水性内墙涂覆材料[S].

[30] SZJG 48—2014 建筑装饰装修涂料与胶粘剂有害物质限量[S].

[31] 香港特别行政区政府环境保护署. 空气污染管制（挥发性有机物）规例[EB/OL].[2020-07-15]. https://www.epd.gov.hk/epd/sc_chi/environmentinhk/air/prob_solutions/voc_reg.html.

[32] Decision 2014/312/EU Commission Decision of 28 May 2014 establishing the ecological criteria for the award of the EU Ecolabel for indoor and outdoor paints and varnishes[S].

[33] Directive 2004/42/EC Limitation of emissions of volatile organic compounds due to the use of organic solvents in certain paints and varnishes and vehicle refinishing products and amending[S].

[34] Directive 2009/543/EC-2008 Establishing the ecological criteria for the award of the Community eco-label to outdoor paints and varnishes Text with EEA relevance; notified under document number C（2008）4452[S].

[35] Directive 2009/544/EC-2008 Establishing the ecological criteria for the award of the Community eco-label to indoor paints and varnishes Text with EEA relevance; notified under document number C（2008）4453[S].

[36] Green Seal. Green seal environmental standard for paints, coatings, stains, and sealers[EB/OL].[2015-10-26].http://www.greenseal.org/Portals/0/Documents/Standards/GS-11/GS-11_Ed3-2_Paints_Coatings_Stains_and_Sealers.pdf.

[37] South Coast Air Quality Management District（AQMD）. Rule 1113 architecture coatings[EB/OL]. [2016-02-05]. http://www.aqmd.gov/docs/default-source/rule-book/reg-xi/r1113.pdf.

[38] US environmental protection agency. National volatile organic compounds emission standards for consumer and commercial products[EB/OL]. [2017-01-06]. http://www.ecfr.gov/cgi-bin/text-idx?SID=82e4af5d5a9f1f246554ba8af0c901cc&mc=true& node=pt40.6.59&rgn=div5.

附录

附录1 《涂料中有害物质限量 第1部分：建筑涂料》（GB 30981.1—2025）

1 范围

本文件规定了建筑涂料及辅助材料中对人体和环境有害的物质容许限量所涉及的产品分类、要求、检验规则、标志、文件的实施，描述了相应的测试方法。

本文件适用于直接在现场涂装，对以水泥基及其他非金属材料为基材的建筑物内表面和外表面进行装饰、保护及具有其他特殊功能（如防霉、防藻、保温隔热等）的各类墙面涂料及配套使用的辅助材料；也适用于直接在现场涂装，对水泥砂浆、混凝土、石材、塑胶或钢材等地坪基面进行装饰、保护及具有其他特殊功能（如抗静电、耐腐蚀、防滑等）的各类地坪涂料及配套使用的辅助材料。

本文件不适用于建筑防水涂料、合成材料面层运动场地用涂料。

2 规范性引用文件

下列文件中的内容通过文中的规范性引用而构成本文件必不可少的条款。其中，注日期的引用文件，仅该日期对应的版本适用于本文件；不注日期的引用文件，其最新版本（包括所有的修改单）适用于本文件。

GB/T 1725　色漆、清漆和塑料　不挥发物含量的测定

GB/T 1727　漆膜一般制备法

GB/T 3186　色漆、清漆和色漆与清漆用原材料　取样

GB/T 5206　色漆和清漆　术语和定义

GB/T 6750　色漆和清漆　密度的测定　比重瓶法

GB/T 8170　数值修约规则与极限数值的表示和判定

GB/T 9754　色漆和清漆 20°、60° 和 85° 光泽的测定

GB 15258　化学品安全标签编写规定

GB/T 18446　色漆和清漆用漆基　异氰酸酯树脂中二异氰酸酯单体的测定

GB 18583　室内装饰装修材料　胶粘剂中有害物质限量

GB/T 20777　色漆和清漆　试样的检查和制备

GB/T 23985—2009　色漆和清漆　挥发性有机化合物（VOC）含量的测定　差值法

GB/T 23986.2—2023　色漆和清漆　挥发性有机化合物（VOC）和/或半挥发性有机化合物（SVOC）含量的测定　第2部分：气相色谱法

GB/T 23990—2009　涂料中苯、甲苯、乙苯和二甲苯含量的测定　气相色谱法

GB/T 23991　涂料中可溶性有害元素含量的测定

GB/T 23992—2009　涂料中氯代烃含量的测定　气相色谱法

GB/T 23993　水性涂料中甲醛含量的测定　乙酰丙酮分光光度法

GB 30000（所有部分）　化学品分类和标签规范

GB/T 30646　涂料中邻苯二甲酸酯含量的测定　气相色谱 / 质谱联用法

GB/T 30647　涂料中有害元素总含量的测定

GB/T 31414　水性涂料　表面活性剂的测定　烷基酚聚氧乙烯醚

GB/T 34682—2017　含有活性稀释剂的涂料中挥发性有机化合物（VOC）含量的测定

GB/T 36488　涂料中多环芳烃的测定

GB/T 37363.1　涂料中生物杀伤剂含量的测定　第 1 部分：异噻唑啉酮含量的测定

GB/T 41953　色漆和清漆　涂料中水分含量的测定　气相色谱法

3　术语和定义

GB/T 5206 界定的以及下列术语和定义适用于本文件。

3.1

建筑物　building

用建筑材料构筑的空间和实体，供人们居住和进行各种活动的场所。

示例：住宅、办公大楼、厂房、仓库、商场、体育馆、展览馆、图书馆、医院、学校、机场、车站、剧院、教堂等。

［来源：GB/T 50504—2009，2.1.4，有修改］

3.2

墙面涂料　wall coatings

涂覆在以水泥基及其他非金属材料为基材的建筑物内表面和外表面的墙面涂料。

3.3

平涂涂料　flat coatings

施涂后涂层颜色均匀一致，且表面平整的一类水性墙面涂料。

3.4

质感涂料　textured coatings

施涂后涂层具有砂石、纹理、立体造型等视觉装饰效果的一类水性墙面涂料。

示例：真石漆、多彩涂料、拉毛漆、浮雕漆等。

3.5

地坪涂料　floor coatings

由粘结料、骨料、外加剂或添加剂组成，经现场涂装在基层表面，能与基层结合成一个整体并满足特定功能的地面涂层材料。

［来源：JC/T 2540—2019，2.1，有修改］

3.6

水性地坪涂料　water-borne floor coatings

以水为主要分散介质和合成树脂为基料的一类地坪涂料。

[来源：GB/T 22374—2018，3.3，有修改]

3.7

溶剂型地坪涂料　solvent-borne floor coatings

以具有挥发性且固化后不能成为涂层组分的有机溶剂为主要分散介质的一类地坪涂料。

[来源：GB/T 22374—2018，3.4，有修改]

3.8

无溶剂型地坪涂料　solvent-free floor coatings

以活性稀释剂为分散介质且固化后作为成膜物存在的一类地坪涂料。

[来源：GB/T 22374—2018，3.5，有修改]

3.9

辅助材料　accessory material

在涂料施工或涂层维保过程中使用的改善底材状态、涂料施工性、涂层配套性、涂膜性能等功能的一类辅助性材料。

示例：腻子、色浆、稀释剂（含喷枪清洗用）、固化剂、脱漆剂、界面剂、修补膏、接驳口水、化白水、慢干水、着色剂等。

3.10

挥发性有机化合物　volatile organic compound；VOC

参与大气光化学反应的有机化合物，或者根据有关规定确定的有机化合物。

[来源：GB 37822—2019，3.1，有修改]

3.11

挥发性有机化合物含量　volatile organic compounds content

VOC 含量

在规定的条件下，所测得的涂料中存在的挥发性有机化合物（3.10）的质量。

[来源：GB/T 23986.2—2023，3.4，有修改]

3.12

半挥发性有机化合物　semi-volatile organic compound；SVOC

在所处环境的正常温度和压力下，能自然蒸发，但蒸发速率较 VOC 更慢的有机液体和 / 或固体。

[来源：GB/T 23986.2—2023，3.2，有修改]

3.13

半挥发性有机化合物含量 semi-volatile organic compounds content

SVOC 含量

在规定的条件下，所测得的涂料中存在的半挥发性有机化合物（3.12）的质量。

[来源：GB/T 23986.2—2023，3.5，有修改]

3.14

生物杀伤剂 biocide

添加到涂料中，防止生物体通过微生物降解作用侵蚀底材、涂料或其涂膜的一类添加剂。

示例：甲醛、甲基异噻唑啉酮、氯甲基异噻唑啉酮、苯并异噻唑啉酮、二（3- 氨丙基）十二烷基胺等罐内防腐剂；辛基异噻唑啉酮、双氯辛基异噻唑啉酮、多菌灵、百菌清、碘代丙炔基氨基甲酸丁酯等干膜防霉剂；敌草隆、特丁净、吡啶硫酮锌等防藻剂。有些生物杀伤剂品种具有多种功能。

[来源：GB/T 5206—2015，2.27，有修改]

3.15

施工状态 application condition

在施工方式和施工条件满足相应产品技术说明书中的要求时，产品所有组分混合后，可以进行施工的状态。

[来源：GB/T 38597—2020，3.5]

4 产品分类

建筑涂料按产品类别分为：水性墙面涂料、地坪涂料、辅助材料。

水性墙面涂料按使用场合分为：

——内墙涂料；其中，内墙涂料按涂层结构分为底漆、中间漆、面漆、罩光清漆。底漆按涂膜外观再分为色漆和清漆；中间漆按涂膜效果再分为平涂涂料、质感涂料；面漆按涂膜效果再分为平涂涂料、质感涂料、效应颜料漆；平涂涂料按涂膜光泽再分为光泽（60°）≤ 10 GU 和光泽（60°）＞ 10GU。

——外墙涂料；其中，外墙涂料按涂层结构分为底漆、中间漆、面漆、罩光清漆；底漆按涂膜外观再分为色漆和清漆。中间漆按涂膜效果再分为平涂涂料、质感涂料；面漆按涂膜效果再分为平涂涂料、质感涂料、效应颜料漆。

地坪涂料按分散介质分为：水性、溶剂型、无溶剂型。

辅助材料按分散介质分为：水性、溶剂型。

5 要求

5.1 水性墙面涂料中有害物质含量的限量值应符合表 1 的要求。当涂料产品明示适用于多种用途时，应符合各要求中最严格的限量值要求。

表 1　水性墙面涂料中有害物质含量的限量值要求

<table>
<tr><th colspan="2" rowspan="4">项目</th><th colspan="6">限量值</th></tr>
<tr><th rowspan="3">底漆（限色漆）[a、d]</th><th colspan="4">中间漆[a]、面漆[a]</th><th rowspan="3">底漆（限清漆）[a]、罩光清漆[a]</th></tr>
<tr><th colspan="2">平涂涂料</th><th rowspan="2">质感涂料</th><th rowspan="2">效应颜料漆（中间漆除外）</th></tr>
<tr><th>光泽（60°）≤ 10GU</th><th>光泽（60°）> 10GU</th></tr>
<tr><td rowspan="2">VOC 含量[b]/（g/L）</td><td>内墙涂料</td><td>≤ 50</td><td>≤ 50</td><td>≤ 80</td><td>≤ 80</td><td>≤ 80</td><td>≤ 80</td></tr>
<tr><td>外墙涂料</td><td>≤ 80</td><td colspan="2">≤ 100</td><td>≤ 100</td><td>≤ 120</td><td>≤ 120</td></tr>
<tr><td rowspan="2">SVOC 含量[b]/（g/L）</td><td>内墙涂料</td><td>≤ 120</td><td>≤ 100</td><td>≤ 120</td><td>≤ 120</td><td>≤ 150</td><td>≤ 150</td></tr>
<tr><td>外墙涂料</td><td>≤ 150</td><td colspan="2">≤ 120</td><td>≤ 120</td><td>≤ 150</td><td>≤ 180</td></tr>
<tr><td colspan="2">甲醛含量 /（mg/kg）</td><td colspan="6">≤ 50</td></tr>
<tr><td colspan="2">苯系物总和含量[c]/（mg/kg）</td><td colspan="6">≤ 100</td></tr>
<tr><td colspan="2">总铅（Pb）含量 /（mg/kg）（限色漆[d]）</td><td colspan="6">≤ 90</td></tr>
<tr><td colspan="2">总砷（As）含量 /（mg/kg）</td><td colspan="6">≤ 60</td></tr>
<tr><td rowspan="3">可溶性重金属含量 /（mg/kg）（限色漆[d]）</td><td>镉（Cd）</td><td colspan="6">≤ 75</td></tr>
<tr><td>铬（Cr）</td><td colspan="6">≤ 60</td></tr>
<tr><td>汞（Hg）</td><td colspan="6">≤ 60</td></tr>
<tr><td colspan="2">烷基酚聚氧乙烯醚（APEO）总和含量[e]/（mg/kg）</td><td colspan="6">≤ 1000</td></tr>
<tr><td colspan="2">甲基异噻唑啉酮（MIT）含量 /（mg/kg）</td><td colspan="6">≤ 300</td></tr>
</table>

[a] 隔热中间漆按质感涂料进行；如果产品规定了稀释比例或由多组分组成时，水性墙面涂料所有项目均不考虑水的稀释配比，将除水之外的组分按最大比例混合后测试。

[b] 建筑用有机粉体涂料和建筑无机粉体涂装材料不测 VOC 含量和 SVOC 含量。

[c] 限苯、甲苯、二甲苯（含乙苯）。

[d] 仅测试色漆；含染料的涂料按色漆进行。

[e] 限辛基酚、辛基酚聚氧乙烯醚［C_8H_{17}-C_6H_4-$(OC_2H_4)_nOH$］（n=2 ～ 16）、壬基酚、壬基酚聚氧乙烯醚［C_9H_{19}-C_6H_4-$(OC_2H_4)_nOH$］（n=2 ～ 16）。

5.2　地坪涂料中有害物质含量的限量值应符合表 2 的要求。

表 2　地坪涂料中有害物质含量的限量值要求

<table>
<tr><th colspan="2" rowspan="2">项目</th><th colspan="3">限量值</th></tr>
<tr><th>水性[a, c]</th><th>溶剂型[b, c]</th><th>无溶剂型[b, c]</th></tr>
<tr><td colspan="2">VOC 含量[d]/（g/L）</td><td>≤ 120</td><td>≤ 500</td><td>≤ 60</td></tr>
<tr><td colspan="2">SVOC 含量[d]/（g/L）</td><td>单组分：≤ 150
多组分：≤ 100</td><td colspan="2">—</td></tr>
<tr><td colspan="2">甲醛含量 /（mg/kg）</td><td>≤ 100</td><td colspan="2">≤ 500</td></tr>
<tr><td colspan="2">乙二醇醚及醚酯总和含量[e]/（mg/kg）</td><td colspan="3">≤ 300</td></tr>
<tr><td colspan="2">苯系物总和含量[f]/（mg/kg）</td><td>≤ 300</td><td colspan="2">—</td></tr>
<tr><td colspan="2">苯含量 /%</td><td>—</td><td colspan="2">≤ 0.1</td></tr>
<tr><td colspan="2">甲苯与二甲苯（含乙苯）总和含量 /%</td><td>—</td><td>≤ 20</td><td>≤ 1.0</td></tr>
<tr><td colspan="2">卤代烃总和含量[g]/%</td><td>—</td><td colspan="2">≤ 0.1</td></tr>
<tr><td colspan="2">多环芳烃总和含量[h]/（mg/kg）</td><td>—</td><td colspan="2">≤ 500</td></tr>
<tr><td colspan="2">邻苯二甲酸酯总和含量[i]/%</td><td>—</td><td colspan="2">≤ 0.1</td></tr>
<tr><td colspan="2">游离二异氰酸酯（TDI 和 HDI）总和含量[j]/%
（限以异氰酸酯作为固化剂的聚氨酯涂料）</td><td colspan="3">≤ 0.2</td></tr>
<tr><td colspan="2">游离 4,4'- 二氨基二苯甲烷（MDA）含量[k]/%
（限环氧涂料用胺类固化剂）</td><td colspan="3">≤ 1.0</td></tr>
<tr><td colspan="2">总铅（Pb）含量（限色漆[l]）/（mg/kg）</td><td colspan="3">≤ 90</td></tr>
<tr><td rowspan="3">可溶性重金属含量 /（mg/kg）
（限色漆[l]）</td><td>镉（Cd）</td><td colspan="3">≤ 75</td></tr>
<tr><td>铬（Cr）</td><td colspan="3">≤ 60</td></tr>
<tr><td>汞（Hg）</td><td colspan="3">≤ 60</td></tr>
</table>

[a] 如果产品规定了稀释比例或由多组分组成时，水性地坪涂料的所有项目均不考虑水的稀释配比，将除水之外的组分按最大比例混合后测试。

[b] 如果产品规定了稀释比例或由多组分组成时，溶剂型地坪涂料和无溶剂型地坪涂料按产品明示的施工配比混合后测试。如多组分的某组分的使用量为某一范围时，应按照产品施工状态下的施工配比规定的最大比例混合后进行测试［游离二异氰酸酯（TDI 和 HDI）总和含量项目除外］。

[c] 施工时加砂子的地坪涂料，所有项目测试时均不考虑砂子组分。

[d] 粉体地坪涂料不测 VOC 含量和 SVOC 含量。

[e] 限乙二醇甲醚、乙二醇甲醚醋酸酯、乙二醇乙醚、乙二醇乙醚醋酸酯、乙二醇二甲醚、乙二醇二乙醚、二乙二醇二甲醚、三乙二醇二甲醚。

[f] 限苯、甲苯、二甲苯（含乙苯）。

[g] 限二氯甲烷、三氯甲烷、四氯化碳、1, 1- 二氯乙烷、1, 2- 二氯乙烷、1, 1, 1- 三氯乙烷、1, 1, 2- 三氯乙烷、1, 2- 二氯丙烷、1, 2, 3- 三氯丙烷、三氯乙烯、四氯乙烯。

[h] 限萘、蒽。

[i] 限邻苯二甲酸二异丁酯、邻苯二甲酸二正丁酯、邻苯二甲酸丁苄酯、邻苯二甲酸二异辛酯、邻苯二甲酸二正辛酯、邻苯二甲酸二异壬酯、邻苯二甲酸二异癸酯。

[j] 如果产品规定了稀释比例或由多组分组成时，应先测定固化剂中游离二异氰酸酯含量，再按产品明示的施工配比计算混合后涂料中的含量。如稀释剂的使用量为某一范围时，应按照产品施工配比规定的最小稀释比例进行计算，水性地坪涂料不考虑水的稀释配比；如固化剂的使用量为某一范围时，应按照产品施工配比规定的最大比例进行计算。

[k] 仅测试环氧涂料用胺类固化剂组分。

[l] 仅测试色漆；含染料的涂料按色漆进行。

5.3　辅助材料中有害物质含量的限量值应符合表3的要求。其中，色浆、稀释剂及固化剂仅限单独在市场上流通的产品，不包括按产品明示的施工状态下的施工配比混合需要的配套销售的色浆、稀释剂及固化剂。

表3　辅助材料中有害物质含量的限量值要求

<table>
<tr><th colspan="2" rowspan="2">项目</th><th colspan="2">限量值</th></tr>
<tr><th>水性[a、c]</th><th>溶剂型[b、c]</th></tr>
<tr><td colspan="2">VOC含量（限腻子）/（g/kg）</td><td>≤10</td><td>≤100</td></tr>
<tr><td colspan="2">甲醛含量/（mg/kg）</td><td>≤50</td><td>≤500</td></tr>
<tr><td colspan="2">苯系物总和含量[d]/（mg/kg）</td><td>≤100</td><td>—</td></tr>
<tr><td colspan="2">苯含量/%</td><td>—</td><td>≤0.1</td></tr>
<tr><td colspan="2">卤代烃总和含量[e]/%</td><td>—</td><td>≤0.1</td></tr>
<tr><td colspan="2">多环芳烃总和含量[f]/（mg/kg）</td><td>—</td><td>≤500</td></tr>
<tr><td colspan="2">乙二醇醚及醚酯总和含量[g]（除腻子外）/（mg/kg）</td><td colspan="2">≤300</td></tr>
<tr><td colspan="2">游离二异氰酸酯（TDI和HDI）总和含量[h]/%
（限溶剂型涂料用异氰酸酯类固化剂）</td><td colspan="2">≤0.5</td></tr>
<tr><td colspan="2">游离4,4'-二氨基二苯甲烷（MDA）含量[i]/%
（限环氧涂料用胺类固化剂）</td><td colspan="2">≤1.0</td></tr>
<tr><td colspan="2">烷基酚聚氧乙烯醚（APEO）总和含量
（限水性色浆）[j]/（mg/kg）</td><td colspan="2">≤1000</td></tr>
<tr><td colspan="2">总铅（Pb）含量[k]（限腻子和色浆）/（mg/kg）</td><td colspan="2">≤90</td></tr>
<tr><td rowspan="3">可溶性重金属含量[k]/（mg/kg）（限腻子和色浆）</td><td>镉（Cd）</td><td colspan="2">≤75</td></tr>
<tr><td>铬（Cr）</td><td colspan="2">≤60</td></tr>
<tr><td>汞（Hg）</td><td colspan="2">≤60</td></tr>
</table>

[a] 如果产品规定了稀释比例或由多组分组成时，水性辅助材料（除腻子外）所有项目均不考虑水的稀释配比，将除水之外的组分按最大比例混合后测试。仅以水稀释的粉状腻子不测VOC含量。需要与其他组分配套使用但未配套销售的水性辅助材料所有项目均直接测试，不与其他配套组分混合测试。

[b] 如果产品规定了稀释比例或由多组分组成时，溶剂型辅助材料（除腻子外）按产品明示的施工配比混合后测试。如多组分中某组分的使用量为某一范围时，应按照产品施工配比规定的最大比例混合后进行测试。需要与其他组分配套使用但未配套销售的溶剂型辅助材料所有项目均直接测试，不与其他配套组分混合测试。

[c] 膏状腻子及仅以水稀释的粉状腻子所有项目均不考虑水的稀释配比；粉状腻子（除仅以水稀释的粉状腻子外）除总铅、可溶性重金属项目直接测试粉体外，其余项目按产品明示的施工状态下的施工配比将粉体与水、粘结剂等其他液体混合后测试。如腻子施工状态下的施工配比为某一范围时，应按照水用量最小、粘结剂等其他液体用量最大的配比混合后测试。溶剂型腻子按产品明示的施工状态下的施工配比混合后测试，如多组分中某组分的使用量为某一范围时，应按照产品施工状态下的施工配比规定的最大比例混合后进行测试。

[d] 限苯、甲苯、二甲苯（含乙苯）。

[e] 限二氯甲烷、三氯甲烷。

[f] 限萘、蒽。

[g] 限乙二醇甲醚、乙二醇甲醚醋酸酯、乙二醇乙醚、乙二醇乙醚醋酸酯、乙二醇二甲醚、乙二醇二乙醚、二乙二醇二甲醚、三乙二醇二甲醚。

[h] 仅测试溶剂型涂料用异氰酸酯类固化剂。

[i] 仅测试环氧涂料用胺类固化剂。

[j] 仅测试水性色浆；限辛基酚、辛基酚聚氧乙烯醚［C_8H_{17}-C_6H_4-$(OC_2H_4)_nOH$］（n=2～16）、壬基酚、壬基酚聚氧乙烯醚［C_9H_{19}-C_6H_4-$(OC_2H_4)_nOH$］（n=2～16）。

[k] 仅测试腻子和色浆。

6 测试方法

6.1 取样

按 GB/T 3186 的规定取样，也可按商定方法取样。取样量根据检验需要确定。

按 GB/T 20777 的规定，检查和制备每一个试验样品，准备 “待测 ”状态下的最终试样。

6.2 试验方法

6.2.1 VOC 含量

6.2.1.1 密度

按 GB/T 6750 的规定进行。试验温度为（23±0.5）℃，平行测定的两个结果的绝对差值应小于 0.005g/mL。腻子不测密度。

6.1.1.2 光泽

按 GB/T 9754 的规定进行，几何条件为 60° 。试板的制备按 GB/T 1727 进行，采用槽深（150±2）μm 的间隙式湿膜制备器。底材为玻璃板。试板在标准试验环境［温度（23±2）℃、相对湿度（50±5）%］下放置 1h，然后在（105±2）℃条件下烘烤 1h。

6.2.1.3 水性墙面涂料、水性地坪涂料、水性腻子中 VOC 含量

按 GB/T 23986.2—2023 的规定进行。色谱柱采用中等极性色谱柱（6% 氰丙苯基 /94% 甲基聚硅氧烷毛细管柱），色谱进样口温度为 260℃，标记物为己二酸二乙酯。称取试样约 1g；校准物限苯、甲苯、乙苯、邻二甲苯、间二甲苯、对二甲苯、乙二醇甲醚、乙二醇甲醚醋酸酯、乙二醇乙醚、乙二醇乙醚醋酸酯、乙二醇二甲醚、乙二醇二乙醚、二乙二醇二甲醚、三乙二醇二甲醚、甲醇、乙醇、正丙醇、异丙醇、正丁醇、异丁醇、苯甲醇、异辛醇、乙二醇、1,2- 丙二醇、二乙二醇、三乙胺、二甲基乙醇胺、2- 氨基 -2- 甲基 -1- 丙醇、乙二醇正丁醚、乙二醇苯醚、二乙二醇正丁醚、乙二醇丁醚醋酸酯、二乙二醇乙醚醋酸酯、二乙二醇丁醚醋酸酯、丙二醇单甲醚、丙二醇正丁醚、丙二醇苯醚、二丙二醇单甲醚、二丙二醇正丁醚、丙酮、甲基异戊基酮、*N*- 甲基吡咯烷酮、2,2,4- 三甲基 -1,3- 戊二醇、己二酸二乙酯；如果在色谱图中出现其他的色谱峰，则应假定其相对于替代校准物（己二酸二乙酯）的相对校正因子为 1.0% 进行计算。

水分含量的测定，按 GB/T 41953 的规定进行。平行测定的两个结果的绝对差值小于 1.0%；如经分子筛干燥后的 *N*, *N*- 二甲基甲酰胺（DMF）中水分含量低于 0.02%，则 DMF 的水分含量设为零。水性腻子不测水分含量。

涂料中 VOC 含量的计算，按 GB/T 23986.2—2023 中 11.4 进行，检出限为 2g/L。水性腻子中 VOC 含量的计算，按 GB/T 23986.2—2023 中 11.2 进行，并换算成克每千克（g/kg）表示，检出限为 1g/kg。

6.2.1.4 溶剂型地坪涂料（含腻子）中 VOC 含量

不含活性稀释剂的溶剂型地坪涂料（含腻子）按 GB/T 23985—2009 的规定进行。不

挥发物含量按 GB/T 1725 的规定进行，称取试样约 1g，烘烤条件为（105±2）℃ /1h。不测水分含量，水分含量设为零。不含活性稀释剂的溶剂型地坪涂料中 VOC 含量的计算，按 GB/T 23985—2009 中 8.3 进行。不含活性稀释剂的溶剂型腻子中 VOC 含量的计算，按 GB/T 23985—2009 中 8.2 进行，并换算成克每千克（g/kg）表示。

含活性稀释剂的溶剂型涂料（含腻子）按 GB/T 34682—2017 的规定进行，不测水分含量，水分含量设为零。不挥发物含量测定时的放置时间为标准试验环境［温度（23±2）℃，相对湿度（50±5）%］下放置 24h。含活性稀释剂的溶剂型涂料中 VOC 含量的计算，按 GB/T 34682—2017 中 8.3 进行。含活性稀释剂的溶剂型腻子中 VOC 含量的计算，按 GB/T 34682—2017 中 8.2 进行，并换算成克每千克（g/kg）表示。

6.2.1.5 无溶剂型地坪涂料中 VOC 含量

按 GB/T 34682—2017 的规定进行。不挥发物含量测定的放置时间为标准试验环境［温度（23±2）℃，相对湿度（50±5）%］下放置 24h，或按产品说明书要求的时间放置，但放置时间不大于 7d。不测水分含量，水分含量设为零。

涂料中 VOC 含量的计算，按 GB/T 34682—2017 中 8.3 进行。

6.2.2 SVOC 含量

按 GB/T 23986.2—2023 的规定进行。色谱柱采用弱极性色谱柱（5% 苯基 /95% 甲基聚硅氧烷毛细管柱），色谱进样口温度为 280℃，标记物为己二酸二乙酯和正二十二烷。称取试样约 1g；校准物限 2, 2, 4- 三甲基 -1, 3- 戊二醇单异丁酯（俗称：“醇酯十二”）、2, 2, 4- 三甲基 -1, 3- 戊二醇双异丁酯、丁二酸二正丁酯、戊二酸二正丁酯、己二酸二正丁酯、丁二酸二异丁酯、戊二酸二异丁酯、己二酸二异丁酯、马来酸二正丁酯、富马酸二正丁酯、二乙二醇单正己醚、三乙二醇单正丁醚、二乙二醇单苯醚、三乙醇胺、三异丙醇胺、二缩三乙二醇（俗称：“三甘醇”）、三缩四乙二醇、四缩五乙二醇、五缩六乙二醇、十二硫醇、邻苯二甲酸二甲酯、邻苯二甲酸二乙酯、邻苯二甲酸二异丁酯、邻苯二甲酸二正丁酯、邻苯二甲酸丁苄酯、正二十二烷；如果在色谱图中出现其他的色谱峰，则应假定其相对于替代校准物（己二酸二乙酯）的相对校正因子为 1.0 进行计算。密度的测定，按 6.2.1.1 的规定进行。光泽的测定，按 6.2.1.2 的规定进行。水分含量的测定，按 6.2.1.3 的规定进行。

水性墙面涂料、水性地坪涂料中 SVOC 含量的计算，按 GB/T 23986.2—2023 中 11.4 进行，检出限为 2g/L。

6.2.3 甲醛含量

水性墙面涂料、水性地坪涂料、水性辅助材料中甲醛含量的测定，按 GB/T 23993 的规定进行，甲醛标准溶液也可采用有证标准物质。

溶剂型地坪涂料、无溶剂型地坪涂料、溶剂型辅助材料中甲醛含量的测定，按 GB 18583 的规定进行。

6.2.4 苯系物总和含量、苯含量、甲苯与二甲苯（含乙苯）总和含量

水性墙面涂料、水性地坪涂料、水性辅助材料中苯系物总和含量的测定，按 GB/T 23990—2009 中 B 法的规定进行；水性墙面涂料、水性地坪涂料、水性辅助材料中苯系物

含量的计算，按 GB/T 23990—2009 中 9.4.3 进行。

溶剂型地坪涂料、无溶剂型地坪涂料、溶剂型辅助材料中苯含量的测定，按 GB/T 23990—2009 中 A 法的规定进行；溶剂型地坪涂料、无溶剂型地坪涂料、溶剂型辅助材料中苯含量的计算，按 GB/T 23990—2009 中 8.4.3 进行。

溶剂型地坪涂料、无溶剂型地坪涂料中甲苯与二甲苯（含乙苯）总和含量的测定，按 GB/T 23990—2009 中 A 法的规定进行；溶剂型地坪涂料、无溶剂型地坪涂料中甲苯与二甲苯（含乙苯）含量的计算，按 GB/T 23990—2009 中 8.4.3 进行。

6.2.5 总铅（Pb）含量、总砷（As）含量

按 GB/T 30647 的规定进行。

6.2.6 可溶性重金属含量

按 GB/T 23991 的规定进行。

6.2.7 烷基酚聚氧乙烯醚（APEO）总和含量

按 GB/T 31414 的规定进行。辛基酚（OP）CAS 号为 140-66-9；辛基酚聚氧乙烯醚（$OP_{10}EO$）CAS 号为 9002-93-1；壬基酚（NP）CAS 号为 104-40-5；壬基酚聚氧乙烯醚（$NP_{10}EO$）CAS 号为 26027-38-3。采用超声波提取，条件：在水浴温度不超过 60℃的条件下超声提取 1h；超声波频率为 35kHz ～ 45kHz；提取溶剂为甲醇。

6.2.8 甲基异噻唑啉酮（MIT）含量

按 GB/T 37363.1 中液相色谱法的规定进行。

6.2.9 乙二醇醚及醚酯总和含量

按 GB/T 23986.2—2023 的规定进行。色谱柱采用中等极性色谱柱（6% 氰丙苯基 /94% 甲基聚硅氧烷毛细管柱），色谱进样口温度为 260℃。称取试样约 1g；水性体系时内标物为己二酸二乙酯或其他能够在色谱图中完全分离的物质；溶剂型体系时内标物为正庚烷或其他能够在色谱图中完全分离的物质。乙二醇醚及醚酯含量的计算，按 GB/T 23986.2—2023 中 11.2 进行，并换算成毫克每千克（mg/kg）表示。

6.2.10 卤代烃总和含量

按 GB/T 23992—2009 的规定进行。卤代烃含量的计算，按 GB/T 23992—2009 中 8.5.2 进行。

6.2.11 多环芳烃总和含量

按 GB/T 36488 的规定进行。采用超声波提取，条件：在水浴温度不超过 60℃的条件下超声提取 0.5h；超声波频率为 35kHz ～ 45kHz；提取溶剂为醋酸乙酯。

6.2.12 邻苯二甲酸酯总和含量

按 GB/T 30646 的规定进行。邻苯二甲酸二异丁酯（DIBP）的 CAS 号为 84-69-5；定量离子（*m/z*）为 149；定性参考离子（*m/z*）为 149、150、223、205；DIBP 含量的检出限为 0.001%。

6.2.13 游离二异氰酸酯（TDI 和 HDI）总和含量

按 GB/T 18446 的规定进行。

6.2.14 游离 4,4′- 二氨基二苯甲烷（MDA）含量

按 GB/T 23986.2—2023 的规定进行。色谱柱采用弱极性色谱柱（5% 苯基 /95% 甲基聚硅氧烷毛细管柱），色谱进样口温度为 280℃。称取试样约 1g；内标物为邻苯二甲酸二正丁酯或其他能够在色谱图中完全分离的物质。游离 MDA 含量的计算，按 GB/T 23986.2—2023 中 11.2 进行。

7 检验规则

7.1 型式检验

7.1.1 在正常生产情况下，每年至少进行一次型式检验，型式检验项目包括本文件所列的全部要求。

7.1.2 有下列情况之一，应随时进行型式检验：

——新产品最初定型时；

——产品异地生产时；

——生产配方、工艺及原材料有较大改变时；

——停产三个月后又恢复生产时。

7.2 检验结果的判定

7.2.1 按检验结果的判定，GB/T 8170 中修约值比较法进行。

7.2.2 溶剂型地坪涂料、无溶剂型地坪涂料、溶剂型辅助材料报出检验结果时，应同时注明该产品的施工状态下的施工配比。

7.2.3 所有项目的检验结果均达到本文件的要求时，产品为符合本文件要求。

8 标志

8.1 按本文件检验合格的产品应在包装上进行明示，并标明该产品的产品类型和施工状态下的施工配比。

8.2 产品中单一生物杀伤剂组分的含量超过 0.10%（质量分数），且该生物杀伤剂品种属于《中华人民共和国进出口农药管理名录》所列举的农药品种时，应在包装上明示其中文名称。明示的形式除文字直接明示外，也可通过二维码等信息技术进行明示。

示例：含量超过 0.10%（质量分数）的生物杀伤剂（农药类）组分为敌草隆。

8.3 产品中单一生物杀伤剂组分的含量超过 GB 30000（所有部分）中规定的相应临界值 / 浓度极限值时，应按 GB 15258 的规定在包装上进行危害性标识。

8.4 聚氨酯类、环氧类等多组分固化的涂料和辅助材料应在包装上或产品说明书中标明产品的适用期。

9 文件的实施

9.1 建筑用溶剂型墙面涂料自本文件实施之日起不应在现场涂装中使用。

9.2 涂装现场对施工状态下的产品抽查时，对聚氨酯类、环氧类等多组分固化的涂料和辅助材料抽样检验，应在产品的适用期内进行检验。

参考文献

[1] GB/T 2705—2003 涂料产品分类和命名

[2] GB 5296.3 消费品使用说明 化妆品通用标签

[3] GB 7718 食品安全国家标准 预包装食品标签通则

[4] GB/T 22374—2018 地坪涂装材料

[5] GB/T 33761—2024 绿色产品评价通则

[6] GB/T 34676—2017 儿童房装饰用内墙涂料

[7] GB 36246—2018 中小学合成材料面层运动场地

[8] GB/T 36797—2018 装修防开裂用环氧树脂接缝胶

[9] GB 37822—2019 挥发性有机物无组织排放控制标准

[10] GB/T 38597—2020 低挥发性有机化合物含量涂料产品技术要求

[11] GB 45671 建筑防水涂料安全技术规范

[12] GB 50222—2017 建筑内部装修设计防火规范

[13] GB/T 50504—2009 民用建筑设计术语标准

[14] HG/T 3829—2006 地坪涂料

[15] HG/T 4343—2024 水性多彩建筑涂料

[16] HG/T 5172—2017 水性液态内墙硅藻涂料

[17] HG/T 6088—2022 透水道路用涂料

[18] HJ 2537—2014 环境标志产品技术要求 水性涂料

[19] JC/T 2329—2015 水泥基自流平砂浆用界面剂

[20] JC/T 2540—2019 地坪材料术语和定义

[21] JC/T 2711—2022 地坪材料试验方法

[22] JG/T 481—2015 低挥发性有机化合物（VOC）水性内墙涂覆材料

[23] 中华人民共和国进出口农药管理名录

[24] ASTM E1645-16 Standard Practice for Preparation of Dried Paint Samples by Hotplate or Microwave Digestion for Subsequent Lead Analysis

[25] Basic Criteria for Award of The Blue Angel Environmental Label DE-UZ 102 Low-Emis-sion Interior Wall Paints（Edition January 2019）

[26] Commission Decision（EU）2015/886 Amending Decision 2014/312/EU establishing the ecological criteria for the award of the EU Ecolabel for indoor and outdoor paints and varnishes

[27] Commission Decision（EU）2014/312 Establishing the ecological criteria for the award of the EU Ecolabel for indoor and outdoor paints and varnishes

附录2 《涂料中有害物质限量 第2部分：工业涂料》（GB 30981.2—2025）

1 范围

本文件规定了工业涂料及辅助材料中对人体和环境有害的物质容许限量所涉及的产品分类和涂层危害性标记、要求、检验规则、标志、文件的实施，描述了相应的测试方法。

本文件适用于现场涂装和工厂化涂装，对木器、金属、塑胶、混凝土、复合材料、玻璃、陶瓷等基材的表面进行装饰、保护及具有其他功能的各类工业涂料及配套使用的辅助材料。

本文件不适用于航空航天涂料、核级防护涂料、军事装备和设施用涂料。

2 规范性引用文件

下列文件中的内容通过文中的规范性引用而构成本文件必不可少的条款。其中，注日期的引用文件，仅该日期对应的版本适用于本文件；不注日期的引用文件，其最新版本（包括所有的修改单）适用于本文件。

GB/T 1725 色漆、清漆和塑料 不挥发物含量的测定

GB/T 1727 漆膜一般制备法

GB/T 1766 色漆和清漆 涂层老化的评级方法

GB/T 1865 色漆和清漆 人工气候老化和人工辐射曝露 滤过的氙弧辐射

GB/T 3186 色漆、清漆和色漆与清漆用原材料 取样

GB/T 5206 色漆和清漆 术语和定义

GB/T 6682 分析实验室用水规格和试验方法

GB/T 6750 色漆和清漆 密度的测定 比重瓶法

GB/T 6822 船体防污防锈漆体系

GB/T 8170 数值修约规则与极限数值的表示和判定

GB/T 9754 色漆和清漆 20°、60° 和 85° 光泽的测定

GB/T 9758.5 色漆和清漆 “可溶性”金属含量的测定 第5部分：液体色漆的颜料部分或粉末状色漆中六价铬含量的测定 二苯卡巴肼分光光度法

GB/T 9760—1988 色漆和清漆 液体或粉末状色漆中酸萃取物的制备

GB/T 18446 色漆和清漆用漆基 异氰酸酯树脂中二异氰酸酯单体的测定

GB/T 20777 色漆和清漆 试样的检查和制备

GB/T 23985—2009 色漆和清漆 挥发性有机化合物（VOC）含量的测定 差值法

GB/T 23986.2—2023 色漆和清漆 挥发性有机化合物（VOC）和/或半挥发性有机化合物（SVOC）含量的测定 第2部分：气相色谱法

GB/T 23990—2009 涂料中苯、甲苯、乙苯和二甲苯含量的测定 气相色谱法

GB/T 23991　涂料中可溶性有害元素含量的测定

GB/T 23992—2009　涂料中氯代烃含量的测定　气相色谱法

GB/T 23993　水性涂料中甲醛含量的测定　乙酰丙酮分光光度法

GB/T 25011　船舶防污漆中滴滴涕含量的测试及判定

GB/T 26085　船舶防污漆锡总量的测试及判定

GB/T 30646　涂料中邻苯二甲酸酯含量的测定　气相色谱 / 质谱联用法

GB/T 30647　涂料中有害元素总含量的测定

GB/T 31414　水性涂料　表面活性剂的测定　烷基酚聚氧乙烯醚

GB/T 33395　涂料中石棉的测定

GB/T 34675—2017　辐射固化涂料中挥发性有机化合物（VOC）含量的测定

GB/T 34682—2017　含有活性稀释剂的涂料中挥发性有机化合物（VOC）含量的测定

GB/T 36488　涂料中多环芳烃的测定

GB/T 41764　辐射固化涂料中光引发剂含量的测定　气相色谱 - 质谱联用法

GB/T 41953　色漆和清漆　涂料中水分含量的测定　气相色谱法

3　术语和定义

GB/T 5206 界定的以及下列术语和定义适用于本文件。

3.1

水性涂料　water-borne coatings

挥发物的主要成分为水的一类涂料。在施工状态下，该涂料产品的挥发物中水分含量超过 50%（质量分数）。

注 1：在使用时加水的粉末状涂料属于水性涂料。

注 2：水性辐射固化涂料属于辐射固化涂料。

［来源：GB/T 5206—2015，2.274，有修改］

3.2

溶剂型涂料　solvent-borne coatings

挥发物的主要成分为有机溶剂的一类涂料。

注 1：水作为共溶剂添加到溶剂型涂料中，一般称之为“可掺水溶剂型涂料”，也称之为“有意添加水的溶剂型涂料”。

注 2：在使用时加有机溶剂的粉末状涂料属于溶剂型涂料。

注 3：非水性辐射固化涂料属于辐射固化涂料。

3.3

辐射固化涂料　radiation curable coatings

通过辐射固化方式固化的一类涂料。

注 1：例如，紫外光（UV）固化涂料、电子束（EB）固化涂料等。

注 2：辐射固化粉末涂料属于粉末涂料。

［来源：GB/T 35602—2017，3.8，有修改］

3.4

无溶剂涂料　solvent-free coatings

按规定的方法测得的施工状态下不挥发物含量不小于 95%（质量分数）的一类溶剂型涂料。

注 1：无溶剂涂料一般不含或含极少量挥发性非反应性有机溶剂。

注 2：反应性有机溶剂又称活性稀释剂，既能溶解或分散成膜物质，又能在涂料成膜过程中参与成膜反应，形成不挥发组分而留在涂膜中的一类化合物。

［来源：GB/T 35602—2017，3.10，有修改］

3.5

粉末涂料　powder coatings

分散状态良好的热塑性或热固性树脂颗粒。

注：该产品通常混合了颜料、填料和添加剂，在适当的贮存条件下仍能保持细分状态，经熔融和 / 或固化后可形成连续的涂膜。热熔型颗粒涂料（包括热熔型路面标线涂料）属于粉末涂料。

［来源：GB/T 21782.14—2010，2.5，有修改］

3.6

辅助材料　accessory material

在涂料施工或涂层维保过程中使用的改善底材状态、涂料施工性、涂层配套性、涂膜性能等功能的一类辅助性材料。

示例：腻子、色浆、稀释剂（含喷枪清洗用）、固化剂、脱漆剂、界面剂、修补膏、接驳口水、化白水、慢干水、着色剂等。

3.7

与人体密切接触的消费品用涂料　coatings for consumer product closely contacting with human body

涂覆在经常与人体或食品直接接触的消费品表面能形成涂膜的液体或固体涂料的总称。

示例：与食品接触的包装容器（包括瓶、罐、袋、纸张、输送管道、贮存池、贮存罐、槽车等）内壁、饮水舱内壁、炊具、餐具等直接与食品接触的消费品用涂料；玩具、儿童用品、家具、文具、乐器、游乐设施、体育器材、医疗器械、佩带的饰品、室内家用电器、手机和数码产品、自行车等与人体直接接触的消费品外表面用涂料。

3.8

特殊功能性涂料　special functional coatings

具有除保护、装饰外的一种或多种特殊功能，且受技术的限制不能被环境友好型涂料替代的高 VOC 含量的一类涂料。

示例：木器涂装用拉色漆、木器涂装用架桥漆、木器涂装用开放效果漆、聚丙烯底材底漆、车辆涂装用侵蚀底漆、打穿电泳层时用的车辆修补中涂、车辆用防（抗）石击涂料［不含辅助防（抗）石击功能的涂料］、车辆发动机和排气管等部位使用的耐高温涂料、150℃以上高温烧结成膜的聚四氟乙烯类涂料（耐化学介质、耐磨、润滑、不粘等特殊功能）、弹性体用润滑涂料、电镀银效果漆及配套涂料、标志漆、绝缘涂料、耐指纹涂料及配套涂料、弹性体用硅氧烷涂料、电子元器件保护涂料（防酸雾、防尘、防湿功能）、车灯硬化漆、不导电真空镀膜涂料、车辆外饰件用真空镀膜涂料、防雾涂料、光学效应涂料、生物识别功能涂料、电磁屏蔽型导电涂料、储能及动力电池用阻燃涂料、电子电器用阻燃涂料及配套涂料、基于溶胶 - 凝胶技术的硬化液涂料、专用于车辆发动机舱和行李箱内部修补的溶剂型单涂层面漆［光泽（60°）≤ 70GU］等。

3.9

聚氨酯类溶剂型木器涂料　polyurethane solvent-borne woodenware coatings

以由多异氰酸酯与含活泼氢的化合物反应而成的聚氨（基甲酸）酯树脂为主要成膜物的一类溶剂型木器涂料。

3.10

硝基类溶剂型木器涂料　nitrocellulose solvent-borne woodenware coatings

以由硝酸和硫酸的混合物与纤维素酯化反应制得的硝基纤维素为主要成膜物的一类溶剂型木器涂料。

3.11

醇酸类溶剂型木器涂料　alkyd solvent-borne woodenware coatings

以由多元酸、脂肪酸（或植物油）与多元醇缩聚制得的醇酸树脂为主要成膜物的一类溶剂型木器涂料。

3.12

不饱和聚酯类溶剂型木器涂料　unsaturated polyester solvent-borne woodenware coatings

以聚合物链上含有易与活性稀释剂发生交联反应的碳 - 碳双键的不饱和聚酯树脂为主要成膜物的一类溶剂型木器涂料。

3.13

家具涂料　furniture coatings

涂覆在家具（木质家具、金属家具等）表面能形成涂膜的液体或固体涂料的总称。

3.14

原厂涂料　original equipment manufacturer coatings

在专业工厂内对产品进行流水线工业涂装所使用的一类涂料。

注：也称“原始设备制造涂装用涂料”。

示例：车辆、家用电器、罐听容器、漆包线、卷材等涂料的终端应用。

3.15

底色漆（车辆） base coat（vehicle）

表面需涂装清漆的色漆。

3.16

实色漆（车辆） solid color paint（vehicle）

不含金属、珠光等效应颜料的色漆。

3.17

本色面漆（车辆） solid color paint without clear coat（vehicle）

表面不需涂装清漆的实色漆。

3.18

高装饰效应颜料漆 high decorative coatings including effect pigment

含有效应颜料，且涂层桔皮值中长波小于或等于15、短波小于或等于25的一类涂料。

3.19

防火涂料 fire retardant coatings

涂覆于可燃性基材表面，能降低被涂材料表面的可燃性、阻滞火灾的迅速蔓延，或涂覆于结构材料表面，能形成耐火隔热保护层，以提高其结构耐火极限的一类涂料。

示例：钢结构防火涂料、混凝土结构防火涂料、饰面型防火涂料、电缆防火涂料、预应力混凝土楼板防火涂料等。

3.20

通用底漆（船舶） universal primer（ship）

涂覆在包括压载舱在内的各舱室部位和外部船壳部位的底材表面的一类防腐涂料。

3.21

装饰板涂料 decorative panel coatings

涂覆在建筑物墙体表面用具有保温、装饰等功能的板状制品上的一类涂料。

注：装饰板品种有无石棉硅酸钙板、无石棉纤维水泥板、天然花岗岩薄石材、玻璃、瓷板、陶板、铝板、钢板等。

3.22

无机涂料 inorganic coatings

干涂膜中成膜物的主要成分为无机化合物（如碱金属硅酸盐、硅溶胶等）的一类涂料。

示例：水性无机车间底漆、溶剂型无机车间底漆、水性无机富锌底漆、溶剂型无机富锌底漆、水性无机建筑涂料等。

3.23

锌铝涂料　zinc-aluminum flake coatings

通过浸涂、刷涂或喷涂于金属零件或构件表面，经烘烤后涂层含有鳞片状锌、铝等成分的一类系统涂料。

3.24

乳胶涂料　latex coatings

含有由乳液聚合制备的合成树脂的稳定的一类水分散体涂料。

注：该合成树脂作为基料的主要成分，同时可能含有改性树脂。

3.25

有机溶胶　organosol

热塑性聚合物在挥发性有机液体中的分散体，通常含有颜料，需要时加入增塑剂。

示例：热塑性纤维素类溶剂型涂料、热塑性丙烯酸酯类溶剂型涂料、热塑性卤代聚合物类溶剂型涂料、热塑性乙烯基树脂类溶剂型涂料等。

[来源：GB/T 5206—2015，2.180，有修改]

3.26

玩具　toy

设计或明显地预定给 14 岁以下儿童玩耍的产品或材料。

[来源：GB/T 41530—2022，3.2]

3.27

小型游乐设施　small-scale amusement device

在公共场所使用，承载儿童游乐的设施，且该设施不属于《特种设备安全监察条例》中规定的大型游乐设施。

示例：滑梯、秋千、摇马、跷跷板、攀网、转椅、室内软体等。

[来源：GB/T 34272—2017，3.1，有修改]

3.28

体育器材　sports equipment

各项体育运动中使用的各种器具、器械。

[来源：GB/T 5296.7—2008，3.1]

3.29

机动车　power-driven vehicle

由动力装置驱动或牵引，上道路行驶的供人员乘用或用于运送物品以及进行工程专项作业的轮式车辆。

示例：汽车及汽车列车、摩托车、拖拉机运输机组、轮式专用机械车、挂车等。

［来源：GB 7258—2017，3.1 有修改］

3.30

乘用车　passenger car

设计和制造上主要用于载运乘客及其随身行李和 / 或临时物品的汽车，包括驾驶人座位在内最多不超过 9 个座位。

注：能装置一定的专用设备或器具或牵引一辆中置轴挂车。

［来源：GB 7258—2017，3.2.1.1，有修改］

3.31

载货汽车　goods vehicle

设计和制造上主要用于载运货物或牵引挂车的汽车，也包括：

a）装置有专用设备或器具但以载运货物为主要目的的汽车；

b）由非封闭式货车改装的，虽装置有专用设备或器具，但不属于专项作业车的汽车。

注：封闭式货车是指载货部位的结构为封闭厢体且与驾驶室联成一体，车身结构为一厢式或两厢式的载货汽车。

［来源：GB 7258—2017，3.2.2］

3.32

客车（机动车）　bus（vehicle）

设计和制造上主要用于载运乘客及其随身行李的汽车，包括驾驶人座位在内座位数超过 9 个。

注：根据是否设置有站立乘客区，分为未设置乘客站立区的客车和设有乘客站立区的客车。

［来源：GB 7258—2017，3.2.1.3，有修改］

3.33

专项作业车　special motor vehicle

装置有专用设备或器具，在设计和制造上用于工程专项（包括卫生医疗）作业的汽车。

示例：汽车起重机、消防车、混凝土泵车、清障车、高空作业车、扫路车、吸污车、钻机车、仪器车、检测车、监测车、电源车、通信车、电视车、采血车、医疗车、体检医疗车等。

［来源：GB 7258—2017，3.2.3，有修改］

3.34

低速汽车　low-speed vehicle

三轮汽车和低速货车的总称。

注：三轮汽车指最大设计车速小于或等于 50km/h 的，具有三个车轮的载货汽车；低速货车指最大设计车速小于 70km/h 的，具有四个车轮的载货汽车。

[来源：GB 7258—2017，3.2.2.2，有修改]

3.35

挂车　trailer

设计和制造上需由汽车或拖拉机牵引，才能在道路上正常使用的用于载运货物或特殊用途的无动力道路车辆。

示例：牵引杆挂车、中置轴挂车和半挂车等。

[来源：GB 7258—2017，3.3，有修改]

3.36

轨道交通车辆　rail transit vehicle

需要在特定轨道上行驶的一类交通工具。

注：包括动车组、客车（铁道车辆）、城市轨道交通车辆、货车等。

3.37

动车组　powered car train-set

由动车与拖车（有时还有控制车）组成固定编组使用的车组。

[来源：GB/T 4549.1—2004，2.94]

3.38

铁道车辆　railway vehicle；railway car

在铁路轨道上用于运送旅客、货物和为此服务或原则上编组在旅客列车、货物列车中使用的单元载运工具。

[来源：GB/T 4549.1—2004，2.1，有修改]

3.39

客车（铁道车辆）　coach (railway vehicle)

供运送旅客和为此服务的或原则上编组在旅客列车中使用的车辆。

[来源：GB/T 4549.1—2004，2.2，有修改]

3.40

城市轨道交通车辆　urban rail transit vehicle

采用轨道结构进行承重和导向的车辆运输系统，依据城市交通总体规划的要求，设置全封闭或部分封闭的专用轨道线路，以列车或单车形式，运送相当规模客流量的公共交通方式。

示例：地铁系统、轻轨系统、单轨系统、有轨电车、磁浮系统、自动导向轨道系统和市域快速轨道系统等。

3.41

货车（轨道交通车辆）　wagon (rail transit vehicle)

供运送货物和为此服务的或原则上编组在货物列车中使用的车辆。

示例：通用火车、专用货车等。

［来源：GB/T 4549.1—2004，2.37，有修改］

3.42

船［舶］ ship；vessel

能航行、停泊于水域，从事运载、作战、作业、科研等的构造物。

［来源：GB/T 7727.1—2008，2.1，有修改］

3.43

机械设备 machinery

由若干个零、部件连接构成并具有特定应用目的的组合，其中至少有一个零、部件是可运动的，并且配备或预定配备动力系统。

［来源：GB/T 38272—2019，3.1，有修改］

3.44

工程机械 engineering machinery

土方工程、石方工程、混凝土工程及各类建筑安装工程在综合机械化施工过程中，所使用的作业机械设备。

示例：工业车辆、建筑机械、线路机械、市政环卫机械、电梯及扶梯、气动工具等。

3.45

农业机械 agricultural machinery

在作物种植业和畜牧业生产过程中，以及农、畜产品初加工和处理过程中所使用的各种机械。

示例：农用动力机械、农田建设机械、土壤耕作机械、种植和施肥机械、植物保护机械、农田排灌机械、作物收获机械、农产品加工机械、畜牧业机械和农业运输机械等。

3.46

港口机械 port machinery

在港口从事船舶的货物装卸，库场进行货物堆码、拆垛和转运，以及船舱内、车厢内、仓库内货物搬运等作业的机械设备。

示例：起重机械、装卸车辆、输送机械、搬运机械等。

3.47

化工机械 chemical machinery

在化学工业生产中所用的机器和设备的总称。

示例：各种过滤机、破碎机、离心分离机、旋转窑、搅拌机、旋转干燥机以及流体输送机械等化工机器，各种容器（槽、罐、釜等）、普通窑、塔器、反应器、换热器、普通干燥器、蒸发器，反应炉、电解槽、结晶设备、传质设备、吸附设备、流态化设备、普通分离设备以及离子交换设备等化工设备。

3.48

建筑物　building

用建筑材料构筑的空间和实体，供人们居住和进行各种活动的场所。

示例：住宅、办公大楼、厂房、仓库、商场、体育馆、展览馆、图书馆、医院、学校、机场、车站、剧院、教堂等。

［来源：GB/T 50504—2009，2.1.4，有修改］

3.49

构筑物　construction

为某种使用目的而建造的、人们一般不直接在其内部进行生产和生活活动的工程实体或附属建筑设施。

示例：桥梁、铁塔、碑塔、电视塔、电力设施、石化设施、近海设施、城市污水处理设施等。

［来源：GB/T 50504—2009，2.1.5，有修改］

3.50

大型游乐设施　large-scale amusement ride

用于经营目的，承载乘客游乐的设施，其范围规定为设计最大运行线速度大于或等于2m/s，或运行高度距地面高于或等于2m的载人大型游乐设施。

［来源：GB/T 20306—2017，2.2.1］

3.51

集装箱　container

具备下列条件的货物运输设备：

a）具有足够的强度，在有效使用期内能反复使用；

b）适用于一种或多种运输方式运送货物，途中无需倒装；

c）设有供快速装卸的装置，便于从一种运输方式转到另一种运输方式；

d）便于箱内货物装满和卸空；

e）内容积大于或等于 $1m^3$（$35.3ft^3$）。

注：此术语既不包括车辆也不包括一般包装。

［来源：GB/T 1992—2023，3.1］

3.52

包装　package

为在流通过程中保护产品、方便贮运、促进销售，按一定技术方法而采用的容器、材料及辅助物等的总体名称。

示例：饮料罐、食品罐、化工桶、钢桶、不粘锅等。

3.53

预涂卷材　pre-coated coil

在成卷的金属薄板上涂覆涂料或层压塑料薄膜后，以成卷或单张形式出售的有机材料/金属复合板材。

示例：建筑板、家电板等。

3.54

型材　profile

以铝、铁或钢以及具有一定强度和韧性的材料通过轧制、挤出、铸造等工艺制成的具有一定几何形状的物体。

示例：铝型材、塑料型材等。

3.55

电子电器　electrical and electronic product

依靠电流或电磁场工作或者以产生、传输和测量电流和电磁场为目的，额定工作电压为直流电不超过1500V、交流电不超过1000V的设备及配套产品。

注：涉及电能生产、传输和分配的设备除外。

3.56

五金制品　hardware product

将铁、钢、铝等金属经过锻造、压延、切割等物理加工流程制造而成的各种金属器件。

示例：机械五金，建筑五金、装饰五金、日用五金等。

3.57

道路交通设施　road traffic facility

为保障行车、行人安全，充分发挥道路功能，在道路沿线设置的各种设施。

示例：交通标志、交通标线、防护设施、交通信号灯、交通监控系统、服务设施、道路照明及变配电等。

3.58

现场涂装　on-site application

在大气污染物不经过或难以通过挥发性有机化合物处理设施的无规则排放的开放式作业场所对制品、工件、装置、设施等物体表面进行涂装的一种施工方式。

3.59

工厂化涂装　in-factory application

在大气污染物经过挥发性有机化合物处理设施的有组织排放，并符合国家和地区大气污染物排放标准要求的密闭作业场所对制品、工件、装置、设施等物体表面进行专业涂装的一种施工方式。

3.60

挥发性有机化合物　volatile organic compound；VOC

参与大气光化学反应的有机化合物，或者根据有关规定确定的有机化合物。

［来源：GB 37822—2019，3.1，有修改］

3.61

挥发性有机化合物含量　volatile organic compounds content

VOC 含量

在规定的条件下，所测得的涂料中存在的挥发性有机化合物（3.60）的质量。

［来源：GB/T 23986.2—2023，3.4，有修改］

3.62

半挥发性有机化合物　semi-volatile organic compounds；SVOC

在所处环境的正常温度和压力下，能自然蒸发，但蒸发速率较 VOC 更慢的有机液体和/或固体。

［来源：GB/T 23986.2—2023，3.2，有修改］

3.63

半挥发性有机化合物含量　semi-volatile organic compounds content

SVOC 含量

在规定的条件下，所测得的涂料中存在的半挥发性有机化合物（3.62）的质量。

［来源：GB/T 23986.2—2023，3.5，有修改］

3.64

施工状态　application condition

在施工方式和施工条件满足相应产品技术说明书中的要求时，产品所有组分混合后，可以进行施工的状态。

［来源：GB/T 38597—2020，3.5］

4　产品分类和涂层危害性标记

4.1　产品分类

按产品类型分出的型号及分类如下：

——W 型，水性涂料；

——S 型，溶剂型涂料；

——F 型，无溶剂型涂料；

——R 型，辐射固化涂料；

——P 型，粉末涂料；

——A 型，辅助材料。

4.2　涂层危害性标记

涂层危害性标记依次包括：

a）描述段：涂层危害性；

b）标准代号和顺序号段：GB 30981.2；

c）特性段，包括以下 3 个数据段：

1）产品型号；

2）总铅（Pb）自我声明的含量（mg/kg），以“Pb ≤自我声明的数值或本文件规定的限量值”表示；

3）如产品符合 5.3 的要求，属于能用于人体密切接触涂层场合的涂料，标记为“C”，表示该涂层可密切接触；如产品不符合 5.3 的要求或未按 5.3 进行测试（有规定的项目时），属于不能用于人体密切接触涂层场合的涂料，标记“NC”，表示该涂层不可密切接触。

其中，a）和 b）之间使用空格隔开；b）和 c）之间以及 c）中各数据段之间使用“-”连接。

示例 1：

产品：

用于室内家具装饰装修的溶剂型聚氨酯封闭底漆，符合 5.3 的要求，总铅（Pb）含量为 8mg/kg。

标记：

涂层危害性 GB 30981.2-S-Pb ≤ 90-C。

示例 2：

产品：

用于乘用车底材防腐的原厂电泳漆，符合 5.2 的要求，但不符合 5.3 的要求，总铅（Pb）含量为 120mg/kg。

标记：

涂层危害性 GB 30981.2-W-Pb ≤ 1000-NC。

5　要求

5.1　除特殊功能性涂料、粉末涂料、锌铝涂料外的工业涂料和腻子中 VOC 含量的限量值应分别符合粉末涂料、表 1、表 2、表 3、表 4 和表 5 的要求。

水性涂料中 VOC 含量的限量值应符合表 1 的要求，溶剂型涂料中 VOC 含量的限量值应符合表 2 的要求，无溶剂涂料中 VOC 含量的限量值应符合表 3 的要求，辐射固化涂料中 VOC 含量的限量值应符合表 4 的要求，腻子中 VOC 含量的限量值应符合表 5 的要求。当产品明示适用于多种用途时，应符合各要求中最严格的 VOC 含量的限量值要求。

除电泳涂料外，水性涂料和水性辐射固化涂料的 VOC 含量项目均不考虑水的稀释比例；其他类型涂料按产品明示的施工状态下的施工配比混合后测试，如多组分中某组分使用量为某一范围时，应按照产品施工状态下的施工配比规定的最大比例混合后进行测试。

表1　水性涂料中 VOC 含量的限量值要求

<table>
<tr><th colspan="2">产品类别</th><th>主要产品类型</th><th>限量值 /（g/L）</th></tr>
<tr><td colspan="2" rowspan="2">木器涂料</td><td>色漆</td><td>≤ 250</td></tr>
<tr><td>清漆</td><td>≤ 300</td></tr>
<tr><td colspan="2" rowspan="2">玩具涂料、小型游乐设施涂料、体育器材涂料、乐器涂料</td><td>色漆</td><td>≤ 420</td></tr>
<tr><td>清漆</td><td>≤ 420</td></tr>
<tr><td colspan="2" rowspan="4">汽车原厂涂料（乘用车、载货汽车）</td><td>电泳底漆</td><td>≤ 250</td></tr>
<tr><td>中涂</td><td>≤ 350</td></tr>
<tr><td>底色漆</td><td>≤ 530</td></tr>
<tr><td>本色面漆</td><td>≤ 420</td></tr>
<tr><td colspan="2" rowspan="6">汽车原厂涂料［客车（机动车）、专项作业车、低速汽车、挂车］</td><td>电泳底漆</td><td>≤ 250</td></tr>
<tr><td>其他底漆</td><td>≤ 420</td></tr>
<tr><td>中涂</td><td>≤ 300</td></tr>
<tr><td>底色漆</td><td>≤ 420</td></tr>
<tr><td>本色面漆</td><td>≤ 420</td></tr>
<tr><td>罩光清漆</td><td>≤ 420</td></tr>
<tr><td colspan="2" rowspan="5">汽车修补涂料</td><td>底漆</td><td>≤ 380</td></tr>
<tr><td>底色漆</td><td>≤ 420</td></tr>
<tr><td>中涂</td><td>≤ 380</td></tr>
<tr><td>本色面漆</td><td>≤ 420</td></tr>
<tr><td>罩光清漆</td><td>≤ 420</td></tr>
<tr><td colspan="2" rowspan="5">轨道交通车辆涂料［动车组、客车（铁道车辆）、城市轨道交通车辆、牵引机车］</td><td>底漆</td><td>≤ 250</td></tr>
<tr><td>中涂</td><td>≤ 300</td></tr>
<tr><td>底色漆</td><td>≤ 420</td></tr>
<tr><td>本色面漆</td><td>≤ 420</td></tr>
<tr><td>罩光清漆</td><td>≤ 420</td></tr>
<tr><td colspan="2" rowspan="2">轨道交通车辆涂料（货车）</td><td>底漆</td><td>≤ 250</td></tr>
<tr><td>面漆</td><td>≤ 420</td></tr>
<tr><td rowspan="5">摩托车（含电动摩托车）涂料、自行车（含电动自行车）涂料、车辆用零部件涂料</td><td rowspan="2">外饰塑胶件用涂料</td><td>底漆</td><td>≤ 450</td></tr>
<tr><td>色漆</td><td>≤ 530</td></tr>
<tr><td rowspan="3">金属件用涂料</td><td>底漆</td><td>≤ 350</td></tr>
<tr><td>色漆</td><td>≤ 480</td></tr>
<tr><td>清漆</td><td>≤ 420</td></tr>
</table>

续表

<table>
<tr><th colspan="3">产品类别</th><th colspan="2">主要产品类型</th><th>限量值 /（g/L）</th></tr>
<tr><td rowspan="4">摩托车（含电动摩托车）涂料、自行车（含电动自行车）涂料、车辆用零部件涂料</td><td colspan="2" rowspan="4">内饰件用涂料</td><td colspan="2">底漆</td><td>≤ 450</td></tr>
<tr><td colspan="2">底色漆</td><td>≤ 530</td></tr>
<tr><td colspan="2">本色面漆</td><td>≤ 420</td></tr>
<tr><td colspan="2">罩光清漆</td><td>≤ 420</td></tr>
<tr><td rowspan="4">船舶涂料（限钢质船）（不含零部件涂料）</td><td colspan="2">车间底漆</td><td colspan="2">—</td><td>≤ 300</td></tr>
<tr><td colspan="2" rowspan="2">上建内部和机舱内部用涂料</td><td colspan="2">底漆</td><td>≤ 250</td></tr>
<tr><td colspan="2">面漆</td><td>≤ 300</td></tr>
<tr><td colspan="2">其他</td><td colspan="2">—</td><td>≤ 300</td></tr>
<tr><td rowspan="13">机械设备涂料</td><td colspan="2" rowspan="4">工程机械和农业机械涂料（含零部件涂料）</td><td colspan="2">底漆</td><td>≤ 300</td></tr>
<tr><td colspan="2">中涂</td><td>≤ 300</td></tr>
<tr><td colspan="2">面漆</td><td>≤ 420</td></tr>
<tr><td colspan="2">罩光清漆</td><td>≤ 420</td></tr>
<tr><td colspan="2" rowspan="5">港口机械和化工机械涂料（含零部件涂料）</td><td colspan="2">车间底漆</td><td>≤ 300</td></tr>
<tr><td colspan="2">底漆</td><td>≤ 300</td></tr>
<tr><td colspan="2">中涂</td><td>≤ 250</td></tr>
<tr><td colspan="2">面漆</td><td>≤ 300</td></tr>
<tr><td colspan="2">罩光清漆</td><td>≤ 300</td></tr>
<tr><td colspan="2" rowspan="4">其他</td><td colspan="2">底漆</td><td>≤ 250</td></tr>
<tr><td colspan="2">中涂</td><td>≤ 200</td></tr>
<tr><td colspan="2">面漆</td><td>≤ 300</td></tr>
<tr><td colspan="2">罩光清漆</td><td>≤ 300</td></tr>
<tr><td rowspan="9">建筑物、构筑物和大型游乐设施防护涂料（含防火涂料）</td><td rowspan="9">金属基材防腐涂料</td><td rowspan="4">单组分</td><td colspan="2">醇酸树脂涂料</td><td>≤ 350</td></tr>
<tr><td rowspan="3">其他</td><td>底漆</td><td>≤ 300</td></tr>
<tr><td>面漆</td><td>≤ 300</td></tr>
<tr><td>效应颜料漆</td><td>≤ 420</td></tr>
<tr><td rowspan="5">多组分</td><td colspan="2">车间底漆</td><td>≤ 300</td></tr>
<tr><td colspan="2">底漆</td><td>≤ 300</td></tr>
<tr><td colspan="2">中涂</td><td>≤ 250</td></tr>
<tr><td colspan="2">面漆</td><td>≤ 300</td></tr>
<tr><td colspan="2">效应颜料漆</td><td>≤ 420</td></tr>
</table>

续表

产品类别		主要产品类型	限量值 /（g/L）
建筑物、构筑物和大型游乐设施防护涂料（含防火涂料）	混凝土防护涂料	封闭底漆	≤ 300
		底漆	≤ 250
		中涂	≤ 250
		面漆	≤ 300
	防火涂料	膨胀型	≤ 100
		非膨胀型	≤ 80
	其他	—	≤ 300
集装箱涂料		底漆	≤ 350
		中涂	≤ 250
		面漆	≤ 300
包装涂料	不粘涂料	底漆	≤ 480
		中涂	≤ 350
		面漆	≤ 300
	其他	辊涂（片材）	≤ 480
		喷涂	≤ 420
预涂卷材涂料		色漆	≤ 350
		清漆	≤ 420
型材涂料、金属家具涂料		电泳涂料	≤ 250
		其他	≤ 350
装饰板涂料、非辊涂的金属基材幕墙板涂料	非金属基材（木质基材除外）	乳胶涂料	≤ 120
		其他	≤ 250
	金属基材	—	≤ 350
电子电器涂料		底漆	≤ 420
		色漆	≤ 420
		清漆	≤ 420
五金制品涂料、工艺品涂料		电泳涂料	≤ 250
		色漆	≤ 420
		清漆	≤ 420

续表

<table>
<tr><th colspan="2">产品类别</th><th colspan="2">主要产品类型</th><th>限量值 /（g/L）</th></tr>
<tr><td rowspan="4">道路交通涂料</td><td>路面标线涂料、路面防滑涂料、立面反光标记涂料</td><td colspan="2">—</td><td>≤ 150</td></tr>
<tr><td rowspan="3">道路交通设施涂料</td><td rowspan="2">色漆</td><td>效应颜料漆</td><td>≤ 420</td></tr>
<tr><td>其他</td><td>≤ 300</td></tr>
<tr><td colspan="2">清漆</td><td>≤ 350</td></tr>
</table>

表 2　溶剂型涂料中 VOC 含量的限量值要求

<table>
<tr><th>产品类别</th><th colspan="3">主要产品类型</th><th>限量值 /（g/L）</th></tr>
<tr><td rowspan="7">木器涂料</td><td rowspan="3">聚氨酯类（现场涂装用）</td><td colspan="2">面漆［光泽（60°）＜ 80GU］</td><td>≤ 650</td></tr>
<tr><td colspan="2">面漆［光泽（60°）≥ 80GU］</td><td>≤ 550</td></tr>
<tr><td colspan="2">底漆</td><td>≤ 600</td></tr>
<tr><td colspan="3">聚氨酯类（工厂化涂装用）</td><td>≤ 650</td></tr>
<tr><td colspan="3">硝基类（工厂化涂装用）</td><td>≤ 700</td></tr>
<tr><td colspan="3">醇酸类</td><td>≤ 450</td></tr>
<tr><td colspan="3">不饱和聚酯类</td><td>≤ 420</td></tr>
<tr><td>玩具涂料、小型游乐设施涂料、体育器材涂料、乐器涂料</td><td colspan="3">—</td><td>≤ 720</td></tr>
<tr><td rowspan="6">汽车原厂涂料（乘用车）</td><td colspan="3">中涂</td><td>≤ 530</td></tr>
<tr><td colspan="3">底色漆</td><td>≤ 750</td></tr>
<tr><td colspan="3">本色面漆</td><td>≤ 550</td></tr>
<tr><td rowspan="3">罩光清漆</td><td colspan="2">光泽（60°）≤ 60GU</td><td>≤ 600</td></tr>
<tr><td rowspan="2">其他</td><td>单组分</td><td>≤ 550</td></tr>
<tr><td>多组分</td><td>≤ 500</td></tr>
<tr><td rowspan="8">载货汽车原厂涂料、载货汽车用零部件涂料</td><td rowspan="2">底漆</td><td colspan="2">单组分</td><td>≤ 700</td></tr>
<tr><td colspan="2">多组分</td><td>≤ 540</td></tr>
<tr><td colspan="3">中涂</td><td>≤ 500</td></tr>
<tr><td rowspan="3">底色漆</td><td colspan="2">实色漆</td><td>≤ 680</td></tr>
<tr><td rowspan="2">效应颜料漆</td><td>高装饰</td><td>≤ 840</td></tr>
<tr><td>其他</td><td>≤ 750</td></tr>
<tr><td colspan="3">本色面漆</td><td>≤ 550</td></tr>
<tr><td colspan="3">罩光清漆</td><td>≤ 500</td></tr>
</table>

续表

产品类别		主要产品类型		限量值 / (g/L)
汽车原厂涂料［客车（机动车）、专项作业车、低速汽车、挂车］		底漆		≤ 540
		中涂		≤ 540
		底色漆		≤ 770
		本色面漆		≤ 550
		罩光清漆		≤ 480
汽车修补涂料		底漆		≤ 580
		中涂		≤ 560
		底色漆		≤ 770
		本色面漆		≤ 580
		罩光清漆	光泽（60°）≤ 60GU	≤ 630
			其他	≤ 480
轨道交通车辆涂料［动车组、客车（铁道车辆）、城市轨道交通车辆、牵引机车］		底漆		≤ 540
		中涂		≤ 540
		底色漆		≤ 770
		本色面漆		≤ 550
		罩光清漆		≤ 560
轨道交通车辆涂料（货车）		底漆		≤ 540
		面漆		≤ 550
摩托车（含电动摩托车）涂料、自行车（含电动自行车）涂料、车辆（除载货汽车外）用零部件涂料	外饰塑胶件用涂料	底漆		≤ 700
		色漆		≤ 770
		清漆	光泽（60°）≤ 60GU	≤ 650
			其他	≤ 560
	金属件用涂料	底漆		≤ 670
		色漆	效应颜料漆	≤ 750
			其他	≤ 680
		清漆	光泽（60°）≤ 60GU	≤ 600
			其他	≤ 580
	内饰件用涂料	底漆		≤ 670
		色漆		≤ 770
		清漆	光泽（60°）≤ 60GU	≤ 630
			其他	≤ 560

续表

<table>
<tr><th colspan="2">产品类别</th><th colspan="2">主要产品类型</th><th>限量值 / (g/L)</th></tr>
<tr><td colspan="2" rowspan="10">船舶涂料（限钢质船）（不含零部件涂料）</td><td rowspan="2">车间底漆</td><td>无机</td><td>≤ 700</td></tr>
<tr><td>有机</td><td>≤ 680</td></tr>
<tr><td colspan="2">底漆</td><td>≤ 550</td></tr>
<tr><td colspan="2">面漆</td><td>≤ 500</td></tr>
<tr><td colspan="2">通用底漆</td><td>≤ 400</td></tr>
<tr><td rowspan="2">防污漆</td><td>含生物杀伤剂</td><td>≤ 500</td></tr>
<tr><td>不含生物杀伤剂</td><td>≤ 450</td></tr>
<tr><td colspan="2">维修漆</td><td>≤ 600</td></tr>
<tr><td colspan="2">其他涂料</td><td>≤ 500</td></tr>
<tr><td rowspan="16">机械设备涂料</td><td rowspan="4">工程机械和农业机涂料（含零部件涂料）</td><td colspan="2">底漆</td><td>≤ 540</td></tr>
<tr><td colspan="2">中涂</td><td>≤ 540</td></tr>
<tr><td colspan="2">面漆</td><td>≤ 550</td></tr>
<tr><td colspan="2">罩光清漆</td><td>≤ 550</td></tr>
<tr><td rowspan="8">港口机械和化工机械涂料（含零部件涂料）</td><td colspan="2">车间底漆</td><td>≤ 680</td></tr>
<tr><td rowspan="2">底漆</td><td>无机</td><td>≤ 600</td></tr>
<tr><td>其他</td><td>≤ 550</td></tr>
<tr><td colspan="2">中涂</td><td>≤ 500</td></tr>
<tr><td colspan="2">面漆</td><td>≤ 500</td></tr>
<tr><td colspan="2">罩光清漆</td><td>≤ 500</td></tr>
<tr><td colspan="2">特种涂料（耐高温涂料等）</td><td>≤ 650</td></tr>
<tr><td colspan="2">底漆</td><td>≤ 500</td></tr>
<tr><td rowspan="4">其他</td><td colspan="2">底漆</td><td>≤ 500</td></tr>
<tr><td colspan="2">中涂</td><td>≤ 480</td></tr>
<tr><td colspan="2">面漆</td><td>≤ 550</td></tr>
<tr><td colspan="2">罩光清漆</td><td>≤ 550</td></tr>
<tr><td rowspan="4">建筑物、构筑物和大型游乐设施防护涂料（含防火涂料）</td><td rowspan="4">金属基材防腐涂料</td><td rowspan="2">车间底漆</td><td>无机</td><td>≤ 720</td></tr>
<tr><td>有机</td><td>≤ 650</td></tr>
<tr><td colspan="2">无机锌底漆</td><td>≤ 600</td></tr>
<tr><td colspan="2">单组分涂料</td><td>≤ 630</td></tr>
</table>

续表

<table>
<tr><th colspan="2">产品类别</th><th colspan="2">主要产品类型</th><th>限量值 / （g/L）</th></tr>
<tr><td rowspan="11">建筑物、构筑物和大型游乐设施防护涂料（含防火涂料）</td><td rowspan="4">金属基材防腐涂料</td><td rowspan="4">多组分涂料</td><td>底漆</td><td>≤ 500</td></tr>
<tr><td>中涂</td><td>≤ 500</td></tr>
<tr><td>面漆</td><td>≤ 550</td></tr>
<tr><td>罩光清漆</td><td>≤ 580</td></tr>
<tr><td rowspan="4">混凝土防护涂料、铁路混凝土桥面用薄涂型防水涂料</td><td colspan="2">封闭底漆</td><td>≤ 700</td></tr>
<tr><td colspan="2">底漆</td><td>≤ 540</td></tr>
<tr><td colspan="2">中涂</td><td>≤ 540</td></tr>
<tr><td colspan="2">面漆</td><td>≤ 550</td></tr>
<tr><td>特种涂料（耐高温涂料、耐化学品涂料、联接漆等）</td><td colspan="2">—</td><td>≤ 650</td></tr>
<tr><td>防火涂料</td><td colspan="2">—</td><td>≤ 500</td></tr>
<tr><td>其他</td><td colspan="2">—</td><td>≤ 550</td></tr>
<tr><td colspan="2" rowspan="5">集装箱涂料</td><td rowspan="2">车间底漆</td><td>喷涂</td><td>≤ 700</td></tr>
<tr><td>辊涂</td><td>≤ 650</td></tr>
<tr><td colspan="2">底漆</td><td>≤ 550</td></tr>
<tr><td colspan="2">中涂</td><td>≤ 500</td></tr>
<tr><td colspan="2">面漆</td><td>≤ 550</td></tr>
<tr><td rowspan="4">包装涂料</td><td>不粘涂料</td><td colspan="2">—</td><td>≤ 650</td></tr>
<tr><td rowspan="3">其他</td><td rowspan="2">辊涂</td><td>卷材</td><td>≤ 780</td></tr>
<tr><td>片材</td><td>≤ 680</td></tr>
<tr><td colspan="2">喷涂</td><td>≤ 750</td></tr>
<tr><td rowspan="5">预涂卷材涂料</td><td>高耐久型[a]</td><td colspan="2">—</td><td>≤ 780</td></tr>
<tr><td rowspan="4">其他</td><td colspan="2">底漆</td><td>≤ 650</td></tr>
<tr><td colspan="2">背漆</td><td>≤ 700</td></tr>
<tr><td colspan="2">面漆</td><td>≤ 600</td></tr>
<tr><td colspan="2">罩光清漆</td><td>≤ 600</td></tr>
</table>

续表

<table>
<tr><th colspan="2">产品类别</th><th colspan="2">主要产品类型</th><th>限量值 / (g/L)</th></tr>
<tr><td rowspan="4">型材涂料、金属家具涂料</td><td>高耐久型[a]</td><td colspan="2">—</td><td>≤ 780</td></tr>
<tr><td rowspan="3">其他</td><td colspan="2">底漆</td><td>≤ 520</td></tr>
<tr><td colspan="2">面漆</td><td>≤ 600</td></tr>
<tr><td colspan="2">罩光清漆</td><td>≤ 550</td></tr>
<tr><td rowspan="6">装饰板涂料、非辊涂的金属基材幕墙板涂料</td><td rowspan="2">非金属基材涂料（木质基材除外）</td><td colspan="2">效应颜料漆</td><td>≤ 760</td></tr>
<tr><td colspan="2">其他</td><td>≤ 580</td></tr>
<tr><td rowspan="4">金属基材涂料</td><td colspan="2">高耐久型[a]</td><td>≤ 780</td></tr>
<tr><td rowspan="3">其他</td><td>底漆</td><td>≤ 520</td></tr>
<tr><td>面漆</td><td>≤ 600</td></tr>
<tr><td>罩光清漆</td><td>≤ 550</td></tr>
<tr><td colspan="2" rowspan="3">电子电器涂料</td><td colspan="2">底漆</td><td>≤ 600</td></tr>
<tr><td colspan="2">色漆</td><td>≤ 700</td></tr>
<tr><td colspan="2">清漆</td><td>≤ 650</td></tr>
<tr><td colspan="2" rowspan="3">五金制品涂料、工艺品涂料</td><td colspan="2">底漆</td><td>≤ 670</td></tr>
<tr><td colspan="2">色漆</td><td>≤ 770</td></tr>
<tr><td colspan="2">清漆</td><td>≤ 650</td></tr>
<tr><td rowspan="5">道路交通涂料</td><td rowspan="2">路面标线涂料、路面防滑涂料</td><td colspan="2">单组分</td><td>≤ 420</td></tr>
<tr><td colspan="2">多组分</td><td>≤ 250</td></tr>
<tr><td rowspan="3">道路交通设施涂料</td><td rowspan="2">色漆</td><td>效应颜料漆</td><td>≤ 750</td></tr>
<tr><td>其他</td><td>≤ 650</td></tr>
<tr><td colspan="2">清漆</td><td>≤ 600</td></tr>
<tr><td colspan="5">[a] 按产品的规定制板和养护，按GB/T 1865的规定测试耐人工加速老化性，结果评定按GB/T 1766的规定进行。徐层经 3000h 氙灯照射人工加速老化试验后不生锈、不起泡、不开裂、不剥落，变色不大于 2 级，失光不大于 2 级，白色粉化≤ 2 级，其他色粉化≤ 1 级，可判定为高耐久型涂料。</td></tr>
</table>

表 3 无溶剂涂料中 VOC 含量的限量值要求

项目	限量值 g/L
VOC 含量	≤ 100

表 4 辐射固化涂料中 VOC 含量的限量值要求

<table>
<tr><th>产品类别</th><th colspan="2">主要产品类型</th><th>限量值 / (g/L)</th></tr>
<tr><td rowspan="3">水性</td><td colspan="2">木器涂料</td><td>≤ 250</td></tr>
<tr><td rowspan="2">其他工业涂料</td><td>喷涂</td><td>≤ 400</td></tr>
<tr><td>其他</td><td>≤ 150</td></tr>
<tr><td rowspan="3">非水性</td><td colspan="2">木器涂料</td><td>≤ 420</td></tr>
<tr><td rowspan="2">其他工业涂料</td><td>喷涂</td><td>≤ 550</td></tr>
<tr><td>其他</td><td>≤ 200</td></tr>
</table>

表 5 腻子中 VOC 含量的限量值要求

<table>
<tr><th>产品类别</th><th colspan="2">主要产品类型</th><th>限量值 / (g/kg)</th></tr>
<tr><td rowspan="4">腻子[a]</td><td colspan="2">水性</td><td>≤ 60</td></tr>
<tr><td rowspan="2">溶剂型</td><td>现场涂装用</td><td>≤ 150</td></tr>
<tr><td>工厂化涂装用</td><td>≤ 300</td></tr>
<tr><td colspan="2">辐射固化型</td><td>≤ 60</td></tr>
</table>

[a] 膏状腻子不考虑水的稀释配比；仅以水稀释的粉状腻子不测 VOC 含量；粉状腻子（除仅以水稀释的粉状腻子外）按产品明示的施工状态下的施工配比将粉体与水、粘结剂等其他液体混合后测试，如施工状态下的施工配比为某一范围时，应按照水用量最小、粘结剂等其他液体用量最大的配比混合后测试；溶剂型腻子按产品明示的施工状态下的施工配比混合后测试，如多组分中某组分的使用量为某一范围时，应按照产品施工状态下的施工配比规定的最大比例混合后进行测试。

5.2 各类工业涂料（包括特殊功能性涂料、粉末涂料、锌铝涂料）及辅助材料中其他有害物质含量的限量值应符合表 6 的要求。其中，色浆、稀释剂及固化剂仅限单独在市场上流通的产品，不包括按产品明示的施工状态下的施工配比混合需要的配套销售的色浆、稀释剂及固化剂。当产品明示适用于多种用途时，应符合各要求中最严格的限量值要求。

表 6 其他有害物质含量的限量值要求

<table>
<tr><th colspan="2">项目</th><th>限量值</th></tr>
<tr><td rowspan="2">苯含量[a]/%
（限溶剂型涂料、非水性辐射固化涂料、溶剂型辅助材料）</td><td>现场涂装用</td><td>≤ 0.1</td></tr>
<tr><td>工厂化涂装用</td><td>≤ 0.3</td></tr>
</table>

续表

<table>
<tr><th colspan="4">项目</th><th>限量值</th></tr>
<tr><td rowspan="2">苯系物总和含量[a、b]/%（限水性涂料、水性辐射固化涂料、水性辅助材料）</td><td colspan="3">木器涂料</td><td>≤ 0.03</td></tr>
<tr><td colspan="3">其他</td><td>≤ 1</td></tr>
<tr><td rowspan="2">甲苯含量[a]/%
（限溶剂型涂料）</td><td colspan="3">船舶涂料</td><td>≤ 10</td></tr>
<tr><td colspan="3">聚丙烯底材底漆</td><td>≤ 15</td></tr>
<tr><td rowspan="5">甲苯与二甲苯（含乙苯）总和含量[a]/%
（船舶涂料、聚丙烯底材底漆除外）</td><td rowspan="3">溶剂型木器涂料</td><td rowspan="2">现场涂装用</td><td>聚氨酯类</td><td>≤ 20</td></tr>
<tr><td>其他</td><td>≤ 10</td></tr>
<tr><td colspan="2">工厂化涂装用</td><td>≤ 20</td></tr>
<tr><td colspan="3">溶剂型车辆涂料</td><td>≤ 30</td></tr>
<tr><td colspan="3">其他溶剂型工业涂料和非水性辐射固化涂料</td><td>≤ 35</td></tr>
<tr><td rowspan="2">卤代烃总和含量[a、c]/%
（限溶剂型涂料、非水性辐射固化涂料、溶剂型辅助材料[d]）</td><td colspan="3">现场涂装用</td><td>≤ 0.1</td></tr>
<tr><td colspan="3">工厂化涂装用</td><td>≤ 1</td></tr>
<tr><td rowspan="4">多环芳烃总和含量[a、e]/（mg/kg）
（限溶剂型涂料、非水性辐射固化涂料、溶剂型辅助材料）</td><td colspan="3">木器涂料</td><td>≤ 200</td></tr>
<tr><td colspan="3">汽车原厂涂料、锌铝涂料</td><td>≤ 1000</td></tr>
<tr><td colspan="3">玩具涂料</td><td>≤ 10</td></tr>
<tr><td colspan="3">其他</td><td>≤ 500</td></tr>
<tr><td rowspan="5">甲醇含量[a]/%</td><td colspan="3">锌铝涂料</td><td>≤ 3</td></tr>
<tr><td colspan="3">无机涂料</td><td>≤ 1</td></tr>
<tr><td rowspan="2">硝基类涂料</td><td colspan="2">溶剂型木器涂料</td><td>≤ 0.03</td></tr>
<tr><td colspan="2">其他硝基类涂料</td><td>≤ 1</td></tr>
<tr><td colspan="3">辅助材料（限现场涂装用）</td><td>≤ 1</td></tr>
<tr><td rowspan="3">乙二醇醚及醚酯总和含量[a、f]/%
（限水性涂料、溶剂型涂料、辐射固化涂料、辅助材料）</td><td rowspan="2">现场涂装用</td><td colspan="2">室内</td><td>≤ 0.03</td></tr>
<tr><td colspan="2">室外</td><td>≤ 0.3</td></tr>
<tr><td colspan="3">工厂化涂装用</td><td>≤ 1</td></tr>
<tr><td rowspan="2">SVOC 含量[a]/（g/L）
（限乳胶涂料、水性木器涂料）</td><td colspan="3">色漆</td><td>≤ 100</td></tr>
<tr><td colspan="3">清漆</td><td>≤ 150</td></tr>
<tr><td colspan="4">甲醛含量[a]/（mg/kg）
（限水性木器涂料、水性辐射固化木器涂料、水性装饰板涂料）</td><td>≤ 100</td></tr>
</table>

续表

<table>
<tr><th colspan="3">项目</th><th>限量值</th></tr>
<tr><td rowspan="3">生物杀伤剂含量[a]/(mg/kg)
(限防污漆)</td><td colspan="2">有机锡[g]</td><td>不应使用</td></tr>
<tr><td colspan="2">滴滴涕[h]</td><td>不应使用</td></tr>
<tr><td colspan="2">西布曲尼[i]</td><td>不应使用</td></tr>
<tr><td colspan="3">石棉含量[a、j](限船舶涂料)</td><td>无阈值</td></tr>
<tr><td rowspan="3">游离二异氰酸酯(TDI和HDI)总和含量/%</td><td rowspan="2">聚氨酯类溶剂型木器涂料(含腻子)[k]</td><td>潮(湿)气固化型</td><td>≤0.4</td></tr>
<tr><td>其他</td><td>≤0.2</td></tr>
<tr><td colspan="2">溶剂型涂料用异氰酸酯类固化剂</td><td>≤0.5</td></tr>
<tr><td colspan="3">烷基酚聚氧乙烯醚(APEO)总和含量[a、l]/(mg/kg)
(限水性涂料用色浆、水性木器涂料、水性辐射固化涂料)</td><td>≤1000</td></tr>
<tr><td rowspan="4">总重金属含量[a]/(mg/kg)(限色漆[m]、粉末涂料、醇酸清漆、色浆、腻子)[除玩具涂料和木器涂料的所有品种,以及其他与人体密切接触的消费品用涂料的面漆和罩光清漆外]</td><td colspan="2">铅(Pb)</td><td>≤1000</td></tr>
<tr><td colspan="2">镉(Cd)</td><td>≤100</td></tr>
<tr><td colspan="2">六价铬[Cr(Ⅵ)]</td><td>≤1000</td></tr>
<tr><td colspan="2">汞(Hg)</td><td>≤1000</td></tr>
<tr><td colspan="3">可溶性元素[铬(Cr)]含量[a]/(mg/kg)
(限色漆[m]、粉末涂料、色浆、腻子)
(除玩具涂料和木器涂料的所有品种,以及其他与人体密切接触的消费品用涂料的面漆和罩光清漆外)</td><td>≤200</td></tr>
</table>

[a] 如果产品规定了稀释比例或由多组分组成时,按产品明示的施工状态下的施工配比混合后测试,如多组分中某组分的使用量为某一范围时,应按照产品施工状态下的施工配比规定的最大比例混合后进行测试,水性涂料和水性辐射固化涂料所有项目均不考虑水的稀释比例。需要与其他组分配套使用但未配套销售的辅助材料所有项目均直接测试,不与其他配套组分的混合测试。

[b] 限苯、甲苯、二甲苯(含乙苯)。

[c] 限二氯甲烷、三氯甲烷、四氯化碳、1, 1- 二氯乙烷、1, 2- 二氯乙烷、1, 1, 1- 三氯乙烷、1, 1, 2- 三氯乙烷、1, 2- 二氯丙烷、1, 2, 3- 三氯丙烷、三氯乙烯、四氯乙烯。

[d] 溶剂型辅助材料中脱漆剂品种仅限二氯甲烷、三氯甲烷。

[e] 限蒽、萘。

[f] 限乙二醇甲醚、乙二醇甲醚醋酸酯、乙二醇乙醚、乙二醇乙醚醋酸酯、乙二醇二甲醚、乙二醇二乙醚、二乙二醇二甲醚、三乙二醇二甲醚。

[g] 按 GB/T 26085 检测到的锡总量≤ 2500mg/kg,可认为没有使用有机锡。

[h] 按 GB/T 25011 检测到的滴滴涕含量≤ 1000mg/kg,可认为没有使用滴滴涕。

[i] 按 GB/T 6822 检测到的西布曲尼含量≤ 200mg/kg,可认为没有使用西布曲尼。

[j] 无阈值指产品不应检出石棉。按照 GB/T 33395 检测到的石棉含量≤ 0.1%,可认为未检出石棉。

[k] 如聚氨酯类木器涂料和腻子规定了稀释比例或由多组分组成时,应先测试固化剂中游离二异氰酸酯含量,再按产品明示的施工状态下的施工配比计算混合后涂料中的含量。如稀释剂的使用量为某一范围时,应按照产品施工状态下的施工配比规定的最小稀释比例进行计算;如固化剂的使用量为某一范围时,应按照产品施工状态下的施工配比规定的最大比例进行计算。

[l] 限辛基酚、辛基酚聚氧乙烯醚[$C_8H_{17}—C_6H_4—(OC_2H_4)_nOH$]($n$ =2 ~ 16)、壬基酚、壬基酚聚氧乙烯醚[$C_9H_{19}—C_6H_4—(OC_2H_4)_nOH$]($n$=2 ~ 16)。

[m] 仅测试色漆;含染料的涂料按色漆进行。

5.3 玩具涂料和木器涂料的所有品种，以及其他与人体密切接触的消费品用涂料的面漆和罩光清漆除应符合 5.1 或 5.2 的要求外，还应符合表 7 的要求。

表 7 特定有害物质含量的限量值要求

项目		限量值
邻苯二甲酸酯总和含量[a、b]/% ［限玩具涂料、硝基类溶剂型木器涂料、其他与人体密切接触的消费品用涂料（有机溶胶类）］		≤ 0.1
光引发剂总和含量[a、c]/% （限辐射固化涂料）		≤ 0.1
总重金属含量[a]/（mg/kg） （限色漆[d]、粉末涂料、醇酸清漆）	铅（Pb）	≤ 90
	汞（Hg）	≤ 10
可溶性元素含量[a]/（mg/kg） （限色漆[d]、粉末涂料、醇酸清漆）	铅（Pb）	≤ 90
	镉（Cd）	≤ 75
	铬（Cr）	≤ 60
	汞（Hg）	≤ 60
	锑（Sb）	≤ 60
	砷（As）	≤ 25
	钡（Ba）	≤ 1000
	硒（Se）	≤ 500

[a] 如果产品规定了稀释比例或由多组分组成时，按产品明示的施工状态下的施工配比混合后测试，如多组分中某组分的使用量为某一范围时，应按照产品施工状态下的施工配比规定的最大比例混合后进行测试，水性涂料和水性辐射固化涂料所有项目均不考虑水的稀释比例。

[b] 限邻苯二甲酸二异丁酯、邻苯二甲酸二正丁酯、邻苯二甲酸丁苄酯、邻苯二甲酸二异辛酯、邻苯二甲酸二正辛酯、邻苯二甲酸二异壬酯、邻苯二甲酸二异癸酯。

[c] 限二苯甲酮、异丙基硫杂蒽酮、2- 甲基 -1-（4- 甲硫基苯基）-2- 吗啉基 -1- 丙酮。

[d] 仅测试色漆；含染料的涂料按色漆进行。

6 测试方法

6.1 取样

按 GB/T 3186 的规定取样，也可按商定方法取样。取样量根据检验需要确定。

按 GB/T 20777 的规定，检查和制备每一个试验样品，准备“待测”状态下的最终试样。

6.2 试验方法

6.2.1 特殊涂料品种的测试规定

5min 内胶化的多组分涂料中有害物质含量的测试：先分别测试该产品的各组分中有

害物质含量，再按照该产品明示的施工配比折算全漆中有害物质含量。

电泳涂料中有害物质含量的测试：先按该产品的规定配制熟化成工作液，再对工作液进行测试。

气雾罐涂料中有害物质含量的测试：先将该产品喷射到一定容积的取样杯内，在标准试验环境［温度（23±2）℃，相对湿度（50±5）%］下放置5min后，再对取样杯内的涂料试样进行测试。

6.2.2　VOC含量

6.2.2.1　密度

按GB/T 6750的规定进行，试验温度为（23±0.5）℃。腻子不做密度的测试。

平行测定的两个结果的绝对差值应小于0.005g/mL。

6.2.2.2　光泽

按GB/T 9754的规定进行，几何条件为60°　。木器涂料试板的制备按GB/T 1727的规定进行，采用槽深（100±2）μm的间隙式湿膜制备器，色漆的底材为玻璃板，清漆的底材为黑玻璃［光泽（60°）＜10GU］或背面预涂亚光黑漆［光泽（60°）＜10GU］的玻璃板，制备后的试板在标准试验环境［温度（23±2）℃，相对湿度（50±5）%］下放置48h后测试。其余涂料品种的底材为黑玻璃［光泽（60°）＜10GU］或背面预涂亚光黑漆［光泽（60°）＜10GU］的玻璃板，按照产品规定的施涂方式、膜厚、涂装间隔、干燥/固化条件等进行制板。

6.2.2.3　水性涂料（含腻子）中VOC含量

先按GB/T 41953的规定，测定涂料中水分含量。平行测定的两个结果的绝对差值应小于1.0%；如经分子筛干燥后的*N,N*-二甲基甲酰胺（DMF）中水分含量低于0.02%，则DMF的水分含量设为零。水性腻子不测水分含量。

水性木器涂料、乳胶涂料、水性道路交通涂料、水性无机涂料、水性腻子以及水分含量大于或等于70%（质量分数）的其他水性工业涂料，以及水分含量小于70%（质量分数）且挥发物含量与水分含量的绝对差值小于5.0%的其他水性工业涂料，按GB/T 23986.2—2023的规定进行。色谱柱采用中等极性色谱柱（6%氰丙苯基/94%甲基聚硅氧烷毛细管柱），色谱进样口温度为260℃，标记物为己二酸二乙酯。称取试样约1g；校准物限苯、甲苯、乙苯、邻二甲苯、间二甲苯、对二甲苯、乙二醇甲醚、乙二醇甲醚醋酸酯、乙二醇乙醚、乙二醇乙醚醋酸酯、乙二醇二甲醚、乙二醇二乙醚、二乙二醇二甲醚、三乙二醇二甲醚、甲醇、乙醇、正丙醇、异丙醇、正丁醇、异丁醇、苯甲醇、异辛醇、乙二醇、1,2-丙二醇、二乙二醇、三乙胺、二甲基乙醇胺、2-氨基-2-甲基-1-丙醇、乙二醇正丁醚、乙二醇苯醚、二乙二醇正丁醚、乙二醇丁醚醋酸酯、二乙二醇乙醚醋酸酯、二乙二醇丁醚醋酸酯、丙二醇单甲醚、丙二醇正丁醚、丙二醇苯醚、二丙二醇单甲醚、二丙二醇正丁醚、丙酮、甲基异戊基酮、*N*-甲基吡咯烷酮、2,2,4-三甲基-1,3-戊二醇、己二酸二乙酯；如果出现其他的色谱峰，则应假定其相对于替代校准物（己二酸二乙酯）的相对校正因子为1.0进行计算。涂料中VOC含量按GB/T 23986.2—2023中

11.4 计算，检出限为 2g/L。水性腻子中 VOC 含量按 GB/T 23986.2—2023 中 11.2 计算，并换算成克每千克（g/kg）表示，检出限为 1g/kg。

水分含量小于 70%（质量分数）且挥发物含量与水分含量的绝对差值大于或等于 5.0% 的涂料（除水性木器涂料、乳胶涂料、水性道路交通涂料、水性无机涂料外），按 GB/T 23985—2009 的规定进行。不挥发物含量按 GB/T 1725 的规定进行，称取试样约 1g，烘烤条件为（105±2）℃烘烤 1h。涂料中 VOC 含量按 GB/T 23985—2009 中 8.4 计算。

6.2.2.4 溶剂型涂料（含腻子）中 VOC 含量

不含活性稀释剂和水的溶剂型涂料（含腻子）按 GB/T 23985—2009 的规定进行。不挥发物含量按 GB/T 1725 的规定进行，称取试样约 1g，烘烤条件为（105±2）℃烘烤 1h；不测水分含量，水分含量设为零。不含活性稀释剂和水的溶剂型涂料中 VOC 含量的计算，按 GB/T 23985—2009 中 8.3 进行。不含活性稀释剂和水的溶剂型腻子中 VOC 含量的计算，按 GB/T 23985—2009 中 8.2 进行，并换算成克每千克（g/kg）表示。

含活性稀释剂的溶剂型涂料（含腻子）按 GB/T 34682—2017 的规定进行，不测水分含量，水分含量设为零。不挥发物含量测定时的放置时间为标准试验环境［温度（23±2）℃，相对湿度（50±5）%］下放置 24h。含活性稀释剂的溶剂型涂料中 VOC 含量的计算，按 GB/T 34682—2017 中 8.3 进行。含活性稀释剂的溶剂型腻子中 VOC 含量的计算，按 GB/T 34682—2017 中 8.2 进行，并换算成克每千克（g/kg）表示。

有意添加水的溶剂型涂料（含腻子）按 GB/T 23985—2009 的规定进行。不挥发物含量按 GB/T 1725 的规定进行，称取试样约 1g，烘烤条件为（105±2）℃烘烤 1h；水分含量的测定，按 6.2.2.3 的规定进行。有意添加水的溶剂型涂料中 VOC 含量的计算，按 GB/T 23985—2009 中 8.4 进行。有意添加水的溶剂型腻子中 VOC 含量的计算，按 GB/T 23985—2009 中 8.2 进行，并换算成克每千克（g/kg）表示。

6.2.2.5 无溶剂涂料中 VOC 含量

按 GB/T 34682—2017 的规定进行。不挥发物含量测定的放置时间为标准试验环境［温度（23±2）℃，相对湿度（50±5）%］下放置 24h，或按产品说明书要求时间放置，但放置时间应不大于 7d。不测水分含量，水分含量设为零。

VOC 含量的计算，按 GB/T 34682—2017 中 8.3 进行。

6.2.2.6 辐射固化涂料（含腻子）中 VOC 含量

按 GB/T 34675—2017 的规定进行。腻子不测水分含量，水分含量设为零。

水性辐射固化涂料中 VOC 含量的计算，按 GB/T 34675—2017 中 8.4 进行；水分含量的测定，按 6.2.2.3 的规定进行。

非水性辐射固化涂料中 VOC 含量的计算，按 GB/T 34675—2017 中 8.3 进行，不测水分含量，水分含量设为零。

腻子中 VOC 含量的计算，按 GB/T 34675—2017 中 8.2 进行，并换算成克每千克（g/kg）表示。

6.2.3 SVOC 含量

按 GB/T 23986.2—2023 的规定进行。色谱柱采用弱极性色谱柱（5% 苯基 /95% 甲基聚硅氧烷毛细管柱），色谱进样口温度为 280℃，标记物为己二酸二乙酯和正二十二烷。称取试样约 1g；校准化合物限 2,2,4- 三甲基 -1,3- 戊二醇单异丁酯（俗称：“醇酯十二”）、2,2,4- 三甲基 -1,3- 戊二醇双异丁酯、丁二酸二正丁酯、戊二酸二正丁酯、己二酸二正丁酯、丁二酸二异丁酯、戊二酸二异丁酯、己二酸二异丁酯、马来酸二正丁酯、富马酸二正丁酯、二乙二醇单正己醚、三乙二醇单正丁醚、二乙二醇单苯醚、三乙醇胺、三异丙醇胺、二缩三乙二醇（俗称：“三甘醇”）、三缩四乙二醇、四缩五乙二醇、五缩六乙二醇、十二硫醇、邻苯二甲酸二甲酯、邻苯二甲酸二乙酯、邻苯二甲酸二异丁酯、邻苯二甲酸二正丁酯、邻苯二甲酸丁苄酯、正二十二烷；如果出现其他的色谱峰，则应假定其相对于替代校准物（己二酸二乙酯）的相对校正因子为 1.0 进行计算。水分含量的测定，按 6.2.2.3 的规定进行。密度的测定，按 6.2.2.1 的规定进行。

涂料中 SVOC 含量的计算，按 GB/T 23986.2—2023 中 11.4 进行，检出限为 2g/L。

6.2.4 苯含量、甲苯含量、甲苯与二甲苯（含乙苯）总和含量、苯系物总和含量

苯含量、甲苯含量、甲苯与二甲苯（含乙苯）总和含量的测定，按 GB/T 23990—2009 中 A 法的规定进行。苯含量、甲苯含量、甲苯与二甲苯（含乙苯）含量的计算，按 GB/T 23990—2009 中 8.4.3 进行。

苯系物总和含量的测定，按 GB/T 23990—2009 中 B 法的规定进行。苯系物含量的计算，按 GB/T 23990—2009 中 9.4.3 进行。

6.2.5 卤代烃总和含量

按 GB/T 23992—2009 的规定进行。卤代烃含量的计算，按 GB/T 23992—2009 中 8.5.2 进行。

6.2.6 多环芳烃总和含量

按 GB/T 36488 的规定进行。采用超声波萃取，条件：在水浴温度不超过 60℃的条件下超声萃取 0.5h；超声波频率为 35kHz ～ 45kHz；提取溶剂为醋酸乙酯。

6.2.7 甲醇含量、乙二醇醚及醚酯总和含量

按 GB/T 23986.2—2023 的规定进行。色谱柱采用中等极性色谱柱（6% 氰丙苯基 /94% 甲基聚硅氧烷毛细管柱），色谱进样口温度为 260℃。称取试样约 1g；水性体系时内标物为己二酸二乙酯或其他能够在色谱图中完全分离的物质；溶剂型体系时内标物为正庚烷或其他能够在色谱图中完全分离的物质。甲醇含量、乙二醇醚及醚酯含量的计算，按 GB/T 23986.2—2023 中 11.2 进行。

6.2.8 甲醇含量

按 GB/T 23993 的规定进行，甲醛标准溶液也可采用有证标准物质。

6.2.9 生物杀伤剂含量

锡总量的测定，按 GB/T 26085 的规定进行；滴滴涕含量的测定，按 GB/T 25011 的规

定进行；西布曲尼（CAS 号为 28159-98-0）含量的测定，按 GB/T 6822 的规定进行。

6.2.10 石棉含量

按 GB/T 33395 的规定进行。

6.2.11 游离二异氰酸酯（TDI 和 HDI）总和含量

按 GB/T 18446 的规定进行。

6.2.12 烷基酚聚氧乙烯醚总和含量

按 GB/T 31414 的规定进行。辛基酚（OP）CAS 号为 140-66-9；辛基酚聚氧乙烯醚（$OP_{10}EO$）CAS 号为 9002-93-1；壬基酚（NP）CAS 号为 104-40-5：壬基酚聚氧乙烯醚（$NP_{10}EO$）CAS 号为 26027-38-3。采用超声波提取，条件：在水浴温度不超过 60℃的条件下超声提取 1h；超声波频率为 35kHz~45kHz；提取溶剂为甲醇。

6.2.13 总重金属含量

总铅（Pb）含量、总镉（Cd）含量、总汞（Hg）含量的测定，按 GB/T 30647 的规定进行。

总六价铬［Cr（Ⅵ）］含量的测定，先按 GB/T 30647 的规定，测定试样中总铬含量，再按附录 A 的规定进行。

6.2.14 可溶性元素含量

按 GB/T 23991 的规定进行。

6.2.15 邻苯二甲酸酯总和含量

按 GB/T 30646 的规定进行。邻苯二甲酸二异丁酯（DIBP）的 CAS 号为 84-69-5；定量离子（m/z）为 149；定性参考离子（m/z）为 149、150、223、205；DIBP 含量的检出限为 0.001%。

6.2.16 光引发剂总和含量

按 GB/T 41764 的规定进行。对涂料试样进行测试；光引发剂含量的计算结果换算成质量分数（%）表示。

7 检验规则

7.1 型式检验

7.1.1 在正常生产情况下，船舶涂料每两年至少进行一次型式检验，其他涂料和辅助材料每年至少进行一次型式检验；型式检验项目包括本文件所列的全部要求。

7.1.2 有下列情况之一，应进行型式检验：

——新产品最初定型时；

——产品异地生产时；

——生产配方、工艺、关键原材料来源及产品施工状态下的施工配比有较大改变时；

——停产三个月后又恢复生产时。

7.2 检验结果的判定

7.2.1 检验结果的判定，按 GB/T 8170 中修约值比较法进行。

7.2.2 报出检验结果时，应同时注明该产品明示的施工状态下的施工配比。

7.2.3 所有项目的检验结果均达到本文件的要求时，产品为符合本文件要求。

8 标志

8.1 按本文件检验合格的产品应在包装上进行明示。

8.2 玩具涂料和木器涂料的所有品种，以及其他与人体密切接触的消费品用涂料的面漆和罩光清漆应按 4.2 的规定在包装上进行产品的涂层危害性标记；其他工业涂料和腻子应按 4.2 的规定在包装上或产品说明书中进行产品的涂层危害性标记。标记的形式除文字直接标注外，也可通过二维码等信息技术进行标记。

8.3 木器涂料在包装上，其他工业涂料和辅助材料在包装上或产品说明书中应明示符合本文件的分类、产品类别和产品类型（或施工方式），以及施工状态下的施工配比。

8.4 含有活性稀释剂的溶剂型涂料应在包装上或产品说明书中明示。

8.5 有意添加水的溶剂型涂料应在包装上或产品说明书中明示。

8.6 聚氨酯类、环氧类等多组分固化的涂料和辅助材料应在包装上或产品说明书中标明产品的适用期。

8.7 特殊功能性涂料、锌铝涂料应在包装上或产品说明书中标明产品在施工状态下的 VOC 含量。

9 文件的实施

9.1 硝基类溶剂型木器涂料自本文件实施之日起不应在室内装饰装修中使用。

9.2 涂装现场对施工状态下的产品抽查时，对聚氨酯类、环氧类等多组分固化的涂料和辅助材料抽样检验，应在产品的适用期内进行检验。

附录 A
（规范性）
总六价铬［Cr（Ⅵ）］含量的测定

警示——对测试方法中使用所有潜在包含六价铬［Cr（Ⅵ）］的样品和试剂应采用适当的措施进行预防。含六价铬［Cr（Ⅵ）］的溶液和废料必须进行妥善处理。

A.1 原理

如试样中总铬含量小于 8mg/kg，则总六价铬［Cr（Ⅵ）］含量的结果为“未检出”，检出限为 8mg/kg。如试样中总铬含量≥ 8mg/kg，则试样（同时进行基体加标）在超声分散后，使用碱性消解液从试样中提取六价铬［Cr（Ⅵ）］化合物。提取液中的六价铬［Cr（Ⅵ）］在酸性溶液中与二苯碳酰二肼反应生成紫红色络合物，用分光光度法测定试验溶液中的六价铬［Cr（Ⅵ）］含量（波长 540nm 处）；同时测定试样的不挥发物含量，最终结果为干膜中的总六价铬［Cr（Ⅵ）］含量。

A.2 试剂和材料

分析测试中仅使用确认为分析纯的试剂，所用水符合 GB/T 6682 中三级水的要求。

A.2.1 *N*- 甲基吡咯烷酮（NMP）：试剂存放在 20℃～25℃的棕色瓶中，避免阳光直射。使用前应在每 100mL 的试剂中添加 10g 活性分子筛，保存 12h 以上。容器打开后，储存期为一个月。

A.2.2 硝酸：约为 65%（质量分数），密度约为 1.40g/mL；不应使用已变黄的硝酸。

A.2.3 硫酸：约为 98%（质量分数），密度约为 1.84g/mL。

A.2.4 氢氧化钠（NaOH）。

A.2.5 无水碳酸钠（Na_2CO_3）。

A.2.6 磷酸氢二钾（K_2HPO_4）。

A.2.7 磷酸二氢钾（KH_2PO_4）。

A.2.8 二苯碳酰二肼（$C_{13}H_{14}N_4O$）。

A.2.9 无水氯化镁（MgCl）。

A.2.10 丙酮。

A.2.11 硝酸溶液：硝酸 + 水 =1+1（体积比），将 1 体积浓硝酸（A.2.2）加入到 1 体积的水中。

A.2.12 硫酸溶液：硫酸 + 水 =1+9（体积比），小心地将 1 体积浓硫酸（A.2.3）加入到 9 体积的水中。

A.2.13 消解液：称取 20.0g 氢氧化钠（A.2.4）和 30.0g 无水碳酸钠（A.2.5），用水溶解后移入 1 000mL 的容量瓶中并稀释至刻度，摇匀，转移至塑料瓶中保存。此消解液应在 20℃～25℃下密封保存，且每月要重新制备。使用前应检测其 pH，且 pH 应在 11.5 及以上，否则应重新制备。

A.2.14 缓冲液：溶解 87.09g 磷酸氢二钾（A.2.6）和 68.04g 磷酸二氢钾（A.2.7）于水中，移入 1000mL 的容量瓶中并稀释至刻度。此缓冲液 pH 为 7。

A.2.15 二苯碳酰二肼显色剂：称取 0.5g 二苯碳酰二肼（A.2.8）溶于 100mL 丙酮（A.2.10）中，保存于棕色瓶中。溶液退色时，应重新配制。

A.2.16 六价铬［Cr（Ⅵ）］标准贮备溶液：浓度为 100mg/L。

A.2.17 六价铬［Cr（Ⅵ）］标准溶液：浓度为 5mg/L。用移液管（A.3.7）移取 5mL 六价铬［Cr（Ⅵ）］标准贮备溶液（A.2.16）于 100mL 容量瓶（A.3.6）中，用水稀释至刻度。此溶液应在使用的当天配制。

A.3 仪器和设备

A.3.1 天平：实际分度值 d=0.1mg。

A.3.2 分光光度计：适合于在波长 540nm 处测量，配有光程为 10mm 的比色池。

A.3.3 超声水浴锅：能维持温度 60℃～65℃，超声波频率为 35kHz～45kHz。

A.3.4 酸度计：精度为 ±0.2pH 单位。

A.3.5　消解器：50mL 具塞锥形瓶。

A.3.6　容量瓶：25mL、50mL、100mL、1000mL 等。

A.3.7　移液管：1mL、2mL、5mL、10mL、25mL 等。

A.3.8　量筒：5mL、10mL、25mL、50mL 等。

A.3.9　烧杯：150mL。

A.3.10　注射器式过滤器：0.45μm 滤膜。

A. 4　试验步骤

A.4.1　平行试验和空白试验

平行做 2 份试验。空白试验与测试平行进行，不加样品，测试 1 次。

A.4.2　试样制备

所有的玻璃器皿、样品容器、玻璃板或聚四氟乙烯板在使用前都需用硝酸溶液（A.2.11）浸泡 24h，然后用水清洗并干燥。

试样平行测试的称样量和基体加标回收率平行测试的称样量应近似相等。

称取试样约 0.1g（精确至 0.1mg）和移取 10mL 的 NMP（A.2.1）置于消解器（A.3.5）中，记录试样量 m，盖上塞子，然后放置于超声水浴锅（A.3.3）中，在 60℃～ 65℃温度下超声 1h。

同时进行基体加标回收率的测试，称取试样约 0.1g（精确至 0.1mg）和移取 10mL 的 NMP（A.2.1）和 0.5mL 的六价铬［Cr（Ⅵ）］标准贮备溶液（A.2.16）置于消解器（A.3.5）中，盖上塞子，然后放置于超声水浴锅（A.3.3）中，在 60℃～ 65℃温度下超声 1h。

在每个消解器（A.3.5）中加入约 200mg 无水氯化镁（A.2.9）和 0.5mL 缓冲液（A.2.14），摇匀。用量筒（A.3.8）量取 20mL 消解液（A.2.13）缓慢加入到每个消解器内，摇匀。消解液应完全浸没试样，可加入 1 滴～ 2 滴润湿剂（无水乙醇），以增加试样的润湿性。将消解器盖上塞子，置于超声水浴锅（A.3.3）中，在 60℃～ 65℃温度下超声 1h。

从超声水浴锅（A.3.3）中取出消解器（A.3.5），逐渐冷却至室温，将消解器中溶液（即使溶液浑浊或者存在絮状沉淀物，也不要过滤溶液）转移至干净的烧杯（A.3.9）中，在搅拌状态下将硝酸溶液（A.2.11）滴加于烧杯中，用酸度计（A.3.4）测试，调节溶液的 pH 至 7.5±0.5，得到提取液。提取液应尽快显色测试。

A.4.3　测试

A.4.3.1　显色溶液的制备

在每个烧杯（A.3.9）中的提取液中缓慢滴加硫酸溶液（A.2.12），用酸度计（A.3.4）测试，调节溶液的 pH 至 2.0±0.5，混合均匀。然后用移液管（A.3.7）准确移入 2.0mL 二苯碳酰二肼显色剂（A.2.15），混合均匀。然后将其全部转移至 100mL 容量瓶（A.3.6）中，用水稀释至刻度，得试验溶液。试验溶液静止 5min ～ 10min 后尽快测试，30min 内完成上机测试。

A.4.3.2　系列标准工作溶液的配制

用移液管（A.3.7）分别移取 0.0mL、2.0mL、4.0mL、6.0mL、8.0mL、10.0mL、

20mL 六价铬［Cr（Ⅵ）］标准溶液（A.2.17）至 100mL 容量瓶中，用量筒（A.3.8）分别加水 50mL，分别滴加硫酸溶液（A.2.12），用酸度计（A.3.4）测试，调节溶液的 pH 至 2.0±0.5，用移液管（A.3.7）分别移入 2.0mL 二苯碳酰二肼显色剂（A.2.15），分别用水稀释至刻度，混合均匀。静止 5min ～ 10min 后，在 30min 内尽快完成测试。此系列标准工作溶液中含六价铬［Cr（Ⅵ）］的浓度分别为 0.0mg/L、0.1mg/L、0.2mg/L、0.3mg/L、0.4mg/L、0.5mg/L、1.0mg/L。

A.4.3.3　试验溶液中六价铬［Cr（Ⅵ）］含量的测定

分别将适量的系列标准工作溶液移入 10mm 比色池内，在分光光度计（A.3.2）上于 540nm 波长处测试其吸光度，以吸光度值对应浓度值绘制校正曲线。校正曲线的校正系数应≥ 0.99。否则应重新制作新的校正曲线。

在同样条件下，测试经 0.45μm 的注射器式过滤器（A.3.10）过滤后的试验溶液（A.4.3.1）的吸光度，根据校正曲线计算试验溶液中六价铬［Cr（Ⅵ）］的浓度。如试验溶液中吸光度值超出校正曲线最高点，则应对加二苯碳酰二肼显色剂前的提取液适当稀释后再测试，加标溶液量根据实际进行调整。

A.4.3.4　不挥发物含量的测定

水性涂料（包括水性腻子）、溶剂型涂料（包括不含活性稀释剂的溶剂型腻子）和色浆的不挥发物含量，按 GB/T 1725 的规定进行，称取试样约 1g，烘烤条件为（105±2）℃烘烤 1h; 辐射固化涂料（含辐射固化腻子）的不挥发物含量，按 GB/T 34675—2017 的规定进行 ; 粉末涂料和粉状腻子的不挥发物含量以 1 计；无溶剂涂料（包括含活性稀释剂的溶剂型腻子）的不挥发物含量，按 GB/T 34682—2017 的规定进行，放置时间为标准试验环境［温度（23±2）℃，相对湿度（50±5）%］下放置 24h，或按产品说明书要求时间放置，但放置时间不大于 7d。

A.4.4　结果的计算

A.4.4.1　试样（以干膜计）中总六价铬［Cr（Ⅵ）］含量

试样（以干膜计）中总六价铬［Cr（Ⅵ）］含量按公式（A.1）计算：

$$C=\frac{(c-c_0)\times V\times F}{m\times S} \tag{A.1}$$

式中：

C ——试样（以干膜计）中总六价铬［Cr（Ⅵ）］的含量，单位为毫克每千克（mg/kg）；

c ——试验溶液的测试浓度，单位为毫克每升（mg/L）；

c_0 ——空白溶液的测试浓度，单位为毫克每升（mg/L）；

V ——试验溶液的定容体积，单位为毫升（mL）；

F ——试验溶液的稀释倍数；

m ——称取的试样量，单位为克（g）；

S ——不挥发物含量，单位为克每克（g/g）。

结果取 2 次平行试验的平均值。

A.4.4.2 基体加标回收率

基体加标回收率按公式（A.2）计算：

$$SR = \frac{SS - US}{SA} \times 100\% \tag{A.2}$$

式中：

SR——基体加标回收率；

SS——加标后试样（以干膜计）中总六价铬［Cr（Ⅵ）］浓度，单位为毫克每千克（mg/kg）；

US——未加标试样（以干膜计）中总六价铬［Cr（Ⅵ）］浓度，单位为毫克每千克（mg/kg）；

SA——加标溶液中六价铬［Cr（Ⅵ）］含量折算成以试样干膜计的总六价铬［Cr（Ⅵ）］浓度，单位为毫克每千克（mg/kg）。

示例：

如加入 0.5mL 的六价铬［Cr（Ⅵ）］标准贮备溶液（100mg/L），试样的不挥发物含量为 0.5，称取的试样量约 0.1g，则 SA=0.5mL×(100mg/L)/(0.1g×0.5)=1000mg/kg。

根据被测样品的浓度，可选择其他合适的加标溶液量，保证加标后的测试浓度在合适的曲线范围内。

A.4.4.3 结果和检出限的校正

基体加标回收率的可接受范围应为≥ 50% 且≤ 125%。

基体加标回收率＜ 50% 时，应重新加入两倍量的加标溶液量进行测试；基体加标回收率＞ 125% 时，应重新加入等量的加标溶液量进行测试。如重复测试的基体加标回收率仍在≥ 50% 且≤ 125% 的范围之外，碱性消解法不适用所测试的样品，则试样中总六价铬［Cr（Ⅵ）］含量按 GB/T 9760—1988 中第 6 章、8.1、8.2.3、8.4 的规定进行酸萃取液的制备（制备的颜料的称样量约 0.5g），再按 GB/T 9758.5 进行可溶性六价铬［Cr（Ⅵ）］含量测试。结果除以不挥发物含量后，以干膜中总六价铬［Cr（Ⅵ）］含量报出。

如基体加标回收率＞ 75% 且≤ 125%，则无需校正结果，检出限为 8mg/kg。

如基体加标回收率在≥ 50% 且≤ 75% 范围内，应根据基体加标回收率校正结果和检出限，即结果乘以 100% 加标回收率与实际基体加标回收率的比值，检出限按同样方法进行校正。

示例：

如样品的测试结果为 100mg/kg，基体加标回收率为 50%，则该测试样品的校正检出限 =8mg/kg×(100%/50%)=16mg/kg，该测试样品的校正测试结果 =100mg/kg×(100%/50%)=200mg/kg。最终报出结果为 200mg/kg，检出限为 16mg/kg。

A.5 精密度

A.5.1 重复性限 *r*

在同一实验室，由同一操作者使用相同设备，按相同的测试方法，并在短时间内对同一被测对象相互独立进行测试获得的两次测试结果的相对偏差不大于 20%，以相对偏差大于 20% 的情况不超过 5% 为前提。

A.5.2 再现性限 *R*

在不同的实验室，由不同的操作者使用不同的设备，按相同的测试方法，对同一被测对象相互独立进行测试获得的两次独立测试结果的相对偏差不大于 33%，以相对偏差大于 33% 的情况不超过 5% 为前提。

参考文献

[1] GB/T 1992—2023 集装箱术语
[2] GB/T 2705—2003 涂料产品分类和命名
[3] GB/T 4122.1—2008 包装术语 第 1 部分：基础
[4] GB/T 4549.1—2004 铁道车辆词汇 第 1 部分：基本词汇
[5] GB 4806.10—2016 食品安全国家标准 食品接触用涂料及涂层
[6] GB/T 5237.5—2017 铝合金建筑型材 第 5 部分：喷漆型材
[7] GB/T 5296.7—2008 消费品使用说明 第 7 部分：体育器材
[8] GB 7258—2017 机动车运行安全技术条件
[9] GB/T 7727.1—2008 船舶通用术语 第 1 部分：综合
[10] GB/T 12900—1991 船舶通用术语 船用材料
[11] GB/T 17748—2016 建筑幕墙用铝塑复合板
[12] GB/T 20306—2017 游乐设施术语
[13] GB/T 21782.14—2010 粉末涂料 第 14 部分：术语
[14] GB/T 26110—2010 锌铝涂层 技术条件
[15] GB/T 30790.2—2014 色漆和清漆 防护涂料体系对钢结构的防腐蚀保护 第 2 部分：环境分类
[16] GB/T 33394—2016 儿童房装饰用水性木器涂料
[17] GB/T 33761—2024 绿色产品评价通则
[18] GB/T 34272—2017 小型游乐设施安全规范
[19] GB/T 35602—2017 绿色产品评价 涂料
[20] GB 37822—2019 挥发性有机物无组织排放控制标准
[21] GB 37824—2019 涂料、油墨及胶粘剂工业大气污染物排放标准
[22] GB/T 38272—2019 机械安全 机械设备安全升级指南
[23] GB/T 38597—2020 低挥发性有机化合物含量涂料产品技术要求
[24] GB/T 41530—2022 玩具及儿童用品术语和定义
[25] GB/T 50504—2009 民用建筑设计术语标准
[26] CJJ/T 114—2007 城市公共交通分类标准
[27] GA 802—2019 道路交通管理 机动车类型
[28] HG/T 501—2016 汽车修补用涂料
[29] HG/T 2240—2012 潮（湿）气固化聚氨酯涂料（单组分）
[30] HG/T 3830—2022 预涂卷材涂料
[31] HG/T 4570—2013 汽车用水性涂料
[32] HG/T 4766—2014 真空镀膜涂料
[33] HG/T 5174—2017 车辆排气管用耐高温涂料
[34] HG/T 5180—2017 汽车塑料件用水性涂料

[35] HG/T 5367.1—2018 轨道交通车辆用涂料 第 1 部分：水性涂料
[36] HG/T 5370—2018 自行车用水性涂料
[37] HG/T 6270—2024 防雾涂料
[38] HG/T 6271—2024 耐指纹涂料
[39] HJ/T 414—2007 环境标志产品技术要求 室内装饰装修用溶剂型木器涂料
[40] HJ 2537—2014 环境标志产品技术要求 水性涂料
[41] HJ 2547—2016 环境标志产品技术要求 家具
[42] LY/T 1740—2008 木器用不饱和聚酯漆
[43] TJ/CL 252.1—2012 铁路货车用水溶性油漆技术条件（暂行）
[44] IEC 62321-7-2：2017 Determination of certain substances in electrotechnical products—Part7-2: Hexavalent chromium—Determination of hexavalent chromium（Cr(VI)）in polymers and electronics by the colorimetric method
[45] ASTM E1645-16 Standard Practice for Preparation of Dried Paint Samples by Hotplate or Microwave Digestion for Subsequent Lead Analysis
[46] Basic Criteria for Award of The Blue Angel Environmental Label DE-UZ 12a Lowemission and Low-pollutant Paints and Varnishes（Edition August 2019）.
[47] Directive 2004/42/CE of the European Parliament and of the Council of 21 April 2004 on the limitation of emissions of volatile organic compounds due to the use of organic solvents in certain paints and varnishes and vehicle refinishing products and amending Directive 1999/13/EC.
[48] EPA method 24 Determination Of Volatile Matter Content, Water Content, Density, Volume Solids, And Weight Solids Of Surface Coatings.
[49] Good Environmental Choice Australia Environmental Performance Standard Paints and Coatings (PCv2.2ii—2012).
[50] GS-11 Green Seal Standard For Paints Coatings Stains and Sealers（Edition 3.2）.
[51] Hong Kong Green Label Scheme Product Environmental Criteria for Paint（GL-008-010）.
[52] Japan Eco-mark Product Category No.126 “Paints” (Version 2.5).
[53] Korea Eco-label Standards EL241： 2014 Paints.
[54] Nordic Ecolabelling of Chemical building products（Version 2.7）.
[55] IKEA of Sweden AB IOS-MAT-0066 Surface coatings and coverings-general requirements （Version AA-163938-10）.

附录 3 《低挥发性有机化合物含量涂料产品技术要求》（GB/T 38597—2020）

1 范围

本标准规定了低挥发性有机化合物含量涂料产品的要求、测试方法、判定规则、包装标志、标准的实施。

本标准适用于低挥发性有机化合物含量涂料产品的判定。

2 规范性引用文件

下列文件对于本文件的应用是必不可少的。凡是注日期的引用文件，仅注日期的版本适用于本文件。凡是不注日期的引用文件，其最新版本（包括所有的修改单）适用于本文件。

GB/T 1725—2007《色漆、清漆和塑料 不挥发物含量的测定》

GB/T 3186《色漆、清漆和色漆与清漆用原材料取样》

GB/T 5206—2015《色漆和清漆 术语和定义》

GB/T 6682—2008《分析实验室用水规格和试验方法》

GB/T 6750—2007《色漆和清漆 密度的测定 比重瓶法》

GB/T 8170—2008《数值修约规则与极限数值的表示和判定》

GB/T 9750《涂料产品包装标志》

GB/T 23985—2009《色漆和清漆 挥发性有机化合物（VOC）含量的测定 差值法》

GB/T 23986—2009《色漆和清漆 挥发性有机化合物（VOC）含量的测定 气相色谱法》

GB/T 34675—2017《辐射固化涂料中挥发性有机化合物（VOC）含量的测定》

GB/T 34682—2017《含有活性稀释剂的涂料中挥发性有机化合物（VOC）含量的测定》

3 术语和定义

GB/T 5206—2015 界定的以及下列术语和定义适用于本文件。为了方便使用，以下重复列出了 GB/T 5206—2015 中的一些术语和定义。

3.1 低挥发性有机化合物含量涂料产品（low-volatile-organic-compound-content coatings product）

施工状态下涂料产品中存在的挥发性有机化合物的质量符合本标准相应产品的挥发性有机化合物含量限量要求的涂料产品。

3.2 涂料（coating material）

液体、糊状或粉末状的一类产品，当其施涂到底材上时，能形成具有保护、装饰和/或其他特殊功能的涂层。

（GB/T 5206—2015，定义 2.51）

3.3 挥发性有机化合物（volatile organic compound，VOC）

参与大气光化学反应的有机化合物，或者根据有关规定确定的有机化合物。

3.4 挥发性有机化合物含量（volatile organic compound content，VOC 含量）

在规定的条件下测得的涂料中存在的挥发性有机化合物的质量。

（GB/T 5206—2015，定义 2.271）

3.5 施工状态（application condition）

在施工方式和施工条件满足相应产品技术说明书中的要求时，产品所有组分混合后，可以进行施工的状态。

4 要求

水性涂料中 VOC 含量应符合表 1 的要求，溶剂型涂料中 VOC 含量应符合表 2 的要求，无溶剂型涂料中 VOC 含量应符合表 3 的要求，辐射固化涂料中 VOC 含量应符合表 4 的要求。

水性涂料和水性辐射固化涂料均不考虑水的稀释比例。其他类型涂料按产品明示的施工状态下的施工配比混合后测定。如多组分的某组分使用量为某一范围时，按照产品施工状态下的施工配比规定的最大比例混合后进行测定。当涂料产品适用于多种场合时，按最严格的限量值执行。

表 1 水性涂料中 VOC 含量的要求

<table>
<tr><th>产品类别</th><th colspan="2">主要产品类型</th><th>限量值 /（g/L）</th></tr>
<tr><td rowspan="4">建筑用墙面涂料</td><td rowspan="2">墙面涂料</td><td>内墙涂料</td><td>≤ 50</td></tr>
<tr><td>外墙涂料</td><td>≤ 80</td></tr>
<tr><td rowspan="2">装饰板涂料</td><td>合成树脂乳液类涂料</td><td>≤ 100</td></tr>
<tr><td>其他类</td><td>≤ 200</td></tr>
<tr><td rowspan="2">木器涂料</td><td colspan="2">色漆</td><td>≤ 220</td></tr>
<tr><td colspan="2">清漆</td><td>≤ 270</td></tr>
<tr><td rowspan="10">车辆涂料</td><td rowspan="4">汽车原厂涂料（乘用车、载货汽车）</td><td>电泳底漆</td><td>≤ 200</td></tr>
<tr><td>中间漆</td><td>≤ 300</td></tr>
<tr><td>底色漆</td><td>≤ 420</td></tr>
<tr><td>本色面漆</td><td>≤ 350</td></tr>
<tr><td rowspan="6">汽车原厂涂料［客车（机动车）］</td><td>电泳底漆</td><td>≤ 200</td></tr>
<tr><td>其他底漆</td><td>≤ 250</td></tr>
<tr><td>中间漆</td><td>≤ 250</td></tr>
<tr><td>底色漆</td><td>≤ 380</td></tr>
<tr><td>本色面漆</td><td>≤ 300</td></tr>
<tr><td>清漆</td><td>≤ 300</td></tr>
</table>

续表

产品类别	主要产品类型				限量值 /（g/L）
车辆涂料	汽车修补用涂料	底色漆			≤ 380
		本色面漆			≤ 380
	轨道交通车辆涂料［动车组、客车（铁道车辆）、城市轨道交通车辆、牵引机车］	底漆			≤ 200
		中间漆			≤ 200
		底色漆			≤ 300
		本色面漆			≤ 300
		清漆			≤ 400
	轨道交通车辆涂料（货车）	底漆			≤ 200
		面漆			≤ 300
工业防护涂料	机械设备涂料	工程机械和农业机械涂料（含零部件涂料）	底漆		≤ 250
			中间漆		≤ 250
			面漆		≤ 300
			清漆		≤ 300
		港口机械和化工机械涂料（含零部件涂料）	底漆		≤ 250
			中间漆		≤ 200
			面漆		≤ 250
			清漆		≤ 250
	建筑物和构筑物防护涂料（建筑用墙面涂料除外）	金属基材防腐涂料	单组分	底漆	≤ 200
				面漆	≤ 250
			双组分	底漆	≤ 250
				中间漆	≤ 200
				面漆	≤ 250
		混凝土防护涂料	封闭底漆		≤ 250
			底漆		≤ 200
			中间漆		≤ 200
			面漆		≤ 250
	集装箱涂料		底漆		≤ 320
			中间漆		≤ 200
			面漆		≤ 250
	包装涂料（不粘涂料）		底漆		≤ 420
			中间漆		≤ 300
			面漆		≤ 270

续表

<table>
<tr><th>产品类别</th><th colspan="2">主要产品类型</th><th>限量值 / (g/L)</th></tr>
<tr><td rowspan="3">工业防护涂料</td><td rowspan="3">型材涂料</td><td>电泳涂料</td><td>≤ 200</td></tr>
<tr><td>氟树脂涂料</td><td>≤ 300</td></tr>
<tr><td>其他</td><td>≤ 250</td></tr>
<tr><td>船舶涂料</td><td colspan="2">上建内部和机舱内部用涂料</td><td>≤ 200</td></tr>
<tr><td rowspan="2">地坪涂料</td><td colspan="2">水性</td><td>≤ 120</td></tr>
<tr><td colspan="2">聚合物水泥复合型</td><td>≤ 50</td></tr>
<tr><td>玩具涂料</td><td colspan="2">—</td><td>≤ 420</td></tr>
<tr><td rowspan="2">道路及交通标志涂料</td><td colspan="2">道路标志标线涂料</td><td>≤ 150</td></tr>
<tr><td colspan="2">铁路、公路设施涂料</td><td>≤ 300</td></tr>
<tr><td>防水涂料</td><td colspan="2">—</td><td>≤ 50</td></tr>
<tr><td>防火涂料</td><td colspan="2">—</td><td>≤ 80</td></tr>
</table>

表 2　溶剂型涂料中 VOC 含量的要求

<table>
<tr><th>产品类别</th><th colspan="3">主要产品类型</th><th>限量值 / (g/L)</th></tr>
<tr><td>木器涂料（限工厂化涂装用）</td><td colspan="3">—</td><td>≤ 420</td></tr>
<tr><td rowspan="17">车辆涂料</td><td rowspan="7">汽车原厂涂料（乘用车）</td><td colspan="2">中间漆</td><td>≤ 500</td></tr>
<tr><td rowspan="2">底色漆</td><td>实色漆</td><td>≤ 520</td></tr>
<tr><td>效应颜料漆</td><td>≤ 580</td></tr>
<tr><td colspan="2">本色面漆</td><td>≤ 500</td></tr>
<tr><td rowspan="2">清漆</td><td>单组分</td><td>≤ 480</td></tr>
<tr><td>双组分</td><td>≤ 420</td></tr>
<tr><td colspan="2"></td><td></td></tr>
<tr><td rowspan="2">汽车原厂涂料（载货汽车）①</td><td colspan="2">本色面漆</td><td>≤ 500</td></tr>
<tr><td colspan="2">清漆</td><td>≤ 480</td></tr>
<tr><td rowspan="4">汽车原厂涂料［客车（机动车）］①</td><td colspan="2">底漆</td><td>≤ 420</td></tr>
<tr><td colspan="2">中间漆</td><td>≤ 420</td></tr>
<tr><td colspan="2">本色面漆</td><td>≤ 420</td></tr>
<tr><td colspan="2">清漆</td><td>≤ 420</td></tr>
<tr><td rowspan="4">汽车修补用涂料①</td><td colspan="2">底漆</td><td>≤ 540</td></tr>
<tr><td colspan="2">中间漆</td><td>≤ 540</td></tr>
<tr><td colspan="2">本色面漆</td><td>≤ 540</td></tr>
<tr><td colspan="2">清漆</td><td>≤ 420</td></tr>
</table>

续表

<table>
<tr><th>产品类别</th><th colspan="4">主要产品类型</th><th>限量值 /（g/L）</th></tr>
<tr><td rowspan="6">车辆涂料</td><td rowspan="4">轨道交通车辆涂料［动车组、客车（铁道车辆）、城市轨道交通车辆、牵引机车］①</td><td colspan="3">底漆</td><td>≤ 420</td></tr>
<tr><td colspan="3">中间漆</td><td>≤ 420</td></tr>
<tr><td colspan="3">本色面漆</td><td>≤ 420</td></tr>
<tr><td colspan="3">清漆</td><td>≤ 420</td></tr>
<tr><td rowspan="2">轨道交通车辆涂料（货车）</td><td colspan="3">底漆</td><td>≤ 420</td></tr>
<tr><td colspan="3">面漆</td><td>≤ 420</td></tr>
<tr><td rowspan="21">工业防护涂料</td><td rowspan="11">机械设备涂料</td><td rowspan="6">工程机械和农业机械涂料（含零部件涂料）</td><td colspan="2">底漆</td><td>≤ 420</td></tr>
<tr><td colspan="2">中间漆</td><td>≤ 420</td></tr>
<tr><td rowspan="2">面漆</td><td>单组分</td><td>≤ 480</td></tr>
<tr><td>双组分</td><td>≤ 420</td></tr>
<tr><td rowspan="2">清漆</td><td>单组分</td><td>≤ 480</td></tr>
<tr><td>双组分</td><td>≤ 420</td></tr>
<tr><td rowspan="5">港口机械和化工机械涂料（含零部件涂料）</td><td colspan="2">车间底漆（无机）</td><td>≤ 580</td></tr>
<tr><td colspan="2">底漆</td><td>≤ 420</td></tr>
<tr><td colspan="2">中间漆</td><td>≤ 420</td></tr>
<tr><td colspan="2">面漆</td><td>≤ 450</td></tr>
<tr><td colspan="2">清漆</td><td>≤ 480</td></tr>
<tr><td rowspan="10">建筑物和构筑物防护涂料（建筑用墙面涂料）</td><td rowspan="7">金属基材防腐涂料</td><td colspan="2">车间底漆（无机）</td><td>≤ 580</td></tr>
<tr><td colspan="2">无机锌底漆</td><td>≤ 550</td></tr>
<tr><td colspan="2">单组分</td><td>≤ 500</td></tr>
<tr><td rowspan="4">双组分</td><td>底漆</td><td>≤ 450</td></tr>
<tr><td>中间漆</td><td>≤ 420</td></tr>
<tr><td>面漆</td><td>≤ 450</td></tr>
<tr><td>清漆</td><td>≤ 480</td></tr>
<tr><td rowspan="3">混凝土防护涂料（含铁路混凝土桥面用薄涂型防水涂料）</td><td colspan="2">底漆</td><td>≤ 450</td></tr>
<tr><td colspan="2">中间漆</td><td>≤ 420</td></tr>
<tr><td colspan="2">面漆</td><td>≤ 450</td></tr>
<tr><td rowspan="3">船舶涂料</td><td colspan="4">车间底漆（无机）</td><td>≤ 580</td></tr>
<tr><td colspan="2" rowspan="2">底漆</td><td colspan="2">无机锌底漆</td><td>≤ 550</td></tr>
<tr><td colspan="2">其他</td><td>≤ 450</td></tr>
</table>

续表

<table>
<tr><th>产品类别</th><th colspan="2">主要产品类型</th><th>限量值 /（g/L）</th></tr>
<tr><td rowspan="5">船舶涂料</td><td colspan="2">面漆</td><td>≤ 450</td></tr>
<tr><td colspan="2">通用底漆 / 压载舱漆</td><td>≤ 350</td></tr>
<tr><td rowspan="2">防污漆</td><td>Ⅰ型和Ⅱ型</td><td>≤ 450</td></tr>
<tr><td>Ⅲ型</td><td>≤ 400</td></tr>
<tr><td colspan="2">特种涂料（耐高温漆、耐化学品漆等）</td><td>≤ 500</td></tr>
<tr><td>地坪涂料</td><td colspan="2">—</td><td>≤ 250</td></tr>
<tr><td rowspan="2">道路及交通标志涂料</td><td colspan="2">道路标志标线涂料</td><td>≤ 150</td></tr>
<tr><td colspan="2">铁路、公路设施涂料</td><td>≤ 300</td></tr>
<tr><td rowspan="2">防水涂料</td><td colspan="2">单组分</td><td>≤ 100</td></tr>
<tr><td colspan="2">多组分</td><td>≤ 50</td></tr>
<tr><td>防火涂料</td><td colspan="2">—</td><td>≤ 420</td></tr>
</table>

① 溶剂型底色漆［载货汽车用、客车（机动车）用、汽车修补用、轨道交通车辆用］等涂料产品，目前暂无低 VOC 含量的溶剂型涂料产品，但考虑到该产品在溶剂型涂层体系的配套性需求是必不可少的，VOC 含量的限量值应符合相应产品的强制性国家标准中 VOC 项目的技术要求。

表 3　无溶剂型涂料中 VOC 含量的要求

项目	限量值 /（g/L）
挥发性有机化合物（VOC）含量	≤ 60

表 4　辐射固化涂料中 VOC 含量的要求

产品类别	主要产品类型 / 施涂方式	限量值 /（g/L）
金属基材与塑胶基材	喷涂	≤ 350
	其他	≤ 100
木质基材	水性	≤ 200
	非水性	≤ 100

5　测试方法

5.1　取样

产品按 GB/T 3186 的规定取样，也可按商定方法取样。取样量根据检验需要确定。

5.2　试验方法

5.2.1　施工状态判定

按产品明示的施工状态下的施工配比混合后，再按产品规定的施工工艺进行施涂，如施涂无障碍，干膜厚度能控制在产品规定的范围内，涂膜外观符合产品明示的质量标准规定的要求，则判定为“与实际施工状态相符”。

注：如实验室无法模拟施工工艺，可在实际涂装现场进行确认与取样。

5.2.2　VOC 含量

5.2.2.1　密度

按 GB/T 6750—2007 的规定进行，试验温度为（23±0.5）℃。

5.2.2.2　水性涂料中 VOC 含量

5.2.2.2.1　建筑用墙面涂料、木器涂料、地坪涂料、防水涂料、道路标志标线涂料中 VOC 含量

按 GB/T 23986—2009 的规定进行。色谱柱采用中等极性色谱柱（6% 氰丙苯基 /94% 聚二甲基硅氧烷毛细管柱），标记物为己二酸二乙酯。称取试样约 1g。水分含量的测定按附录 A 的规定进行。VOC 含量按 GB/T 23986—2009 中 10.4 计算。

5.2.2.2.2　其他水性涂料中 VOC 含量

先按附录 A 的规定测定水性涂料中水分含量。

如涂料中水分含量大于或等于 70%（质量分数），按 GB/T 23986—2009 的规定进行。色谱柱采用中等极性色谱柱（6% 氰丙苯基 /94% 聚二甲基硅氧烷毛细管柱），标记物为己二酸二乙酯。称取试样约 1g。VOC 含量按 GB/T 23986—2009 中 10.4 计算。

如涂料中水分含量小于 70%（质量分数），按 GB/T 23985—2009 的规定进行。不挥发物含量按 GB/T 1725—2007 的规定进行，称取试样约 1g，在（105±2）℃条件下烘烤 1h。VOC 含量按 GB/T 23985—2009 中 8.4 计算。

5.2.2.3　溶剂型涂料中 VOC 含量

不含活性稀释剂和水的溶剂型涂料按 GB/T 23985—2009 的规定进行。不挥发物含量的测定按 GB/T 1725—2007 的规定进行，称取试样约 1g，在（105±2）℃条件下烘烤 1h。不测水分，水分含量设为零。不含活性稀释剂和水的溶剂型涂料中 VOC 含量的计算按 GB/T 23985—2009 中 8.3 进行。

含活性稀释剂的溶剂型涂料按 5.2.2.4 的规定进行。

有意添加水的溶剂型涂料按 GB/T 23985—2009 的规定进行。不挥发物含量的测定按 GB/T 1725—2007 的规定进行，称取试样约 1g，在（105±2）℃条件下烘烤 1h；水分含量的测定按附录 A 的规定进行。VOC 含量的计算按 GB/T 23985—2009 中 8.4 进行。

5.2.2.4　无溶剂型涂料中 VOC 含量

按 GB/T 34682—2017 的规定进行。不挥发物含量测定时的放置时间为标准试验环境［温度（23±2）℃；相对湿度（50±5）%］下放置 24h，或按产品说明书要求时间放置，但放置时间不大于 7d。不测水分，水分含量设为零。

VOC 含量的计算按 GB/T 34682—2017 中 8.3 进行。

5.2.2.5　辐射固化涂料中 VOC 含量

按 GB/T 34675—2017 的规定进行。

水性辐射固化涂料中 VOC 含量的计算按 GB/T 34675—2017 中 8.4 进行，水分含量的测定按附录 A 的规定进行。

非水性辐射固化涂料中VOC含量的计算按GB/T 34675—2017中8.3进行，不测水分，水分含量设为零。

6 判定规则

6.1 检验结果判定，按GB/T 8170—2008中修约值比较法进行。

6.2 在检验报告中标明施工状态下VOC含量时，按5.2.1的规定进行施工状态判定。

6.3 施工状态判定和VOC含量均达到本标准的要求时，产品为符合本标准的要求。

7 包装标志

7.1 产品包装标志除应符合GB/T 9750的规定外，按本标准检验合格的产品可在包装标志上明示。

7.2 包装标志上或产品说明书中应明确施工状态下的施工配比。

7.3 包装标志上或产品说明书中应标明符合本标准的分类、产品类别和产品类型（或施涂方式）。

7.4 含有活性稀释剂的溶剂型涂料应在包装标志上或产品说明书中明示。

7.5 有意添加水的溶剂型涂料应在包装标志上或产品说明书中明示。

7.6 对于聚氨酯类、环氧类等多组分固化的涂料应在包装标志上或产品说明书中标明适用期。

8 标准的实施

8.1 粉末涂料、无机建筑涂料（含建筑无机粉体涂装材料）、建筑用有机粉体涂料产品中VOC含量通常很少，属于低挥发性有机化合物含量涂料产品。

8.2 涂装现场对施工状态下的涂料产品抽查时，对于多组分固化的涂料品种，应在产品适用期内进行抽样检验。

附录A
（规范性附录）
水分含量的测定 气相色谱法

A.1 试剂和材料

A.1.1 蒸馏水：符合GB/T 6682—2008中三级水的要求。

A.1.2 稀释溶剂：用于稀释试样并经分子筛干燥的有机溶剂，不含有任何干扰测试的物质。纯度至少为99%（质量分数），或已知纯度。例如：二甲基甲酰胺等。

A.1.3 内标物：试样中不存在的并经分子筛干燥的化合物，而且该化合物能够与色谱图上其他成分完全分离。纯度至少为99%（质量分数），或已知纯度。例如：异丙醇等。

A.1.4 分子筛：孔径为2～3Å，粒径为1.7～5.0mm。分子筛应再生后使用。

A.1.5　载气：氢气或氮气，纯度≥ 99.995%。

A.2　仪器设备

A.2.1　气相色谱仪：配有热导检测器及程序升温控制器。

A.2.2　色谱柱：苯乙烯 - 二乙烯基苯多孔聚合物的毛细管柱。

注：其他满足检验要求的色谱柱也可使用。

A.2.3　进样器：微量注射器，10μL。

A.2.4　配样瓶：约 10mL 的玻璃瓶，具有可密封的瓶盖。

A.2.5　天平：实际分度值 *d*=0.1mg。

A.3　气相色谱测试条件

A.3.1　色谱柱：苯乙烯 - 二乙烯基苯多孔聚合物的毛细管柱，25m × 0.53mm × 10μm。

A.3.2　进样口温度：250℃。

A.3.3　检测器温度：300℃。

A.3.4　分流比：5 ∶ 1。

A.3.5　柱温：程序升温，100℃保持 2min，然后以 20℃ /min 的速率升至 130℃并保持 3min，再以 30℃ /min 的速率升至 200℃保持 5min。

A.3.6　载气：氢气，流速 6.5mL/min。

注：也可根据所用气相色谱仪的性能、色谱柱类型及待测试样的实际情况选择最佳的气相色谱测试条件。

A.4　测试步骤

A.4.1　测试水的相对响应因子 *R*

在同一配样瓶（A.2.4）中称取约 0.2g 的蒸馏水（A.1.1）和约 0.2g 的内标物（A.1.3），精确至 0.1mg，记录水的质量 m_w 和内标物的质量 m_i，再加入 5mL 稀释溶剂（A.1.2），密封配样瓶（A.2.4）并摇匀。用微量注射器（A.2.3）吸取配样瓶（A.2.4）中的 1μL 混合液注入色谱仪中，记录色谱图。按式（A.1）计算水的相对响应因子 *R*：

$$R = \frac{m_i A_w}{m_w A_i} \tag{A.1}$$

式中　R —— 水的相对响应因子；

m_i —— 内标物的质量，g；

A_w —— 水的峰面积；

m_w —— 水的质量，g；

A_i —— 内标物的峰面积。

若内标物和稀释溶剂不是无水试剂，则以同样量的内标物和稀释溶剂（混合液）但不加水作为空白样，记录空白样中水的峰面积 A_0。按式（A.2）计算水的相对响应因子 *R*：

$$R=\frac{m_i\left(A_w-A_0\right)}{m_w A_i} \tag{A.2}$$

式中 R —— 水的相对响应因子；

m_i —— 内标物的质量，g；

A_w —— 水的峰面积；

A_0 —— 空白样中水的峰面积；

m_w —— 水的质量，g；

A_i —— 内标物的峰面积。

平行测试两次，取两次测试结果的平均值，其相对偏差应小于 5%。

A.4.2 样品分析

称取搅拌均匀后的试样约 0.6g 以及与水含量近似相等的内标物（A.1.3）于配样瓶（A.2.4）中，精确至 0.1mg，记录试样的质量 m_s 和内标物的质量 m_i，再加入 5mL 稀释溶剂（A.1.2）（稀释溶剂体积可根据样品状态调整），密封配样瓶（A.2.4）并摇匀。同时，准备一个不加试样的内标物和稀释溶剂混合液作为空白样。用力摇动或超声装有试样的配样瓶（A.2.4）15min，放置 5min，使其沉淀［为使试样尽快沉淀，可在装有试样的配样瓶（A.2.4）内加入几粒小玻璃珠，然后用力摇动；也可使用低速离心机使其沉淀］。用微量注射器（A.2.3）吸取配样瓶（A.2.4）中的 1μL 上层清液，注入色谱仪中，记录色谱图。

A.4.3 计算

按式（A.3）计算试样中的水分含量 w_w：

$$w_w=\frac{m_i\left(A_w-A_0\right)}{m_s A_i R}\times 100\% \tag{A.3}$$

式中 w_w —— 试样中的水分含量，以质量分数计，%；

m_i —— 内标物的质量，g；

A_w —— 试样中水的峰面积；

A_0 —— 空白样中水的峰面积；

m_s —— 试样的质量，g；

A_i —— 内标物的峰面积；

R —— 水的相对响应因子。

平行测试两次，取两次测试结果的平均值，保留至小数点后两位。

A.5 精密度

A.5.1 重复性：水分含量大于或等于 15%，同一操作者两次测试结果的相对偏差小于 1.6%。

A.5.2 再现性：水分含量大于或等于 15%，不同实验室间测试结果的相对偏差小于 5%。

参考文献

[1] GB/T 2705—2003 涂料产品分类和命名.

[2] GB/T 33761—2017 绿色产品评价通则.

[3] GB/T 35602—2017 绿色产品评价涂料.

[4] GB/T 35609—2017 绿色产品评价 防水与密封材料.

[5] GB 37822—2019 挥发性有机物无组织排放控制标准.

[6] GB 37824—2019 涂料、油墨及胶粘剂工业大气污染物排放标准.

[7] HG/T 4570—2013 汽车用水性涂料.

[8] HG/T 5367.1—2018 轨道交通车辆用涂料 第1部分：水性涂料.

[9] HJ 2537—2014 环境标志产品技术要求 水性涂料.

[10] ASTM D3960-05 (2018) Standard Practice for Determining Volatile Organic Compound (VOC) Content of Paints and Related Coatings.

[11] Basic Criteria for Award of The Blue Angel Environmental Label RAL-UZ 12a Low-Emis- sion and Low-Pollutant Paints and Varnishes (Edition August 2011).

[12] Commission Decision (EU) 2015/886 Amending Decision 2014/312/EU establishing the ecological criteria for the award of the EU Ecolabel for indoor and outdoor paints and varnishes.

[13] Commission Decision (EU) 2014/312 Establishing the ecological criteria for the award of the EU Ecolabel for indoor and outdoor paints and varnishes.

[14] Directive 2010/75/EU of the European Parliament and of the Council of 24 November 2010 on industrial emissions (integrated pollution prevention and control).

[15] Directive 2004/42/CE of the European Parliament and of the Council of 21 April 2004 on the limitation of emissions of volatile organic compounds due to the use of organic solvents in certain paints and varnishes and vehicle refinishing products and amending Directive 1999/13/EC.

[16] EPA method 24 Determination of Volatile Matter Content, Water Content, Density, Vol- umeSolids, and Weight Solids of Surface Coatings.

[17] Good Environmental Choice Australia Environmental Performance Standard Paints and Coatings (PCv2.2ii-2012).

[18] GS-11 Green Seal Standard For Paints Coatings Stains and Sealers (Edition 3.2).

[19] Hong Kong Green Label Scheme Product Environmental Criteria for Paint (GL-008-010).

[20] Japan Eco-mark Product Category No.126 "Paints" (Version 2.5).

[21] Korea Eco-label Standards EL241: 2014 Paints.

[22] Nordic Ecolabelling of Chemical building products (Version 2.7).

[23] US 40 CFR Part 60—Standards of Performance For New Stationary Sources.

[24] World Health Organization, 1989. "Indoor air quality: organic pollutants." Report on a WHO Meeting, Berlin, 23-27 August 1987. EURO Reports and Studies 111. Copenhagen, World Health Organization Regional Office for Europe.